技術者のための高等数学
1
近藤次郎・堀素夫 監訳

Advanced Engineering Mathematics
Eighth Edition

常微分方程式
(原書第8版)

E. クライツィグ 著

北原和夫・堀素夫 共訳

培風館

ADVANCED ENGINEERING MATHEMATICS
Eighth Edition

by

Erwin Kreyszig

Copyright © 1999 by John Wiley & Sons, Inc. All Rights Reserved. Authorized translation from the English language edition published by John Wiley & Sons, Inc.

本書の無断複写は，著作権法上での例外を除き，禁じられています．
本書を複写される場合は，その都度当社の許諾を得てください．

訳者序文

本書は Erwin Kreyszig 教授の著書 "*Advanced Engineering Mathematics*" 第8版の全訳である．原著第2版についで第5版の旧訳が世に出たのは1987年のことであった．これらの旧訳は幸い読者の間で比較的好評をもって迎えられ，今日にいたるまで毎年増刷を重ねてきた．ところが，最近刊行された原著第8版はかなり大幅に改訂増補され，質量ともに旧版よりもはるかに充実した著作となっている．そこで，近藤次郎教授と共訳者諸氏の協力を得て全面的な改訳を行い，ふたたび本書を世に送ることになったのである．

わが国では，理工系大学の第1学年ないし一般教育課程向きの数学教科書は非常に多く出版されているにもかかわらず，第2学年以降の専門課程用の数学教科書はきわめて少ない．もちろん，各専門学科によって数学への要求が異なるため，どの学科にとっても好都合な教科書が作りにくいこともその理由であろう．実際，応用を目標とする理工科系学生が共通に修得すべき数学の内容や範囲を決定することは必ずしも容易ではない．そのうえ，応用数学教育における指導原則の問題，すなわち，理論，応用，あるいは数学的な考え方のどの面に重点をおいて教えるのかという問題もある．教授項目の点でもまた指導原則の点でもバランスのよいすぐれた教科書を作ることは至難のわざである．

Kreyszig 教授のこの著作は，同教授の長年の研究教育経験を生かして，いろいろな意味で実に見事なバランスのとれた"工科の数学"になっている．もっとも感心させられるのは，数学的な考え方を重視し，理論と応用の結びつきに対する明快な見通しと解説を与えていることである．数学者の書いた書物はとかく理論だおれとなり，具体性や直観性を欠くきらいがある．一方，実務家の著した書物は形式的な応用や計算のみに走りすぎ，その基礎にある数学的な考え方を忘れがちである．しかし，本書はこれらの欠陥を完全に克服しており，理論と応用のいずれからみてもすぐれた教科書といえよう．

訳者序文

　原著第 8 版は 1000 ページを超える膨大な労作であって，著者序文で示されたA，B，C，D，E，F，Gの 7 部門から構成されている．この訳本では，便宜上 A，C 部門の内容を一部入れかえてつぎの 7 巻の分冊とした．

　　第 1 巻　常微分方程式（原著 A：1-4 章）
　　第 2 巻　線形代数とベクトル解析（原著 B：6-9 章）
　　第 3 巻　フーリエ解析と偏微分方程式
　　　　　　（原著 A：5 章，原著 C：10，11 章）
　　第 4 巻　複素関数論（原著 D：12-16 章）
　　第 5 巻　数値解析（原著 E：17-19 章）
　　第 6 巻　最適化とグラフ理論（原著 F：20，21 章）
　　第 7 巻　確率と統計（原著 G：22，23 章）

上の 7 分冊はそれぞれ独立な課程の教科書として活用されることを期待している．

　翻訳にあたってとくに意を用いた点をあげておこう．

1. なるべく原文に忠実に訳出することに努めたが，日本語の文章として意味が通じやすいようにかなり意訳したところもある．

2. 原著の注のほかにいくつかの訳注をつけた．

3. 訳語は原則として学術用語集および岩波数学辞典 第 4 版によったが，中にはより適切と思われる訳語を用いた場合もある．とくに，コンピュータや情報科学関連の用語を現代化し，片仮名の慣用語を増やした．

　共訳者の分担はつぎのとおりである．

　　第 1 巻　北原和夫，堀　素夫
　　第 2 巻　堀　素夫
　　第 3 巻　阿部寛治
　　第 4 巻　丹生慶四郎
　　第 5 巻　田村義保
　　第 6 巻　田村義保
　　第 7 巻　田栗正章
　　監　訳　近藤次郎，堀　素夫

　終わりに，訳者らのわがままな注文を快く聞き入れて，出版までのいろいろなお世話をしてくださった培風館編集部の方々に厚く御礼申し上げたい．

訳者を代表して

堀　素夫

著者序文

本書の目的

本書は，工学，物理学，数学，コンピュータ科学などを専攻する学生のために，実際問題との関連においてもっとも重要と思われる数学の諸領域を，現代的な見地から解説した入門書である．

応用分野で必要とされる数学の内容と性格は現在でも急激に変化している．行列を中心とする線形代数やコンピュータのための数値方法はますます重要性を増している．統計学やグラフ理論も顕著な役割を果たしつつある．実解析（微分方程式）と複素解析はいまなお必要不可欠である．したがって，本書における主題は独立な7部門に分類され，つぎのように配列されている．

A. 常微分方程式
  基礎事項（1-3章）
  級数解と特殊関数（4章）
  ラプラス変換（5章）

B. 線形代数とベクトル解析
  ベクトル，行列，固有値（6, 7章）
  ベクトルの微分法（8章）
  ベクトルの積分法（9章）

C. フーリエ解析と偏微分方程式
  フーリエ解析（10章）
  偏微分方程式（11章）

D. 複素解析
  基礎事項（12-15章）
  ポテンシャル論（16章）

---

http://www.wiley.com/college/mat/kreyszig154962/　参照．

- **E. 数値解析**
    - 数値解析一般（17 章）
    - 線形代数の数値的方法（18 章）
    - 微分方程式の数値解法（19 章）
- **F. 最適化とグラフ理論**
    - 線形計画法（20 章）
    - グラフと組合せ最適化（21 章）
- **G. 確率と統計**
    - 確率論（22 章）
    - 数理統計学（23 章）

最後につぎの付録が追加されている．

- 参考文献（付録 1）
- 奇数番号の問題の解答（付録 2）
- 補足事項（付録 3）
- 追加証明（付録 4）
- 数　表（付録 5）

　本書はいままでも数理工学の発展の道を拓くことにいささか貢献してきた．さらに，ここで列挙した各分野への現代的なアプローチに，根本的な変化をもたらす（とくにコンピュータ関連の）新しいアイディアが加われば，学生たちの現在と将来への準備として役だつだろう．多くの手法はすぐ時代遅れになってしまう．実例をあげると，安定性，誤差評価，アルゴリズムの構成問題などがある．その動向は供給と需要のかね合いによって決まる．供給とは新しい強力な数学的方法，計算技法と大容量コンピュータを提供することである．また需要とは，非常に精巧なシステムや生産プロセス，（たとえば宇宙旅行などの）極限的な物理条件，特異な物性をもつ材料（プラスチック，合金，超伝導物質など），あるいはコンピュータ・グラフィックス，ロボティックスなどの新分野におけるまったく新しい課題から得られる大規模で複雑な問題を解決することを意味する．

　このような一般的な傾向は明らかなようにみえるが，詳細を予見することは難しい．そのため，工学的問題を数理的に解決する 3 段階のすべてにおいて，基本原理，方法，結果に関する深い知識と，工業数学の本質に関する確かな認識を学生に与えなければならない．その 3 段階はつぎのようにまとめられる．

著者序文

モデル化 与えられた物理的，工学的な情報やデータを数学的モデル（微分方程式，連立方程式など）に翻訳すること．

数学的解法 適当な数学的方法を選択適用することによって解を求め，さらにコンピュータ上で数値計算を行うこと．これが本書の主題である．

物理的解釈 数学的な解の意味をもとの問題の物理的な言葉で理解すること．

あまり使われない細かい問題で学生に過大な負担を課すのは無意味と思われる．そのかわりに，学生に数学的思考に習熟させ，工学的問題に数学的方法を適用する必要性を認識させ，数学が比較的少数の基本概念と強力な統一原理に基づく体系的科学であることを理解させ，さらに理論，計算，実験の間の相関関係を確実に把握させることが重要である．

このような急速な発展を考慮して，この新版（第8版）では多くの変更と新しい試みを実施した．とくに，多数の項目をより詳細で丁寧な形に書きかえ，理解しやすいように配慮した．また，応用，アルゴリズム，実施例，理論のバランスをよくするよう努めた．

第8版におけるおもな改変

1 問題の変更

新しい問題は定性的な方法と応用に重点をおいている．すなわち，形式的な計算は多少減らして，数学的思考と理解を必要とする本質的な問題を選んだ．そのかわりに，単なる定量的な計算には後述のCAS（コンピュータ代数システム：Computer Algebraic System）を慣用する．

2 プロジェクト

現代の工学技術は協同作業である．これに備えた特別研究課題"協同プロジェクト"は学生に役だつであろう．（これは比較的簡単であり，忙しい学生の時間割に向いている．）"論文プロジェクト"は研究を計画実行し，すぐれた報告や論文を書く助けとなろう．"CASプロジェクト"および"CAS問題"は学生がコンピュータ（とプログラム電卓）を利用するための手引きを与える．しかし，CASプロジェクトは決して強制するものではない．本書はコンピュータを使っても使わなくても学ぶことができるからである．

3 数値解析の現代化

コンピュータ関連の数値解析の記述を現代化した．

教科課程への示唆：連続した4学期課程

本書の内容を順を追って**講義**すれば，週3-5時間の4学期課程に適したものになろう．すなわち，

  第1学期 常微分方程式（1-4章または1-5章）
  第2学期 線形代数とベクトル解析（6-9章）
  第3学期 複素解析（12-16章）
  第4学期 数値解析（17-19章）

ほかの章は後の1学期課程で扱う．もちろん講義の順序は変えてもよい．たとえば，数値解析を複素解析よりも前に講義することもできる．

教科課程への示唆：独立した1学期課程

本書はまた週3時間のいろいろな独立した1学期課程にも適している．たとえば，

  常微分方程式入門（1，2章）
  ラプラス変換（5章）
  ベクトル代数とベクトル解析（8，9章）
  行列と連立1次方程式（6，7章）
  フーリエ級数と偏微分方程式（10，11章，19.4-19.7節）
  複素解析入門（12-15章）
  数値解析（17，19章）
  数値線形代数（18章）
  最適化（20，21章）
  グラフと組合せ最適化（21章）
  確率と統計（22，23章）

第8版の一般的特徴

この第8版では，題材の選択とその配列や表現は，過去から現在までの著者の教育，研究，相談経験などに基づいて注意深く行われた．本書のおもな特徴をまとめるとつぎのようになる．

本書はとくに明記されたごく少数の例外的な箇所を除いて**自己完結的**である．その例外的な場合には，証明が現在のタイプの書物のレベルを超えるため，参考文献を引用するだけにとどめた．困難を隠したり極端に単純化したりすることは学生にとって真の助けにはならないからである．

著者序文

本書の記述は詳細であり，ほかの本をたびたび参照して読者をいらいらさせないよう配慮している．

例題は教えやすいように単純なものを選んだ．単純な例題のほうがわかりやすくてためになるのに複雑な例題を選ぶ必要はないからである．

学生が学術雑誌の論文や専門書を読みほかの数学関連課程を学ぶのを助けるために，記号も現代的で標準的なものを用いた．

各章の内容はかなり独立であって，それぞれ別の課目として教えやすいようになっている．

コンピュータの利用とコンピュータ代数システム (CAS)

コンピュータ（パソコン）およびプログラム電卓の利用は，推奨はされるが強制はされない．

コンピュータ代数システム (CAS: Computer Algebraic System) は，本書の約 4000 の問題の多くを解くのに役だつ．このすばらしく強力で万能のシステムを賢明に活用すれば，学生に新たな刺激と見識を与え，授業，個別指導，実習，家庭などにおける勉学，ひいては卒業後の将来の職務への準備を助けることになろう．

これが問題集の補強のために CAS プロジェクトを加えた理由である．ただし，CAS プロジェクトを除外しても完全な問題集として通用することに変わりはない．

同様に，本書はコンピュータを用いずに学ぶこともできる．

ソフトウェアのリストは数値解析の章の前に記載されている．

謝　辞

いままで教えてくださった諸先生，同僚諸氏，学生諸君には，本書とくにこの第 8 版の執筆にあたって，直接的または間接的に多くの助言と助力をいただいた．原稿のコピーが私の担当するクラスに配布され，改訂のための示唆つきで返されてきた．工学者や数学者との討論（および紙上でのコメント交換）は私にとって大きな助けとなった．とくに，S. L. Campbell, J. T. Cargo, R. Carr, P. L. Chambré, V. F. Connolly, J. Delany, J. W. Dettman, D. Dicker, L. D. Drager, D. Ellis, W. Fox, R. B. Guenther, J. L. Handley, V. W. Howe, W. N. Huff, J. Keener, V. Komkow, H. Kuhn, G. Lamb, H. B. Mann, I. Marx, K. Millet, J. D. Moore, W. D. Munroe, A. Nadim, J. N. Ong, Jr., P. J.

Pritchard, W. O. Ray, J. T. Scheick, L. F. Shampine, H. A. Smith, J. Todd, H. Unz, A. L. Villone, H. J. Weiss, A. Wilansky, C. H. Wilcox, H. Ya Fan, L. Zia, A. D. Ziebur のアメリカにおける教授の方々，カナダの H. S. M. Coxeter, E. J. Norminton, R. Vaillancourt 各教授と H. Kreyszig 氏（コンピュータの専門技術で 17-19 章に貢献），さらにヨーロッパにおける H. Florian, H. Unger, H. Wielandt の諸教授があげられる．ここで私の謝意を適切に表すことはできないほどである．

　原稿を細部にわたってチェックし数多い訂正を行われた M. Kracht 博士のご尽力に深く感謝する．

　原稿の準備から刊行にいたるまでたえず助けていただいた編集者 Barbara Holland さんに心からお礼を申し上げる．

　終わりに，John Wiley & Sons 社と GGS 情報サービスの皆さんにも，この版の刊行にあたっての効果的協力とお世話に感謝したい．

　多くの読者の方々からの示唆は本版を書くのに大変役だった．さらによくしていくためのご意見やご批判をいただければ幸いである．

Erwin Kreyszig

目　次

1. **1 階微分方程式** ……………………………………… 3

    1.1　基本的な諸概念　4
    1.2　$y' = f(x, y)$ の幾何学的意味と方向場　12
    1.3　分離可能な微分方程式　17
    1.4　モデル化：分離可能な方程式　22
    1.5　完全微分方程式：積分因子　29
    1.6　線形微分方程式：ベルヌーイの方程式　37
    1.7　モデル化：電気回路　46
    1.8　曲線の直交軌道［選択］　53
    1.9　解の存在と一意性：ピカールの反復法　57
    　　1 章の復習　65
    　　1 章のまとめ　67

2. **2 階および高階の線形微分方程式** ……………………………………… 69

    2.1　2 階の同次線形方程式　70
    2.2　定数係数の 2 階同次方程式　77
    2.3　複素根の場合，複素指数関数　81
    2.4　微分演算子［選択］　87
    2.5　モデル化：自由振動（質量-ばね系）　89
    2.6　オイラー・コーシーの方程式　98
    2.7　存在と一意性の理論，ロンスキ行列式　102
    2.8　非同次方程式　106
    2.9　未定係数法　109
    2.10　定数変化法　114
    2.11　モデル化：強制振動，共振　117
    2.12　電気回路のモデル化　123
    2.13　高階線形微分方程式　129
    2.14　定数係数の高階同次方程式　138

　　　　2.15　高階非同次方程式　　144
　　　　　　　2章の復習　　148
　　　　　　　2章のまとめ　　150

3. 連立微分方程式，相平面，定性的方法 ……………………………… 153
　　　　3.0　序論：ベクトル，行列，固有値　　154
　　　　3.1　序論：例題による導入　　160
　　　　3.2　基本的な概念と理論　　166
　　　　3.3　定数係数の同次連立方程式，相平面，臨界点　　169
　　　　3.4　臨界点の規準，安定性　　178
　　　　3.5　連立非線形方程式に対する定性的方法　　182
　　　　3.6　連立非同次線形方程式　　191
　　　　　　　3章の復習　　198
　　　　　　　3章のまとめ　　200

4. 微分方程式のべき級数解，特殊関数 …………………………………… 203
　　　　4.1　べき級数法　　204
　　　　4.2　べき級数法の理論　　208
　　　　4.3　ルジャンドルの方程式，ルジャンドルの多項式 $P_n(x)$　　215
　　　　4.4　フロベニウス法　　220
　　　　4.5　ベッセルの方程式，第1種ベッセル関数 $J_\nu(x)$　　228
　　　　4.6　第2種ベッセル関数 $Y_\nu(x)$　　239
　　　　4.7　ステュルム・リウビル問題，直交関数　　244
　　　　4.8　直交固有関数展開　　252
　　　　　　　4章の復習　　260
　　　　　　　4章のまとめ　　262

付録1　参 考 文 献 ……………………………………………………………… 265
付録2　奇数番号の問題の解答 ………………………………………………… 267
付録3　補 足 事 項 ……………………………………………………………… 277
　　　　A3.1　基本的な関数の公式　　277
　　　　A3.2　偏 導 関 数　　283
　　　　A3.3　数列と級数　　285
付録4　追 加 証 明 ……………………………………………………………… 289
付録5　数　　　表 ……………………………………………………………… 295
索　　引 ………………………………………………………………………… 297

常微分方程式
Ordinary Differential Equations

1 章　**1** 階微分方程式
2 章　**2** 階および高階の線形微分方程式
3 章　連立微分方程式，相平面，定性的方法
4 章　微分方程式のべき級数解，特殊関数

　微分方程式は工科の数学において基本的に重要である．多くの物理法則や関係式は数学的には微分方程式の形に表現されるからである．本巻（および第3巻1章）では，常微分方程式に帰着される各種の物理的および幾何学的問題を考察し，もっとも重要な標準的解法について解説する．

　モデル化．とくに注目すべき課題は，与えられた実際の物理的な条件から微分方程式を導くことである．与えられた物理的問題を"数学モデル"に対応させることをモデル化という．これは，工学者，物理学者，コンピュータ科学者にとってはとくに重要であり，典型的な実例について詳しく説明したい．

　コンピュータ．微分方程式は非常にコンピュータに適している．微分方程式を解くための数値的方法については，第5巻3.1-3.3節で扱うことにする．その各節は数値解析の他の節とは無関係なので，1,2章を読んだあとただちに学ぶことができる．

　結果の評価．数学的な結果が，与えられた実際問題においてどんな物理的な意味をもつのかは，確かめなければならないことである．コンピュータを用いて結果が得られたときには，その結果の信頼性を確認しておかなければならない．コンピュータもときには無意味な結果を与える．これはすべてのコンピュータ計算にあてはまることである．

（訳注）　本巻では，原著の注の他にかなり多くの訳注をつけ，読者の自習の参考とした．なお，原著A部門 常微分方程式 5章"ラプラス変換"は，本シリーズでは便宜上 第3巻1章に移してある．

1 階微分方程式

　本章では常微分方程式とその応用についての学習プログラムを始める．その中には，物理学などの問題から微分方程式を導出すること（モデル化），実際上重要な方法でその方程式を解くこと，得られた結果とグラフを問題に即して解釈することも含まれる．また，解の存在と一意性という問題についても議論する．

　初めに，1階微分方程式とよばれるもっとも簡単な方程式を扱う．これは未知関数の (1 階の) 導関数のみを含むものであり，高階の導関数を含まない．未知関数については，通常 $y(x), y(t)$ という記号を使う．

　このような微分方程式の数値解法は第 5 巻 3.1 節と 3.2 節で扱うが，これらは第 5 巻の他の節とは完全に独立しているので，本章のあとただちに数値解法に進むことができる．

　本章を学ぶための予備知識：積分法．
　短縮コースでは省略してもよい節：1.7-1.9 節．
　参考書：付録 1．
　問題の解答：付録 2．

1.1 基本的な諸概念

常微分方程式は未知関数 $y(x)$ のいくつかの導関数を含む方程式であり，われわれの目標はこの方程式から $y(x)$ を決めることである．方程式は y そのものだけでなく，与えられた関数や定数を含むこともある．たとえば，

$$y' = \cos x, \tag{1}$$

$$y'' + 4y = 0, \tag{2}$$

$$x^2 y''' y' + 2e^x y'' = (x^2+2) y^2 \tag{3}$$

などは常微分方程式である．"常微分" という言葉は，複数の変数を独立変数とする未知関数とその偏導関数を含む "偏微分" 方程式と区別するために用いられる．偏微分方程式は複雑であるからあとで考察する（第3巻3章）．

微分方程式は，さまざまな物理系などの数学モデルとして，多くの工学などの応用分野で現れる．その中の簡単なものは初歩的な微分積分学を使って解くことができる．

たとえば，人間，動物，バクテリアなどの生物集団において，個体数の増加の速さ $y' = dy/dx$ （x は時間）が現在の個体数 $y(x)$ に等しい場合には，個体数の数学モデルは $y' = y$ という微分方程式になると考えられる．微分法を思い出せば，$y = e^x$ （もっとも一般的には $y = ce^x$）は $y' = y$ を満足するから，問題の解が得られたことになる．

ほかの例としては，石を落としたときの加速度 $y'' = d^2y/dx^2$ （x は時間）は重力加速度 g （定数）と等しい．よって，この "自由落下" の問題のモデルはよい近似で $y'' = g$ となる．なぜならば，この場合，空気抵抗はあまり影響しないからである．積分することにより，速度は $y' = dy/dx = gx + v_0$ となる．ここで，v_0 は運動が始まったときの初速度である（たとえば $v_0 = 0$）．さらに積分すると，運動後の位置 $y = \frac{1}{2} gx^2 + v_0 x + y_0$ が得られる．ここで，y_0 は初期における原点からの距離を表す．

右のページのさまざまな応用例（図）などに示したもっと複雑な実際問題に対しては，もう少し手の込んだ方法が必要である．そのような方法についてはあとで系統的に議論する．まず "階数" によって微分方程式を分類することにしよう．

微分方程式の階数とは，方程式に現れる最高階の導関数の階数である．

本章で考察する1階微分方程式は y' のみを含むものである．y や与えられた x の関数を含むこともある．よって

$$\boxed{F(x, y, y') = 0} \tag{4}$$

1.1 基本的な諸概念

微分方程式の応用例

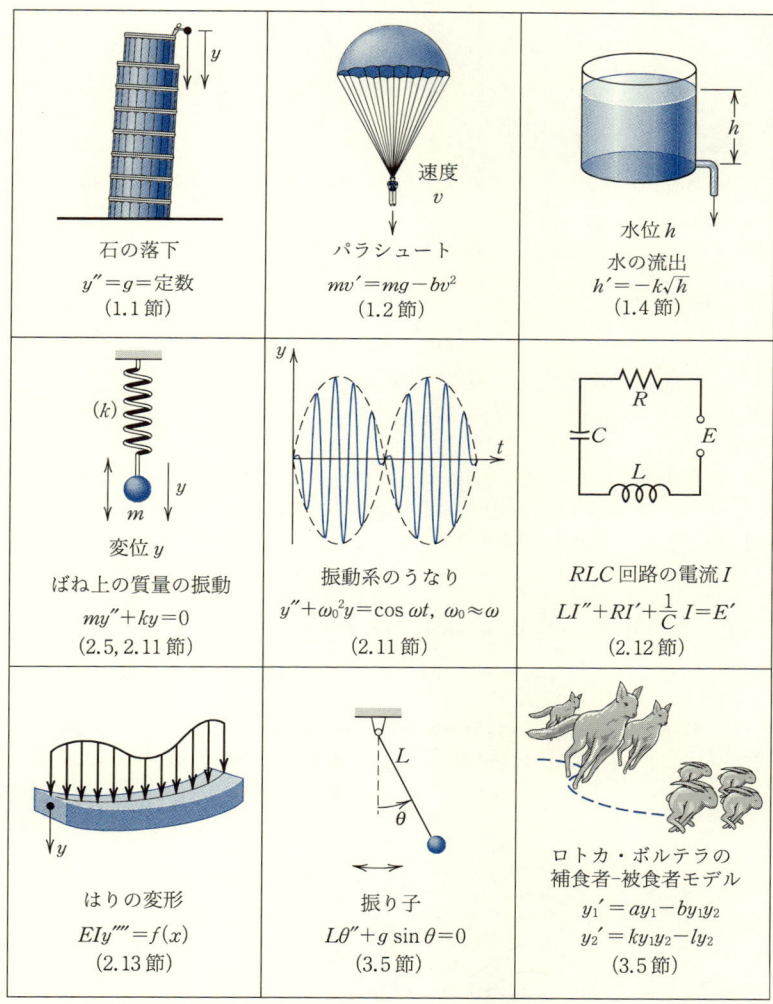

あるいは

$$y' = f(x, y)$$

と書くことができる．(1) と $y' = y$ はその例である．方程式 (2) と (3) はそれぞれ 2 階，3 階の方程式であり，2-4 章（および第 3 巻 1 章）で議論する．

解 の 概 念

ある開区間[1] $a<x<b$ 上において与えられた1階微分方程式の解 $y=h(x)$ とは，導関数 $y'=h'(x)$ をもち，その区間内のすべての x に対して (4) を満たす関数を意味する．すなわち，未知関数 y, y' をそれぞれ h, h' でおきかえれば (4) は恒等式となるのである．

例1 解の概念，解の検証 すべての x について，$y=x^2$ が方程式 $xy'=2y$ の解であることを確かめよ．実際，$y=x^2$ と $y'=2x$ を方程式に代入すると，$xy'=x(2x)=2x^2=2y$ が得られる．これは x についての恒等式である．◀

微分方程式の解が陰関数

$$H(x, y)=0$$

の形で表される場合もある．陽関数解 $y=h(x)$ と対比して，$H(x, y)=0$ は陰関数解とよばれる．

例2 陰関数解 x の関数 y が $x^2+y^2-1=0$ （$y>0$）によって陰に与えられるとき，これは上半面における単位半円を表す．この関数は，区間 $-1<x<1$ における微分方程式 $yy'=-x$ の陰関数解である．微分することによりこのことを確かめよ．◀

つぎに，1つの微分方程式が一般に多数の解をもつことを注意しよう．積分には任意定数があることを考えると，このことは驚くにあたらない．

例3 方程式 (1) $y'=\cos x$ は初等積分法で解ける．積分すれば，正弦曲線 $y=\sin x+c$ が得られる．ここで c は任意定数である．それぞれの c の値に対して正弦曲線が

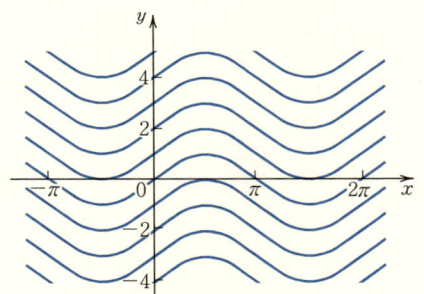

図1.1 $y'=\cos x$ の解

---

[1] 区間という概念は，特別な場合として，$a<x<\infty, -\infty<x<b$，および全 x 軸 $-\infty<x<\infty$ を含む．ここで考える区間はすべて開区間である．つまり，端点は区間には含まれないとする．

1.1 基本的な諸概念

与えられ，それらのすべてが解であることがわかる．図1.1は$c=-3, -2, -1, 0, 1, 2, 3, 4$に対する解曲線を示している．◀

この例は単純ではあるが，1階微分方程式の典型的なものである．すべての解は任意定数cを含む1つの公式によって表現されることを示している．この例では任意定数は相加的であるが，$y=ce^x$のように相乗的である場合もある．このように任意定数を含む関数[2]で表される解を1階微分方程式の**一般解**とよぶ．幾何学的には，これらの解は無限に多数の曲線であり，それぞれのcの値が1つの曲線に対応する．これを**曲線族**とよぶ．ある特定のcを選ぶと（$c=2, 0, -5/3$など），その方程式の**特殊解**（または略して**特解**）とよばれるものが得られる．たとえば，$y=\sin x+c$は$y'=\cos x$の一般解であり，$y=\sin x-2$，$y=\sin x+0.75$などは特殊解である．

以下の節では，1階微分方程式の一般解を求めるためのさまざまな方法について述べる．与えられた方程式にそのような方法を適用して得られた一般解は，表し方は異なっても一意的である．したがって，この微分方程式の一般解とよぶことができる．

[コメント] **特異解**　微分方程式は，場合によっては一般解からは得られない付加的な解をもつことがある．**特異解**とよばれるこの種の解は工学的に重要なものではないが，念のためつけ加えておく．たとえば，微分と代入によって容易に確かめられるように，

$$y'^2 - xy' + y = 0 \tag{5}$$

は一般解$y=cx-c^2$をもつ．これは直線族を表し，それぞれのcの値に対して1本の直線が対応している．図1.2にこれらの特殊解を示す．図1.2の放物線$y=x^2/4$も，方程式に代入することによって解であることがわかる．これは，$y=cx-c^2$から適当なcを選ぶことによって得られるものではないので，(5)の特異解である．◀

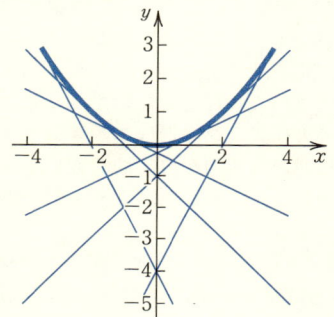

図1.2　(5)の特異解（放物線）と特殊解（直線族）

---

2) 定数の値域は，解が意味をもたなくなることを避けるために，制限をつけなければならないことがある．

与えられた微分方程式が解をもつための条件はかなり一般的なものであることをあとで示すが，単純な方程式でも解をまったくもたないもの，あるいは一般解をもたないものなどがあることに注意しておく．たとえば，方程式 $y'^2 = -1$ は実数の y に対して解をもたない（なぜか）．また，方程式 $|y'|+|y|=0$ は一般解をもたない．なぜならば，$y \equiv 0$ がただ1つの解（つまりすべての x に対して $y=0$）だからである．

応用，モデル化，初期値問題

物理学の法則あるいは関係式の多くは数学的には微分方程式の形で表されるので，理工学において微分方程式は大変重要なものである．

実際の物理現象（物理系）から出発して数学的定式化（数学モデル）を行い，解を求めてその結果の物理的解釈を行うという，モデル化の典型的な諸段階を説明するために，まず基本的な物理学の応用問題を考えることにする．これは，微分方程式とその応用の性質と目的を理解するもっとも容易な方法といえよう．

例4　放射能，指数型崩壊　　実験によれば，放射性物質は現在の物質量に比例した速さで崩壊する．たとえば，時刻 $t=0$ において 2g の物質から崩壊し始めたとすると，後の時刻における物質量はどのように変わるか．

［解］　ステップ1：物理過程の数学的モデル（微分方程式）を構成すること．　時刻 t における物質量を $y(t)$ と表す．その変化の速さは dy/dt である．放射過程を支配する物理法則によれば，dy/dt は y に比例し，

$$\frac{dy}{dt} = ky \tag{6}$$

と書ける．y は t に依存する未知関数である．定数 k はさまざまな放射性物質について数値が知られている物理定数（たとえばラジウム $_{88}\text{Ra}^{226}$ の場合，$k \approx -1.4 \times 10^{-11}\ [\text{s}^{-1}]$）である．明らかに，物質量は正で時間とともに減少するから dy/dt は負であり，したがって k もまた負である．考えている物理過程は数学的には1階の常微分方程式で表されることがわかった．この方程式が物理過程の数学的モデルにほかならない．速度や加速度のように，物理法則がある関数の時間的変化率を含むときには，時間を変数とする微分方程式が導かれる．これが物理学や工学で微分方程式がしばしば現れる理由である．

ステップ2：微分方程式を解くこと．　微分方程式の解法はまだ学んでいないが，すでに学んだ初等微分積分学が利用できる．実際，方程式 (6) は解 $y(t)$ が存在する場合には，その導関数が y に比例することを示している．指数関数がこの性質をもっていることを思い起こそう．実際，微分と代入により，すべての時刻 t において $y(t) = e^{kt}$ であることがわかる．なぜならば，$y'(t) = (e^{kt})' = ke^{kt} = ky(t)$ だからで

1.1 基本的な諸概念

ある．もっと一般的には，すべての時刻 t に対する解は，

$$y(t) = ce^{kt} \tag{7}$$

である．ここで c は任意の定数である．実際，$y'(t) = cke^{kt} = ky(t)$ である．c は任意定数であるから，定義により (7) は (6) の**一般解**である．

ステップ3：初期条件から特殊解を求めること． 明らかにこの物理過程は一意的に進行する．したがって，(7) から一意的な特殊解を求めることができるはずである．ある時刻 t における物質量は，時刻 $t=0$ における初期量 $y=2$ [g] に依存している．式としては，

$$y(0) = 2 \tag{8}$$

となる．これを初期条件とよぶ．一般解 (7) に $t=0$ を代入して任意定数 c が決定される．すなわち，

$$y(0) = ce^0 = 2, \quad \text{よって} \quad c = 2.$$

結局，特殊解

$$y(t) = 2e^{kt} \tag{9}$$

が得られる．つまり，放射性物質の量は指数関数的に減少する．これは物理学の実験と一致する．

ステップ4：検算． (9) より

$$\frac{dy}{dt} = 2ke^{kt} = ky \quad \text{および} \quad y(0) = 2e^0 = 2$$

が得られる．(9) が方程式 (6) および初期条件 (8) を満たすことがわかる．

読者は，得られた関数が問題の解であるかどうかを確かめるこの最後の重要な段階を実行することを忘れてはならない． ◀

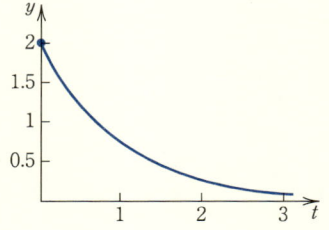

図1.3　放射能（指数型崩壊）

この例のように，初期条件と微分方程式を合わせたものを**初期値問題**とよぶ．t の代わりに x を独立変数とすると，

$$y' = f(x, y), \quad y(x_0) = y_0 \tag{10}$$

と表される．ここで，x_0 と y_0 は与えられた値である．上の例では，$x_0 = t_0 = 0$，$y_0 = y(0) = 2$ とおいている．初期条件 $y(x_0) = y_0$ は一般解の任意定数 c の値を決めるのに使われる．

つぎに，幾何学的な問題が微分方程式の初期値問題に帰着する例を示す．

例5 幾何学的応用　xy 平面上で，点 $(1,1)$ を通り，各点で勾配が $-y/x$ となるような曲線を求めよ．

［解］求める曲線を与える関数は微分方程式
$$y' = -\frac{y}{x} \tag{11}$$
の解でなければならない．後にこのような方程式をどのようにして解くかを学ぶが，ここでは (11) の一般解が
$$y = \frac{c}{x} \quad (c \text{ は任意定数}) \tag{12}$$
で与えられることだけを確かめておこう．$(1,1)$ を通る曲線を求めているのだから，$x=1$ のときに $y=1$ でなければならない．この初期条件 $y(1)=1$ より $c=1$ が得られ，答えとして特殊解 $y=1/x$ が得られる．　◀

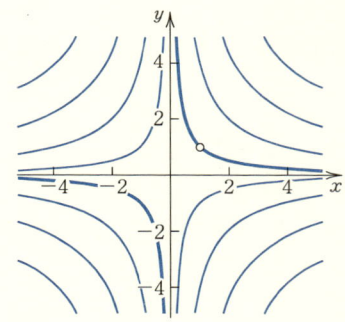

図1.4　$y'=-y/x$ の解（双曲線）

❖❖❖❖❖　**問題 1.1**　❖❖❖❖❖

初等積分　次の微分方程式を解け．
 1. $y'=x^2$　　2. $y'=\sin 3x$　　3. $y''=x^{-4}$　　4. $y'=xe^{-x^2}$

検　証

以下の微分方程式の階数を記し，与えられた関数が解であることを示せ．（a, b, c は任意の定数である．）

 5. $y'+y=x^2-2,$　　$y=ce^{-x}+x^2-2x$
 6. $y''+y=0,$　　$y=a\cos x+b\sin x$
 7. $y'''=e^x,$　　$y=e^x+ax^2+bx+c$
 8. $y''+2y'+2y=0,$　　$y=e^{-x}(a\cos x+b\sin x)$
 9. $x+yy'=0,$　　$x^2+y^2=1$

問題 9 の微分方程式を以下のように変えたら何が起こるか．
 10. 解を $x^2-y^2=1$ に変える．
 11. 1 を 2 に変える．あるいは任意の数に変える．

1.1 基本的な諸概念

初期値問題

y が微分方程式の解であることを示せ．与えられた初期条件を満たすように c を決めよ．その解をグラフに描け．

12. $x^3+y^3y'=0$,　　$x^4+y^4=c$ $(y>0)$,　　$x=0$ のとき $y=1$
13. $y'+2y=2.8$,　　$y=ce^{-2x}+1.4$,　　$x=0$ のとき $y=1.0$
14. $xy'=3y$,　　$y=cx^3$,　　$x=-4$ のとき $y=16$
15. $yy'=2x$,　　$y^2-2x^2=c$ $(y>0)$,　　$y(1)=\sqrt{3}$
16. $y'=y\tan x$,　　$y=c\sec x$,　　$y(0)=\pi/2$
17. $4yy'+x=0$,　　$x^2+4y^2=c$ $(y>0)$,　　$y(2)=1$
18. a を任意定数として，問題 17 の初期条件を $y(a)=0$ に変えたら，何が起こるか．

モデル化，応用

19. (半減期)　放射性物質の半減期とは，与えられた量の半分が消えてしまう時間である．つまり，放射性崩壊の過程を表す量である．例 4 の $_{88}Ra^{226}$ の半減期はいくらか．

20. (半減期)　ラジウム $_{88}Ra^{224}$ の半減期は約 3.6 日である．1 g の試料は 1 日後にどれだけ残っているか．1 年後ではどうか．初めに予想し，それから計算せよ．

21. (半減期)　半減期 3.6 日という数値は 1 % ほど小さすぎるとしたときに，問題 20 の答えはどのように違ってくるか．

22. (落下物体)　石や鉄の球を落下させるとき，空気抵抗は無視できる．実験によれば，運動の加速度は一定値 (値は $g=9.80$ [m/s^2]$=32$ [フィート/s^2] であり，重力加速度とよばれる) である．対応するモデルは $y''=g$ である．ここで，$y(t)$ は時刻 t までに落下した距離である．時刻 $t=0$ において静止状態 (すなわち速度が $v=y'=0$) から運動が始まったとすると，よく知られた**自由落下の法則**

$$y=\frac{1}{2}gt^2$$

が得られることを示せ．

23. (落下物体)　問題 22 において 100 m 落下するのに要する時間はどれだけか．200 m の場合はどうか (最初に予想せよ)．なぜ，後者の答えが前者の 2 倍よりも小さいのか．y の関数として t のグラフを描け．

24. (指数型衰退，飛行機エンジン)　亜音速飛行機のエンジンの効率は気圧に依存し，通常約 35,000 フィートの高度で最大となる．この高度における気圧 $y(x)$ を求めよ．気象観測によれば，高度 x における気圧 $y(x)$ の変化率 $y'(x)$ はその気圧に比例し，高度 18,000 フィートにおける気圧は海面上の値 $y_0=y(0)$ の 1/2 である．

　[ヒント]　$y=e^{kx}$ ならば，$y'=ke^{kx}=ky$ であることを思い起こそう．計算をしなくても，答えが $y_0/4$ に近いことがわかるだろうか．

25. (指数型成長，人口動態モデル)　指数型成長と指数型衰退 (または指数型崩壊，例 4 参照) は，物理学などにおけるきわめて重要な数学モデルである．(人間，動物，バクテリアなどの) 比較的小さい生物集団は，妨害を受けなければ，マルサ

ス[3]の法則に従って成長する．この法則によれば，成長速度はそのときの個体数 $y(t)$ に比例する．これを微分方程式としてモデル化せよ．その解が $y(t)=y_0 e^{kt}$ であることを示せ．米国の人口に関する下表の最初の2つのデータから，y_0 と k の値を決定せよ．得られた公式を用いて1860年，1890年，…，1980年の値を計算し，実際の値と比較してコメントを述べよ．

t	0	30	60	90	120	150	180
年	1800	1830	1860	1890	1920	1950	1980
人口（百万人）	5.3	13	31	63	106	150	230

26. （預金利率） 預金 y_0 から x 年後に生じる資金額を $y(x)$ とする．以下を示せ．
$$y(x)=y_0(1+r)^x \quad \text{（年利計算）}$$
$$y(x)=y_0[1+(r/4)]^{4x} \quad \text{（四半期利息計算）}$$
$$y(x)=y_0[1+(r/365)]^{365x} \quad \text{（日利計算）}$$

微分学で学んだように，$n\to\infty$ のとき $[1+(r/n)]^n \to e^r$ であり，したがって，$[1+(r/n)]^{nx} \to e^{rx}$ であるから，
$$y(x)=y_0 e^{rx} \quad \text{（連続的利息計算）}$$
が得られる．この関数はどんな微分方程式を満たすか．$y_0=1000.00$ ［ドル］，$r=8$ ［％］として $y(1)$ と $y(5)$ を計算し，日利計算と連続的利息計算の間にあまり差がないことを確かめよ．

27. ［論文プロジェクト］ 増加と減少 指数型増加（指数型成長）と指数型減少（指数型衰退または指数型崩壊）ならびにそれらの重要性について短いレポートを作成せよ．自分で考えた別の実例を示せ．指数部分の係数 k が変化（増加あるいは減少）したときに，解がどのように変化するかを議論せよ．

1.2 $y'=f(x,y)$ の幾何学的意味と方向場

1階微分方程式を組織的に調べることから始めよう．1階微分方程式は，未知関数 y の1階導関数 y' を必ず含み，ほかに y 自身や x の与えられた関数を含んでもよい．したがって，1階微分方程式は一般に
$$F(x,y,y')=0 \qquad (1)$$
という形に書ける．（これを**陰関数形**とよぶ．）多くの応用では，1階微分方程式は
$$\boxed{y'=f(x,y)} \qquad (2)$$
という**陽関数形**で表される．解法を述べる前に，(2)の簡単な幾何学的意味について説明する．

---
[3] Thomas Robert Malthus (1766-1834)，イギリスの社会学者．古典的国家経済学の指導者の一人であった．

1.2 $y'=f(x,y)$ の幾何学的意味と方向場

　微分学では，$y'=dy/dx$ が曲線 $y(x)$ の勾配であることが知られている．よって，もし (2) が xy 平面上の点 (x_0, y_0) を通る解 $y(x)$ をもてば，それは (x_0, y_0) において勾配 $f(x_0, y_0)$ をもつはずである．このことから，与えられた微分方程式 (2) を実際には解かずにその近似解曲線のグラフを描き，解曲線の一般的挙動を推測するというアイディアが生まれる．これは実用的な意味のある方法である．なぜなら，多くの微分方程式の解は，複雑な形の公式で表されたり，陽関数の公式では表されなかったりするからである．具体的にはつぎのようにする．

　微分方程式 (2) が与えられているとき，xy 平面上のいくつかの点における勾配 $f(x, y)$ を，図 1.5a のような短い線分 (**方向線素**) で表す．このような方向線素の場を**方向場**あるいは**勾配場**とよぶ．この方向場は方程式 (2) の解曲線の接線方向 (勾配) の場である．これを用いて，接線方向が与えられた解曲線の近似的なグラフが得られる．各曲線はある初期条件に対応する特殊解を表す．図 1.5a を見れば，解曲線がうまく接線方向に向いていることがわかる．もちろん，必要なだけ多くの解曲線を作図することができる．

コンピュータによる方向場の作図

　コンピュータ代数システム (CAS) によって正方格子点における方向線素からなる方向場をプロットしてみよう．格子の間隔は適切に選択できる．y' が急激に変化する場合には，小領域 R の格子間隔を小さくとらなければならない．そのような場合，その部分の R だけを拡大して作図することによって精度を簡単に上げることができる．

手作業による方向場の作図，等傾線

　これは古い方法である．以下の 3 段階からなる．

　ステップ 1：$f(x,y)=k=$ 一定 を満たすような曲線，すなわち，一定の勾配の値を与える曲線を描く．混同しないでほしいのだが，この曲線は解曲線ではない．このように $f(x,y)=$ 一定 となる曲線を**等傾線**とよぶ．

　ステップ 2：それぞれの等傾線 $f(x,y)=k=$ 一定 に沿って勾配 k の方向線素を多数描く．これをつぎつぎに異なる等傾線について行うことによって，平面が十分に線素で覆われるようにする．これが (2) の方向場となる．

　ステップ 3：この方向場において，方向線素を接線方向とする (2) の解曲線をスケッチする．

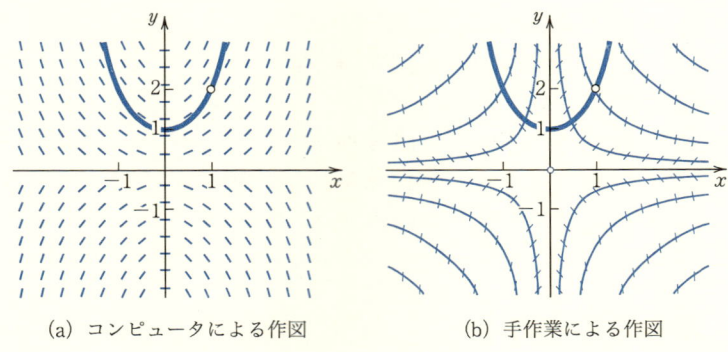

(a) コンピュータによる作図　　(b) 手作業による作図

図 1.5　$y'=xy$ の方向場

例1　方向場，等傾線　微分方程式
$$y'=xy \qquad (3)$$
の方向場を作図して，点 $(1,2)$ を通る解曲線を近似する曲線を作図せよ．厳密な解と比較せよ．

コンピュータによる解　図 1.5a に示されている．

手計算による解　$f(x,y)=xy$ であるから，等傾線は直角双曲線と 2 つの座標軸からなる．それらのいくつかを図示してある（図 1.5b を見よ）．つぎに，固定した定規に沿って三角定規を滑らせることにより，一定勾配の方向線素を描く．図 1.5b には，そうして得られた方向線素と点 $(1,2)$ を通る解が示されている．次の節では，(3) のような微分方程式が容易に厳密に解けることを示す．したがって，厳密解と比較することによって方向場の方法の精度を印象づけることができる．(3) の一般解は，c を定数として
$$y(x)=ce^{x^2/2}$$
で与えられる．確かに，微分すれば（微分の連鎖法則を用いよ），
$$y'=xce^{x^2/2}=xy$$
である．図 1.5 の特殊解は $(x,y)=(1,2)$ を通るものであるから，$y(1)=2$ を満たさなければならない．こうして，$2=ce^{1/2}$ すなわち $c=2e^{-1/2}$ が得られる．これを $y(x)$ に代入すると，
$$y(x)=2e^{-1/2}e^{x^2/2}=2e^{(x^2-1)/2}$$
が得られる．　◀

方向場が実際に必要となる有名な方程式は
$$y'=0.1(1-x^2)-\frac{x}{y} \qquad (4)$$
である．これは，3.5 節で述べる電子工学のファンデルポルの方程式に関係している．図 1.6 の方向場はコンピュータによって作り出された方向線素を示している．また，$k=-5, -3, \frac{1}{4}, 1$ の場合の等傾線と 3 つの典型的な解とを加

1.2 $y'=f(x,y)$ の幾何学的意味と方向場

えてある．3つの解のうち，1つはほとんど円形であり，あとの2つは内側からと外側からこの円に向かって漸近するらせんである．

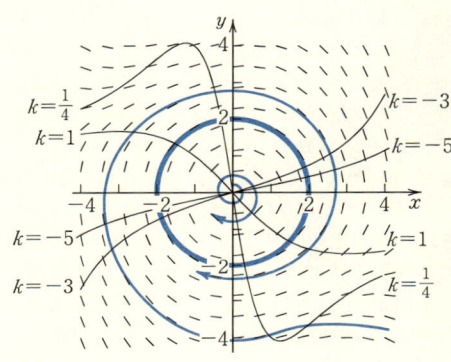

図 1.6 $y'=0.1(1-x^2)-\dfrac{x}{y}$ の方向場

❖❖❖❖❖ 問題 1.2 ❖❖❖❖❖

1. 図 1.5 に，たとえば $y(0)=\pm 1, \pm 2$ を満たすような解のプロットを追加して，厳密解のグラフと比較せよ．

精度の比較 CAS あるいは手計算によって方向場を図示せよ．その図において，いくつかの近似解曲線を手で描け．つぎに微分方程式を解いて比較することにより，方向場の方法の精度の良さをみよう．

2. $y'=2x$ **3.** $y'=-y$ **4.** $y'=2y$ **5.** $y'=\cos \pi x$

方向場と近似解線 CAS あるいは手作業で以下の方程式の方向場を図示し，いくつかの近似解曲線を描け．

6. $y'=x^2$ **7.** $y'=-x/y$ **8.** $y'=x+y$ **9.** $y'=y^2$

初期値問題 CAS あるいは手計算で以下の方程式の方向場を図示せよ．そこで，初期条件を満たすいくつかの近似解曲線を描け．

10. $y'=x, \quad y(-2)=6$ **11.** $y'=-y, \quad y(0)=3$
12. $y'=-xy, \quad y(0)=1$ **13.** $y'=-x/y, \quad y(\sqrt{2})=\sqrt{2}$
14. $y'+y^2=0, \quad y(5)=0.25$ **15.** $9yy'+4x=0, \quad y(3)=-4$

16. （運動） 物体 B が直線 L 上を運動する．L 上の固定点 O から物体までの距離を $s(t)$ とする．時刻 t における B の速度が $1/s(t)$ に等しく，$t=0$ のときに $s=1$ とする．まず，モデル（すなわち微分方程式）をたてよ．その方向場と（近似）解曲線 $s(t)$ を図示せよ．

17. （スカイダイバー） 微分方程式
$$mv'=mg-bv^2$$
の方向場を図示せよ．ただし，$g=9.8\,[\mathrm{m/s^2}]$ は重力加速度であり，単純化のために $m=1, b=1$ とする．この方程式のモデルは質量 m（人と装備の質量）のスカイダ

イバーを表す．$v=v(t)$ は速度，t は時刻，mv' は質量と加速度の積である．ニュートンの第2法則によれば，mv' は地球による引力 mg と空気抵抗 $-bv^2$（$b>0$）の和に等しい．パラシュートは速度が $v=10$ [m/s] のときに開くとし，その時刻を $t=0$ とする．すなわち $v(0)=10$ である．この解曲線を方向場の中に描け．方向場から，すべての解が同じ極限（約3.13）に到達することがわかるだろうか．すべての解は，初期条件によって，単調増加関数あるいは単調減少関数のいずれかであることもわかるだろうか．また，どんな初期条件のもとで解が単調に増加するのかを説明せよ．

18.（フェアフュルスト[4]のロジスティック人口動態モデル）　微分方程式

$$y' = ay - by^2 \quad \text{（フェアフュルストの方程式）}$$

の方向場を描け．ただし，$a=4, b=1$ とする．この方程式はフェアフュルストによって，人口動態のモデルとして導入された．変化速度 y' は ay（この項だけでは指数関数的な人口増加となる）から by^2（無制限な人口増加に"制動"をかける項である）を引いたものである．方向場から直接以下のような結論を導け．領域 $0<y<4$ におけるすべての解曲線は単調増加である．解曲線は直線 $y=4$ とどんな関係があるか．方程式から直接 $y=4$（一定）が解であることがわかるであろうか．（フェアフュルストの方程式については，1.6節においてさらに詳細を議論する．）

19. [論文プロジェクト]　方向場　方向場の実際的な利用について記述せよ．方向場を求めるための2つの方法について，それぞれの長所と短所を述べ，自分で考えたモデルを使って比較検討せよ．コンピュータに等傾線を描かせ，そのあとで手作業をするという可能性について議論せよ．その方法は実行可能であろうか．

20. [CAS プロジェクト]　方向場　以下の重要な微分方程式の方向場をグラフに描け．

（a）　図1.5の方向場の部分的なグラフ（たとえば，$-1 \leqq x \leqq 1, -1 \leqq y \leqq 1$ の部分あるいは第1象限の部分）を描け．

（b）　$y'=-2y$ の方向場と自分で選んだ解のいくつかのグラフを描け．それはどのようにふるまうか．$y>0$ において減少するのはなぜか．

（c）　$y'=-x/y$ の解についてその方向場から予想せよ．

（d）　$x^2+4y^2=c$（$y>0$）という一般解をもつ方程式を微分によって求め，その方向場のグラフを描け．そのグラフから解が半楕円であることが見えてくるであろうか．同様のことを円についても行うことができるか．双曲線，放物線などについてはどうか．

---

[4]　Pierre François Verhulst (1804-1849), ベルギーの統計学者．1838年にロジスティック人口モデルの方程式を導入した．

1.3 分離可能な微分方程式

多くの1階微分方程式は，代数的な操作によって
$$g(y)y' = f(x) \qquad (1)$$
の形に帰着させることができる．$y' = dy/dx$ であるから，つぎのように書くと便利である．

$$\boxed{g(y)\,dy = f(x)\,dx} \qquad (\mathbf{2})$$

ただし，これは (1) を書きかえただけであることに注意しよう．このような方程式は**分離可能な**（変数分離型の）**方程式**とよばれる．なぜなら，(2) において x と y は分離されていて，x は右辺だけに，y は左辺だけに現れているからである．

(1) を解くには，両辺を x について積分する．
$$\int g(y)\frac{dy}{dx}\,dx = \int f(x)\,dx + c$$
左辺においては，積分変数を y に変更することができる．$(dy/dx)\,dx = dy$ であるから

$$\boxed{\int g(y)\,dy = \int f(x)\,dx + c} \qquad (\mathbf{3})$$

が得られる．f と g を連続関数と仮定すれば，(3) の積分は存在するので，これらの積分を計算して (1) の一般解が得られる．

例1 微分方程式
$$9yy' + 4x = 0$$
を解け．

[解] 変数分離をすると，
$$9y\,dy = -4x\,dx$$
が得られる．両辺を積分して次の一般解が得られる．
$$\frac{9}{2}y^2 = -2x^2 + c^*,$$
よって $\dfrac{x^2}{9} + \dfrac{y^2}{4} = c \quad \left(c = \dfrac{c^*}{18}\right).$

この解は楕円を表す．例を図 1.7 に示す． ◂

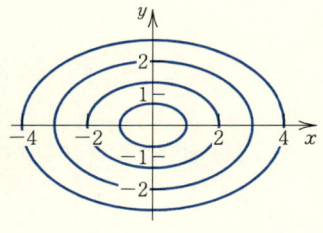

図 1.7　例 1 の一般解

例2 微分方程式
$$y' = 1 + y^2$$
を解け．

[解] 変数を分離して積分すると，

$$\frac{dy}{1+y^2}=dx, \quad \arctan y=x+c, \quad y=\tan(x+c)$$

が得られる．積分が実行されたらただちに積分定数を導入することがきわめて重要である．$y=\tan x+c\ (c\neq 0)$ は解ではない．このことを確かめよ． ◂

例3　指数型増加あるいは減少　　微分方程式
$$y'=ky$$

は，定数係数 k が正か負ならば，それぞれ指数型増加か指数型減少を表す．この方程式は変数分離型であって，

$$\frac{dy}{y}=k\,dx \quad \text{積分して} \quad \ln|y|=kx+\tilde{c}$$

が得られる．なぜなら，$y>0$ のときには $(\ln|y|)'=(\ln y)'=y'/y$ となり，$y<0$ すなわち $-y>0$ のときにも $(\ln|y|)'=[\ln(-y)]'=-y'/(-y)=y'/y$ となり，つねに $(\ln|y|)'=y'/y=k$ がなりたつからである．$\ln|y|$ の指数をとり，$e^{a+b}=e^a e^b$ に注意すれば，

$$|y|=e^{kx+\tilde{c}}=e^{kx}e^{\tilde{c}} \quad \text{したがって} \quad y=ce^{kx}$$

が得られる．ここで，$y>0$ の場合には $c=+e^{\tilde{c}}$ とおき，$y<0$ の場合には $c=-e^{\tilde{c}}$ とおいた．$c=0$ も可能であるが，その場合には $y\equiv 0$ となる．以上が一般解である． ◂

例4　初期値問題
$$y'=-\frac{y}{x}, \quad y(1)=1$$

を解け．

[解]　変数分離と積分により，解は
$$\frac{dy}{y}=-\frac{dx}{x}, \quad \ln|y|=-\ln|x|+\tilde{c}=\ln\frac{1}{|x|}+\tilde{c}$$

となる．指数をとると $y=c/x$ が得られる．これは一般解であって，初期条件から $c=1$ となる．答えは $y=1/x$ である．グラフは1.1節の図1.4に示されている． ◂

例5　初期値問題：釣鐘型曲線　　初期値問題
$$y'=-2xy, \quad y(0)=1$$

を解け．

[解]　変数分離し，積分し，指数をとると，解は
$$\frac{dy}{y}=-2x\,dx, \quad \ln|y|=-x^2+\tilde{c}, \quad |y|=e^{-x^2+\tilde{c}}$$

となる．$y>0$ の場合に $e^{\tilde{c}}=+c$ とおき，$y<0$ の場合に $e^{\tilde{c}}=-c$ とおき，さらに $c=0$ も許す（$y\equiv 0$ という解になる）と，一般解
$$y=ce^{-x^2}$$

が得られる．これはいわゆる釣鐘型曲線であり，熱伝導（第3巻3.6節），確率統計（第7巻1.8節，2章）において意味をもつ．図1.8は $c>0$ のときの解をいくつか示している．

1.3 分離可能な微分方程式

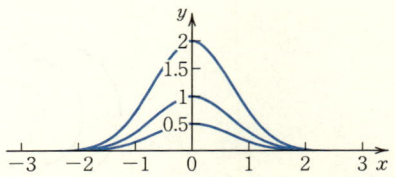

図1.8　上半平面における $y'=-2xy$ の解（釣鐘型曲線）

読者は，この初期値問題の特殊解が
$$y=e^{-x^2}$$
となることを確かめることができるであろう．この曲線は図1.8の2番目の曲線である． ◀

変数分離型への変換

分離可能ではない微分方程式でも，新しい未知の関数を導入することによって分離可能となるものがある．いくつかの典型的な例によって考え方を示す．

例6　$y'=g(y/x)$ という形の微分方程式[5]　　ここで g は y/x の任意の（微分可能）関数である．たとえば，$(y/x)^3$, $\cos(y/x)$ などである．方程式の形は $y/x=u$ とおくことを示唆している．すなわち，

$$\boxed{y=ux} \quad \text{微分により} \quad \boxed{y'=u'x+u} \tag{4}$$

これを $y'=g(y/x)$ に代入すると，
$$u'x+u=g(u), \quad \text{よって} \quad u'x=g(u)-u.$$
これは分離可能であって
$$\frac{du}{g(u)-u}=\frac{dx}{x} \tag{5}$$
を満たす．例として，
$$2xyy'=y^2-x^2$$
を解け．

［解］　与えられた微分方程式の両辺を $2xy$ で割ると，
$$y'=\frac{y^2}{2xy}-\frac{x^2}{2xy}=\frac{1}{2}\left(\frac{y}{x}-\frac{x}{y}\right)$$
となる．(4) より $y'=u'x+u$ であるから，
$$u'x+u=\frac{1}{2}\left(u-\frac{1}{u}\right),$$
すなわち

---

[5]　これらの方程式を同次方程式ということがあるが，ここでは使わないことにする．もっと重要な目的のために"同次"という用語をとっておくのである（1.6節参照）．

$$u'x = -\frac{1}{2}\left(u + \frac{1}{u}\right) = -\frac{u^2+1}{2u}$$

が得られる．変数分離によって

$$\frac{2u\,du}{u^2+1} = -\frac{dx}{x}$$

となる．積分すれば，

$$\ln(u^2+1) = -\ln|x| + c^* = \ln\frac{1}{|x|} + c^*,$$

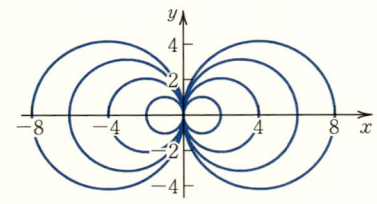

図1.9 例6の一般解（円族）

よって $u^2 + 1 = \dfrac{c}{x}$，すなわち

$$\left(\frac{y}{x}\right)^2 + 1 = \frac{c}{x}$$

が得られる．両辺に x^2 を掛けると，

$$y^2 + x^2 = cx, \quad \text{あるいは} \quad \left(x - \frac{c}{2}\right)^2 + y^2 = \left(\frac{c}{2}\right)^2$$

となる．この一般解は中心が x 軸上にあり原点を通る円の族を表す．図1.9を見よ． ◀

例7 変数 $v = ay + bx + k$　　変数 $v = ay + bx + k$ によって変数分離型の微分方程式になる場合がある．簡単な方程式

$$(2x - 4y + 5)y' + x - 2y + 3 = 0$$

によってこの方法の考え方を示す．

[解] $2x - 4y$ と $x - 2y$ という2つの項は，$v = x - 2y$ という変換を使うことを示唆する．そのとき，$2y = x - v$, $y' = (1 - v')/2$ となる．代入して整理すると，

$$(2v + 5)v' = 4v + 11$$

が得られる．2を掛けて変数分離すると，

$$\frac{4v + 10}{4v + 11}\,dv = \frac{4v + 11 - 1}{4v + 11}\,dv = \left(1 - \frac{1}{4v + 11}\right)dv = 2\,dx.$$

積分により，

$$v - \frac{1}{4}\ln|4v + 11| = 2x + c^*.$$

$v = x - 2y$ であるから，与えられた方程式の陰関数による一般解は

$$4x + 8y + \ln|4x - 8y + 11| = c$$

と書ける．（変換 $v = ay + bx + k$ は，付録1の [A5] にあげた Ince の著書などの古い文献において徹底的に議論されている．） ◀

❖❖❖❖❖　問題 1.3　❖❖❖❖❖

1. 積分を行った直後に積分定数を加えることがなぜ重要なのか．

― 般 解

以下の微分方程式を解け．問題 7-10 では，示されている変換を用いよ．得られた解を代入して検算せよ．

2. $yy' + 25x = 0$　　**3.** $y' = 1 + 0.01y^2$　　**4.** $y' + 3x^2y^2 = 0$

1.3 分離可能な微分方程式

5. $y' = xy/2$ **6.** $y' = -ky^2$ **7.** $xy' = y^2 + y$ $(y/x = u)$
8. $xy' = x + y$ $(y/x = u)$ **9.** $y' = (x^2 + y^2)/xy$ $(y/x = u)$
10. $y' = (y + 4x)^2$ $(y + 4x = v)$ **11.** $y' + \operatorname{cosec} y = 0$

初期値問題

以下の初期値問題を解け．(問題19において，L, R, I_0 は定数である．) 解法の詳細を示せ．

12. $y' = -x/y$, $y(1) = \sqrt{3}$ **13.** $xy' + y = 0$, $y(2) = -2$
14. $x^3 y' + x^3 = 0$, $y(0) = 1$ **15.** $e^x y' = 2(x+1)y^2$, $y(0) = 1/6$
16. $y' = 1 + 4y^2$, $y(0) = 0$ **17.** $y' \cosh^2 x - \sin^2 y = 0$, $y(0) = \pi/2$
18. $dr/dt = -2tr$, $r(0) = 2.5$ **19.** $L(dI/dt) + RI = 0$, $I(0) = I_0$

$y/x = u$ とおいて，以下の初期値問題を解け．

20. $xy' = (y-x)^3 + y$, $y(1) = 3/2$
21. $xy' = y + 3x^4 \cos^2(y/x)$, $y(1) = 0$
22. $xy' = y + x^2 \sec(y/x)$, $y(1) = \pi$ **23.** $xyy' = 2y^2 + 4x^2$, $y(2) = 4$

24. 微分方程式 $y' = f(ax + by + k)$ は，新しい未知関数 $v(x) = ax + by + k$ を導入して変数分離型方程式 $v' = a + bf(v)$ に帰着することができる．この方法を用いて，$y' = (x+y-2)^2$ を解け．

25. $y' = \dfrac{1 - 2y - 4x}{1 + y + 2x}$ を解け．

[ヒント] $y + 2x = v$ を用いよ．

26. [協同プロジェクト] 曲線族 曲線族はしばしば微分方程式 $y' = f(x, y)$ の一般解として特徴づけられる．
(a) 原点を中心とする円に対して $y' = -x/y$ がなりたつことを示せ．
(b) 双曲線 $xy = c$ のいくつかを描け．それらに対する微分方程式を求めよ．
(c) 原点を通る直線に対する微分方程式を求めよ．
(d) (a)と(c)の微分方程式の右辺の積が -1 に等しいことを示せ．これは2つの曲線族がたがいに直交する（直角に交わる）ための条件であることがわかるか(1.8節参照)．描いたグラフによってそのことを確認せよ．
(e) 自分で選んだ曲線族を描き，その微分方程式を求めよ．あらゆる曲線族は微分方程式で表されるのであろうか．

27. [CAS プロジェクト] グラフによる解の表現 微分方程式の解が通常の解析的な方法では評価できない積分で与えられる場合でも，CASによって解をプロットすることができる．
(a) 5つの初期値問題 $y' = e^{-x^2}$, $y(0) = 0, \pm 1, \pm 2$ について，このことを示し，同じ軸上にこれらの曲線のグラフを描け．
(b) マクローリン級数の最初の数項（y' を項別積分することによって得られる）を用いて，近似解曲線を描き，厳密な解曲線と比較せよ．
(c) 他の微分方程式と自分で選んだ初期条件に対して，(a)の作業をくり返し，上で述べたように解析的な評価が不可能な積分を求めよ．

1.4 モデル化：分離可能な方程式

モデル化とは，物理系などの実際の系について，数学的モデルをたてることである．モデルは，評価し図示すべき関数であったり，解くべき微分方程式などであったりする．この節では，変数分離型の微分方程式によってモデル化できる系を考察する（1.3節を参照）．

例1　**放射性炭素による年代測定**　　考古学者が骨を発掘し，放射性炭素 $_6C^{14}$ の含有量を測定したとする．その結果が現在の生物の骨の含有量の 25 ％ であるならば，その骨の年代について何がいえるであろうか．

年代測定法のアイディア　　大気中では，通常の炭素 $_6C^{12}$ と宇宙線によって生じた放射性炭素 $_6C^{14}$ との存在比は一定である．同様のことが生物についてもいえる．生物が死滅すると，呼吸や摂食による $_6C^{14}$ の摂取が終わる．したがって，化石の中の炭素比を大気中の炭素比と比較することによって，化石の年代を評価できる．これは，炭素年代測定を提唱したリビー[6]のアイディアである．$_6C^{14}$ の半減期は 5730 年であることがわかっている（CRC Handbook of Chemistry and Physics, 第 4 版，B251 ページ）．

［解］　1.1 節の例 4 と同様に，放射性崩壊過程の数学モデルは
$$y' = ky, \quad 解 \quad y(t) = y_0 e^{kt}$$
である．ここで，y_0 は $_6C^{14}$ の初期存在量である．定義により，半減期（5730 年）は放射性物質の量が初期存在量の半分になるまでの時間であるから，
$$y_0 e^{5730k} = \frac{1}{2} y_0 \qquad (1)$$
がなりたつ．これは未知数 k に対する方程式であり，両辺を y_0 で割って対数をとれば，
$$e^{5730k} = \frac{1}{2}, \quad k = \frac{\ln(1/2)}{5730} = -0.000121 \qquad (2)$$
が得られる．$_6C^{14}$ が初期存在量の 25 ％ となるまでの時間は，
$$y_0 e^{-0.000121 t} = \frac{1}{4} y_0, \quad t = \frac{\ln(1/4)}{-0.000121} = 11460 \ [年] \qquad (3)$$
と求められる．よって，数学的解答としては，骨の年代は 11460 年ということになる．実際には，$_6C^{14}$ の半減期を実験から決定する場合には，約 40 年ほどの誤差がある．また，他の方法と比較すると，炭素年代法は少なめの値を与える傾向がある．おそらく，$_6C^{14}$ と $_6C^{12}$ の存在比が長い時代の間に変化しているからであろう．したがって，12000 ないし 13000 年程度というのが，現実的な解答と思われる．

解が半減期の 2 倍であることに気づいたであろうか．これはたまたまそうなったのだろうか．　◀

---

[6]　（訳注）Willard Frank Libby (1908-1980)，アメリカの物理化学者．炭素年代測定法の研究により 1960 年にノーベル化学賞を受賞した．

1.4 モデル化：分離可能な方程式

例2　混合の問題　図1.10の水槽には200ガロンの水があり，その中に40ポンドの塩が溶けている．毎分5ガロンの塩水（1ガロン当たり2ポンドの塩が含まれている）が水槽に流入していて，攪拌されて一様になった塩水が，やはり毎分5ガロンずつ流出している．各時刻における水槽中の塩の量 $y(t)$ を求めよ．

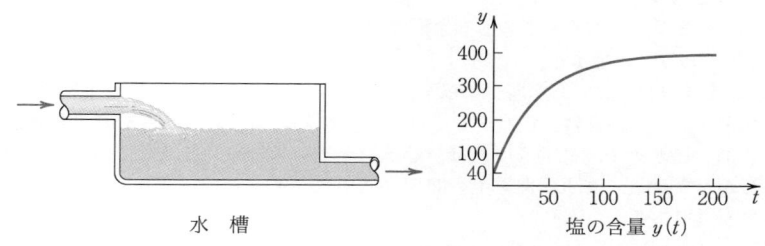

図1.10　例2の混合の問題

[解]　**ステップ1：モデル化**　$y(t)$ の時間変化 $y'=dy/dt$ は，塩の流入から流出を引いたものである．流入は毎分10ポンドである．1ガロン当たり2ポンドの塩を含む塩水が毎分5ガロン流入するからである．流出分を計算する．$y(t)$ は水槽中の塩の量である．水槽中の塩水の量はつねに200ガロンである．なぜなら，毎分5ガロンを流入して，5ガロン流出するからである．よって，1ガロンは $y(t)/200$ [ポンド] の塩を含む．したがって，流出する5ガロンは $5y(t)/200=y(t)/40=0.025y(t)$ [ポンド] の塩を含む．これが塩の流出分である．時間変化 y' は

$$y' = 毎分の塩の流入量 - 毎分の塩の流出量$$

という差し引きで決まる．毎分流入する塩の量は10ポンドであり，流出する塩の量は $0.025y(t)$ [ポンド] であるから，この方程式は

$$y' = 10 - 0.025y \tag{4}$$

となる．初期条件は $y(0)=40$ と仮定されている．この初期値問題が解くべきモデルである．

ステップ2：モデルの解と解釈　代数計算と変数分離によって，(4) から

$$y' = -0.025(y-400), \quad すなわち \quad \frac{dy}{y-400} = -0.025\,dt$$

が得られる．積分すれば，

$$\ln|y-400| = -0.025t + \tilde{c}$$

が得られる．指数をとれば，

$$y - 400 = ce^{-0.025t}$$

となる．これと初期条件から，

$$y(0) - 400 = 40 - 400 = -360 = c$$

が得られる．よって，時刻 t における水槽中の塩の量（図1.10）は

$$y(t) = 400 - 360e^{-0.025t} \quad [ポンド] \tag{5}$$

となる．$y(t)$ は時間とともに増加することがわかる．このことを物理的に説明できるだろうか．また，極限は $400=200\times 2$ [ポンド] であることもわかる．これは微分

方程式 (4)(あるいは与えられた問題の物理的意味)から直接理解できるものだろうか. ◀

例3 暖房の問題(ニュートン[7]の冷却の法則) 就寝の2時間前に家の暖房を切るとする.この時刻を $t=0$ とする.時刻 $t=0$ における温度 T は 66°F であったが,就寝するとき $(t=2)$ には 63°F となっていた.それから 8 時間後 $(t=10)$ の朝の温度を予想できるか.もちろんこの冷却過程は屋外の温度 T_A に依存するが,それは一定で 32°F であると仮定する.

[物理的情報] 温度 T の時間的変化率 dT/dt は,T と周囲の媒質の温度 T_A の差に比例することが実験からわかっている.これをニュートンの冷却の法則とよぶ.この法則を確かめる理想的な実験は,熱伝導がよい銅球を冷水中に浸すことであろう.しかしながら,この法則を上の問題に適用しても,物理過程を定性的に理解するのに有効である.

[解] **ステップ1:モデル化** まずニュートンの冷却の法則を式で表す.未知の比例定数を k とすると,

$$\frac{dT}{dt}=k(T-T_A)=k(T-32) \tag{6}$$

が得られる.

ステップ2:一般解 (6) について変数分離,積分,指数への変換などを行うと,

$$\frac{dT}{T-32}=k\,dt, \quad \ln|T-32|=kt+\tilde{c}, \quad T(t)=32+ce^{kt}$$

が得られる.

ステップ3:特殊解 初期条件は $T(0)=66$ である.これと一般解より,

$$T(0)=32+c=66, \quad c=34, \quad T(t)=32+34e^{kt}$$

が得られる(図 1.11).

ステップ4:k の決定 与えられたデータに従って $T(2)=63$ を用い,k についての代数方程式を解く.

$$T(2)=32+34e^{2k}=63, \quad e^{2k}=\frac{63-32}{34}=0.911765$$

よって $k=\frac{1}{2}\ln 0.911765=-0.046187$ となる.

ステップ5:解答と解釈 この k の値をステップ3の特殊解に代入し,$t=10$(暖房を切ってから 10 時間)とすると,翌朝の温度が近似的に 53°F になることがわかる.

$$T(10)=32+34e^{-0.046187\times 10}=53.4\ [°F]$$

---

[7] Sir Isaac Newton (1642-1727),イギリスの偉大な物理学者,数学者.1669 年にケンブリッジ大学の教授となり,また 1699 年に造幣局長となった.彼とドイツの数学者,哲学者である Gottfried Wilhelm Leibniz (1646-1716) は(独立に)微積分法を考案した.Newton は微積分法によって多くの基本的物理法則を発見し,また物理学の問題を研究する方法を創案した.彼の "Philosophia naturalis principia mathematica"(自然哲学の数学的原理,1687 年)で古典力学が展開されている.彼の業績は数学と物理学の両方において大変重要である.

1.4 モデル化:分離可能な方程式

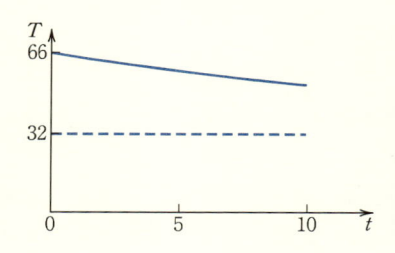

図1.11 例3のステップ3の温度

　この解はもっともらしいか.温度は2時間に3°F減少する.Tが1次関数ならば,66°Fから51°Fに15°Fだけ減少することになる.なぜ実際の温度のほうが高いのだろうか.
ステップ6:結果を検算せよ.　◀

例4　**地球からの脱出速度**　他の惑星に向けて宇宙船を発射するときには,その初速度を十分に大きくして,途中で速度が0となって地球に逆戻りしないようにすることが決定的に重要である.
　この例では,真上に発射されて地球から脱出する飛行体の初速度の最小値を求めよう.(途中でさらに押されることはないものとする.)空気抵抗や他の天体からの引力は無視する.
[解]　ステップ1:モデル化　ニュートンの万有引力(重力)の法則によれば,重力は$1/r^2$に比例する.ただし,rは地球の中心から飛行体までの距離である.対応する加速度は

$$a(r) = -\frac{gR^2}{r^2} \qquad (7)$$

である.ここでRは地球の半径を表す.負号は,重力が地球の中心方向,すなわちrの負の方向に作用することを示している.$r=R$のとき,$a(R)=-g$となる.gは地球表面における重力加速度である.
　微分の連鎖法則を用いれば,

$$a = \frac{dv}{dt} = \frac{dv}{dr}\frac{dr}{dt} = \frac{dv}{dr}v. \qquad (8)$$

これを(7)に代入すると,速度vに対する微分方程式

$$\frac{dv}{dr}v = -\frac{gR^2}{r^2} \qquad (9)$$

が得られる.
　ステップ2:微分方程式を解くこと　変数分離と積分により次式が得られる.

$$(a) \quad v\,dv = -gR^2\frac{dr}{r^2} \quad \text{および} \quad (b) \quad \frac{v^2}{2} = \frac{gR^2}{r} + c \qquad (10)$$

ステップ3:cを初速度で表すこと　地表では$r=R$,$v=v_0$(適当に選んだ初速度)である.ゆえに,(10b)において

$$\frac{v_0^2}{2} = \frac{gR^2}{R} + c, \quad \text{よって} \quad c = \frac{v_0^2}{2} - gR$$

となる.このcを用いて(10b)を2倍すれば,

$$v^2 = \frac{2gR^2}{r} + v_0^2 - 2gR \tag{11}$$

が得られる．

ステップ 4：脱出速度を決めること　$v^2=0$ ならば $v=0$ である．ここで飛行体は静止して地球に引き返す．

$$v_0 = \sqrt{2gR} \tag{12}$$

とおくと，(11) において $v_0^2 - 2gR = 0$ であるが，(11) の右辺の第 1 項 $2gR^2/r$ は正であるから v^2 は正のままである．(12) で与えられる v_0 は地球からの脱出速度とよばれている．これより小さい v_0 のときには，ある r のところで $v^2=0$ となるからである．

ステップ 5：数値計算　地球の半径は $R=6372$ [km] $=3960$ [マイル] である．さらに，$g=9.8$ [m/s²] $=0.00980$ [km/s²] $=32.15$ [フィート/s²] $=0.0069$ [マイル/s²] である．これより，

$$v_0 = \sqrt{2gR} = 11.2 \text{ [km/s]} = 6.96 \text{ [マイル/s]}.$$

ステップ 6：検算　結果を検算せよ． ◀

❖❖❖❖❖　**問題 1.4**　❖❖❖❖❖

1.　(指数型成長)　イーストの培養において，成長速度 y' は時刻 t に存在する量 $y(t)$ に比例する．もし，$y(t)$ が 1 日で 2 倍になるならば，3 日後に何倍になると期待されるか．1 週間後はどうか．

2.　(飛行機の離陸)　飛行機が滑走路を 2 km 走ってから離陸するとする．飛行機は初速度 10 m/s で動き出し，一定加速度で 50 s 走る．離陸時の速さはいくらか．

3.　(飛行機)　問題 2 において，加速度が 1.5 m/s² ならばどうなるか．

4.　(ロケット)　ロケットが真上に打ち上げられたとする．飛行の初期においては，$7t$ m/s² の加速度をもつ．$t=10$ [s] 後にエンジンを切ったとき，ロケットはどれほどの高さまで上がるか (空気抵抗は無視する)．

5.　(放射性炭素による年代測定)　3,000 年前に生存したとされる化石化した木の $_6C^{14}$ の含有量は当時の何 % か．

6.　(乾燥機)　乾燥機の中に置かれた紙が，その含水量に比例した速度で水分を失うものとする．初めの 10 分間で含水量の半分を失うものとすると，事実上乾燥する (99 % の水分が失われる) のはいつか．予想をたててから計算せよ．

7.　(乾燥機)　問題 6 の答えが 60 分と 70 分の間であることを計算せずに事実上知ることができるか．説明せよ．

8.　(線形加速器)　線形加速器は荷電粒子を加速するために用いられる．アルファ粒子が加速器に入射した後，一定加速度で加速して，10^{-3} s の間に 10^3 m/s から 10^4 m/s の速さとなる．加速度 a と 10^{-3} s の間に進んだ距離を求めよ．

9.　(理想気体に対するボイル・マリオット[8] の法則)　実験によれば，低い圧力 p

---

[8]　Robert Boyle (1627-1691)，イギリスの物理学者，化学者．王立協会の創立者の一人．Edmé Mariotte (1620 頃-1684)，フランスの物理学者，ディジョン近郊の修道院次長．

1.4　モデル化：分離可能な方程式　　　　　　　　　　　　　　　　　　　　　27

（温度一定）のもとでは，圧力変化に対する気体の体積変化率 $dV(p)/dp$ は $-V/p$ に等しい．対応する微分方程式を解け．

10. （脱出速度）　地球表面では脱出速度は 11.2 km/s である（例 4 参照）．ロケットで推進した飛行体が，地表から 1,000 km の距離のところで，ロケットから切り離される．この地点で飛行体が地球から脱出するのに必要な最小の速さはいくらか．それが 11.2 km/s よりも小さいのはなぜか．

11. （糖の転化現象）　実験によれば，希薄溶液におけるショ糖の転化速度は，転化していないショ糖の濃度 $y(t)$ に比例する．$t=0$ において濃度が 1/100 であり，$t=4$ において 1/300 であるとする．$y(t)$ を求めよ．

12. （指数型衰退）　ランベルト[9]の吸収の法則によると，非常に薄い透明な層における光の吸収は，層の厚さと入射する光の量に比例する．この法則を微分方程式として定式化して解け．

13. （ニュートンの冷却の法則）　5℃を指している温度計を22℃の部屋に入れる．1分後の温度計の読みは12℃であった．温度計の読みが事実上22℃（たとえば21.9℃）となるまでに要する時間はいくらか．

14. （混合の問題）　400ガロンの塩水が入っている容器がある．その中には，100ポンドの塩が溶けている．真水が容器に毎分2ガロンの割合で流入している．攪拌によって事実上一様となっている混合物も同じ割合で流出している．1時間後に容器にある塩の量はいくらか．

15. （曲線）　xy 平面において，各点 (x, y) で接線が $-4x/y$ の勾配をもつ曲線はどのようなものか．

16. （虫よけ玉）　虫よけ玉は蒸発によって体積が小さくなる．その速さはその時々の表面積に比例する．1箇月の間に，虫よけ玉の直径が2cmから1cmに減少したとする．虫よけ玉が事実上なくなる（たとえば，直径が1mmになる）までにどれほど長い時間が必要か．

17. （曲線）　xy 平面において，その接線が必ず原点を通るようなすべての曲線を見いだせ．

18. （摩擦）　物体が表面を滑るとき，運動と逆方向に摩擦力 F を受ける．実験によれば $|F|=\mu|N|$ である（潤滑しない場合のクーロン[10]の動摩擦の法則）．ここで，N は垂直抗力（2つの面の間に働く力，図1.12）である．比例定数 μ は動摩擦係数とよばれる．図1.12では，物体の重量は 45 N（約10ポンド，N は力の単位 ニュートンを表す），$\mu=0.20$（鋼鉄と鋼鉄が接触する場合），$\alpha=30°$，斜面は 10 m の長さであり，初速度は 0 である．空気の抵抗は無視できる．物体が斜面の底に到達したときの速度を求めよ．

19. ［プロジェクト］　半減期の公式　放射性物質の半減期 t_H を実験的に定めるためには，異なる時刻 t_1, t_2 における物質の現在量 y_1, y_2 を測定すればよい．時刻 t の単位は 日 とする．

---

9)　Johann Heinrich Lambert (1728-1777)，ドイツの物理学者，数学者．地図作製法と天文学への寄与で知られている．

10)　Charles Augustin de Coulomb (1736-1806)，フランスの物理学者，工学者．

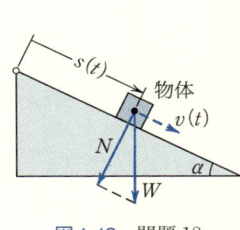

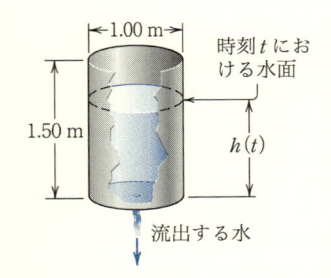

図 1.12　問題 18　　　図 1.13　協同プロジェクト 20 の水槽

(a)　$y_1 = y(1) = 0.2$ [g], $y_2 = y(4) = 0.05$ [g] として t_H を求めよ．
(b)　特別な場合 (a) の公式を参考にして，半減期に関する一般公式を求めよ．
(c)　第 3 の測定データが得られたとき，どのような目的に使えるか．

20.　[協同プロジェクト]　水槽からの流出，トリチェリ[11]の法則　トリチェリの法則によれば，水槽の底の穴から水は速度

$$v(t) = 0.600\sqrt{2gh(t)} \qquad (13)$$

で流れ出る．ここで，$h(t)$ は時刻 t における穴からの水の表面の高さである．$g = 980$ [cm/s²] $= 32.15$ [フィート/s²] は地表における重力加速度である．0.600 はボルダの収縮因子[12]（流れの断面積は実質的には穴の断面積よりも小さいことによる）である．図 1.13 を参照せよ．

(a)　(13) の $\sqrt{2gh}$ が自由落下の速度と同じであることを示せ．ただし，空気抵抗はないとする．

(b)　(13) を用いて，流出のモデルが

$$h' = -26.56\frac{A}{B(h)}\sqrt{h} \qquad (14)$$

となることを示せ．ここで，A は穴の断面積，$B(h)$ は水槽の断面積である．

　　[ヒント]　微小時間 Δt における水槽の中の水量の減少は，その間に流出する水量に等しい．　訳者注：すなわち，$-B(h)\Delta h = Av\Delta t$ がなりたつ．

(c)　(14) を B が一定の円筒水槽に対して解け．

(d)　$h(0) = 150$ [cm]，水槽の直径が 1 m，穴の直径が 1 cm のとき，いつ水槽が空になるか（図 1.13）．

(e)　穴を拡大したら，(c) の解はどう変わるか．水槽の断面積 B を大きくした場合はどうか．これらの結果は，解を求めなくとも (14) から直接予想できるだろうか．

(f)　缶を使って小さな水槽を作り，適切な実験を行って理論を検証せよ．できれば数学モデルを改良せよ．

---

[11]　Evangelista Torricelli (1608-1647)，イタリアの物理学者，数学者．フィレンツェで Galileo Galilei (1564-1642) の弟子となり，後に後継者となった．

[12]　J. Borda によって 1766 年に示唆された．Jean-Charles Borda (1733-1799)，フランスの物理学者．

1.5　完全微分方程式：積分因子

微分積分学によれば，関数 $u(x,y)$ が連続な偏導関数をもつとき，その微分[13]は

$$du = \frac{\partial u}{\partial x}dx + \frac{\partial u}{\partial y}dy$$

で与えられる．したがって，$u(x,y)=c=$ 一定 ならば $du=0$ である．

たとえば $u=x+x^2y^3=c$ に対しては

$$du = (1+2xy^3)dx + 3x^2y^2\,dy = 0,$$

すなわち

$$y' = \frac{dy}{dx} = -\frac{1+2xy^3}{3x^2y^2}$$

が得られる．逆に見なおすと，これは解くことのできる微分方程式である．この考え方は，以下に見るように強力な解法を与える．

1階微分方程式

$$\boxed{M(x,y)\,dx + N(x,y)\,dy = 0} \tag{1}$$

は，微分形式 $M(x,y)\,dx + N(x,y)\,dy$ が完全であるとき，完全微分方程式とよばれる．完全であるとは，この微分形式がある関数 $u(x,y)$ の微分

$$du = \frac{\partial u}{\partial x}dx + \frac{\partial u}{\partial y}dy \tag{2}$$

であることである．このとき，微分方程式 (1) は

$$du = 0$$

と表される．積分により，ただちに (1) の一般解として

$$\boxed{u(x,y) = c} \tag{3}$$

が得られる．(1) と (2) を比較すれば，

$$\text{(a)}\quad \frac{\partial u}{\partial x} = M, \quad \text{(b)}\quad \frac{\partial u}{\partial y} = N \tag{4}$$

を満たすある関数 $u(x,y)$ が存在するときには，(1) は完全微分方程式であることがわかる．

xy 平面上で重複点をもたない閉曲線で囲まれた領域において，M と N が定義されていて，連続的な 1 階偏導関数をもつとする．そのとき，(4) より (記号については付録 A3.2 を参照)，

$$\frac{\partial M}{\partial y} = \frac{\partial^2 u}{\partial y\partial x}, \qquad \frac{\partial N}{\partial x} = \frac{\partial^2 u}{\partial x\partial y}$$

---

[13]　$u(x,y)$ の全微分ということもある．

となるが，連続性の仮定により2つの2階導関数は等しいはずである．ゆえに，

$$\frac{\partial M}{\partial y} = \frac{\partial N}{\partial x}. \tag{5}$$

この条件は，(1) が完全微分方程式であるための必要条件であるだけでなく，十分条件でもある[14]．

(1) が完全ならば，関数 $u(x, y)$ は簡単に予想できることもあるが，次のように系統的に求めることもできる．(4a) を x について積分すれば，

$$u = \int M \, dx + k(y) \tag{6}$$

が得られる．この積分において y は一定とみなされ，$k(y)$ は積分定数の役割を果たす．$k(y)$ を求めるために，まず (6) より $\partial u / \partial y$ を求め，(4b) を用いて dk/dy を計算し，さらに dk/dy を積分して k を求める．

公式 (6) は (4a) から得られた．(4a) のかわりに (4b) を使うこともできる．そのときは，(6) のかわりにまず

$$u = \int N \, dy + l(x) \tag{6*}$$

を求める．$l(x)$ を決めるために，(6*) より $\partial u / \partial x$ を求め，(4a) を使って dl/dx を計算して積分する．以下の典型的な例によって計算法を具体的に説明しよう．

例1 **完全方程式** 微分方程式
$$(x^3 + 3xy^2) \, dx + (3x^2y + y^3) \, dy = 0 \tag{7}$$
を解け．

[解] *ステップ1：完全性の検証* 方程式は (1) の形であり，

$$M = x^3 + 3xy^2, \quad N = 3x^2y + y^3 \quad \text{よって} \quad \frac{\partial M}{\partial y} = 6xy, \quad \frac{\partial N}{\partial x} = 6xy$$

となる．これと (5) から，(7) が完全であることがわかる．

ステップ2：陰関数解 (6) より

$$u = \int M \, dx + k(y) = \int (x^3 + 3xy^2) \, dx + k(y)$$
$$= \frac{1}{4}x^4 + \frac{3}{2}x^2y^2 + k(y) \tag{8}$$

が得られる．$k(y)$ を求めるために，この公式を y について微分し，公式 (4b) を用いると，

---

[14] この事実は別の機会に証明する（第2巻 4.2節の定理3）．微分積分学の教科書にも証明が記されている．たとえば，付録1の文献 [13] を見よ．

1.5 完全微分方程式：積分因子

$$\frac{\partial u}{\partial y} = 3x^2 y + \frac{dk}{dy} = N = 3x^2 y + y^3$$

が得られる．よって $dk/dy = y^3$ であるから，$k = (y^4/4) + \tilde{c}$ となる．これを (8) に代入すると，

$$u(x, y) = \frac{1}{4}(x^4 + 6x^2 y^2 + y^4) = c \tag{9}$$

という解が得られる．

ステップ3：検算 ［注意］ この方法は，解を陽関数の形 $y = f(x)$ ではなく，陰関数の形 $u(x, y) = c =$ 一定 で与える．検算のためには，$u(x, y) = c$ を微分して，$dy/dx = -M/N$ あるいは $M\,dx + N\,dy = 0$ となることを確かめなければならない．

この例の場合，(9) を x について微分すると，

$$\frac{1}{4}(4x^3 + 12xy^2 + 12x^2 yy' + 4y^3 y') = 0$$

となる．この式の項を集めて整理すると，$M + Ny' = 0$ すなわち $M\,dx + N\,dy = 0$ が得られる．こうして検算が完了する． ◀

例2　初期値問題

$$(\sin x \cosh y)\,dx - (\cos x \sinh y)\,dy = 0, \qquad y(0) = 3 \tag{10}$$

を解け．

［解］ この方程式が完全であることは容易に確かめられる．(6) から

$$u = \int \sin x \cosh y\,dx + k(y) = -\cos x \cosh y + k(y).$$

さらに $\partial u/\partial y = -\cos x \sinh y + dk/dy$ が得られる．したがって，$dk/dy = 0$，すなわち $k =$ 一定 となる．一般解は $u =$ 一定，すなわち $\cos x \cosh y = c$ である．初期条件は $\cos 0 \cosh 3 = 10.07 = c$ を与える．ゆえに答えは $\cos x \cosh y = 10.07$ である．

図 1.14 には $y(0) = 0, 1, 2, 3$（太線），$4, 5$ を満たす特殊解が描かれている．すべての解が $x \to \pm \pi/2$ で無限大となる理由を説明せよ．

［検算］ $(\cos x \cosh y)' = -\sin x \cosh y + \cos x (\sinh y)y' = 0$ から (10) が導かれる．また，$\cos 0 \cosh 3 = 10.07$ により，解が初期条件を満たすことがわかる． ◀

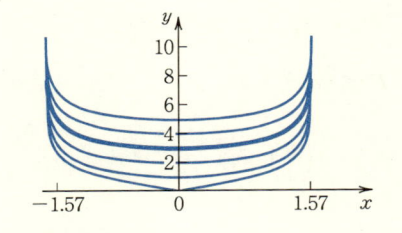

図1.14　例 2 の 6 つの特殊解

例3 ［注意］ 完全でない場合は上の方法は使えない．
微分方程式

$$-y\,dx + x\,dy = 0$$

を考えよう．$M = -y$，$N = x$ であるから，$\partial M/\partial y = -1$ であるが，$\partial N/\partial x = 1$ であ

る．よって，方程式は完全ではない．このような場合，今の方法はうまくいかない．
(6) より，
$$u = \int M\, dx + k(y) = -xy + k(y).$$
y について微分すれば，
$$\frac{\partial u}{\partial y} = -x + k'(y).$$
この式は $N=x$ と等しくなければならない．しかし，$k(y)$ は y のみの関数であるから，それは不可能である．(6*) を試みてもやはり失敗する．すでに紹介した別の方法を用いてこの方程式を解け． ◀

完全形に帰着させるための積分因子

例3の微分方程式
$$-y\, dx + x\, dy = 0$$
は完全形ではない．しかし，$1/x^2$ を掛けると完全方程式
$$\frac{-y\, dx + x\, dy}{x^2} = -\frac{y}{x^2}dx + \frac{1}{x}dy = d\left(\frac{y}{x}\right) = 0 \tag{11}$$
が得られる．(11) を積分すると，一般解 $y/x = c = $ 一定 が得られる．

もちろん，(11) の完全性は (4) によって通常の方法で確かめられる．
$$M = -\frac{y}{x^2}, \quad \frac{\partial M}{\partial y} = -\frac{1}{x^2}, \quad N = \frac{1}{x}, \quad \frac{\partial N}{\partial x} = -\frac{1}{x^2}.$$
この結果は，微分方程式を完全形に帰着させるための簡単なアイディアを提供する．すなわち，与えられた完全形でない方程式
$$\boxed{P(x, y)\, dx + Q(x, y)\, dy = 0} \tag{12}$$
にある関数 $F(x, y)$ を掛けて，解くことができる完全方程式
$$FP\, dx + FQ\, dy = 0 \tag{13}$$
を得るという方法である．関数 $F = F(x, y)$ は (12) の**積分因子**とよばれる．

例4 積分因子 (11) の積分因子は $F = 1/x^2$ である．よって，この場合の完全方程式 (13) は
$$FP\, dx + FQ\, dy = \frac{-y\, dx + x\, dy}{x^2} = d\left(\frac{y}{x}\right) = 0, \quad 解 \quad \frac{y}{x} = c.$$
これは原点を通る直線 $y = cx$ である．

注目すべき点は方程式 $-y\, dx + x\, dy = 0$ に対する積分因子は $1/x^2$ だけではないことである．その他の積分因子としては $1/y^2$, $1/xy$, $1/(x^2+y^2)$ などがある．実際，
$$\frac{-y\, dx + x\, dy}{y^2} = -d\left(\frac{x}{y}\right), \quad \frac{-y\, dx + x\, dy}{xy} = -d\left(\ln\frac{x}{y}\right),$$
$$\frac{-y\, dx + x\, dy}{x^2 + y^2} = -d\left(\arctan\frac{y}{x}\right). \tag{14}$$
◀

1.5 完全微分方程式：積分因子

積分因子を求める方法

簡単な場合には，積分因子は式の形を見るだけで求められる場合があるし，おそらくいろいろと試行しているうちに求められることもある［(14) も覚えておくとよい］．一般の場合には次のように考える．

$M\,dx+N\,dy=0$ に対して，完全性の条件 (4) は $\partial M/\partial y=\partial N/\partial x$ である．よって，(13) の $FP\,dx+FQ\,dy=0$ に対する完全性の条件は

$$\frac{\partial}{\partial y}(FP)=\frac{\partial}{\partial x}(FQ) \tag{15}$$

となる．積の微分を実行すると，

$$F_y P + F P_y = F_x Q + F Q_x$$

が得られる．一般の場合には，これは複雑すぎて役に立たない．そこで次の黄金律（指導原理）に従うことにする．"問題が解けない場合には，もっと単純な場合を解く．その結果が有用となるかもしれない（後で役立つかもしれない）．" よって，1 つの変数のみに依存する積分因子を求める．幸いなことに，多くの実際的な問題においては，後に見るようにそのような因子が存在する．まず，$F=F(x)$ とおく．そうすると，$F_y=0$ であり，$F_x=F'=dF/dx$ である．したがって，(15) は

$$FP_y = F'Q + FQ_x$$

となる．両辺を FQ で割って整理すると，

$$\frac{1}{F}\frac{dF}{dx}=\frac{1}{Q}\left(\frac{\partial P}{\partial y}-\frac{\partial Q}{\partial x}\right) \tag{16}$$

が得られる．これによって次の定理が証明される．

定理1 ［積分因子 $F(x)$］ (12) に関連して，(16) の右辺（R と書く）が x のみに依存するならば，(12) は積分因子 $F=F(x)$ をもつ．この積分因子は (16) を積分し，両辺の指数をとることによって得られる．すなわち，

$$F(x)=\exp\int R(x)\,dx. \tag{17}$$

同様にして $F=F(y)$ ならば，(16) のかわりに

$$\frac{1}{F}\frac{dF}{dy}=\frac{1}{P}\left(\frac{\partial Q}{\partial x}-\frac{\partial P}{\partial y}\right) \tag{18}$$

が得られる．よって以下の同様の定理も導かれる．

定理2 ［積分因子 $F(y)$］ (12) に関連して，(18) の右辺 $\tilde{R}$ が y のみに依存するならば，(12) は積分因子 $F=F(y)$ をもつ．この積分因子は (18) から

求められる．

$$F(y) = \exp \int \widetilde{R}(y)\, dy. \tag{19}$$

例5　定理1と2の応用：初期値問題　　定理1あるいは2を用いて，初期値問題

$$2\sin(y^2)\, dx + xy\cos(y^2)\, dy = 0, \qquad y(2) = \sqrt{\pi/2}$$

を解け．

［解］　ステップ1：完全性の検討　　この場合には

$$P = 2\sin(y^2), \qquad Q = xy\cos(y^2)$$

であるが，

$$P_y = 4y\cos(y^2) \neq Q_x = y\cos(y^2)$$

であるから，方程式は完全ではない．

ステップ2：積分因子　　定理1を試みる．(16)の右辺は

$$R = \frac{1}{Q}(P_y - Q_x) = \frac{1}{xy\cos(y^2)}\left[4y\cos(y^2) - y\cos(y^2)\right] = \frac{3y}{xy} = \frac{3}{x}$$

である．これより，定理1を適用できることがわかる．よって，(17)により積分因子が得られる．

$$F(x) = \exp \int R(x)\, dx = \exp \int \frac{3}{x}\, dx = x^3.$$

与えられた方程式に x^3 を掛けると新しい方程式

$$2x^3\sin(y^2)\, dx + x^4 y\cos(y^2)\, dy = 0 \tag{20}$$

が得られる．この方程式は完全である．なぜなら

$$\frac{\partial}{\partial y}[2x^3\sin(y^2)] = 4x^3 y\cos(y^2) = \frac{\partial}{\partial x}[x^4 y\cos(y^2)]$$

がなりたつからである．

ステップ3：一般解　　完全方程式(20)は陰関数解 $u(x, y) = c$ をもち，$u_x\, dx + u_y\, dy = 0$ という形に書ける．(6)から，

$$u = \int 2x^3\sin(y^2)\, dx + k(y) = \frac{1}{2}x^4\sin(y^2) + k(y).$$

これと(20)の第2項から，

$$u_y = x^4 y\cos(y^2) + k'(y) = x^4 y\cos(y^2).$$

よって，$k'(y) = 0$ すなわち $k = $一定　である．一般解は

$$u(x, y) = \frac{1}{2}x^4\sin(y^2) = c = 一定$$

となる．

ステップ4：初期値問題の特殊解　　$u(x, y)$ に初期値 $y(2) = \sqrt{\pi/2}$ を代入すると，

$$\frac{1}{2}2^4\sin\left(\frac{\pi}{2}\right) = 8 = c$$

が得られる．よって，求める特殊解は

$$\frac{1}{2}x^4\sin(y^2) = 8, \qquad すなわち \quad x^4\sin(y^2) = 16$$

となる（図1.15）．◀

1.5 完全微分方程式：積分因子

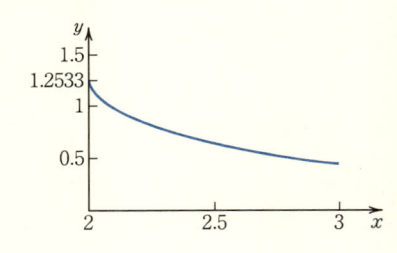

図1.15 例5の特殊解

❖❖❖❖❖　問題 1.5　❖❖❖❖❖

与えられた解をもつ完全方程式　$u(x,y)$ が与えられたとき，完全微分方程式 $du=0$ を求め，いくつかの解曲線 $u(x,y)=$ 一定 を描け．

1. $u=x^2+4y^2$　　2. $u=x^2-y^2$　　3. $u=e^{x^2/y}$
4. $u=1/(x^2+y^2)$　　5. $u=\tan(y^2-x^3)$　　6. $u=\sin x \cosh y$

完全方程式の解　次の方程式が完全であることを示し，解を求めよ．

7. $2xy\,dx+x^2\,dy=0$　　8. $-yx^{-2}\,dx+x^{-1}\,dy=0$
9. $\sinh x \cos y\,dx=\cosh x \sin y\,dy$　　10. $e^{3\theta}(dr+3r\,d\theta)=0$
11. $e^{-2\theta}(r\,dr-r^2\,d\theta)=0$　　12. $(\cot y+x^2)\,dx=x\,\mathrm{cosec}^2 y\,dy$

完全性の検討，初期値問題　以下の方程式は完全か．上述の方法のどれかを用いて初期値問題を解け．（解法の詳細を示せ．）

13. $3y^2\,dx+x\,dy=0,\quad y(1)=1/2$
14. $2y^{-1}\cos 2x\,dx=y^{-2}\sin 2x\,dy,\quad y(\pi/4)=3.8$
15. $2xy\,dy=(x^2+y^2)\,dx,\quad y(1)=2$
16. $ye^x\,dx+(2y+e^x)\,dy=0,\quad y(0)=-1$
17. $[(x+1)e^x-e^y]\,dx=xe^y\,dy,\quad y(1)=0$
18. $2\sin\omega y\,dx+\omega\cos\omega y\,dy=0,\quad y(0)=\pi/2\omega$
19. $2\sin 2x \sinh y\,dx-\cos 2x \cosh y\,dy=0,\quad y(0)=1$
20. $(2xy\,dx+dy)e^{x^2}=0,\quad y(0)=2$

完全性と積分因子

21. どのような条件のもとで，$(ax+by)\,dx+(kx+ly)\,dy=0$ が完全であるか．（ここで，a,b,k,l は定数とする．）完全方程式を解け．
22. 例1の解曲線はどんな図形になるか．
　　[ヒント]　$x=s+t,\ y=s-t$ によって新しい変数を導入せよ．
23. $y,\ xy^3,\ x^2y^5$ が $y\,dx+2x\,dy=0$ の積分因子であることを確かめ，解け．
24. （検算）解の検算はつねに重要である．積分因子の方法との関連でいえば，検算はとくに本質的である．なぜならば，$F(x,y)=0$ で与えられるような関数 $y(x)$ を除外しなければならないからである．例として，$(xy)^{-1}dy-x^{-2}\,dx=0$ を考え，積分因子が $F=y$ であり，$d(y/x)=0$ が導かれることを示せ．これより，$y=cx$（c は任意定数）である．しかし，$F=y=0$ はもとの方程式の解ではない．

積分因子を確かめて解を求めること 与えられた関数が積分因子であることを示し，解を求めよ．

25. $\sin y\, dx + \cos y\, dy = 0$, $\quad e^x$
26. $y\, dx + [y + \tan(x+y)]\, dy = 0$, $\quad \cos(x+y)$
27. $(a+1)y\, dx + (b+1)x\, dy = 0$, $\quad x^a y^b$
28. $3(y+1)\, dx = 2x\, dy$, $\quad (y+1)/x^4$
29. $(2y + xy)\, dx + 2x\, dy = 0$, $\quad 1/xy$
30. $2\cos y\, dx = \tan 2x \sin y\, dy$, $\quad \cos 2x$

積分因子を求めること 視察あるいは定理1, 2により積分因子を求め，解け．

31. $2\cosh x \cos y\, dx = \sinh x \sin y\, dy$ 　　**32.** $2xy\, dx + 3x^2\, dy = 0$
33. $(2\cos y + 4x^2)\, dx = x \sin y\, dy$ 　　**34.** $2\cos y\, dx = \sin y\, dy$
35. $2x\tan y\, dx + \sec^2 y\, dy = 0$ 　　**36.** $(y+1)\, dx - (x+1)\, dy = 0$
37. $x^{-1}\cosh y\, dx + \sinh y\, dy = 0$

38. [**論文プロジェクト**] さまざまな方法によって解ける微分方程式 これまで議論してきた解法の簡単なまとめを書け．本文や問題の中から自分で方程式を選んで，いくつかの方程式が複数の方法で解けることを示せ．それぞれの場合の労力を比較せよ．

39. [**プロジェクト**] 逆向きの作業 多くの分野で，解から問題にいたる逆向きの作業が有用である．オイラーなどの優れた研究者がそのような作業を行ってきた．積分因子のアイディアに対する理解を深めるために，自分で選んだ $u(x, y)$ から出発して，$du = 0$ を求め，ある関数 $F(x, y)$ で割って完全性がなりたたないようにする．こうして，積分因子によって解けるどんな方程式が得られるかを示せ．もっとも単純な $F(x, y)$ から出発して系統的に進めることができるか．

40. [**CAS プロジェクト**] 特殊解を図示すること このプロジェクトは方程式
$$dy - y^2 \sin x\, dx = 0 \tag{21}$$
の特殊解に関するものである．

（a） (21) が完全でないことを示せ．定理1あるいは2を用いて，積分因子を求め，(21) を解け．

（b） 変数分離により (21) を解け．これは (a) より簡単か．

（c） 次の初期条件を満たす7つの特殊解を図示せよ．$y(0) = 1$, $y(\pi/2) = \pm 1/2, \pm 2/3, \pm 1$（図 1.16 を見よ）．

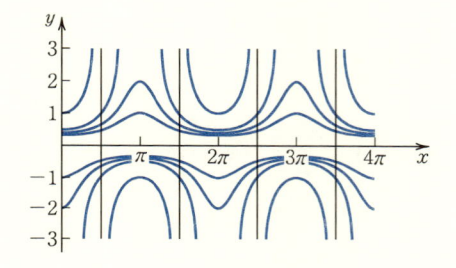

図 1.16 CAS プロジェクト 40 の特殊解

(d) (21)のどの解が，(a)あるいは(b)で得られないか．

1.6　線形微分方程式：ベルヌーイの方程式

1階微分方程式は，

$$y' + p(x)y = r(x) \quad (1)$$

という形に表されるとき，線形であるという．この方程式の特徴は，未知関数 y とその導関数 y' について1次式であることである．ただし，左辺の p と右辺の r は任意の x の関数として与えられる．

右辺 $r(x)$ が方程式を考える区間のすべての x に対して0ならば［$r(x) \equiv 0$ と書く］，方程式は同次であるという．そうでない場合には，非同次であるという．

ある区間 I において p と r が連続であるとして，(1) の一般解に対する公式を求めよう．同次方程式

$$y' + p(x)y = 0 \quad (2)$$

に対しては，これは非常に簡単である．実際，変数分離により

$$\frac{dy}{y} = -p(x)dx, \quad \text{よって} \quad \ln|y| = -\int p(x)dx + c^*$$

が得られ，両辺の指数をとれば，

$$y(x) = ce^{-\int p(x)dx} \qquad (y \gtrless 0 \text{ に従い } c = \pm e^{c^*}) \quad (3)$$

となる．ここで $c=0$ ととることもできる．その場合には自明な解 $y(x) \equiv 0$ が得られる．

つぎに非同次方程式 (1) を解こう．これは x だけに依存する積分因子をもつというよい性質をもっていることがわかる．まず，(1) を

$$(py - r)dx + dy = 0$$

と書いてみる．これは $P\,dx + Q\,dy = 0$ の形をしており，$P = py - r$, $Q = 1$ である．よって，1.5節の (16) は単純に

$$\frac{1}{F}\frac{dF}{dx} = p(x)$$

となる．これは x だけに依存するから，方程式 (1) は積分因子 $F(x)$ をもつ．この積分因子は，1.5節の (17) と同様に，積分して指数をとれば簡単に求めることができる．すなわち，

$$F(x) = e^{\int p\,dx}.$$

(1) にこの F を掛けると，
$$e^{\int p\,dx}(y'+py)=e^{\int p\,dx}r.$$
積の微分の公式を用いて，
$$(e^{\int p\,dx}y)'=e^{\int p\,dx}(y'+py), \quad \text{よって，} \quad (e^{\int p\,dx}y)'=e^{\int p\,dx}r.$$
これを x について積分すると，
$$e^{\int p\,dx}y=\int e^{\int p\,dx}r\,dx+c$$
が得られる．両辺を $e^{\int p\,dx}$ で割り，$\int p\,dx$ を h と略記すると，

$$\boxed{\,y(x)=e^{-h}\Bigl[\int e^{h}r\,dx+c\Bigr], \quad h=\int p(x)\,dx\,} \qquad (4)$$

が得られる．これは (1) の一般解を積分の形で表したものである[15]．（$\int p\,dx$ の積分定数の値をどのようにするかは重要ではない．問題 2 を参照．）

例1　線形微分方程式
$$y'-y=e^{2x}$$
を解け．

[解]　この場合，
$$p=-1, \quad r=e^{2x}, \quad h=\int p\,dx=-x$$
であり，一般解は
$$y(x)=e^{x}\Bigl[\int e^{-x}e^{2x}\,dx+c\Bigr]=e^{x}(e^{x}+c)=ce^{x}+e^{2x}$$
となる．

このような簡単な場合には，一般公式 (4) は必要でなく，むしろ方程式に $e^{h}=e^{-x}$ を掛けて直接計算を進めたほうがよい．その結果，
$$(y'-y)e^{-x}=(ye^{-x})'=e^{2x}e^{-x}=e^{x}$$
が得られる．両辺を積分すれば前と同じ結果になる．
$$ye^{-x}=e^{x}+c, \quad \text{よって} \quad y=e^{2x}+ce^{x}. \qquad \blacktriangleleft$$

例2　混合の問題　　図 1.17 の水槽には 1000 ガロンの水があり，その中に 200 ポンドの塩が溶けている．1 ガロン当たり $1+\cos t$ ［ポンド］の塩を含む塩水が，毎分 50 ガロンずつ水槽に流入している．攪拌によって一様になっている混合物が同じ量だけ流出している．任意の時刻 t において塩の量 $y(t)$ はいくらかを求めよ．

[解]　ステップ 1：モデル化　　1.4 節の例 2 と同様である．本質的な相違は流入する塩水の塩の含量が，$50(1+\cos t)$ という形で変動していることである．$y(t)$ は，つねに 1000 ガロンの塩水を保っている水槽中の塩の量である．よって，$y(t)/1000$

---

[15]　もし積分が初等積分学の通常の方法でできない場合には（実際上の問題でしばしば起こることであるが），数値積分法（第 5 巻 1.5 節）あるいは微分方程式自体の数値解法（第 5 巻 3.1, 3.2 節）を使わなければならなくなる．

1.6 線形微分方程式：ベルヌーイの方程式

は 1 ガロン当たりの塩の含量である．$50y(t)/1000=0.05y(t)$ は毎分流出する塩水の塩の含量である．y の変化速度 $y'=dy/dt$ は以下の収支で表される．
$$y' = 流入 - 流出 = 50(1+\cos t) - 0.05y \tag{5}$$

ステップ 2：解　方程式 (5) は非同次線形微分方程式であり
$$y' + 0.05y = 50(1+\cos t) \tag{5*}$$
と表される．よって (4) において $p=0.05$, $h=0.05t$ となり，一般解
$$\begin{aligned}
y &= e^{-0.05t}\left(\int e^{0.05t} 50(1+\cos t)\, dt + c\right) \\
&= e^{-0.05t}[e^{0.05t}(1000+a\cos t+b\sin t)+c] \\
&= 1000 + a\cos t + b\sin t + ce^{-0.05t}
\end{aligned}$$
が得られる．ここで，$a=2.5/(1+0.05^2)=2.494$, $b=50/(1+0.05^2)=49.88$ である．これらの値は積分を計算することによって得られる[16]．これと初期条件 $y(0)=200$ によって
$$y(0)=1000+a+c=200, \quad c=200-1000-a=-802.5$$
が得られる．よって，この問題の解は
$$y(t)=1000+2.494\cos t+49.88\sin t-802.5e^{-0.05t}$$
である．

ステップ 3：解の意味　図 1.17 は解 $y(t)$ を表す．$y(t)$ の最後の項だけが初期条件に依存する．なぜならば，c だけが初期条件に依存するからである．この項は単調に減少する．その結果，$y(t)$ は増大しつつ平均値の極限 1000 のまわりで振動を続ける．

この平均値も図 1.17 に示されている．これは微分方程式
$$y'+0.05y=50$$
の解として求められる．この方程式は (5*) の右辺を平均の塩の流入量（毎分 50 ポンド）でおきかえたものである．初期条件を満たす解は
$$y=1000-800e^{-0.05t}$$
である．この曲線を 1.4 節の例 2 の曲線と比較し，コメントせよ．　◀

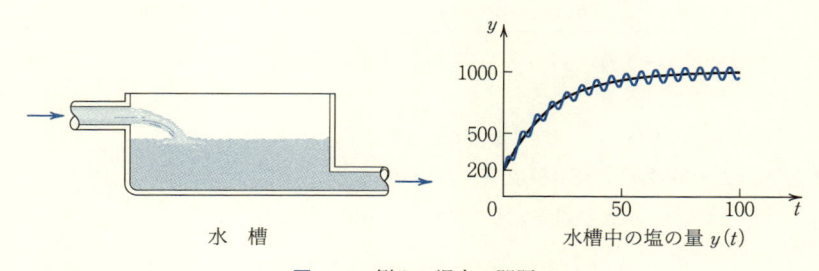

図 1.17　例 2 の混合の問題

---

16)　(訳注)　微分積分学で学んだ積分公式
$$\int e^{a^*t}\cos b^*t\, dt = \frac{e^{a^*t}}{a^{*2}+b^{*2}}(a^*\cos b^*t + b^*\sin b^*t) + c^*$$
を用いればよい（a^*, b^* は与えられた定数，c^* は積分定数）．

例 3　微分方程式

$$y'+2y=e^{x}(3\sin 2x+2\cos 2x)$$

を解け．

［解］　ここでは $p=2, h=2x$ であるから，(4) は

$$y=e^{-2x}\left[\int e^{2x}e^{x}(3\sin 2x+2\cos 2x)\,dx+c\right]$$
$$=e^{-2x}(e^{2x}\sin 2x+c)=ce^{-2x}+e^{x}\sin 2x$$

となる．◀

例 4　初期値問題

$$y'+y\tan x=\sin 2x, \qquad y(0)=1$$

を解け．

［解］　この場合，$p=\tan x$，$r=\sin 2x=2\sin x\cos x$ であり，

$$\int p\,dx=\int \tan x\,dx=\ln|\sec x|$$

である．したがって，(4) において

$$e^{h}=\sec x, \qquad e^{-h}=\cos x, \qquad e^{h}r=(\sec x)(2\sin x\cos x)=2\sin x$$

であることがわかる．この方程式の一般解は

$$y(x)=\cos x\left[2\int \sin x\,dx+c\right]=c\sin x-2\cos^{2}x$$

である．これと初期条件により，$c=3$ が得られる．よってこの初期値問題の解は $y=3\cos x-2\cos^{2}x$ である．◀

線形方程式への変換，ベルヌーイの方程式

節末の問題 1.6，31-38 に示すように，ある種の非線形微分方程式は適当な変換によって線形方程式に帰着させることができる．そのもっとも有名な実例は次のベルヌーイ[17] の方程式である．

$$y'+p(x)y=g(x)y^{a} \qquad (a \text{ は任意の実数}) \qquad (\mathbf{6})$$

$a=0$ あるいは $a=1$ ならば，方程式 (6) は線形であるが，それ以外では非線形である．そこで，

$$u(x)=[y(x)]^{1-a}$$

とおき，これを微分して (6) と組み合わせると，

$$u'=(1-a)y^{-a}y'=(1-a)y^{-a}(gy^{a}-py)$$

---

17)　Jakob Bernoulli (1654-1705)，スイスの数学者でバーゼル大学の教授．弾性論と数学的確率論に対する寄与で知られている．ベルヌーイの方程式の解法は 1696 年 Leibniz によって発見された．Jakob Bernoulli の学生の中に甥の Niklaus Bernoulli (1687-1759) と末弟 Johann Bernoulli (1667-1748) がいた．Niklausは確率論および無限級数論に寄与し，Johann は微積分学の発展に深い影響を与え，バーゼル大学で Jakobの 後任となった．その学生の中にGabriel Cramér (第 2 巻 2.6 節参照) と Leonhard Euler (2.6 節参照) がいた．彼の息子Daniel Bernoulli (1700-1782) は流体論と気体運動論において基礎的な業績をあげた．

1.6 線形微分方程式：ベルヌーイの方程式

が得られる．整理した結果は
$$u' = (1-a)(g - py^{1-a})$$
である．右辺では $y^{1-a} = u$ であるから，次の線形方程式が導き出される．
$$u' + (1-a)pu = (1-a)g \tag{7}$$

例5 ベルヌーイの方程式，フェアフルストの方程式，ロジスティック人口動態モデル　　フェアフルストの方程式[18]とよばれる特殊なベルヌーイ方程式
$$y' - Ay = -By^2 \quad (A, B \text{ は正の定数}) \tag{8}$$
を解け．

［解］　この場合は $a = 2$ であるから，$u = y^{-1}$ とおき，微分して (8) と組み合わせると，
$$u' = -y^{-2}y' = -y^{-2}(-By^2 + Ay) = B - Ay^{-1},$$
すなわち，
$$u' + Au = B.$$
(4) において $p = A$，$h = Ax$，$r = B$ であるから，
$$u = e^{-Ax}\left[\int Be^{Ax}\,dx + c\right] = e^{-Ax}\left[\frac{B}{A}e^{Ax} + c\right] = ce^{-Ax} + \frac{B}{A}$$
となる．これより (8) の一般解
$$y = \frac{1}{u} = \frac{1}{(B/A) + ce^{-Ax}} \tag{9}$$
が得られる．(8) からすぐわかるように $y(x) \equiv 0$ もまた解である．

式 (9) は人口動態のロジスティック法則とよばれる．そのさいには x は時間，y は人口を表し，$x, y \geqq 0$ である．とくに $B = 0$（かつ $c > 0$）の場合には，指数型成長 $y = (1/c)e^{Ax}$（1.1 節の問題 25 のマルサスの法則）を与える．(8) の中の $-By^2$ は "制動項" とよばれ，人口が際限なく増大することを防ぐものである．$B > 0$ のときには $c > 0$ だけでなく $c < 0$ も可能である．実際，$c > 0$ ならば $y(0) = A/(B + cA) < A/B$，$c < 0$ ならば $y(0) > A/B$ となる．したがって (9) は，初めに少ない人口 $[0 < y(0) < A/B]$ であった場合には単調に増加して極限値 A/B に収束し，初め

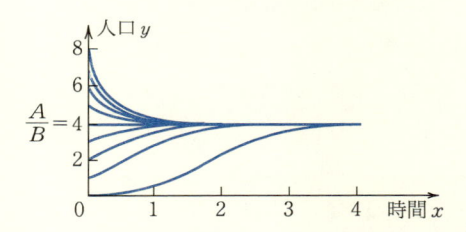

図 1.18　ロジスティック人口動態モデル．例 5，式 (9) において $A/B = 4$ とおいたときの曲線

---

18) （訳注）Verhulst については問題 1.2, 18 の注 4) を見よ．そこでは，Verhulst の方程式の係数 A, B は a, b と記されている．

に多い人口 $[y(0) > A/B]$ であった場合には同じ極限値まで単調に減少することを表す（図1.18）。

ロジスティック法則は，人間の人口（問題 50 の CAS プロジェクトを見よ）のほか動物の個体数などにも応用されており，非常に有用である（C. W. Clark, *Mathematical Bioeconomics*, New York, Wiley, 1976 を見よ）。◀

入力と出力

以下の問題 1.6 や次節で紹介されているように，線形微分方程式 (1) はさまざまな分野に応用される．多くの場合に，独立変数 x は時間を表す．(1) の右辺の $r(x)$ は広い意味の力を表し，解 $y(x)$ は変位，電流などの変動する物理量を表す．数理工学では，$r(x)$ はしばしば入力とよばれ，$y(x)$ は出力とよばれたり，入力（ならびに初期条件）に対する応答とよばれたりする．たとえば電気工学では，微分方程式が電気回路の挙動を決定するものであり，出力 $y(x)$ は入力 $r(x)$ に対応する方程式の解として得られる．このような考えについて，次節で典型例によって説明する．(2 階微分方程式については，2.5，2.11，2.12 節で扱う．)

(1) に対する解の公式 (4) において，初期条件に依存するただ 1 つの量は定数 c である．(4) を 2 つの項の和として

$$y(x) = e^{-h} \int e^h r\, dx + c e^{-h}$$

と書き，次のように解釈することができる．

> 全出力＝入力に対する応答＋初期データに対する応答　　(10)

❖❖❖❖❖ 問題 1.6 ❖❖❖❖❖

1. $e^{-\ln x} = 1/x$（$-x$ ではない）を示せ．また，$e^{-\ln(\sec x)} = \cos x$ を示せ．

2. $\int p\, dx$ [(4) を見よ] の積分定数の値をどのようにとるかは重要ではない（0 としてもよい）ことを示せ．

一般解　問題 3-14 において，微分方程式の一般解を求めよ．（計算の詳細を示せ．）

3. $y' - y = 4$　　　**4.** $y' + 2y = 2.5$　　　**5.** $y' + 3xy = 0$

6. $y' + xy = 4x$　　**7.** $y' + ky = e^{-kx}$　　**8.** $y' + 4y = \cos x$

9. $xy' = 2y + x^3 e^x$　**10.** $y' + y = e^{-x} \tan x$　**11.** $y' = (y-2) \cot x$

12. $x^3 y' + 3x^2 y = 1/x$　**13.** $y' + y \sin x = e^{\cos x}$　**14.** $x^2 y' + 2xy = \sinh 5x$

初期値問題　以下の初期値問題を解け．（解法の詳細を示せ．）

15. $y' + 4y = 20$,　　$y(0) = 2$

1.6 線形微分方程式：ベルヌーイの方程式

16. $y' - (1+3x^{-1})y = x+2, \quad y(1) = e-1$
17. $y' = 2(y-1)\tanh 2x, \quad y(0) = 4$
18. $y' = y\tan x, \quad y(\pi) = 2$
19. $y' + 3y = \sin x, \quad y(\pi/2) = 0.3$
20. $y' + 6x^2 y = e^{-2x^3}/x^2, \quad y(1) = 0$
21. $y' = 1 + y^2, \quad y(0) = 0$
22. $xy' + 4y = 8x^4, \quad y(1) = 2$

同次線形微分方程式 (2) の一般的性質　(2) が以下のような性質をもつことを示せ．自分で例をあげて説明せよ．

23. $y \equiv 0$ は (2) の解である．これを自明な解とよぶ．
24. y_1 が (2) の解ならば，任意の定数 c を掛けた cy_1 も解である．
25. (2) の 2 つの解 y, y_2 の和 $y_1 + y_2$ もまた (2) の解である．

非同次線形微分方程式 (1) の一般的性質 $[r(x) \not\equiv 0 $ とする$]$　(1) が以下の基本的性質をもつことを示せ．それぞれについて例を 1 つずつあげよ．

26. y_1 が (1) の解であり，y_2 が (2) の解ならば，$y_1 + y_2$ は (1) の解である．
27. (1) の 2 つの解の差 $y = y_1 - y_2$ は (2) の解である．
28. y_1 が (1) の解ならば，$y = cy_1$ は $y' + py = cr$ の解である．
29. y_1 が $y_1' + py_1 = r_1$ の解であり，y_2 が $y_2' + py_2 = r_2$ (p は同じ) の解ならば，$y = y_1 + y_2$ は $y' + py = r_1 + r_2$ の解である．
30. (1) の $p(x)$ と $r(x)$ が定数ならば，すなわち，$p(x) = p_0, r(x) = r_0$ ならば，(1) は変数分離によって解くことができ，(4) より得られる結果と一致する．

非線形微分方程式の線形方程式への変換　以下の方程式を線形方程式に帰着させて解け．線形方程式と解を示すだけでなく，解にいたるすべての段階を示せ．（いくつかはベルヌーイの方程式であり，他の方程式も x を未知関数として y をその独立変数と見なすことによって線形化できる．）

31. $y' + 2y = y^2$
32. $y' + y = -\dfrac{x}{y}$
33. $y' + \dfrac{y}{3} = \dfrac{(1-2x)y^4}{3}$
34. $y' = \dfrac{\tan y}{x-1}$
35. $y' = \dfrac{1}{6e^y - 2x}$
36. $y'(\sinh 3y - 2xy) = y^2$
37. $y' + xy = xy^{-1}$
38. $2xyy' + (x-1)y^2 = x^2 e^x \quad (y^2 = z $ とおけ$)$

応用問題（次節でも追加の予定）

39.　（混合の問題）　例 2 において，$\cos t$ を $e^{-0.1t}\cos t$ でおきかえたらどうなるか．初めに予想をたててから計算し図示せよ．

40.　ホルモンの分泌は次のようにモデル化される．

$$y' = a - b\cos\left(\dfrac{2\pi t}{24}\right) - ky$$

ここで t は時刻（単位は時間）で，原点 $t=0$ は，たとえば午前 8 時のように適当に選ぶ．$y(t)$ は血液中のあるホルモンの分泌量，したがって $y'(t)$ は分泌量の時間的変化率（分泌速度）を表す．a は平均分泌速度を与える．$b\cos(\pi t/12)$ は毎日の 24 時間の周期的分泌速度，ky は血液からのホルモンの除去速度に相当している．$a = b = k = 1, y(0) = 2$ として解を求めよ．

41. （ニュートンの冷却の法則，**1.4** 節） オーブンから出したばかりのケーキの温度が 300 °F であり，10 分後に 200 °F になったとする．事実上 60 °F の室温になるのは（たとえば 61 °F になるのは）いつか．

42. （原子力廃棄物処理） 原子力廃棄物を密封した容器が海洋に投棄されたとする．ニュートンの運動方程式

$$質量 \times 加速度 = 力$$

から以下のモデルが与えられる．v を速さとすると，

$$m\frac{dv}{dt} = W - B - kv, \qquad v(0) = 0. \tag{11}$$

ここで，W は容器の重量で下方に向かっている．B は水の浮力であり，上方に向いている．$-kv$ は粘性抵抗で，運動と逆方向にはたらく．方程式を解いて $v(t)$ を求めよ．$y(0) = 0$ として積分によって $y(t)$ を求めよ．容器は海洋底と衝突しても破壊しないことが必要である．そこで，海洋底に速さ $c_{\text{crit}} = 12$ [m/s] で衝突しても破壊されないとする．$W = 2254$ [N]（約 507 ポンド），$B = 2090$ [N]（約 470 ポンド），$k = 0.637$ [kg/s] として，容器が v_{crit} に達するときの時刻 t_{crit} を求めよ．海洋底が約 105 m よりも深いときに破壊が起こることを示せ．（速さがあまり大きくないときには，粘性抵抗は速さに比例することが実験的に確認されている．）

43. 問題 42 において，重量と浮力がともに 1000 N（約 225 ポンド）だけ増えれば何が起こるか．

リッカティの方程式とクレローの方程式

44. リッカティ[19] の方程式は $y' + p(x)y = g(x)y^2 + h(x)$ という形の方程式である．リッカティの方程式 $y' = x^3(y-x)^2 + x^{-1}y$ が $y = x$ という解をもつことを確かめ，$w = y - x$ を代入してベルヌーイの方程式に変換されることを示し，解を求めよ．

45. 問題 44 の一般的なリッカティの方程式（$h \equiv 0$ のときベルヌーイの方程式）は 1 つの解 $y = v$ が知られているとき，$w = y - v$ によりベルヌーイの方程式に帰着することを示せ．

46. クレロー[20] の方程式は $y = xy' + g(y')$ という形の方程式である．特殊なクレローの方程式 $y = xy' + 1/y'$ を解け．

　　［ヒント］ 方程式を x について微分せよ．

47. 問題 46 の任意関数 $g(x)$ に対する一般的なクレローの方程式は，直線族を表す一般解 $y = cx + g(c)$ および $s = y'$ とおいたとき $g'(s) = -x$ で与えられる特異解をもつ．一般解の直線族は特異解曲線の接線であり，特異解は一般解の包絡線である．以上を証明せよ．

　　［ヒント］ $s = y'$ とおいた微分方程式 $y = sx + g(s)$ を x について微分すれば，$s'[x + g'(s)] = 0$ が得られる．$s' = 0$ は一般解 $y = cx + g(c)$ を与え，$x + g'(s) = 0$ は特異解 $y = sx + g(s) = -sg'(s) + g(s)$ を与える．

---

19) Jacopo Francesco Riccati (1676–1754)，イタリアの数学者．1723 年にこの方程式を導入した．

20) Alex Claude Clairaut (1713–1765)，フランスの数学者．測地学と天文学の業績でも知られている．

1.6 線形微分方程式：ベルヌーイの方程式

48. 正の x 軸と y 軸の間に長さ 1 の線分をもつ直線は，クレローの方程式 $y = xy' - y'/\sqrt{1+y'^2}$ の解である．また，この方程式の特異解はアストロイド[21] $x^{2/3} + y^{2/3} = 1$ である．これらを図示せよ．

49. ［協同プロジェクト］ 微分方程式の変換は微分方程式の解法をより広い範囲の方程式に拡張することを目的としている．まず方程式を変数分離型に変換し，つぎに完全形に変換し，さらに線形方程式に変換した．これらの変換の基本的なアイディアを説明せよ．それぞれについて，自分で 2 つの例をあげ，変換された方程式だけでなく，計算の各段階を示して詳しく説明せよ．

50. ［CAS プロジェクト］ 米国に関するフェアフュルストの人口動態モデル　このプロジェクトでは，フェアフュルストの人口動態モデル (8) の解 (9) におけるパラメータの役割とその変化の効果を，CAS から得られるグラフを使って調べよう．目標は次の米国の人口の概算データに対する (9) の適合度を改善することである．

x	0	30	60	90	120	150	180	190
年度	1800	1830	1860	1890	1920	1950	1980	1990
人口(百万人)	5.3	13	31	63	105	150	230	250

(a) フェアフュルストは，1845 年に (9) において $A = 0.03$, $B = 1.6 \times 10^{-4}$ と予想した．ここで x は年度を表し，$x = 0$ が 1800 年に対応する．$y(x)$ は百万人を単位としている．$y(0) = 5.3$ として，データと曲線をグラフに描け．適合度（データと曲線の一致の程度）を言葉で表現せよ．図 1.19a を見よ．

(b) (a)より適合度を改善するためには，極限値を増大させればよいことを示せ．図 1.19b は極限値 280 に対応する．しかし，さらに大きな値をとってもよさそうである．この新しい $y(x)$ を求めて図示せよ．

(c) もっと系統的に進めるには，(9) における A, B, c の値を，$y(0) = 5.3$ が満たされ，極限値が $L = 280$（とりたい値でよい）となり，曲線が中央付近の点 (x_m, y_m) を通るように決める．これらの条件を満たす A の公式が

$$A = \frac{1}{x_m} \ln \frac{1/y(0) - 1/L}{1/y_m - 1/L}$$

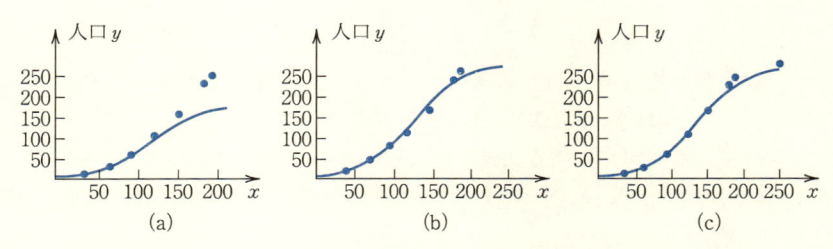

図 1.19　フェアフュルストの人口動態モデル．米国のデータ．問題 50 の CAS プロジェクト (a), (b), (c)

---

[21] （訳注）　4 尖点内サイクロイドともいう．第 2 巻 3.5 節の問題 30, 33 を参照せよ．

となることを導け．$(x_m, y_m) = (120, 105)$ として計算し，$y(x)$ のグラフとデータを記せ．(b) の結果と適合度を比較してコメントせよ．図1.19c を見よ．

1.7 モデル化：電気回路

1.1, 1.4節で説明したように，モデル化とは物理系などの数学的モデルを構成することである．この節では，電気回路をモデル化し，線形微分方程式で表す．電気工学や計算機工学の学生たちにとってとくに興味深いものであるが，これからの議論は他のすべての学生たちにとっても役立つものである．なぜならばモデル化の能力は，さまざまな分野からの実際上の問題を考察することによってもっとも有効に身につけることができるからである．電気回路のモデル化は比較的単純で直接的であることがわかるであろう．

電気回路の基本的概念

まず基本的概念について述べる．

もっとも単純な電気回路は，発電機や電池などの電気エネルギー源（起電力）と，エネルギーを消費する電球などの抵抗器からなる直列回路である（図1.20）．スイッチを閉じると，電流 I が抵抗器を流れ，そのために電圧降下が発生する．すなわち，抵抗器の両端において電位差を生じる．この電位差すなわち電圧降下は電圧計によって計測される．実験からつぎの法則がなりたつことがわかっている．

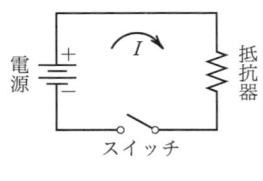

図1.20 回路

抵抗器における電圧降下 E_R は，その瞬間の電流 I に比例する．

$$E_R = RI \qquad \text{（オームの法則）} \qquad (1)$$

ここで，比例定数 R は抵抗器の抵抗とよばれる．電流 I はアンペア A で，抵抗値 R はオーム Ω で，電圧 E_R はボルト V [22] で測られる．

さらに複雑な回路で重要な素子としては，インダクタ（誘導子）とキャパシタ（コンデンサ）がある．インダクタは電流の変化をさまたげるもので，力学

---

[22] これらとあとに出てくる単位は，フランスの物理学者 André Marie Ampère (1775-1836)，ドイツの物理学者 Georg Simon Ohm (1789-1854)，イタリアの物理学者 Allessandro Volta (1745-1827)，アメリカの物理学者 Joseph Henry (1797-1878)，イギリスの物理学者 Michael Faraday (1791-1867)，フランスの物理学者，工学者 Charles Augustine de Coulomb (1736-1806) らの名前にちなんで決められた．

1.7 モデル化：電気回路

において質量が慣性を生じるように，電気的な慣性効果をもたらす．このような類似性については後に（2.12節）考察する．実験から以下の法則がなりたつことがわかっている．

インダクタにおける電圧降下　E_L は電流の時間変化の速さに比例する．

$$E_L = L\frac{dI}{dt} \tag{2}$$

ここで，比例定数 L はインダクタのインダクタンスとよばれ，ヘンリー H で測られる．時間 t の単位は秒 s である．

キャパシタはエネルギーを蓄える素子である．実験から以下の法則がなりたつことがわかっている．

キャパシタにおける電圧降下　E_C はキャパシタ上の電荷 Q に比例する．

$$E_C = \frac{1}{C}Q \tag{3*}$$

ここで，C はキャパシタンスとよばれ，ファラッド F で測られる．電荷 Q はクーロン C で測られる．

$$I(t) = \frac{dQ}{dt} \tag{3'}$$

であるから，(3*) は

$$E_C = \frac{1}{C}\int_{t_0}^{t} I(t^*)\,dt^* \tag{3}$$

とも表される．これらはすべて表 1.1 にまとめられている．

表 1.1　電気回路の要素

素子	表記	特性値	単位	電圧降下
オーム抵抗器	─W─	R　オーム抵抗	オーム　Ω	RI
インダクタ	─OOOO─	L　インダクタンス	ヘンリー　H	$L\dfrac{dI}{dt}$
キャパシタ	─┤├─	C　キャパシタンス	ファラッド　F	Q/C

キルヒホッフの電圧の法則によって得られる回路中の電流

回路の中の電流 $I(t)$ は，次の物理法則を適用して得られる方程式を解いて求めることができる．

キルヒホッフの電圧の法則[23]

任意の閉回路におけるすべての電圧降下の代数的総和は 0 である．あるいは，閉回路上の 2 点間の電位差は，どの路に沿っても同じである．

例1　RL 回路　図 1.21 の "RL 回路" をモデル化し，得られた方程式を，(A) 起電力一定の場合と，(B) 起電力が周期的な場合について解け．

[解]　**ステップ1：モデル化**　(1) により抵抗器の電圧降下は RI である．(2) によりインダクタの電圧降下は $L\,dI/dt$ である．キルヒホッフの電圧の法則によれば，2 つの電圧降下の和は起電力 $E(t)$ に等しい．したがって，

$$L\frac{dI}{dt}+RI=E(t). \tag{4}$$

ステップ2：特別な回路に対する方程式の解　一般解を求める前に，$L=0.1$ [H]，$R=5$ [Ω] で，起電力が 12 V の電池によるという特別な場合について解を求める．(4) は

$$0.1\frac{dI}{dt}+5I=12, \quad \text{すなわち} \quad \frac{dI}{dt}+50I=120$$

となる．積分因子 e^{50t} を掛けると，

$$\frac{d}{dt}(e^{50t}I)=120e^{50t}, \quad e^{50t}I=\frac{120}{50}e^{50t}+c, \quad I=2.4+ce^{-50t}$$

が得られる．あるいは，1.6 節の (4) を用いて，$x=t$，$y=I$，$p=5/0.1$，$r=12/0.1$ とおいても，同様の結果が得られる．

$$I(t)=e^{-50t}\left[\int e^{50t}\,120\,dt+c\right]=\frac{120}{50}+ce^{-50t}$$

図 1.22 は初期条件によって 3 種類の解が得られることを示す．$I(0)=2.4$ ならば一定の解 $I=E_0/R=12/5=2.4$，$I(0)<2.4$ ならば下方から 2.4 に収束する解，$I(0)>2.4$ ならば上方から 2.4 に収束する解である．

ステップ3：(4) の一般解　(4) の一般解は，方程式 $y'+py=r$ に対する 1.6 節の解の公式 (4) から得られるが，1.6 節では y' の係数を 1 としているので，まず (4) を L で割らなければならない．

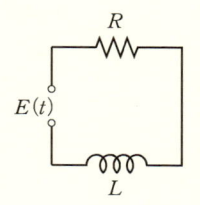

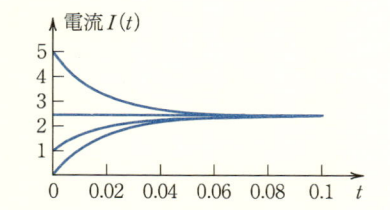

図1.21　RL 回路　　　図1.22　一定の起電力による RL 回路の電流

---

23) Gustav Robert Kirchhoff (1824-1887)，ドイツの物理学者．
あとでキルヒホッフの電流の法則も必要となる．この法則はつぎのように表現される．"回路の任意の点において，流入する電流の和は流出する電流の和と等しい．"

1.7 モデル化：電気回路

$$\frac{dI}{dt}+\frac{R}{L}I=\frac{E}{L}$$

1.6 節の (4) において，$x=t$，$y=I$，$p=R/L$，$r=E/L$ であるから，

$$I(t)=e^{-\alpha t}\left[\int e^{\alpha t}\frac{E}{L}dt+c\right], \quad \alpha=\frac{R}{L} \tag{5}$$

となる．

ステップ 4：場合 A．一定の起電力 $E=E_0$　この場合には，$\int e^{\alpha t}dt=e^{\alpha t}/\alpha$ であるから，(5) は次の解を与える．

$$I(t)=e^{-\alpha t}\left[\frac{E_0}{L}\cdot\frac{L}{R}e^{\alpha t}+c\right]=\frac{E_0}{R}+ce^{-\alpha t} \tag{5*}$$

最後の項は $t\to\infty$ で 0 となる．実際には，ある時間がたつと電流は一定値 E_0/R となる．この値は，回路にインダクタンスがない場合にはオームの法則によってただちに実現する値である．この極限値は初期値 $I(0)$ に依存しない．

(5*) より，$I(0)=E_0/R+c$ であることがわかる．よって，$I(0)=0$ という初期条件に対しては，$c=-E_0/R$ が得られる．したがって特殊解 (5*) は

$$I(t)=\frac{E_0}{L}(1-e^{-\alpha t})=\frac{E_0}{R}(1-e^{-t/\tau_L}) \tag{5**}$$

となる．ここで，$\tau_L=L/R$（$=1/\alpha$）は回路の**誘導時定数**とよばれる（問題 3）．図 1.22 の最下部の曲線からこの解がどのようなものかわかる．

ステップ 5：場合 B．周期的起電力 $E(t)=E_0\sin\omega t$　この $E(t)$ の場合，(5) は

$$I(t)=e^{-\alpha t}\left[\frac{E_0}{L}\int e^{\alpha t}\sin\omega t\,dt+c\right], \quad \alpha=\frac{R}{L}$$

となる．部分積分をくり返して，

$$I(t)=ce^{-(R/L)t}+\frac{E_0}{R^2+\omega^2 L^2}(R\sin\omega t-\omega L\cos\omega t) \tag{6*}$$

が得られる．なぜなら，

$$\int e^{\alpha t}\sin\omega t\,dt=\frac{e^{\alpha t}}{\alpha}\sin\omega t-\frac{\omega}{\alpha}\int e^{\alpha t}\cos\omega t\,dt$$
$$=\frac{e^{\alpha t}}{\alpha}\sin\omega t-\frac{\omega}{\alpha^2}e^{\alpha t}\cos\omega t-\frac{\omega^2}{\alpha^2}\int e^{\alpha t}\sin\omega t\,dt$$

となるからである[1.6 節，例 2 の脚注 16) も参照せよ]．これはまた次のようにも書きかえられる[付録 A 3.1 の (14) を見よ]．

$$I(t)=ce^{-(R/L)t}+\frac{E_0}{\sqrt{R^2+\omega^2 L^2}}\sin(\omega t-\delta),$$
$$\delta=\arctan\left(\frac{\omega L}{R}\right) \tag{6}$$

指数関数の項は，t が無限に大きくなると 0 に近づく．すなわち，ある時間のあとには，電流 $I(t)$ は事実上調和振動を行うようになる（図 1.23 を見よ）．図 1.24 は位相角 δ を $\omega L/R$ の関数として表したものである．$L\approx 0$ ならば $\delta\approx 0$ であり，$I(t)$ の振動は $E(t)$ の振動と同位相となる．　　◀

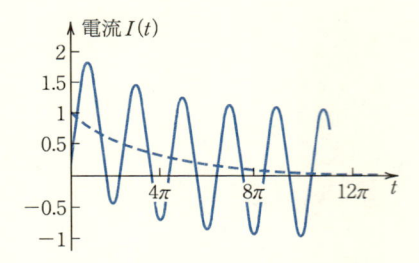

図 1.23 正弦波起電力によって RL 回路に生じる電流 (6). (簡単のために $I(t) = e^{-0.1t} + \sin(t - \pi/4)$ としている.) 破線は指数項を表す.

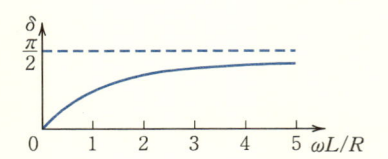

図 1.24 (6) における位相角 δ の $\omega L/R$ の関数としての表示.

電気系（力学系）の挙動を表す変数が周期関数か一定値のとき，系は**定常状態**にあるという．定常状態にない場合には**過渡状態（非定常状態）**にあるという．対応する変数をそれぞれ**定常関数**および**過渡関数**とよぶ．

例 1 の場合 A では，関数 E_0/R は定常関数であり，(4) の定常解である．また場合 B では，定常解は (6) の最後の項で表される．回路が事実上定常状態に到達する前には過渡状態にある．そのような暫定的で過渡的な期間が生じるのは，インダクタやキャパシタにはエネルギーが蓄えられるので，対応するインダクタの電流やキャパシタの電圧が瞬間的には変化できないからである．実際には，このような過渡状態は短時間しか持続しない．

例 2　RC 回路　図 1.25 の RC 回路をモデル化し，起電力 $E(t)$ が例 1 の A, B と同じ場合について，回路内の電流を求めよ．

[解]　ステップ 1：モデル化　　(1), (3) とキルヒホッフの電圧の法則より，

$$RI + \frac{1}{C}\int I\,dt = E(t) \tag{7}$$

が得られる．積分を除くために t について微分すると，

$$\boxed{R\frac{dI}{dt} + \frac{1}{C}I = \frac{dE}{dt}} \tag{8}$$

となる．

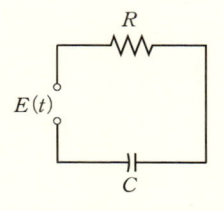

図 1.25　RC 回路

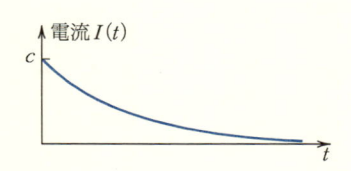

図 1.26　一定の起電力による RC 回路の電流

1.7 モデル化：電気回路

ステップ2：方程式の解　(8) を R で割ると，1.6節の (4) から一般解が得られる．

$$I(t) = e^{-t/(RC)} \left(\frac{1}{R} \int e^{t/(RC)} \frac{dE}{dt} dt + c \right) \tag{9}$$

ステップ3：場合 A．一定の起電力　$E = $ 一定 ならば $dE/dt = 0$ であって，(9) は単に

$$I(t) = ce^{-t/(RC)} = ce^{-t/\tau_C} \tag{10}$$

となる（図1.26）．ここで $\tau_C = RC$ は**容量時定数**とよばれる．

ステップ4：場合 B．周期的起電力 $E(t) = E_0 \sin \omega t$ この $E(t)$ の場合，

$$\frac{dE}{dt} = \omega E_0 \cos \omega t.$$

これを (9) に代入し，部分積分をくり返すと，

$$I(t) = ce^{-t/(RC)} + \frac{\omega E_0 C}{1 + (\omega RC)^2} (\cos \omega t + \omega RC \sin \omega t)$$

$$= ce^{-t/(RC)} + \frac{\omega E_0 C}{\sqrt{1 + (\omega RC)^2}} \sin(\omega t - \delta) \tag{11}$$

が得られる．ここで $\tan \delta = -1/(\omega RC)$ である．第1項は t の増加とともに単調に減少する．第2項は正弦波の定常電流を表す．$I(t)$ のグラフは図1.23のグラフとよく似ている． ◀

3種類の素子をすべて含む "**RLC 回路**" は，2階の微分方程式に帰着するので，2.12節で考えることにする．連立微分方程式で表現される電気回路網については，第3章で議論する．

❖❖❖❖❖❖　**問題 1.7**　❖❖❖❖❖

RL 回路

1.　(極限)　$t \to \infty$ に対する (5*) の極限は，実際に方程式を解かなくても，微分方程式そのものから直接推測できるであろうか．

2.　(位相角)　(6) の位相角 δ は L にどのように依存するか．それは物理的に理解可能であろうか．

3.　(誘導時定数)　$\tau_L = L/R$ は電流 (5**) が最終値の約63％の値に達する時間であることを示せ．

4.　(増加と減少)　RL 回路で $E(t) = E_0$（一定）の場合，特殊解は $I(0) < E_0/R$ ならば増加し，$I(0) > E_0/R$ ならば減少する．このことは，(4) を解かなくても (4) で $E(t) = E_0$ とおいてただちに導くことができるだろうか．

　　［ヒント］　いつ $I' > 0$ となり，いつ $I' < 0$ となるか．

5.　(最終値の半分)　電流 (5**) が理論上の最大値の半分の値に到達する時刻はいつか．

6.　(R の選び方)　もし $L = 10$ [H] ならば，(5**) が時刻 $t = 1$ [s] において最終値の99％に達するためには，R の値をどのように選べばよいか．

7.　(L の選び方)　(4) において，$E = E_0 = $ 一定，$R = 1000$ [Ω] のとき，電流が 10^{-4} s の間に0から最終値の25％の値にまで増加するためには，L の値をどのよう

に決めたらよいか．

8. （積分を避けること） (6) の定常解を得るために, (4) において $E(t) = E_0 \sin \omega t$ とおき, 関数 $I_p = A \cos \omega t + B \sin \omega t$ を (4) に代入し, 得られた方程式の正弦項と余弦項を比較して, A と B を決めよ. こうすれば積分を行う必要がない.

9. $E(t) = e^{-t}$ として, 条件 (a) $R \neq L$, および (b) $R = L$ のもとで (4) を解け.

10. ［協同プロジェクト］ 不連続な起電力の場合の **RL 回路** 実際問題として, スイッチを入れたり切ったりすることにより, 不連続な起電力 $E(t)$ を発生させることができる.

（a） 時刻 $t = a$ で (4) の $E(t)$ に J だけの跳びを与えたとき I' には J/L の跳びが生じることを示せ.

（b） $R = 1$ [Ω], $L = 1$ [H] で, $0 \leq t \leq 4$ [s] のとき $E(t) = 1$ [V], $t > 4$ [s] のとき $E(t) = 0$ とする. $I(0) = 1/2$ [A] として $I(t)$ を求めよ.

（c） 以上の経験にもとづいて (b) を一般化し, 任意の $R, L, I(0) = I_0, E(t) = E_0 =$ 一定, 時間域 $0 \leq t \leq a$ の場合に $I(t)$ を定めよ.

RC 回路

11. （検算） (11) が $E = E_0 \sin \omega t$ の場合の (8) の解であることを確かめよ.

12. （特殊解） 初期条件 $I(0) = 0$ を満足する (11) の特殊解を求めよ.

13. （電圧） 抵抗器 ($R = 200$ [Ω]) とつながったキャパシタ ($C = 0.2$ [F]) が, 電源 ($E_0 = 24$ [V]) によって充電された. 図 1.25 において $E(t) = E_0$ とした場合である. $t = 0$ においてキャパシタの電荷が完全に 0 であるとして, キャパシタの電圧 $V(t)$ を求めよ.

14. （電流） 図 1.25 の *RC* 回路において $E = 100$ [V], $C = 0.25$ [F] とする. 抵抗 R は時間とともに変化し, $0 \leq t \leq 200$ のとき $R = 200 - t$ [Ω], $t > 200$ [s] のとき $R = 0$ と表される. $I(0) = 1$ [A] として電流 $I(t)$ を求めよ.

15. （キャパシタの放電） (7) は
$$R \frac{dQ}{dt} + \frac{Q}{C} = E(t) \tag{12}$$
とも書けることを示せ. $E(t) = 0$, $Q(0) = Q_0$ と仮定してこの方程式を解け.

16. （放電） 問題 15 のキャパシタが初めの電荷の 99 ％ を失ってしまう時間を求めよ.

17. （放電） 問題 15 の (12) において, $R = 10$ [Ω], $C = 0.1$ [F], $E(t)$ は指数型減少関数で, $E(t) = 30e^{-3t}$ [V] とする. $Q(0) = 0$ として $Q(t)$ のグラフを描け. $Q(t)$ が最大値に到達するのはいつか. その最大値はいくらか.

18. （データの変化） 問題 17 において, 抵抗 R を 2 倍にしたら何が起こるか. 初めに予想し, それから計算せよ.

19. （周期的起電力） $R = 50$ [Ω], $C = 0.04$ [F], $E(t) = 100 \cos 2t + 25 \sin 2t + 200 \cos 4t + 25 \sin 4t$ の場合に, (12) の定常解を求めよ.

20. ［協同プロジェクト］ 不連続な起電力の場合の **RC 回路** このプロジェクトでは, *RC* 回路と *RL* 回路（協同プロジェクト 10 を見よ）が不連続な起電力に対して異なる挙動を示すことを見よう.

（a） 図 1.25 のキャパシタの初期電荷を $Q(0)$ とすると, 電流の初期値は $I(0) =$

$E(0)/R - Q(0)/RC$ であることを示せ.

（b） 図 1.25 の起電力 $E(t)$ に時刻 $t=a$ で J だけの跳びを与えれば，その RC 回路における電流 $I(t)$ には $t=a$ で J/R だけの跳びを生じることを示せ.

（c） 簡単にするため $R=1$, $C=1$ とおき，$0<t<2$ で $E(t)=t^2/2$, それ以後は $E(t)=0$ とする．キャパシタの初期電荷を 0 と仮定して $I(t)$ のグラフを描け.

（d） 自分で選んだほかの不連続な起電力 $E(t)$ についても，RC 回路の微分方程式をたてて同様な解析を行え.

1.8 曲線の直交軌道 ［選択］

この節では，これまでとは別の興味深い応用として，与えられた曲線と直角[24]に交わる曲線を見いだすために微分方程式を用いる方法について述べる．このようにある曲線と直交する曲線は**直交軌道**とよばれ，実用的な意味が大きい．ここで"直交"とは"垂直"と同じ意味である.

たとえば，地球の経線と緯線はたがいに直交軌道となっている．地図の上での最急降下線と等高線もたがいに直交軌道である．電界において，電気力線は等電位線（一定の電位の曲線）の直交軌道であり，また逆もなりたつ．このもっとも簡単な例は図 1.27 に示されている．ここでは，等電位線は同心円であり（空間での円柱はこの断面図では円となる），その直交軌道は直線である（空間においては円柱の中心軸を含む平面となる）．他の重要な応用は，流体の流れ，熱伝導など他の物理学の分野に現れる.

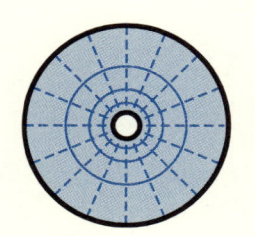

図 1.27 ２つの同心円柱の間の等電位線（実線）と電気力線（破線）

直交軌道を求める方法

ステップ1. 与えられた曲線が解曲線であるような微分方程式

$$y' = f(x, y) \tag{1}$$

を求める.

---

[24] ２本の曲線の交角は交差する点におけるそれぞれの曲線の接線のなす角度で定義されることを思い起こそう.

ステップ2. 求めるべき直交軌道の微分方程式を書きおろすと,

$$y' = -\frac{1}{f(x,y)} \tag{2}$$

となる．ここで，$f(x,y)$ は (1) の右辺と同じ関数である．なぜか．点 (x_0, y_0) を通る与えられた曲線の勾配は，(1) より $f(x_0, y_0)$ である．(x_0, y_0) を通る直交軌道は (2) より $-1/f(x_0, y_0)$ という勾配をもつ．当然のことながら，これらの勾配の積は -1 である．これは，微積分学で知られているように，垂直性(直交性)の条件である．

ステップ3. 微分方程式 (2) を解く．

これには少し説明が必要である．微分方程式 (1) は無限に多数の解曲線をもつ．それぞれの解曲線が一般解の任意定数 c の値に対応する．よって，曲線族を

$$F(x, y, c) = 0 \tag{3}$$

と書くことができる．たとえば，円の族 $x^2 + y^2 = c$ は

$$F(x, y, c) = x^2 + y^2 - c = 0$$

と表される．これは**曲線の1パラメータ族**とよばれ，c は曲線族のパラメータとよばれる．あとで説明するように，(3) を微分することによって微分方程式 (1) が得られる．この段階でパラメータ c が消滅することが重要である．(1) に現れることがあってはならないのである．このあとの処方は単純明快であってとくに困難な点はない．(しいていえば，(2) を解くのが困難なこともあるが，これはどんな微分方程式でもありうることである．) つぎに典型的な例によって説明しよう．

例1　**曲線族と直交軌道**　　曲線

$$y = cx^2 \tag{4}$$

が与えられたとする．ここで c は任意とする．この直交軌道を求めよ．

[解]　ステップ1：曲線族 (4) の微分方程式　　式 (4) は1パラメータ曲線族を表し，c がパラメータである．これらは放物線である．それぞれの c の値に対して，1つの曲線が対応する．正の c に対しては上の方に広がる放物線であり，負の c に対しては下の方に広がる放物線である．$c = 0$ に対しては直線となる (x 軸)．図1.28を見よ．(4) を (3) の形に書くと，

$$F(x, y, c) = y - cx^2 = 0$$

となる．

(4) の曲線族に対して (1) の形の微分方程式を導こう．(4) を微分すると，

$$y' = 2cx$$

が得られる．しかし，これは c をまだ含んでいるのでよくない．何か別のことをし

1.8 曲線の直交軌道 ［選択］

なければならない．まず，(4) を c に対して代数的に解くと，

$$\frac{y}{x^2} = c$$

となるので，これを x について微分する．その結果，

$$\frac{y'}{x^2} - 2\frac{y}{x^3} = 0$$

が得られる．つぎに，両辺に x^2 を掛けて，最後の項を右辺に移項すると，

$$y' = \frac{2y}{x} \tag{5}$$

が得られる．これが曲線族 (4) に対する微分方程式 (1) である．

ステップ 2：直交軌道に対する微分方程式　(4) の直交軌道の方程式 (2) は (5) より求められ，

$$y' = -\frac{x}{2y} \tag{6}$$

となる．負号を忘れてはならない．

ステップ 3：直交軌道　(6) を解いて，(4) の直交軌道を求める．変数分離と積分により，

$$2y\,dy = -x\,dx, \qquad y^2 = -\frac{x^2}{2} + c^*$$

が得られる．これは 1 パラメータの楕円族である．注意すべき点は，パラメータとしては c とは別の記号 c^* を使わなければならないということである．この曲線族をもっと見慣れた普通の形に表すと，

$$\frac{1}{2}x^2 + y^2 = c^*. \tag{7}$$

$c^* = 1$ ならば，長軸 $\sqrt{2}$ (x 軸)，短軸 1 の楕円である．図 1.28 に示すように，すべての正の c^* に対して長軸 $\sqrt{2c^*}$，短軸 $\sqrt{c^*}$ の楕円が得られる．$c^* = 0$ の場合には原点となり，$c^* < 0$ の場合には解は存在しない．こうして問題は解かれたことになる．◀

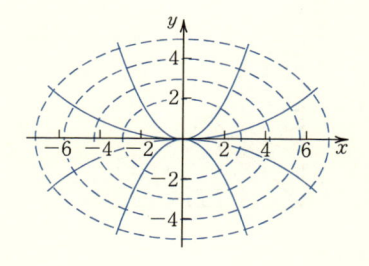

図 1.28　例 1 における曲線と直交軌道

❖❖❖❖❖ 問題 1.8 ❖❖❖❖❖

曲線族 以下の曲線族を (1) の形に表せ．いくつかの曲線を図示せよ．
 1. x 軸上の点 -2 と 2 に焦点をもつすべての楕円．
 2. 3乗放物線 $y=x^3$ 上に中心をもつ半径 2 のすべての円．
 3. カテナリ（懸垂線）$y=\cosh x$ を直線 $y=-x$ の方向に平行移動して得られる懸垂線．

曲線族に対する微分方程式 与えられた曲線のいくつかを描け．その族の微分方程式を求めよ．

 4. $2y-x+c=0$ **5.** $y=ce^{2x}$ **6.** $y=\tan(x+c)$
 7. $y=cx+x$ **8.** $y=cx^4$ **9.** $c^2x^2+y^2=c^2$

直交軌道 直交軌道を求めよ．まず与えられた曲線のグラフから予想せよ．それから例1の方法を適用せよ．いくつかの曲線と直交軌道をプロットかスケッチせよ．（作業の詳細を示せ．）

 10. $y=ce^{x^2}$ **11.** $y=ce^{-x}$ **12.** $y=\ln|x|+c$
 13. $y=c\sqrt{x}$ **14.** $y=\sqrt{x+c}$ **15.** $y=cx^{3/2}$
 16. $xy=c$ **17.** $y=c/x^2$ **18.** $(x-c)^2+y^2=c^2$

応　用

 19. （電界） 2つの同心円柱の間の電界（図1.27）において，等電位線（電位一定の曲線）は $U(x,y)=x^2+y^2=$ 一定 で与えられる円である．例1の方法を用いて，その直交軌道（電気力線）を求めよ．

 20. （電界） 実験によると，大きさが同じで符号の相反する電荷が $(-1,0)$ と $(1,0)$ にあるとき，その電気力線は $(-1,0)$ と $(1,0)$ を通る円である．これらの円が方程式 $x^2+(y-c)^2=1+c^2$ で表されることを示せ．さらに，等電位線（直交軌道）は $(x+c^*)^2+y^2=c^{*2}-1$ という円であることを示せ（図1.29 の破線）．

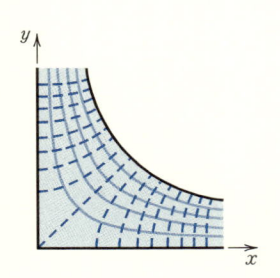

図1.29 問題 20 の電界　　図1.30 問題 21 の角のまわりの流れ

 21. （流体の流れ） 図1.30 の水路を流れる流体の流線（流体の粒子の経路）が $\Psi(x,y)=xy=$ 一定 であるとき，その直交軌道（第4巻5.4節で説明した理由によって等ポテンシャル線とよばれる）は何か．

22. （温度場） 物体中の等温線（一定の温度の曲線）が $T(x,y)=2x^2+y^2=$ 一定 であるとき，その直交軌道（熱源点や熱吸収点がなく均質な媒質で満たされている領域において熱が流れる方向を表す曲線）は何か．

微分方程式の他の形

23. 曲線族 $g(x,y)=c$ の直交軌道が微分方程式
$$\frac{\partial y}{\partial x}=\frac{\partial g}{\partial y}\Big/\frac{\partial g}{\partial x}$$
から導かれることを示し，これを用いて問題 21 を解け．

24. （コーシー・リーマンの方程式） 曲線族 $u(x,y)=c=$ 一定 が与えられたとき，その直交軌道 $v(x,y)=c^*=$ 一定 はいわゆるコーシー・リーマンの方程式
$$\frac{\partial u}{\partial x}=\frac{\partial v}{\partial y}, \qquad \frac{\partial u}{\partial y}=-\frac{\partial v}{\partial x}$$
から導かれることを示せ．（コーシー・リーマンの方程式は複素関数論の基本公式であり，第 4 巻 1.4 節で扱う．）これを用いて曲線族 $e^x\cos y=$ 一定 の直交軌道を求めよ．

25. ［論文プロジェクト］ 直交軌道 F がある与えられた曲線族 G の直交軌道の族ならば，G は F の直交軌道の族であることを論証する短いレポートを書け．自分で 2 つの例を選び，計算の詳細を示して例証せよ．

26. ［協同プロジェクト］ 円錐曲線

（a） 直交軌道を求めるための一般的方法について簡単に記述せよ．

（b） 楕円族 $\dfrac{x^2}{a^2}+\dfrac{y^2}{b^2}=c$ の直交軌道はつねに円錐曲線だろうか．そのための条件を求めよ．CAS によるプロットか手作業によるスケッチを示せ．$a \to 0$ あるいは $b \to 0$ ならばどうなるか．

（c） 同様にして，双曲線族 $\dfrac{x^2}{a^2}-\dfrac{y^2}{b^2}=c$ について調べよ．

（d） 解ける微分方程式が得られるようなもっと複雑な曲線を考えることができるか．試みてみよ．

1.9 解の存在と一意性：ピカールの反復法

これまで考察してきた微分方程式には一般解が存在していた．また，微分方程式と初期条件からなる初期値問題

$$y'=f(x,y), \qquad y(x_0)=y_0 \qquad (1)$$

に対しては，一意的な特殊解が得られた．しかしながら，以下の例で示すように，これは 3 つの可能性のうちの 1 つの特別な場合にすぎない．

初期値問題
$$|y'|+|y|=0, \qquad y(0)=1$$
は解をもたない．なぜならば，$y\equiv 0$ が微分方程式のただ 1 つの解だからであ

る（なぜか）．初期値問題
$$y'=x, \quad y(0)=1$$
はちょうど1つの解をもつ．すなわち $y=\frac{1}{2}x^2+1$ となる．初期値問題
$$xy'=y-1, \quad y(0)=1$$
は無限に多くの解をもつ．すなわち $y=1+cx$ であり，c は任意の定数である．これらの3つの例から，初期値問題が解をもたなかったり，ちょうど1つの解をもったり，2つ以上の解をもったりすることがわかる．したがって，つぎの2つの基本的な疑問が生じる．

存在の問題 どのような条件のもとで，(1) の形の初期値問題は少なくとも1つの解をもつのであろうか．

一意性の問題 どのような条件のもとで，その初期値問題はたかだか1つの解をもつのであろうか．

このような条件について述べる定理を，それぞれ**存在定理**および**一意性定理**という．

もちろん，上記の3つの例は非常に簡単なので，定理を用いず視察によって答えを求めることができた．しかしながら，もっと複雑な場合（たとえば初等的な方法で解けないとき）には，存在定理や一意性定理は実際上非常に重要なものとなる．考えている物理系や他の系が一意的にふるまうことが確かであっても，モデルが単純すぎて現実を忠実に表現していないかもしれない．したがって，解を計算する前に，モデルが一意的な解をもつことを確かめる必要がある．以下の2つの定理は，ほとんどすべての考えうる実際問題に対して有効である．

第1の定理は，(1) の $f(x, y)$ が xy 平面上の点 (x_0, y_0)（与えられた初期条件に対応する）を含むある領域で連続ならば，問題 (1) は少なくとも1つの解をもつことを言明する．

第2の定理は，さらに偏導関数 $\partial f/\partial y$ が存在してその領域内で連続ならば，問題 (1) はたかだか1つの解をもつことを言明する．したがって，同じ条件のもとで問題 (1) はただ1つの解をもつと結論される．

読者は以上の記述をもう1回読み返してほしい．これらはわれわれの議論の中でまったく新しい考え方である．これらの命題を精密に定式化することにしよう．

定理1 存在定理 $f(x, y)$ がある長方形（図 1.31）
$$R: |x-x_0|<a, \quad |y-y_0|<b$$

1.9 解の存在と一意性：ピカールの反復法

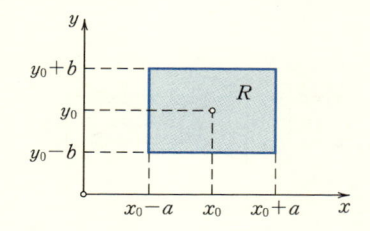

図1.31 存在定理と一意性定理における長方形 R

の中のすべての点 (x, y) で連続であって，しかも R において有界[25]，すなわち R のすべての点 (x, y) に対し

$$|f(x, y)| \leq K \qquad (2)$$

ならば，初期値問題 (1) は少なくとも 1 つの解 $y(x)$ をもつ．この解は少なくとも区間 $|x - x_0| < \alpha$ のすべての x に対して定義される．ここで，α は a と b/K のうちの小さいほうの値である．

定理 2　一意性定理　$f(x, y)$ と $\partial f / \partial y$ が長方形 R 内のすべての点 (x, y) で連続であって，しかも R において有界，すなわち R 内のすべての点 (x, y) に対して，

$$\text{(a)} \quad |f| \leq K, \quad \text{(b)} \quad \left|\frac{\partial f}{\partial y}\right| \leq M \qquad (3)$$

ならば，初期値問題 (1) はたかだか 1 つの解 $y(x)$ をもつ．よって，定理 1 と組み合わせると，(1) はちょうど 1 つの解をもつ．この解は区間 $|x - x_0| < \alpha$ 内のすべての x に対して定義される．

存在定理および一意性定理の意味

存在定理や一意性定理の証明は本書のレベルを超えている（付録 1 の文献 [A5] を見よ）．ここでは，読者がこれらの定理をよりよく理解するのに役立ついくつかの注意と実例を述べておこう．

$y' = f(x, y)$ であるから，条件 (2) は $|y'| \leq K$ であることを意味する．すなわち，R における解曲線 $y(x)$ の勾配は少なくとも $-K$ であり，大きくても K である．よって，(x_0, y_0) を通る解曲線は図 1.32 の青色の領域内にある．この領域は勾配がそれぞれ $-K, K$ の 2 本の直線 l_1, l_2 によってはさまれてい

---

[25] 点 (x, y) が xy 平面のある領域で動くときに関数 $f(x, y)$ が有界であるというのは，その領域内の (x, y) に対してある正数 K が存在して $|f(x, y)| < K$ がなりたつことである．たとえば $f = x^2 + y^2$ は，$|x| < 1$，$|y| < 1$ において有界 $(K = 2)$ である．関数 $f = \tan(x + y)$ は $|x + y| < \pi/2$ において有界ではない．

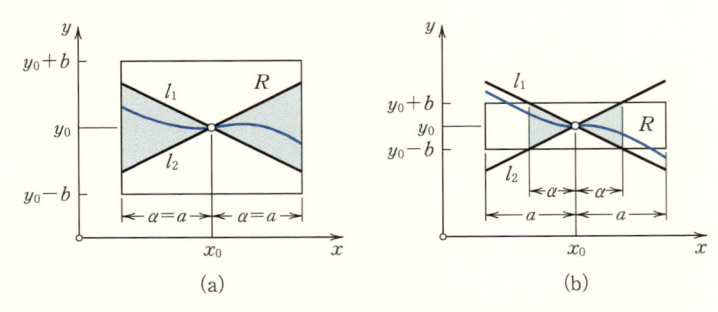

図1.32 存在定理の条件 (2). (a) 第1の場合, (b) 第2の場合

る. R の形に応じて2つの異なる場合が起こりうる. 図1.32a に示されている第1の場合には $b/K \geqq a$ であり, 存在定理において $a=a$ である. したがって, 存在定理により, x_0-a と x_0+a の間のすべての x に対して解が存在することになる. 図1.32b で示されている第2の場合には $b/K < a$ である. よって $a = b/K$ であり, 定理から結論できるのは, $x_0 - b/K$ と $x_0 + b/K$ の間のすべての x に対して解が存在するということである. これよりも大きい x あるいは小さい x に対しては, 解曲線は長方形 R から外れる可能性がある. R の外側では f について何も仮定されていないので, これらの大きい x あるいは小さい x に対する解については, 何の結論も導くことができない. すなわち, そのような x に対して解が存在するかどうかもわからないのである.

以上の議論を簡単な例で示すことにしよう. 大きい底辺(長い x 区間)の長方形を選べば図1.32b の場合となる.

例1 初期値問題
$$y' = 1 + y^2, \quad y(0) = 0$$
を考え, 領域 R を $|x| < 5$, $|y| < 3$ とする. この場合には, $a=5, b=3$ かつ
$$|f| = |1+y^2| \leq K = 10, \quad \left|\frac{\partial f}{\partial y}\right| = 2|y| \leq M = 6, \quad a = \frac{b}{K} = 0.3 < a$$
となる. 1.3節の例2を参照すれば, 実は解は $y = \tan x$ であり, $x = \pm \pi/2$ で不連続である. したがって, 前提とした全区間 $|x| < 5$ で有効な連続解は存在しない. ◀

2つの定理の中の条件は, 必要条件ではなく十分条件であって, さらに弱めることもできる. たとえば, 微分法における平均値の定理により,
$$f(x, y_2) - f(x, y_1) = (y_2 - y_1) \left.\frac{\partial f}{\partial y}\right|_{y=\tilde{y}}$$
がなりたつ. ただし, (x, y_1) と (x, y_2) は領域 R 内の点であり, $\tilde{y}$ は y_1 と y_2 の間の適当な値である. この式と (3b) から,

1.9 解の存在と一意性：ピカールの反復法

$$|f(x, y_2) - f(x, y_1)| \leq M |y_2 - y_1| \qquad (4)$$

が得られる．一意性定理の条件(3b)はより弱い条件 (4) でおきかえられることが証明できる（次のピカールの反復法も参照せよ）．この条件 (4) はリプシッツ[26]の条件とよばれる．しかしながら，$f(x, y)$ の連続性だけでは解の一意性を保証するには十分ではない．それは次の例で示される．

例2　一意でない解　初期値問題
$$y' = \sqrt{|y|}, \qquad y(0) = 0$$
は，$f(x, y) = \sqrt{|y|}$ がすべての y に対して連続であるにもかかわらず，次の2つの解をもつ．

$$y \equiv 0 \text{ および } y^* = \begin{cases} x^2/4 & (x \geq 0 \text{ のとき}), \\ -x^2/4 & (x < 0 \text{ のとき}). \end{cases}$$

リプシッツの条件 (4) は，$y = 0$ の直線を含むすべての領域において破れている．なぜならば，$y_1 = 0$ で $y_2 > 0$ のとき，

$$\frac{|f(x, y_2) - f(x, y_1)|}{|y_2 - y_1|} = \frac{\sqrt{y_2}}{y_2} = \frac{1}{\sqrt{y_2}} \qquad (\sqrt{y_2} > 0) \qquad (5)$$

となるからである．実際，y_2 を十分小さくとれば (5) は任意に大きくなり，正の定数 M を超えないというリプシッツの条件 (4) と矛盾する．　◀

初期値問題に対するピカールの反復法　[選択]

ピカール[27]の反復法は，初期値問題 (1)
$$y' = f(x, y), \qquad y(x_0) = y_0$$
の近似解を与える．この方法は2つのアイディアにもとづいている．第1のアイディアは，両辺を積分して

$$y(x) = y_0 + \int_{x_0}^{x} f[t, y(t)] \, dt \qquad (1^*)$$

と書くことである．積分定数 y_0 と積分の下限は，$x = x_0$ のときに積分が 0 となり，初期条件 $y(x_0) = y_0$ が満たされるように選んだ．ただし，x は積分の上限として現れるので，積分変数としては別の記号 t を用いた．

　第2のアイディアは，反復法によって (1^*) を解くことである．まず，第1段階として，$y(t) = y_0$ を (1^*) の積分に代入して未知の解に対する第1近似解 $y_1(x)$ を求める．

---

26) Rudolf Lipschitz (1832-1903), ドイツの数学者でボン大学教授．代数学，整数論，ポテンシャル論，力学にも寄与した．

27) Emile Picard (1856-1941), フランスの数学者．1881年よりパリ大学の教授であり，複素解析への重要な貢献で知られている（第4巻 4.2 節の彼の有名な定理を見よ）．なお，Picard の反復法 (iteration method) は通常 逐次近似法 (mothod of successive approximation) ともよばれている．

$$y_1(x) = y_0 + \int_{x_0}^{x} f(t, y_0)\,dt$$

第 2 段階では，(1*) の積分に関数 $y_1(x)$ を代入して同じように積分し，もっとよいと期待される第 2 近似解 $y_2(x)$ を求める．

$$y_2(x) = y_0 + \int_{x_0}^{x} f(t, y_1(t))\,dt$$

第 n 段階の反復によって得られる近似解は

$$y_n(x) = y_0 + \int_{x_0}^{x} f(t, y_{n-1}(t))\,dt \tag{6}$$

である．このようにして近似関数列

$$y_1(x), y_2(x), \cdots, y_n(x), \cdots \tag{7}$$

が得られる．

定理 3（ピカールの反復法の収束性） 定理 1 と 2 の条件のもとで，(6) および $y_0(x) = y_0 = $ 一定 で定義された関数列 (7) は初期値問題 (1) の解 $y(x)$ に収束する[28]．

例 3 ピカールの反復法　初期値問題
$$y' = 1 + y^2, \quad y(0) = 0$$
の近似値を求めよ．

[解] この場合には，$x_0 = 0$, $y_0 = 0$, $f(x, y) = 1 + y^2$ であり，(6) は

$$y_n(x) = \int_0^x [1 + y_{n-1}^2(t)]\,dt = x + \int_0^x y_{n-1}^2(t)\,dt$$

となる．$y_0 = 0$ から出発すると

$$y_1(x) = x + \int_0^x 0\,dt = x,$$
$$y_2(x) = x + \int_0^x t^2\,dt = x + \frac{1}{3}x^3,$$
$$y_3(x) = x + \int_0^x \left(t + \frac{t^3}{3}\right)^2 dt$$
$$= x + \frac{1}{3}x^3 + \frac{2}{15}x^5 + \frac{1}{63}x^7$$

などが得られる（図 1.33 参照）．もちろん，

$$y(x) = \tan x$$
$$= x + \frac{1}{3}x^3 + \frac{2}{15}x^5 + \frac{17}{315}x^7 + \cdots$$
$$\left(-\frac{\pi}{2} < x < \frac{\pi}{2}\right) \tag{8}$$

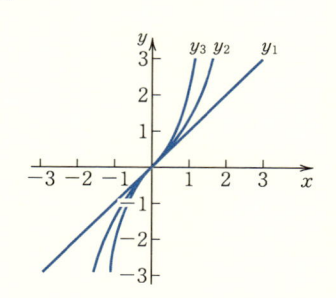

図 1.33　例 3 の近似解

---

28)（訳注） 関数列 $\{y_n\}$ の極限値 $y \equiv y_0 + \sum_{n=0}^{\infty}(y_{n+1} - y_n)$ にくり返し Lipschitz の条件を適用して定理を証明することができる．

である．$y_3(x)$ と (8) の級数は最初の 3 項が一致する．級数 (8) は $|x|<\pi/2$ において収束するので，関数列 $y_1, y_2, \cdots$ が $|x|<\pi/2$ において問題の解に収束することが期待される．したがって，収束性を調べることは実際上非常に重要である． ◀

ピカールの反復法の実用的価値

ピカールは定理 1–定理 3 を証明するために反復法を用いた．彼の方法に含まれる積分計算は，反復が進行するにつれてきわめて複雑で膨大なものになる．よって，コンピュータ時代に入る前には，彼の方法にはほとんど実用的価値はなかった．

しかし，1950 年頃に始まったコンピュータ時代の到来で状況は一変した．反復法では，例 3 のように各段階で直前の段階に作成されたデータをもとに同じ操作をくり返す（いくつかの前段階のデータを使う場合もある）ので，コンピュータ・プログラムが比較的短かくなり，一般に非常に実用的になったのである．読者の CAS も，シングルコマンドによってよび出される反復法プログラムを内装しているかもしれない．もしそうでないなら，自分でプログラムを書けばよい．各段階で近似解をプリントするコマンドを書くことを忘れないでほしい．これらの曲線がうまく厳密解に収束していくことを見守るのは，きわめて感動的なことが多い．

したがって，**1 階微分方程式の数値解法は必要ならばいつでも可能である**．対応する第 5 巻の 3.1 節および 3.2 節は第 5 巻の他の節とはまったく独立に学ぶことができる．

❖❖❖❖❖　**問題 1.9**　❖❖❖❖❖

解の存在と一意性

1. 初期値問題 $xy'=4y$, $y(0)=1$ が解をもたないことを示せ．これは存在定理と矛盾しないのか．

2. 問題 1 において，$y(0)=1$ のかわりに $y(0)=0$ としたら何が起こるか．存在定理と矛盾しないのか．

3. 定理 1 の仮定が長方形領域 R 内だけでなく，垂直な帯領域 $|x-x_0|<a$ においてもなりたつとしても，区間 $|x-x_0|<a$ のすべての x に対して (1) の解が存在することを示せ．

4. 初期値問題 $(x^2-2x)y'=2(x-1)y$, $y(x_0)=y_0$ が，(a) 解をもたない，(b) 2 つ以上の解をもつ，(c) ただ 1 つの解をもつためのすべての初期条件を定めよ．これらの結果は定理 1, 2 と矛盾しないか．

5. $y'=f(x,y)$ が長方形領域 R で定理 1, 2 の仮定を満たすとき，R におけるこの方程式の 2 つの解曲線は，R の中で交点をもたないことを示せ．

6. $y' = x|y|$ のすべての解を求めよ.

7. (線形微分方程式) $y' + p(x)y = r(x)$ を (1) の形に書きなおせ. p と r が $|x - x_0| \leq a$ を満たすすべての x に対して連続ならば, この方程式の $f(x, y)$ が存在と一意性の定理の条件を満たし, 対応する初期値問題が一意的な解をもつことを示せ. [これはもちろん 1.6 節の (4) からも直接導かれる. したがって, 線形微分方程式の場合には, 存在と一意性の定理は必要でなかったのである.]

8. 多くの微分方程式において, 定理 1, 2 で与えられた区間よりも大きい区間で解が存在することがある. その実例として初期値問題 $y' = y^2$, $y(1) = 1$ を考え, b を適当に選んで α の可能な最良の値を定めよ. さらに, どのような x に対して実際に解が存在するかを確かめよ.

9. 本文中の例 1 において, a, b を適切に選んで得られる α の最良の値はいくらか.

10. [プロジェクト] リプシッツの条件 (a) リプシッツの条件の定義を述べて, 偏導関数の存在との関係を説明せよ. 現状の範囲内でリプシッツの条件の意義を論じ, 自分自身で選んだ実例を使って解説せよ.

(b) $f(x, y) = |\sin y| + x$ は全 xy 平面上でリプシッツの条件 (4) ($M = 1$) を満足するが, $y = 0$ のときには $\partial f / \partial y$ は存在しない. その理由を述べよ. この例から何がわかるか.

(c) $|x - x_0| \leq a$ で連続な $p(x)$ と $r(x)$ をもつ線形微分方程式 $y' + p(x)y = r(x)$ に対してリプシッツの条件がなりたつことを示せ. これは実に驚くべきことである. つまり, 線形微分方程式の場合には, $f(x, y)$ の連続性が初期値問題の解の一意性を保証するのである. (もちろん 1.6 節の (4) から直接導くこともできる.) これは一般の非線形微分方程式には必ずしも適用されない.

(d) 読者が解けるいくつかの簡単な微分方程式について, 解の一意性を検討し, リプシッツの条件が満たされるかどうかを調べよ.

ピカールの反復法

ピカールの反復法をつぎの問題に適用せよ. 手作業で積分する場合には 3 段階まで実行せよ. コンピュータ上では 1, 2 分でできる段階 (最大 10 段階) まで実行せよ. 近似解曲線を描いてグラフにせよ. 厳密解を求めて比較せよ.

11. $y' = y$, $y(0) = 1$. 近似解が厳密解 $y = e^x$ に近づくことを示せ.

12. $y' = x + y$, $y(0) = 0$ **13.** $y' = x + y$, $y(0) = -1$

14. $y' = y^2$, $y(0) = 1$ **15.** $y' = xy + 2x - x^3$, $y(0) = 0$

16. $y' = 2\sqrt{y}$, $y(1) = 0$. すべての解を求めよ. どの解がピカールの反復法で近似されるのか.

17. $y' = y - y^2$, $y(0) = 1/2$ **18.** $y' = 3y/x$, $y(1) = 1$

19. $y' = f(x, y)$ の関数 f が y に依存しなければ, ピカールの方法で得られる解は厳密解と一致することを示せ. なぜか.

20. [CAS プロジェクト] ピカールの反復法 (a) ピカールの反復法のプログラムを書き, すべての近似をプリントアウトし, 同一軸上にプロットせよ. 自分で 2

つの初期値問題を選び，プログラムを試行してみよ．

（b） 関数
$$y = e^{x^2/2} \int_0^x e^{-t^2/2}\, dt$$
のマクローリン級数を求めるために，まず y が満たすべき初期値問題を導き，それにピカールの反復法を適用せよ．$e^{-x^2/2}$ のマクローリン級数を積分して，$e^{x^2/2}$ のマクローリン級数を掛けた結果を，x のべきに展開しなおした場合と，労力を比較してみよ．

（c） ピカールの反復法において，(6)の被積分関数の中の y の初期値 y_0 をどのように選んでも，問題の解に収束するという予想をたてて実験してみよう．簡単な微分方程式から出発して何が起こるかをみよう．もし読者に自信があるなら，少し複雑な方程式をとりあげて試行してみよ．

1章の復習

1. 微分方程式の階数とは何か．

2. 常微分方程式と偏微分方程式の相違は何か．

3. 一般解とは何か．特殊解とは何か．これら2つの概念は実際上どのような意味をもつのか．

4. 微分方程式の解の存在について説明せよ．一意性についてはどうか．実際上の意味は何か．

5. これまで考えてきた微分方程式の主な解法を列挙せよ．それぞれを数行で説明し，自分自身で選んだ典型的な例をあげよ．

6. これまでの2つ以上の方法で解ける微分方程式はあるか．これまでの方法では解けないものはあるか．

7. この章の本文ならびに問題で述べた応用を列挙せよ．

8. 方向場とは何か．その実際上の重要性について述べよ．

9. ピカールの反復法とは何か．一般の反復法についてはどうか．

10. 直交軌道の典型的な応用を説明せよ．曲線族が与えられているとき，直交軌道をどのようにして求めるのか．

11. 電気回路が微分方程式で表されるのはなぜか．

12. 微分方程式が力学のモデルとなる理由は何か．

13. 指数型増加（成長），指数型減少（崩壊，衰退）とは何か．これらの概念の実際的な意味は何か．

14. 微分方程式と関連したコンピュータの役割は何か．

一般解 本章で述べた方法を使って一般解を求めよ．どの方法を用いたかを示し，作業の詳細を述べよ．

15. $y' + 4y = 17 \sin x$ 　　　　**16.** $y' = ay + by^2$ 　$(a \neq 0)$

17. $25yy' - 9x = 0$ 　　　　　　**18.** $(x^2+1)y' + y^2 + 1 = 0$

19. $\sin x \sin 2y\, dx = 2\cos x \cos 2y\, dy$

20. $(2xe^{x^2}\cosh y + 1)\,dx + e^{x^2}\sinh y\,dy = 0$
21. $4xyy' = y^2 - x^2 \quad (y/x = u)$ **22.** $xy' = y + x^2 \sec(y/x)$
23. $(3xe^y + 2y)\,dx + (x^2 e^y + x)\,dy = 0$ **24.** $2x\tan y\,dx + \sec^2 y\,dy = 0$

初期値問題 以下の初期値問題を解け．用いた方法を提示し，すべての段階を詳細に説明せよ．

25. $y' = y\tanh x, \quad y(0) = \pi$ **26.** $y' = \sqrt{1-y^2}, \quad y(0) = 1/\sqrt{2}$
27. $xy' + y = x^2 y^2, \quad y(1) = 1/2$ **28.** $y' + 4xy = e^{-2x^2}, \quad y(0) = -4$
29. $9\sec y\,dx + \sec x\,dy = 0, \quad y(0) = 0$
30. $(2x + e^y)\,dx + xe^y\,dy = 0, \quad y(2) = 0$
31. $3x^2 y\,dx + 2x^3\,dy = 0, \quad y(1) = 3$
32. $x\sinh y\,dy = \cosh y\,dx, \quad y(3) = 0$
33. $y' + xy = xy^{-1}, \quad y(0) = 2$ **34.** $y' + \frac{1}{2}y = y^3, \quad y(0) = 1$

方向場 手作業か CAD を用いて方向場を図示せよ．いくつかの解曲線を描け．厳密に解き比較せよ．

35. $y' = -3y$ **36.** $y' = -2xy$
37. $y' = y + 1.01\sin 10x$ **38.** $y' = 2y^2$

直交軌道 与えられた曲線族の直交軌道を決定せよ．曲線とその直交軌道を同じ軸上に描け．計算の各段階を示せ．

39. $y = x^2 + c$ **40.** $y = cx^{-3}$
41. $y = ce^{-x^2/2}$ **42.** $y = \sqrt{2\ln|x| + c}$

ピカールの反復法 ピカールの反復法を手作業の場合は 3 回，CAS ならば 5–10 回行え．反復解のスケッチかプロットを示せ．

43. $y' = 2y, \quad y(0) = 1$ **44.** $y' = 1 - y, \quad y(0) = 2$

応　用

45. （指数型成長） バクテリア培養の成長速度が現在のバクテリアの数に比例し，1 日後にはもとの数の 1.5 倍になるとすると，どのくらいの時間でバクテリアの数が (a) 2 倍，(b) 3 倍になるか．

46. （ニュートンの冷却の法則） 温度 20 °C の金属棒を沸騰する水の中に入れた．1 分間加熱した後の棒の温度が 51.5 °C になるとすれば，この棒を事実上 100 °C (たとえば 99.9 °C) まで温めるためにはどれくらいの時間が必要か．初めに予想をしてから計算せよ．

47. （半減期） 原子炉内のウラン $_{92}\text{U}^{237}$ が 1 日で重量の 10 % を失うとき，半減期および 99 % を失うまでの時間を求めよ．

48. （電気回路） 48 V の電池とつながった RL 回路を考える．この回路に 10 A の定常電流が流れしかも電池に接続してから事実上この定常値（たとえば 99.9 A）に達するまでの時間を 10^{-2} s にするためには R と L の値をどのように選べばよいか．

49. （心臓ペースメーカー） 図 1.34 は，電気容量 C のキャパシタ，電圧 E_0 の電池とスイッチからなる心臓ペースメーカーを表す．スイッチは周期的に A （充電期

間 $t_1<t<t_2$) から B（放電期間 $t_2<t<t_3$，このときキャパシタは心臓に刺激を送り，心臓は抵抗 R の抵抗器として作動する．）に移動する．充電期間はキャパシタの電荷が可能な最大値の 99％ となる期間であるとして，放電期間における電流を求めよ．

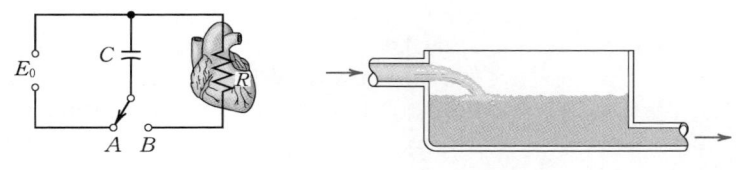

図 1.34　心臓のペースメーカー　　　　図 1.35　問題 50 の水槽

50. （混合の問題）図 1.35 の水槽は 50 ガロンの水に溶解した 80 ポンドの塩を含んでいる．流入するのは，200 ガロンの水に溶解した毎分 20 ポンドの塩である．流出するのは，毎分 20 ガロンの一様な混合物である．水槽中の塩分含有量 $y(t)$ が極限値（$t\to\infty$）の 95％ に到達するのはいつか．

51. （線形加速器）線形加速器は荷電粒子を加速するために物理学で用いられる．加速器に入射されたアルファ粒子は一定の大きさの加速度を受け，10^{-4} s の間に速さが 10^4 m/s から 10^6 m/s になるとする．加速度 a とこの 10^{-4} s の間に進んだ距離を求めよ．

52. （電界）$x^2+2y^2=1$ と $\frac{1}{4}x^2+\frac{1}{2}y^2=1$ で表される 2 つの楕円形の銅板がある．この 2 つの銅板の間に電位差が保たれているときの電気力線を求めよ．

53. （熱流）xy 平面上の薄い板において，$xy=$一定 という曲線に沿って熱が流れると，板の中の等温線（温度一定の曲線）はどうなるか．

54. （化学反応）質量作用の法則によれば，一定温度のもとでは，化学反応速度は反応物質の濃度の積に比例する．2 分子反応 $A+B\to M$ は 1 ℓ 当たり a モルの物質 A と b モルの物質 B を結合させる．時刻 t までに反応して 1 ℓ 当たりの分子数を $y(t)$ とすると，反応速度は $dy/dt=k(a-y)(b-y)$ となる．$a\neq b$ としてこの方程式を解け．

55. （レムニスケート）$dr/d\theta+(a^2/r)\sin 2\theta=0$，$r^2(0)=a^2$，$a\neq 0$ の解曲線はレムニスケートとよばれる．この解曲線を求め，スケッチを描け（r と θ は極座標である．）

1 章のまとめ

> この章では **1 階微分方程式**とその応用を扱った．それは未知関数 y の導関数 y'，変数 x の与えられた関数および y 自身を含み，
> $$F(x,y,y')=0, \quad \text{あるいは陽関数形で} \quad y'=f(x,y) \qquad (1)$$
> と表される．まず基本的な概念 (1.1 節)，方向場 (1.2 節) から始めて，解法ならびにモデル化 (1.3-1.8 節) を学び，最後に解の存在と一意性について学んだ (1.9 節)．

通常このような方程式は任意定数 c を含む**一般解**をもつ．しかしながら，多くの応用では，方程式がモデルとして表現している物理系などから導かれる条件を満たす解を見いださなければならない．これから初期値問題という概念が出てくる．
$$y' = f(x, y), \quad y(x_0) = y_0 \quad (x_0 \text{ と } y_0 \text{ は与えられた数}) \qquad (2)$$
ここで，初期条件 $y(x_0) = y_0$ は**特殊解**を決めるのに用いられる．すなわち，一般解から c の値を特定して得られる解である．幾何学的には，一般解は曲線族を表し，個々の特殊解はこの曲線族の 1 つの曲線に対応する．方向場については 1.2 節を参照せよ．そこでは，このような曲線族の一般的挙動に関する情報が得られる．

おそらくもっとも簡単な方程式は**分離可能な方程式**である．代数的方法で（あるいは $y/x = u$ のような変換を使って）$g(y)\,dy = f(x)\,dx$ の形におけるものである．このような方程式は両辺を積分することによって解ける (1.3, 1.4 節)．

完全方程式
$$M(x, y)\,dx + N(x, y)\,dy = 0$$
は，$M\,dx + N\,dy$ がある関数 $u(x, y)$ の微分
$$du = \frac{\partial u}{\partial x}\,dx + \frac{\partial u}{\partial y}\,dy$$
となるものである．そのため，陰関数解 $u(x, y) = c$ が得られる (1.5 節)．この方法は完全形でない方程式にも拡張される．すなわち，**積分因子** (1.5 節) とよばれる関数 $F(x, y)$ を掛けることによって完全方程式に帰着できる場合がある．

線形方程式 (1.6 節)
$$y' + p(x)y = r(x)$$
は大変重要である．これは積分因子 $F(x) = \exp\left(\int p(x)\,dx\right)$ をもち，その一般解は 1.6 節の公式 (4) で与えられる．ある種の非線形方程式は，新しい変数を代入することにより線形方程式に変換される．**ベルヌーイ方程式** $y' + p(x)y = g(x)y^a$ はその一例である(1.6 節)．

いくつかの箇所でモデル化についてふれた．応用のみを扱ったのは，変数分離方程式については 1.4 節，電気回路に対する線形方程式については 1.7 節，直交軌道については 1.8 節である．直交軌道とは与えられた曲線と直交する曲線である．

ピカールの反復法 (1.9 節) は反復による初期値問題の近似解を与える．これは**存在定理**と**一意性定理**の理論的基礎として重要である (1.9 節)．

1 階微分方程式の数値解法は，1.9 節で述べたように，第 5 巻 3.1, 3.2 節でも学ぶことができる．

2

2階および高階の線形微分方程式

　常微分方程式は大別して線形方程式と非線形方程式に分類される．非線形方程式は一般に取扱いが難しいが，線形方程式ははるかに簡単である．線形方程式の解はわかりやすい一般的な性質をもち，実用上重要な多くの線形微分方程式を解く標準的な方法が確立しているからである．

　まず2階の線形微分方程式を考察する．その中でも，同次方程式は 2.1-2.7 節で扱い，非同次方程式は 2.8-2.12 節で扱う．高階の方程式は 2.13-2.15 節で扱う．

　2階の方程式を集中的に扱う理由は2つある．まず，力学 (2.5, 2.11 節) や電気回路理論 (2.12 節) などの重要な応用があるからである．つぎに，2階の微分方程式の理論は，任意の階数 n の線形微分方程式の理論の典型例だからである．もちろん2階の方程式のほうがずっと簡単ではあるが，高い階数 n になっても新しい考え方はそれほど必要ではない．

　2階微分方程式の数値解法は第5巻 3.3 節に記した．それは，第5巻の他の節とは独立であるので，2.12 節の後（あるいは本章の後）に読んでもよい．

　（ルジャンドルの方程式，ベッセルの方程式，超幾何方程式は4章で考察する．）

　　本章を学ぶための予備知識：1章，とくに 1.6 節.
　　短縮コースでは省略してもよい節：2.4, 2.7, 2.10, 2.12, 2.13-2.15 節.
　参考書：付録 1.
　問題の解答：付録 2.

2.1 2階の同次線形方程式

1階の線形微分方程式についてはすでに議論したので，ここでは2階の線形微分方程式を定義し説明しよう．

2階の線形微分方程式

2階微分方程式は，

$$y'' + p(x)y' + q(x)y = r(x) \qquad (1)$$

のように表されるとき線形であるという．このような形に書けないときには非線形である．

(1) の特徴は，未知関数 y とその導関数 y', y'' について1次式であるということである．$p(x), q(x)$ および $r(x)$ は x の与えられた関数である．第1項が $f(x)y''$ という形ならば，$f(x)$ で割って (1) の標準形が得られるから，y'' を第1項とするのが実際的である．

$r(x) \equiv 0$（すなわち，すべての x について $r(x) = 0$）ならば，(1) は単純に

$$y'' + p(x)y' + q(x)y = 0 \qquad (2)$$

となり同次方程式とよばれる．$r(x) \not\equiv 0$ ならば，(1) は非同次であるという．これは 1.6 節と同様である．

(1), (2) の関数 p と q は方程式の係数とよばれる．
非同次の線形微分方程式の一例は

$$y'' + 4y = e^{-x}\sin x$$

である．同次の線形方程式の一例は

$$(1-x^2)y'' + 2xy' + 6y = 0$$

であり，非線形微分方程式の例は

$$x(y''y + y'^2) + 2y'y = 0 \quad\text{や}\quad y'' = \sqrt{y'^2 + 1}$$

である．

これからはいつも x はある開区間 I 上で変化するものとする．個々の場合にいちいち特定はしなくても，すべての仮定や命題はそのような区間 I に関するものである．(1.1 節の脚注では，I は x 軸の全体であった．)

ある開区間 $a < x < b$ における2階微分方程式（線形でも非線形でも）の解 $y = h(x)$ とは，導関数 $y' = h'(x), y'' = h''(x)$ が存在し，その区間のすべての x に対して微分方程式を満たすものである．すなわち，未知関数 y とその導関数 y', y'' に解 h とその導関数 h', h'' を代入すれば，微分方程式は恒等式となる．

2.1 2階の同次線形方程式

後に見るように，2階の線形微分方程式には多くの基礎的応用がある．ある場合は大変簡単で，解は微分積分学でよく知られた初等関数である．工学的な問題では非常に複雑な場合もあり，解はベッセル関数のような高等関数となる．

同次方程式：重ね合せの原理または線形原理

まず，2階の同次線形微分方程式から議論を始めよう (2.1-2.7節)．非同次方程式は後に 2.8-2.12 節で扱う．

例1 同次線形微分方程式の解　　e^x と e^{-x} は，すべての x に対して同次線形微分方程式
$$y'' - y = 0$$
の解である．なぜならば，$y = e^x$ に対して $(e^x)'' - e^x = e^x - e^x = 0$ であり，e^{-x} に対しても同様である．読者自身で確かめよ．

さらに重要な段階に進むこともできる．e^x と e^{-x} に異なる定数，たとえば -3 と $2/5$ を掛けて和をとると
$$y = -3e^x + \frac{2}{5}e^{-x}$$
となるが，これもすべての x に対して同じ同次方程式の解である．実際，
$$\left(-3e^x + \frac{2}{5}e^{-x}\right)'' - \left(-3e^x + \frac{2}{5}e^{-x}\right) = -3e^x + \frac{2}{5}e^{-x} - \left(-3e^x + \frac{2}{5}e^{-x}\right)$$
$$= 0.\qquad◀$$

この例は次の重要な事実を表している．同次線形微分方程式 (2) に対しては，既知の解に定数を掛けて和をとれば，つねに新しい解を求めることができる．もちろんこれは非常に有用な結果である．与えられた解からさらに別の解が得られるからである．すなわち，$y_1 \, (= e^x)$ と $y_2 \, (= e^{-x})$ から
$$y = c_1 y_1 + c_2 y_2 \qquad\qquad (3)$$
という形の解が得られる．ここで c_1, c_2 は任意定数である．これを y_1 と y_2 の**線形結合**とよぶ．この概念を用いて例1の結果を一般化することにより，いわゆる**重ね合せの原理**あるいは**線形原理**が定式化される．

定理1 同次方程式 **(2)** の基本定理　　同次の線形微分方程式 (2) に対して，開区間 I 上の2つの解の任意の線形結合はすべて I 上の (2) の解である．とくに，そのような解の和や定数倍もまた解である．

［証明］　y_1 と y_2 を I 上の (2) の解とする．$y = c_1 y_1 + c_2 y_2$ とその導関数を (2) に代入し，$(c_1 y_1 + c_2 y_2)' = c_1 y_1' + c_2 y_2'$ などのよく知られた公式を用いると，

$$y'' + py' + qy = (c_1y_1 + c_2y_2)'' + p(c_1y_1 + c_2y_2)' + q(c_1y_1 + c_2y_2)$$
$$= c_1y_1'' + c_2y_2'' + p(c_1y_1' + c_2y_2') + q(c_1y_1 + c_2y_2)$$
$$= c_1(y_1'' + py_1' + qy_1) + c_2(y_2'' + py_2' + qy_2)$$

が得られる．y_1 および y_2 が解であると仮定すれば，最後の行は $(\cdots) = 0$ となり，y が I 上で (2) の解であることがわかる．◀

[注意] この大変重要な定理はつねに覚えておかなければならないが，次の2つの例が示すように，非同次線形方程式や非線形方程式に対してはなりたたないことを忘れてはならない．

例2 非同次線形微分方程式 　直接代入により，$y = 1 + \cos x$ と $y = 1 + \sin x$ が非同次線形微分方程式
$$y'' + y = 1$$
の解であることがわかる．しかし，関数
$$2(1 + \cos x) \quad \text{および} \quad (1 + \cos x) + (1 + \sin x)$$
はこの微分方程式の解ではない．◀

例3 非線形微分方程式 　直接代入により，$y = x^2$ と $y = 1$ が非線形微分方程式
$$y''y - xy' = 0$$
の解であることがわかる．しかし，$y = -x^2$ や $y = x^2 + 1$ はこの微分方程式の解ではない．◀

初期値問題，一般解，基底

1階の微分方程式に対しては，一般解は1つの任意定数 c を含んでいた．また，初期値問題では，特定の c の値に対応する特殊解を得るために初期条件 $y(x_0) = y_0$ を用いた．一般解の考え方は，可能なすべての解を求めることにある．そして，線形方程式の場合 (1.6節) には，特異解が存在しないので実行可能であった．この考え方を2階の線形方程式に拡張しよう．

2階の同次線形方程式 (2) の一般解は
$$y = c_1y_1 + c_2y_2 \tag{4}$$
のような形になる．これは2つの任意定数 c_1 と c_2 を含む2つの（適切な）解の線形結合である．初期値問題は方程式 (2) と2つの初期条件
$$y(x_0) = K_0, \quad y'(x_0) = K_1 \tag{5}$$
からなる．K_0 と K_1 は，開区間上の与えられた点 x_0 における解とその微係数（曲線の勾配）を特定する．(5) を用いて (4) の定数 c_1, c_2 を特定すれば，(2) の特殊解を求めることができる．

このことを簡単な例で説明しよう．この例によって，(4) の y_1 と y_2 にある条件を課さなければならないことも理解できるはずである．

2.1 2階の同次線形方程式

例 4　初期値問題　以下の初期値問題
$$y'' - y = 0, \quad y(0) = 4, \quad y'(0) = -2$$
を解け．

[解]　ステップ 1．例 1 により e^x と e^{-x} は方程式の解である．そこで
$$y = c_1 e^x + c_2 e^{-x}$$
とおく．（これはあとで定義するように一般解である．）

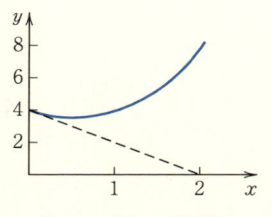

図 2.1　例 4 の特殊解

ステップ 2．$y' = c_1 e^x - c_2 e^{-x}$ であるから，初期条件より
$$y(0) = c_1 + c_2 = 4, \qquad y'(0) = c_1 - c_2 = -2$$
となり，$c_1 = 1$ と $c_2 = 3$ が得られる．したがって，解は $y = e^x + 3e^{-x}$ であり，図 2.1 に示されている．曲線は $y = 4$ から勾配 -2 で始まり，初期の接線は x 軸と $x = 2$ で交わる．

考察　l を任意定数として，$y_1 = e^x$, $y_2 = le^x$ ととった場合には，
$$y = c_1 e^x + c_2 l e^x = (c_1 + c_2 l) e^x = y'$$
が得られる．これは，2 つの初期条件を満たし問題の解となるには十分一般的ではないように思われる．なぜか．y_1 と y_2 は比例していて $y_1/y_2 = 1/l$ である．ところがステップ 1 ではそうではなく，$y_1/y_2 = e^x/e^{-x} = e^{2x}$ であった．これがポイントである．このことから，初期値問題と関連して重要な次の定義が導入される．◀

定義（一般解，基底，特殊解）　開区間[1] I の方程式 (2) の**一般解**は (4) の形である．ここで，y_1 と y_2 は I 上で比例していない解であり，c_1 と c_2 は任意定数[2]である．これらの y_1 と y_2 は，I 上の (2) の**基底**（基本解）とよばれる．

I 上の (2) の**特殊解**は，(4) の c_1 と c_2 に特定の値を与えて得られるものである．

通例に従い，y_1 と y_2 は I 上のすべての x について
$$\text{(a)} \quad y_1 = k y_2 \quad \text{あるいは} \quad \text{(b)} \quad y_2 = l y_1 \qquad (6)$$
がなりたつとき[3]，比例しているという．ここで，k と l は 0 か 0 でない数である．◀

実際には，基底の定義を"線形独立"という概念にもとづいて定式化しなおすことができる．I 上で 2 つの関数 $y_1(x), y_2(x)$ が線形独立であるというの

---
[1] 1.1 節参照．
[2] 定数の値域は，解が意味をもたなくなることを避けるために，制限をつけなければならないことがある．
[3] (a) で $k \neq 0$ ならば (b) で $l = 1/k$ となるが，$k = 0$（すなわち $y_1 = 0$）ならばそうはならない．

は，I 上で
$$k_1 y_1(x) + k_2 y_2(x) = 0 \qquad (7)$$
ならば $k_1=0, k_2=0$ となることを意味する．(7) がともに 0 ではない定数 k_1, k_2 に対してもなりたつときには，**線形従属**であるという．この場合，$k_1 \neq 0$ あるいは $k_2 \neq 0$ に対応して
$$y_1 = -\frac{k_2}{k_1} y_2 \quad \text{あるいは} \quad y_2 = -\frac{k_1}{k_2} y_1$$
が得られる．よって y_1 と y_2 は比例する．一方，線形独立の場合には比例関係にはない．したがって次の定義が得られる．

基底の定義（再定式化） 区間 I 上における (2) の解の基底は，(2) の 1 対の線形独立な解 y_1, y_2 である． ◀

例 5 基底，一般解，特殊解 例 4 の e^x と e^{-x} は，すべての x に対して微分方程式 $y'' - y = 0$ の基底をつくる．よって，一般解は $y = c_1 e^x + c_2 e^{-x}$ である．例 4 の解は方程式の特殊解である． ◀

例 6 基底，一般解 $y_1 = \cos x$ と $y_2 = \sin x$ が，微分方程式
$$y'' + y = 0$$
の解であることを確かめよ．$\cos x$ と $\sin x$ は比例せず，$y_1/y_2 = \cot x$ は一定でない．よって，この 2 つの関数はすべての x について方程式の基底をなし，一般解は
$$y = c_1 \cos x + c_2 \sin x$$
となる． ◀

1 つの解が知られているときの基底の求め方，階数低減法

(2) のある区間 I 上の 1 つの解 y_1 が簡単に予想できるか，何らかの方法で決定できることも少なくない．そのときに基底を定めるためには，(2) の第 2 の線形独立な解 y_2 が必要である．そこで，1 つの解が知られている 2 階方程式にいわゆる**階数低減法**[4]を適用すれば，得られた 1 階方程式を解いて第 2 の解 y_2 が求められることを示そう．

まず $y_2 = u y_1$ とおいて u を決める．そのために $y_2 = u y_1$ を 2 回微分すれば，
$$y_2' = u' y_1 + u y_1' \quad \text{および} \quad y_2'' = u'' y_1 + 2 u' y_1' + u y_1''$$

---

[4] 階数低減法は J.L. Lagrange により導入された．
Joseph Louis Lagrange (1736-1813), 偉大な数学者．フランス人の血すじでトリノに生まれ，19 歳のときに初めて教授となった（トリノ士官学校）．1766 年 ベルリン・アカデミー数学部門の主任となり，1787 年 パリに移った．彼の重要な業績は，変分法，天体力学，一般力学（"解析力学"，1788 年 パリで出版），微分方程式論，近似理論，代数学，整数論の分野である．

2.1 2階の同次線形方程式

となる．これを (2) に代入して
$$u''y_1 + 2u'y_1' + uy_1'' + p(u'y_1 + uy_1') + quy_1 = 0 \qquad (8)$$
が得られる．u'', u', u の項を集めると，
$$u''y_1 + u'(2y_1' + py_1) + u(y_1'' + py_1' + qy_1) = 0$$
となる．ここが重要なポイントである．y_1 は (2) の解であるから，最後の括弧の中の式は 0 である．したがって，u の項は消え，u'', u' だけの方程式となる．残った方程式を y_1 で割って，$u' = U, u'' = U'$ とおくと，
$$u'' + u' \frac{2y_1' + py_1}{y_1} = 0, \quad \text{よって} \quad U' + \left(\frac{2y_1'}{y_1} + p\right)U = 0.$$
これが階数低減によって得られた 1 階微分方程式である．変数分離と積分により
$$\frac{dU}{U} = -\left(\frac{2y_1'}{y_1} + p\right)dx \quad \text{よって} \quad \ln|U| = -2\ln|y_1| - \int p\,dx.$$
指数をとると，
$$\boxed{U = \frac{1}{y_1^2} e^{-\int p\,dx}} \qquad (9)$$
が得られる．ここで，$U = u'$ すなわち $u = \int U\,dx$ である．結局，第 2 の解 y_2 は
$$y_2 = uy_1 = y_1 \int U\,dx$$
となる．$U \not\equiv 0$ だから商 $y_2/y_1 = u = \int U\,dx$ は定数ではありえない．したがって y_1 と y_2 は基底をなす．◀

例7　1つの解が知られているときの階数の低減，基底　正の x に対する以下の 2 階線形同次方程式の解の基底を求めよ．
$$x^2 y'' - xy' + y = 0 \qquad (10)$$
［解］　1つの解は $y_1 = x$ である．実際，$y_1' = 1, y_1'' = 0$ を (10) に代入すれば $-x \cdot 1 + x = 0$ が得られるからである．ここで重要な点は，標準形の方程式 (2) から (9) が導かれていることである．よって，(9) を適用する前に (10) を標準形になおさなければならない．(10) を x^2 で割った標準形
$$y'' - \frac{1}{x} y' + \frac{1}{x^2} y = 0$$
から，$p = -1/x$，$-\int p\,dx = \ln x$ が得られる．したがって
$$U = \frac{1}{x^2} e^{\ln x} = \frac{1}{x}, \quad y_2 = ux = x \int U\,dx = x \ln x.$$

［答］　$x > 0$ における (10) の基底は $y_1 = x, y_2 = x \ln x$ である．これを代入により検算せよ．◀

一般解の実際的な役割

実際問題においては,一般解は主として2つの初期条件 (5) を課して特殊解を求めるのに用いられる.なぜならば,与えられた物理系などの特定の挙動を記述するのは特殊解だからである.まず実際上の問題で経験をつんでから,その基礎となる理論を学ぶ (2.7 節).さしあたり次のことを知るだけで十分である.ある区間 I で (2) の係数 p, q および関数 r が連続関数ならば,(2) は I 上でつねに一般解をもつ.これより,いかなる初期値問題 (1), (5) についても I 上で一意的な解が得られる.さらに (2) は特異解 (すなわち一般解から得られない解) をもたない.

❖❖❖❖❖ 問題 2.1 ❖❖❖❖❖

線形あるいは非線形方程式の 1 階方程式への階数低減

一般の 2 階微分方程式は,y'' と x の与えられた関数ならびに y や y' も含む形 $F(x, y, y', y'') = 0$ である.もちろん,1 階方程式への階数低減は実際上非常に重要な問題である.これは,y が陽に現れない場合 (問題 1) や x が陽に現れない場合 (問題 2) には,解の知識がなくても可能である.

1. $F(x, y', y'') = 0$ は,$y' = z$ とおけば 1 階方程式に帰着する.読者自身の 2 つの実例をあげよ.

2. $F(y, y', y'') = 0$ は,y を独立変数として $z = y'$ とおくことで,1 階方程式 $F(y, z, (dz/dy)z) = 0$ に帰着する.微分の連鎖法則によりこれを導け.

例 7 または問題 1, 2 の方法を用い,1 階の微分方程式に変換して解け.

3. $y'' = y'$
4. $2xy'' = 3y'$
5. $yy'' = 2y'^2$
6. $xy'' + 2y' + xy = 0, \quad y_1 = (\sin x)/x$
7. $y'' + e^y y'^3 = 0$
8. $xy'' + y' = 0$
9. $x^2 y'' - 5xy' + 9y = 0, \quad y_1 = x^3$
10. $y'' + (1 + y^{-1}) y'^2 = 0$
11. $x^2 y'' + xy' + \left(x^2 - \frac{1}{4}\right) y = 0, \quad y_1 = x^{-1/2} \cos x$
12. $(1 - x^2) y'' - 2xy' + 2y = 0, \quad y_1 = x$

階数低減法の応用

13. (運動) 小さい物体の直線上の運動を考える.速度と加速度の積はつねに一定値 $1 \, \text{m}^2/\text{s}^3$ に保たれているという.時刻 $t = 0$ において物体は原点から $12 \, \text{m}$ の距離にあり,初速度 $2 \, \text{m/s}$ で動き出したとすると,時刻 $t = 6 \, [\text{s}]$ における位置と速度はいくらか.

14. (運動) 問題 13 で加速度と速度が等しい (ほかのデータは不変) ときには何が起こるか.$t = 6$ の距離は増えるだろうか.まず推測し,そのあと計算せよ.

15. (曲線) xy 平面上で微分方程式 $y'' = 2y'$ に従い,原点で勾配 1 の接線をもつ曲線を求めよ.

16. （懸垂ケーブル） 2つの定点によって懸垂された一様なたわみケーブルの曲線は，微分方程式 $y'' = k\sqrt{1+y'^2}$ （k は重量に依存する定数）を解いて求めることができる．この曲線はカテナリ[5]（または懸垂線）とよばれている．$k=1$ とし，2定点の位置は鉛直面上の $(-1, 0), (1, 0)$ であると仮定して，$y(x)$ のグラフを描け．

初期値問題（次節の問題 2.2 にも同種の問題が含まれている．） 付記された関数が与えられた微分方程式の解の基底をなすことを検証し，初期値問題を解け．

17. $y'' + 9y = 0$,　　$y(0) = 4$, $y'(0) = -6$;　　$\cos 3x, \sin 3x$

18. $y'' + 2y' + y = 0$,　　$y(0) = 1$, $y'(0) = 0$;　　e^{-x}, xe^{-x}

19. $4x^2 y'' - 3y = 0$,　　$y(1) = 3$, $y'(1) = 2.5$;　　$x^{-1/2}, x^{3/2}$

20. ［論文プロジェクト］ 線形微分方程式の解の一般的性質　次の諸項目に関する小論文を書け．証明と読者自身の選んだ簡単な実例を含めよ．
（a）重ね合せの原理
（b）$y \equiv 0$ が同次方程式 (2) の解（自明な解）であること．
（c）(1) の解 y_1 と (2) の解 y_2 の和 $y = y_1 + y_2$ もまた (1) の解であること．
（d）(1) と (2) の解の和，差，線形結合などに関するさらに一般的な命題を構成する可能性を説明せよ．

2.2　定数係数の2階同次方程式

本節と次節では，定数係数 a, b をもつ同次線形微分方程式
$$y'' + ay' + by = 0 \tag{1}$$
を解く方法について述べる．2.5, 2.11, 2.12 節で示すように，この種の方程式はとくに機械的または電気的振動に関連して重要な応用がある．

(1) を解くために，定数係数 k の1階線形微分方程式 $y' + ky = 0$ が指数関数 $y = e^{-kx}$ を解としてもつことを思い起こそう (1.6 節)．その結果，(1) の解として関数
$$y = e^{\lambda x} \tag{2}$$
を試みるというアイディアが生まれる．(2) とその導関数
$$y' = \lambda e^{\lambda x} \quad \text{および} \quad y'' = \lambda^2 e^{\lambda x}$$
を方程式に代入すると，
$$(\lambda^2 + a\lambda + b) e^{\lambda x} = 0$$
が得られる．よって，もし λ が2次方程式
$$\lambda^2 + a\lambda + b = 0 \tag{3}$$

---
[5]　カテナリの英原語 catenary はラテン語の catena (= chain) に由来する．

の解であるならば，$y=e^{\lambda x}$ は微分方程式 (1) の解である．この方程式は (1) の特性方程式（あるいは補助方程式）とよばれる．その根は

$$\lambda_1=\frac{1}{2}(-a+\sqrt{a^2-4b}), \quad \lambda_2=\frac{1}{2}(-a-\sqrt{a^2-4b}) \tag{4}$$

である．上の計算からわかるように，関数

$$y_1=e^{\lambda_1 x} \quad \text{および} \quad y_2=e^{\lambda_2 x} \tag{5}$$

は (1) の解である．読者は (5) を (1) に代入してこの結果を確かめるとよい．

(4) からただちにわかるように，判別式 a^2-4b の符号に応じて次の3つの場合が起こる．

場合 I	$a^2-4b>0$ ならば2つの実根
場合 II	$a^2-4b=0$ ならば実重根
場合 III	$a^2-4b<0$ ならば共役複素根

ここでは場合 I と II を扱い，場合 III は次節で扱う．

場合 I．2つの異なる実根 λ_1, λ_2

この場合，
$$y_1=e^{\lambda_1 x} \quad \text{および} \quad y_2=e^{\lambda_2 x}$$

は，任意の区間において (1) の解の基底をなす．なぜならば，y_1/y_2 は定数ではないからである (2.1 節を見よ)．対応する一般解は，

$$y=c_1 e^{\lambda_1 x}+c_2 e^{\lambda_2 x} \tag{6}$$

である．

例1 異なる実根の場合の一般解　$y''-y=0$ (2.1 節の例1) は系統的に解くことができる．特性方程式は $\lambda^2-1=0$ であり，その根は $\lambda_1=1$ と $\lambda_2=-1$ である．よって，基底は e^x と e^{-x} となり，一般解

$$y=c_1 e^x+c_2 e^{-x}$$

を与える．◀

例2 異なる実根の場合の初期値問題
$$y''+y'-2y=0, \quad y(0)=4, \quad y'(0)=-5$$
を解け．

[解] ステップ1：一般解　特性方程式は
$$\lambda^2+\lambda-2=0$$
である．その根は
$$\lambda_1=\frac{1}{2}(-1+\sqrt{9})=1 \quad \text{および} \quad \lambda_2=\frac{1}{2}(-1-\sqrt{9})=-2$$

2.2 定数係数の2階同次方程式

となるので，一般解は
$$y = c_1 e^x + c_2 e^{-2x}$$
となる．

ステップ2：特殊解　$y'(x) = c_1 e^x - 2c_2 e^{-2x}$ であるから，一般解と初期条件から
$$y(0) = c_1 + c_2 = 4, \quad y'(0) = c_1 - 2c_2 = -5$$
が得られる．したがって，$c_1 = 1, c_2 = 3$ となる．これより答えは $y = e^x + 3e^{-2x}$ となる．図2.2に示されているように，解曲線は初期条件に従って $y = 4$ から負の勾配（-5，ただし図では両軸の尺度が異なることに注意せよ）で始まる．

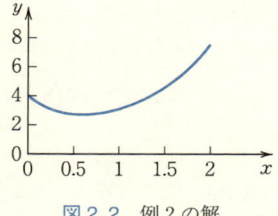

図2.2　例2の解

◀

場合 II．実重根 $\lambda = -a/2$

判別式 $a^2 - 4b$ が0ならば (4) からただちにただ1つの根 $\lambda = \lambda_1 = \lambda_2 = -a/2$ が得られる．したがって，1つの解は
$$y_1 = e^{-ax/2}$$
である．基底をつくるために必要な第2の独立な解は，前節で説明した方法によって求められる．すなわち，$y_2 = u y_1$ とおき，これとその導関数 $y_2' = u' y_1 + u y_1'$，$y_2'' = u'' y_1 + 2 u' y_1' + u y_1''$ を (1) に代入すると，
$$(u'' y_1 + 2 u' y_1' + u y_1'') + a(u' y_1 + u y_1') + b u y_1 = 0.$$
u'', u', u の項をまとめると，
$$u'' y_1 + u'(2 y_1' + a y_1) + u(y_1'' + a y_1' + b y_1) = 0.$$
y_1 は (1) の解であるから，最後の括弧の中の表式は0である．また，
$$2 y_1' = -a e^{-ax/2} = -a y_1$$
であるから，最初の括弧の中の表式も0である．結局，$u'' y_1 = 0$ すなわち $u'' = 0$ となる．2回積分すると $u = c_1 x + c_2$ が得られる．よって，第2の独立な解 $y_2 = u y_1$ を求めるには，単純に $u = x$ とおけばよい．この解 $y_2 = x y_1$ と y_1 は比例していないので，基底をなす．結論としては，(3) が重根をもつ場合には，任意の区間上の (1) の解の基底は $e^{-ax/2}$ および $x e^{-ax/2}$ である．対応する一般解は次のようになる．

$$\boxed{y = (c_1 + c_2 x) e^{-ax/2}} \tag{7}$$

［注意］λ が (4) の単根ならば，$(c_1 + c_2 x) e^{\lambda x}$ は (1) の解ではない．

例3　重根の場合の一般解　微分方程式
$$y'' + 8 y' + 16 = 0$$
を解け．

[解] 特性方程式は $\lambda^2+8\lambda+16=0$ であり，重根 $\lambda=-4$ をもつ．よって，基底は e^{-4x} と xe^{-4x} である．対応する一般解は $y=(c_1+c_2x)e^{-4x}$ である． ◀

例4 重根の場合の初期値問題
$$y''-4y'+4y=0, \quad y(0)=3, \ y'(0)=1$$
を解け．

[解] 特性方程式 $\lambda^2-4\lambda+4=(\lambda-2)^2=0$ は重根 $\lambda=2$ をもつ．よって微分方程式の一般解は
$$y(x)=(c_1+c_2x)e^{2x}$$
となる．微分により
$$y'(x)=c_2e^{2x}+2(c_1+c_2x)e^{2x}.$$
これと初期条件から
$$y(0)=c_1=3, \quad y'(0)=c_2+2c_1=1$$
が得られる．よって，$c_1=3$，$c_2=-5$ となり，答えは
$$y=(3-5x)e^{2x}$$
である． ◀

特性方程式 (4) が共役複素根をもつ場合 III が残っているが，これは次節で扱うことにする．

❖❖❖❖❖ 問題 2.2 ❖❖❖❖❖

一般解 一般解を求めよ．解答を代入して検算せよ．
1. $4y''+4y'-3y=0$
2. $y''+3.2y'+2.56y=0$
3. $2y''-9y'=0$
4. $y''-8y=0$
5. $y''+9y'+20y=0$
6. $16y''-\pi^2 y=0$
7. $9y''-30y'+25y=0$
8. $10y''+6y'-4y=0$
9. $y''+2ky'+k^2y=0$

初期値問題 次の初期値問題を解け．求めた解が方程式と初期条件を満たすことを確認せよ．（計算の詳細を示せ．）
10. $y''+y'-6y=0, \quad y(0)=10, \quad y'(0)=0$
11. $y''+4y'+4y=0, \quad y(0)=1, \quad y'(0)=1$
12. $y''-y=0, \quad y(0)=3, \quad y'(0)=-3$
13. $8y''-2y'-y=0, \quad y(0)=-0.2, \quad y'(0)=-0.325$
14. $4y''-25y=0, \quad y(0)=0, \quad y'(0)=-5$
15. $y''+2.2y'+1.17y=0, \quad y(0)=2, \quad y'(0)=-2.6$
16. $y''-k^2y=0 \ (k\neq 0), \quad y(0)=1, \quad y'(0)=1$
17. $4y''-4y'-3y=0, \quad y(-2)=e, \quad y'(-2)=-e/2$

線形独立 本文中で説明したように，線形独立性の概念は一般解と関連して基本的に重要である．次の関数は与えられた区間上で線形独立かあるいは線形従属か．
18. $e^{-x}, \ e^x$ （任意区間）
19. $0, \ \tan x \ (|x|<\pi/4)$
20. $x^2, \ x^2\ln x \ (x\geq 1)$
21. $\ln x, \ \ln(x^4) \ (x>1)$
22. $\ln x, \ (\ln x)^4 \ (1\leq x\leq 2)$
23. $\sin^2 x, \ \sin(x^2) \ (0<x<\sqrt{\pi})$

24. $x|x|$, x^2 $(0≦x≦1)$ **25.** $x|x|$, x^2 $(|x|≦1)$
26. $\sin 2x$, $\cos x \sin x$ $(x<0)$

27. （無意味） 2つの関数がある1点において線形独立か線形従属かを論じても無意味であるのはなぜか．

28. （部分区間） f, g が区間 I において線形従属ならば，I の部分区間 J においても線形従属であることを示せ．同じことは線形独立についてもなりたつか．（理由と実例を与えよ．）

29. ［CASプロジェクト］ 線形独立 線形独立か線形従属かを判定するプログラムを書け．この問題2.2の中のいくつかの問題と読者自身で選んだ実例についてプログラムを試行せよ．

30. ［協同プロジェクト］ 解の一般的性質
（a） 係数の公式 (1)の係数 a, b を λ_1, λ_2 によって表せ．
（b） 零根 方程式 $y''+4y'=0$ を，(i) 本節の方法，(ii) 階数低減法を用いて解け．どの場合にも同じ結果が得られる理由を説明できるか．一般の方程式 $y''+ay'=0$ の場合はどうか．
（c） 重根 重根の場合の (1) の解が $xe^{\lambda x}$ $(\lambda=-a/2)$ となることを直接確認せよ．$y''-y'-6y=0$ の解はなぜ $y=e^{-2x}$ であって $y=xe^{-2x}$ でないのかを検証し説明せよ．
（d） 極限 重根は，異なる根 λ_1, λ_2 が $\lambda_2 \to \lambda_1$ となる極限の場合にほかならない．このアイディアを実行してみよ．（微分法におけるロピタルの定理を想起せよ．）$xe^{\lambda_1 x}$ に到達できるか試みよ[6]．

2.3 複素根の場合，複素指数関数

前節で扱った定数係数の同次線形微分方程式
$$y''+ay'+by=0 \qquad (1)$$
をふたたびとりあげよう．ただし，2.2節では残された場合，すなわち，特性方程式
$$\lambda^2+a\lambda+b=0 \qquad (2)$$
が複素根
$$\lambda_1=-\frac{a}{2}+\frac{1}{2}\sqrt{a^2-4b}, \qquad \lambda_2=-\frac{a}{2}-\frac{1}{2}\sqrt{a^2-4b} \qquad (3)$$
をもつ場合を考える．これは判別式 a^2-4b が負のときに起こる．すなわち前節の場合 III である．

---

[6] （訳注） $\lambda_1 \neq \lambda_2$ の場合の (1) の特殊解 $\dfrac{e^{\lambda_2 x}-e^{\lambda_1 x}}{\lambda_2-\lambda_1}$ に着目し，これにロピタルの定理を適用すれば，$\displaystyle\lim_{\lambda_2 \to \lambda_1}\frac{e^{\lambda_2 x}-e^{\lambda_1 x}}{\lambda_2-\lambda_1}=\lim_{\lambda_2 \to \lambda_1}\frac{d(e^{\lambda_2 x})}{d\lambda_2}=xe^{\lambda_1 x}$ が得られる．

あまり複素数に慣れていない読者のために重要な実例から始めよう．

<u>例1</u>　**複素根**　次の微分方程式の一般解を求めよ．
$$y'' + y = 0 \tag{4}$$

［解］　(4)は $y'' = -y$ と書ける．ゆえに，2回微分すれば符号だけが変わる関数が必要である．微分法から，$(\cos x)'' = -\cos x$, $(\sin x)'' = -\sin x$ となることを思い出すとよい．一般解は
$$y = A\cos x + B\sin x$$
である（A, B は任意定数）．

この方法は巧妙である．しかし，もっと一般的な方法に着目しよう．(4)の特性方程式は $\lambda^2 + 1 = 0$ である．ゆえに，$\lambda^2 = -1$, $\lambda = \pm\sqrt{-1} = \pm i$ が得られる．ここで，i は複素数の一般形に用いられる $\sqrt{-1}$ を表す標準記号である．その結果，まず2つの複素解
$$e^{ix} \quad \text{および} \quad e^{-ix}$$
が得られる．これは何を意味するのか．定義によれば，複素指数関数は実余弦関数および実正弦関数といわゆる**オイラーの公式**

$$\boxed{\begin{aligned}\text{(a)} \quad & e^{ix} = \cos x + i\sin x, \\ \text{(b)} \quad & e^{-ix} = \cos x - i\sin x\end{aligned}} \tag{5}$$

によって結ばれている．(5a)と(5b)を辺々加えて2で割れば，

$$\boxed{\cos x = \frac{1}{2}(e^{ix} + e^{-ix}).} \tag{6a}$$

同様に，(5a)から(5b)を引いて $2i$ で割れば，

$$\boxed{\sin x = \frac{1}{2i}(e^{ix} - e^{-ix}).} \tag{6b}$$

e^{ix} と e^{-ix} は(1)の解であるから，重ね合せの原理(2.1節)または直接計算によって，$\cos x$ と $\sin x$ もまた(1)の解である．したがって，こんどは系統的な手法によって前と同じ一般解を導いたことになる． ◀

複素指数関数

例1を検証し場合IIIを一般的に解くために，複素変数 $z = s + it$ [7] の複素指数関数 e^z を定義する．実関数 e^s, $\cos t$, $\sin t$ による定義は

$$\boxed{e^z = e^{s+it} = e^s e^{it} = e^s(\cos t + i\sin t)} \tag{7}$$

である．これは次のように動機づけられる．実数の $z = s$ に対しては，関数 e^z は実指数関数 e^s になる（$\cos 0 = 1$, $\sin 0 = 0$ だから）．実数の場合と同様に，$e^{z_1 + z_2} = e^{z_1} e^{z_2}$ を示すことができる．（証明は第4巻1.6節にある．）最後に，

---

[7]　通常の $z = x + iy$ のかわりに $z = s + it$ と書いた．x と y はすでに変数と未知関数として使われているからである．

2.3 複素根の場合，複素指数関数

e^x を $x=it$ についてマクローリン展開し，$i^2=-1$, $i^3=-i$, $i^4=1$ などを用い，項の順序を入れかえられると仮定（証明できる）すれば，

$$e^{it}=1+it+\frac{(it)^2}{2!}+\frac{(it)^3}{3!}+\frac{(it)^4}{4!}+\frac{(it)^5}{5!}+\cdots$$

$$=1-\frac{t^2}{2!}+\frac{t^4}{4!}-\cdots+i\left(t-\frac{t^3}{3!}+\frac{t^5}{5!}-\cdots\right)$$

$$=\cos t+i\sin t.$$

これでオイラーの公式 (5a) が導かれたことになる．

場合 III．共役複素根

場合 III では (3) の根号内の a^2-4b は負であるから，$\sqrt{a^2-4b}=i\sqrt{4b-a^2}$ と書くことができる．したがって，$\omega=\sqrt{b-\frac{1}{4}a^2}$ とおけば，

$$\lambda_1=-\frac{1}{2}a+i\omega, \qquad \lambda_2=-\frac{1}{2}a-i\omega \tag{8}$$

と表される．

この結果を使い，(7) を適用すると，

$$e^{\lambda_1 x}=e^{-(a/2)x+i\omega x}=e^{-(a/2)x}(\cos\omega x+i\sin\omega x),$$
$$e^{\lambda_2 x}=e^{-(a/2)x-i\omega x}=e^{-(a/2)x}(\cos\omega x-i\sin\omega x).$$

例 1 と同様に，これらを辺々加えて 2 で割れば y_1 が得られ，引いて $2i$ で割れば y_2 が得られる．すなわち，

$$y_1=e^{-ax/2}\cos\omega x, \qquad y_2=e^{-ax/2}\sin\omega x. \tag{9}$$

これが (1) の解であることは，微分と代入によってただちに確認される．この y_1 と y_2 は，任意の区間上で線形独立であるから基底をなしている．実際，$y_2/y_1=\tan\omega x$ は $\omega\neq 0$（なぜか）なので一定ではなく，y_1 と y_2 は比例していない．対応する一般解は

$$\boxed{y=e^{-ax/2}(A\cos\omega x+B\sin\omega x)} \tag{10}$$

である．

例 2　複素根，初期値問題　次の初期値問題を解け．
$$y''+0.2y'+4.01y=0, \qquad y(0)=0, \quad y'(0)=2.$$

［解］　ステップ 1：一般解　特性方程式は $\lambda^2+0.2\lambda+4.01=0$ であって，その根は $-0.1\pm 2i$ である．ゆえに $\omega=2$ となり，一般解は

$$y=e^{-0.1x}(A\cos 2x+B\sin 2x)$$

で表される．

ステップ 2：特殊解 第 1 の初期条件は $y(0) = A = 0$ を与えるので，残る方程式は $y = Be^{-0.1x} \sin 2x$ である．微分すれば，
$$y' = B(-0.1e^{-0.1x}\sin 2x + 2e^{-0.1x}\cos 2x).$$
これと第 2 の初期条件から $y'(0) = 2B = 2$，よって $B = 1$ が得られる．求める解は
$$y = e^{-0.1x}\sin 2x$$
となる．図 2.3 は，この解 y および y の曲線が振動する上下限 $e^{-0.1x}, -e^{-0.1x}$ の曲線（破線）を示している．このような"減衰振動"（$x = t =$ 時間のとき）には，すぐあとでわかるように，力学や電気に関連する重要な応用がある． ◀

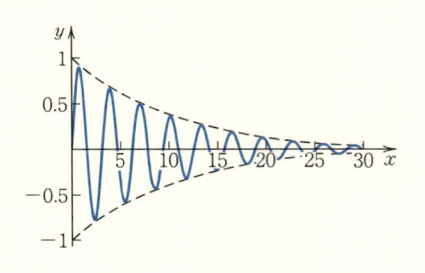

図 2.3　例 2 の減衰振動

例 3　複素解　微分方程式
$$y'' + \omega^2 y = 0 \quad (\omega \text{ は 0 でない定数})$$
の一般解は
$$x = A\cos\omega x + B\sin\omega x$$
である．$\omega = 1$ の場合には，2.1 節の例 6 と同じ結果を与える． ◀

これで 3 つのすべての場合の議論が完結した．結果をまとめると次のようになる．

場合 I-III の要約

場合	(2) の根	(1) の基底	(1) の一般解
I	異なる実根 λ_1, λ_2	$e^{\lambda_1 x}, e^{\lambda_2 x}$	$y = c_1 e^{\lambda_1 x} + c_2 e^{\lambda_2 x}$
II	実重根 $\lambda = -\dfrac{1}{2}a$	$e^{-ax/2}, xe^{-ax/2}$	$y = (c_1 + c_2 x)e^{-ax/2}$
III	共役複素根 $\lambda_1 = -\dfrac{1}{2}a + i\omega$ $\lambda_2 = -\dfrac{1}{2}a - i\omega$	$e^{-ax/2}\cos\omega x$ $e^{-ax/2}\sin\omega x$	$y = e^{-ax/2}(A\cos\omega x + B\sin\omega x)$

力学系や電気回路への応用においては，これらの3つの場合が運動や電流の3つの異なる形態に対応することは非常に興味深い．このような理論と実際の間の基本的な関係については，2.5節および2.12節において詳細に論じる．

境界値問題

実際問題では，初期条件ではなく

$$y(P_1) = k_1, \quad y(P_2) = k_2 \tag{11}$$

のようなタイプの条件が課されることも多い．これは，方程式(1)の適用される区間の端点（すなわち**境界点**）P_1, P_2 に関するものであるから，**境界条件**として知られている．方程式(1)と境界条件(11)を合わせたものを**境界値問題**とよぶ．ここでは境界値問題の典型的な実例をあげるだけにしておこう．

例4　境界値問題

$$y'' + y = 0, \quad y(0) = 3, \ y(\pi) = -3$$

を解け．

[解]　*ステップ1：一般解*　基底は $y_1 = \cos x, y_2 = \sin x$ である．対応する一般解は次のようになる．

$$y(x) = c_1 \cos x + c_2 \sin x$$

ステップ2：問題の解　左の境界条件は $y(0) = c_1 = 3$ を与える．右の境界条件は $y(\pi) = c_1 \cos \pi + c_2 \cdot 0 = -3$ を与える．$\cos \pi = -1, c_1 = 3$ であるから，この式 $y(\pi) = -3$ は無条件に成立し，c_2 に関する条件を与えないことがわかる．したがって，区間 $0 \leq x \leq 1$ 上で与えられた境界値問題の解は

$$y = 3 \cos x + c_2 \sin x$$

であって，定数 c_2 は任意のままである．これは驚くべきことであるが，もちろん x が 0 と π のとき $\sin x$ が 0 となるためである．読者は次のことを結論し，また証明する（問題23）ことができるであろう．すなわち，境界値問題(1),(11)の解が一意的であるための必要十分条件は，$y(P_1) = y(P_2)$ を満足する(1)の解 $y \neq 0$ が存在しないことである．◀

❖❖❖❖❖　問題 2.3　❖❖❖❖❖

実解への変換　与えられた複素関数が方程式の一般解であることを確かめ，実関数で表した一般解を導け．

1. $y = c_1 e^{(1+i)x} + c_2 e^{(1-i)x}, \quad y'' - 2y' + 2y = 0$
2. $y = c_1 e^{2\pi i x} + c_2 e^{-2\pi i x}, \quad y'' + 4\pi^2 y = 0$
3. $y = c_1 e^{(-0.5+1.5i)x} + c_2 e^{(-0.5-1.5i)x}, \quad 4y'' + 4y' + 10y = 0$
4. $y = c_1 e^{(-k+2i)x} + c_2 e^{(-k-2i)x}, \quad y'' + 2ky' + (k^2 + 4)y = 0$

一般解　与えられた方程式が I, II, III のどの場合に対応するかを述べよ．実関数で表した一般解を求めよ．

5. $25y'' + 40y' + 16y = 0$
6. $y'' + y' - 12y = 0$
7. $16y'' - 8y' + 5y = 0$
8. $y'' + 4y' + (4 + \omega^2)y = 0$
9. $y'' - 9\pi^2 y = 0$
10. $y'' - 2\sqrt{2}\,y' + 2.5y = 0$
11. $y'' - 2\sqrt{2}\,y' + 2y = 0$
12. $y'' + 2ky' + (k^2 + k^{-2})y = 0$

初期値問題　次の問題を解け．（計算の各段階を示せ．）

13. $9y'' + 6y' + y = 0$,　$y(0) = 4$, $y'(0) = -13/3$
14. $4y'' + 16y' + 17y = 0$,　$y(0) = -0.5$, $y'(0) = 1$
15. $y'' - 25y = 0$,　$y(0) = 0$, $y'(0) = 20$
16. $y'' + 0.4y' + 0.29y = 0$,　$y(0) = 1$, $y'(0) = -1.2$
17. $y'' - y' - 2y = 0$,　$y(0) = -4$, $y'(0) = -1.7$
18. $y'' - 2y' + (4\pi^2 + 1)y = 0$,　$y(0) = -2$, $y'(0) = 6\pi - 2$

境界値問題　次の問題を解け．（計算の各段階を示せ．）

19. $y'' + 4y = 0$,　$y(0) = 3$, $y(\pi/2) = -3$
20. $y'' - 25y = 0$,　$y(-2) = y(2) = \cosh 10$
21. $y'' + 2y' + 2y = 0$,　$y(0) = 1$, $y(\pi/2) = 0$
22. $3y'' - 8y' - 3y = 0$,　$y(-3) = 1$, $y(3) = 1/e^2$

23. 境界値問題 (1), (11) の解が一意的であるための必要十分条件は，$y(P_1) = y(P_2)$ を満足する (1) の解 $y \neq 0$ が存在しないことである．これを証明せよ．

24. ［プロジェクト］　減衰振動　（a）図 2.3 の減衰振動曲線の極大点，極小点，変曲点，および破線で表した曲線（振動の上下限）との接点を定めよ．破線曲線との接点は極値点と一致するか．（初めに推測せよ．）　変曲点は x 軸上にあるか．（初めに推測せよ．）

（b）たとえば $e^{-0.1x}$ を $e^{-0.2x}$ に変えて減衰を強めると何が起こるか．減衰を任意に強めた場合も定性的に説明できないか．

25. ［CAS プロジェクト］　複素根から重根への移行　公式 (10) において，0 に近づく正の ω の列を選んで，グラフ上で場合 III から場合 II に移行することを説明せよ．

（a）$a = 1$ のとき (1) は $y'' + y' + \left(\dfrac{1}{4} + \omega^2\right)y = 0$ と書けることを示せ．

（b）（a）の方程式において，たとえば $\omega = 5, 0.5, 0.1, 0.01, \cdots$ ととり，$y(0) = 1$, $y'(0) = -2$ を満たす解をプロットせよ．解曲線は極限の曲線に近づくか．しかも急速に近づくか．それは場合 II の曲線に似ていないか．

（c）読者の CAS は極限を与えるか．試みてみよ．極限を解析的に求めよ．解法のすべての段階を示せ．（ロピタルの定理を思い出せ．）

（d）極限の曲線が x 軸とは交らないような問題を見いだせ．

2.4 微分演算子 [選択]

 本節は微分演算子の概説である．微分演算子は，2.14 節で1回だけ便宜上用いられるだけであるから，場合によっては省略してもよい．

 演算子はある関数を別の関数に変える変換を意味する．演算子と対応する技法とを総称して**演算子法**とよぶ．

 微分操作は以下のように演算子を示唆する．D を x に関する微分とし，

$$\boxed{Dy = y'}$$

と書くと D は演算子である．D は y に作用するという．すなわち，D は y（微分可能とする）をその導関数 y' に変換する．たとえば，

$$D(x^2) = 2x, \quad D(\sin x) = \cos x.$$

D を2回作用させると，2階導関数 $D(Dy) = Dy' = y''$ が得られる．単純に $D(Dy) = D^2 y$ と書くことにすると，

$$Dy = y', \quad D^2 y = y'', \quad D^3 y = y''', \cdots.$$

さらに一般的に，

$$L = P(D) = D^2 + aD + b \tag{1}$$

は，**2階の微分演算子**とよばれる．ここで a と b は定数である．L を関数 y（2回微分可能と仮定する）に作用させると，

$$\boxed{L[y] = (D^2 + aD + b)y = y'' + ay' + by} \tag{2}$$

となる．L は線形演算子である．任意の定数 α, β と任意の（2回微分可能な）関数 y, w に対して

$$L[\alpha y + \beta w] = \alpha L[y] + \beta L[w]$$

がなりたつからである．

 同次線形微分方程式 $y'' + ay' + by = 0$ は簡単に

$$L[y] = P(D)[y] = 0 \tag{3}$$

と表される．たとえば，

$$L[y] = (D^2 + D - 6)y = y'' + y' - 6 = 0 \tag{4}$$

である．また，

$$D[e^{\lambda x}] = \lambda e^{\lambda x}, \quad D^2[e^{\lambda x}] = \lambda^2 e^{\lambda x}$$

であるから，(2) と (3) より

$$P(D)[e^{\lambda x}] = (\lambda^2 + a\lambda + b)e^{\lambda x} = P(\lambda)e^{\lambda x} = 0 \tag{5}$$

が得られる．したがって，$e^{\lambda x}$ が (3) の解であることと λ が特性方程式 $P(\lambda) = 0$ の解であることが同値であるという 2.2 節の結果が確認されたことになる．

$P(\lambda)=0$ が異なる2根をもつときには基底が得られる．$P(\lambda)=0$ が重根をもつときには，第2の独立な解が必要である．その解を求めるために，
$$P(D)[e^{\lambda x}] = P(\lambda)e^{\lambda x}$$
[(5)を参照]の両辺をλについて微分し，λとxに関する積分の順序を入れかえると，
$$P(D)[xe^{\lambda x}] = P'(\lambda)e^{\lambda x} + P(\lambda)xe^{\lambda x}$$
となる．ここで $P'=dP/d\lambda$ である．重根の場合には $P(\lambda)=P'(\lambda)=0$ であるから，$P(D)[xe^{\lambda x}]=0$ が得られる．したがって $xe^{\lambda x}$ が求める第2の解である．これは2.2節の結果と一致する．

$P(\lambda)$ は通常の代数学の意味でのλの多項式である．λ を D でおきかえると，"演算子多項式" $P(D)$ が得られる．この"演算子法"の要点は，$P(D)$ を代数的な量として扱えることである．とくに因数分解が可能なことは重要である．

例1 **因数分解，微分方程式の解**　$P(D)=D^2+D-6$ を因数分解し，$P(D)[y]=0$ を解け．

[解]　$D^2+D-6=(D+3)(D-2)$ である．また定義により $(D-2)y=y'-2y$ である．したがって，
$$(D+3)(D-2)y = (D+3)[y'-2y] = D(y'-2y) + 3(y'-2y)$$
$$= y''-2y'+3y'-6y = y''+y'-6y.$$
よって因数分解は可能であり，正しい結果を与える．$(D+3)y=0$ と $(D-2)y=0$ の解はそれぞれ $y_1=e^{-3x}, y_2=e^{2x}$ である．これは任意の区間における $P(D)[y]=0$ の基底となる．読者は，2.2節の方法も同じ結果を与えることを確かめよ．当然の結果である．なぜならば，$P(D)$ が因数分解されるのは，特性多項式 $P(\lambda)=\lambda^2+\lambda-6$ が因数分解されるのと同じだからである． ◀

L が定数係数をもつことが本質的である．演算子法を変数係数方程式に拡張することはずっと困難であり，ここでは考察しない．

演算子法による解析が本節で示したような単純な状況に限定されるとすれば，述べる必要もなかったかもしれない．実際，演算子法の威力は，もっと複雑な工学上の問題（第3巻1章参照）で発揮されるのである．

❖❖❖❖❖　**問題 2.4**　❖❖❖❖❖

微分演算子の応用　それぞれの問題において，与えられた演算子を与えられた関数に作用させよ．（解答の詳細を示せ．）

1. D^2+3D；　$\cosh 3x$, $e^{-x}+e^{2x}$, $10-e^{-3x}$
2. $D-4$；　$3x^2+4x$, $4e^{4x}$, $\cos 2x - \sin 2x$

3. $(D-2)(D+1)$; e^{2x}, xe^{2x}, e^{-x}, xe^{-x}
4. $(D+5)^2$; $5x+\sin 5x$, xe^{5x}, xe^{-5x}

一般解 （本文の例1のように）因数分解を用いて一般解を求めよ．（詳細を記せ．）

5. $(D^2-D-2)y=0$
6. $(9D^2+6D+1)y=0$
7. $(D^2-4D)y=0$
8. $(25D^2-1)y=0$
9. $(D^2+2kD+k^2)y=0$
10. $[D^2+\pi(\pi-1)D-\pi^3]y=0$
11. $(64D^2+16D+1)y=0$
12. $(2D^2+D)y=0$
13. $(10D^2+12D+3.6)y=0$

14. （線形演算子）(2) の L が線形演算子であることを示せ．

2.5 モデル化：自由振動（質量-ばね系）

定数係数の同次線形微分方程式には重要な工学的応用がある．本節では，基本的な機械系である"質量-ばね系"（弾性ばねに吊された質量，図2.4）の運動を議論する．まずモデル化を行う．すなわち，数学的モデル（微分方程式）をたて，解を求め，運動のタイプを論じる．運動のタイプが 2.2, 2.3 節で扱った3つの場合 I, II, III に対応するのは非常に興味深いことである．

同様に重要な電気工学からの応用例（基本的電気回路）は 2.12 節で学ぶことにする．

質量-ばね系のモデル設定

伸縮に対して抵抗する通常のばねを，固定した支点から垂直に吊す（図 2.4）．ばねの下端には質量 m の物体をつける．m は十分大きいので，ばねの質量は無視できるとする．物体を下方にある距離だけ引いてから離すと，運動が始まる．物体は厳密に鉛直方向に動くと仮定する．

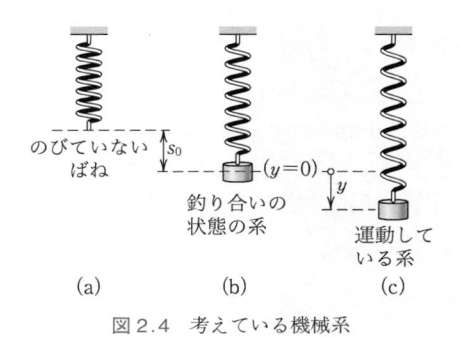

(a) のびていないばね　(b) 釣り合いの状態の系　(c) 運動している系

図 2.4 考えている機械系

この機械系の運動はニュートンの第2法則

$$\boxed{質量 \times 加速度 = my'' = 力} \qquad (1)$$

に支配される．ここで"力"とは物体にかかるすべての力の合力を意味する．加速度は $y'' = d^2y/dt^2$ であり，$y(t)$ は物体の変位，t は時間である．

下方を正の方向とすると，下方にはたらく力は正であり，上方にはたらく力は負である．

図2.4を考えよう．ばねは最初は伸びていない．物体を付けるとばねは s_0 だけ伸びる［図2.4bを見よ］．その結果ばねに上向きの力 F_0 が生じる．実験によれば，この力 F_0 は伸びに比例し，

$$\boxed{F_0 = -ks_0} \qquad (\text{フック}^{8)} \text{の法則}) \qquad (2)$$

がなりたつ．ここで，$k\,(>0)$ はばね定数とよばれる．負号は F_0 が上方を向いていることを表す．固いばねの場合，k は大きく s_0 は小さい．

伸び s_0 は，F_0 が重量 $W = mg$ と釣り合うように決まる．ここで，$g = 980$ [cm/s^2] $= 32.17$ [フィート/s^2] は重力加速度である．したがって，$F_0 + W = -ks_0 + mg = 0$ となり，運動には寄与しないので，ばねと物体は静止したままである（図2.4b）．このとき系は釣り合っている（**静的平衡**）．物体のこの位置を $y = 0$ とする．すなわち，物体の変位 $y(t)$ をこの原点からの距離で表すことにし，下方を正に，上方を負にとる．

これからがポイントである．位置 $y = 0$ から物体を下方に引くと，ばねをさらに $y > 0$（下方に伸ばした距離）だけ伸ばすことになる．したがって，フックの法則により上向きの力

$$F_1 = -ky$$

が追加されることがわかる．F_1 は**復元力**である．この力は系をもとに復元する傾向をもつ．すなわち，物体を $y = 0$ に戻そうとするのである．

非減衰系：方程式と解

どんな系でも減衰する．減衰がなければ運動を永久に続けることになる．しかし，実際上減衰の効果が無視できる場合がある．たとえば，ばねに吊した鉄球の数分間の運動などである．この場合，(1)において F_1 だけが力であると考えてよいので，(1)から $my'' = -ky$ となる．減衰のない機械系のモデルは定数係数の線形微分方程式

---

8) Robert Hooke(1635-1703)，イギリスの物理学者．万有引力の法則に関する Newton の先駆者であった．

2.5 モデル化：自由振動（質量-ばね系）

$$my'' + ky = 0 \qquad (3)$$

である．2.3節の方法（例3を見よ）により，一般解

$$y(t) = A\cos\omega_0 t + B\sin\omega_0 t \qquad \omega_0 = \sqrt{k/m} \qquad (4)$$

が得られる．対応する運動は調和振動とよばれる．図2.5は (4) の典型的な形を示す．これらは，ある正の初期変位 $y(0)$ といくつかの異なる初速度 $y'(0)$ に対応する．(4) において初期変位は $A = y(0)$ を決め，初速度は $y'(0) = \omega_0 B$ により B を決める．

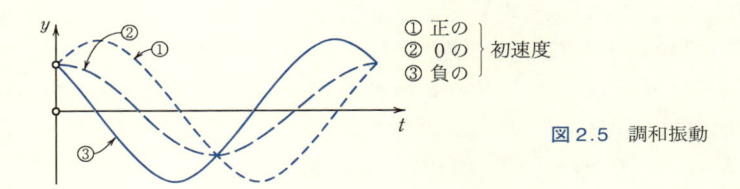

図 2.5 調和振動
① 正の
② 0 の　初速度
③ 負の

余弦関数の加法公式を適用すれば，(4) は次のように表されることが確かめられる［付録 A3.1 の式 (13) を見よ］．

$$y(t) = C\cos(\omega_0 t - \delta) \qquad \left(C = \sqrt{A^2 + B^2}, \; \tan\delta = \frac{B}{A} \right) \qquad (4^*)$$

(4) の3角関数の周期は $2\pi/\omega_0$ であるから，物体は1秒間に $\omega_0/2\pi$ 回振動する．この量 $\omega_0/2\pi$ を振動数あるいは周波数とよび，毎秒何サイクル（回）と数える．ヘルツ[9] (Hz) は サイクル/s で表した振動数の単位である．

例1　非減衰系，調和振動　　重量 $W = 89.00$ [N]（約 20 ポンド）の鉄球がばねを 10.00 cm（約 4 インチ）だけ伸ばした．この質量-ばね系は毎秒何サイクルの振動をするか．鉄球をさらに 15.00 cm（約 6 インチ）引いたとき，運動はどうなるか．

［解］フックの法則 (2) において，力は W，伸びは 10 [cm] = 0.1 [m] であるから，ばね定数は $k = W/0.1 = 89.00/0.1000 = 890.0$ [kg/s^2] $= 890$ [N/m] となる．質量は $m = W/g = 89.00/9.8000 = 9.082$ [kg] である．これより振動数は

$$\omega_0/2\pi = \sqrt{890.0/9.082}/2\pi = 9.899/2\pi = 1.576 \; [\text{Hz}].$$

すなわち，毎分 94.5 サイクルとなる．(4) と初期条件から $y(0) = A = 0.1500$ [m]，$y'(0) = \omega_0 B = 0$ が得られる．よって，運動は

$$y(t) = 0.1500 \cos 9.899 t \; [\text{m}] = 0.492 \cos 9.899 t \; [\text{フィート}]$$

で表される．質量-ばね系の実験をする機会があれば，やってみたほうがよい．理論と実験がよく一致するのに驚くであろう．注意深く測定すれば，1 % 以内の精度で一致するはずである．　◀

---

9) Heinrich Hertz (1857-1894)，ドイツの物理学者．電磁波を発見し，電磁気学に重要な貢献をした．

減衰系：方程式と解

図2.6のように質量をダッシュポットにつなげた場合には，粘性による減衰を考慮しなければならない．対応する減衰力はその時々の運動とは逆の向きにはたらく．その大きさは物体の速度 y' に比例すると仮定しよう．少なくとも小さい速度に対しては，これは一般によい近似である．
よって減衰力は

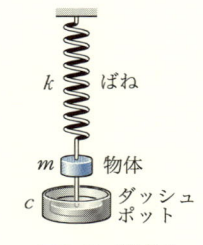

$$F_2 = -cy'$$

となる．ここで c は減衰定数とよばれる．c が正であることを示そう．y' が正ならば物体は下方（正の y 方向）に動き，$-cy'$ は上向きの力でなければならない．したがって $-cy' < 0$ すなわち $c > 0$ が得られる．負の y' に対しては物体は上方に動き，$-cy'$ は下向きの力でなければならない．すなわち $-cy' > 0$ であるが，$y' < 0$ からやはり $c > 0$ が得られる．

物体にはたらく力の合力は

$$F_1 + F_2 = -ky - cy'$$

である．ニュートンの第2法則によれば

$$my'' = -ky - cy'.$$

これは，減衰機械系の運動が定数係数の線形微分方程式

$$my'' + cy' + ky = 0 \qquad (5)$$

によって決まることを表す．対応する特性方程式とその根はそれぞれ

$$\lambda^2 + \frac{c}{m}\lambda + \frac{k}{m} = 0, \quad \lambda_{1,2} = -\frac{c}{2m} \pm \frac{1}{2m}\sqrt{c^2 - 4mk}$$

となる．省略形

$$\alpha = \frac{c}{2m}, \quad \beta = \frac{1}{2m}\sqrt{c^2 - 4mk} \qquad (6)$$

を用いると，

$$\lambda_1 = -\alpha + \beta, \quad \lambda_2 = -\alpha - \beta$$

と書ける．(5)の解の形は減衰に依存する．2.2, 2.3節と同様に，以下の3つの場合がある．

場合			
場合 I	$c^2 > 4mk$	異なる実根	（過減衰）
場合 II	$c^2 = 4mk$	実重根	（臨界減衰）
場合 III	$c^2 < 4mk$	共役複素根	（不足減衰）

3つの場合の議論

場合 I. 過減衰　減衰定数 c が大きく $c^2 > 4mk$ であるときには，λ_1 と λ_2 は異なる実根で，(5) の一般解は

$$y(t) = c_1 e^{-(\alpha-\beta)t} + c_2 e^{-(\alpha+\beta)t} \tag{7}$$

である．この場合には物体は振動しないことがわかる．$t>0$ に対しては，$\alpha>0$，$\beta>0$，$\beta^2 = \alpha^2 - k/m < \alpha^2$ であるから，(7) の2つの指数部分は負である．よって (7) の2つの項は，t が無限に大きくなると0に近づく．実際的にいえば，十分長い時間がたつと，物体は静的な釣合いの位置 ($y=0$) に静止することになる．減衰によって系からエネルギーが散逸し，しかも運動を持続させる外力もないからである．図2.7はいくつかの典型的な初期条件に対する (7) の挙動を表している．

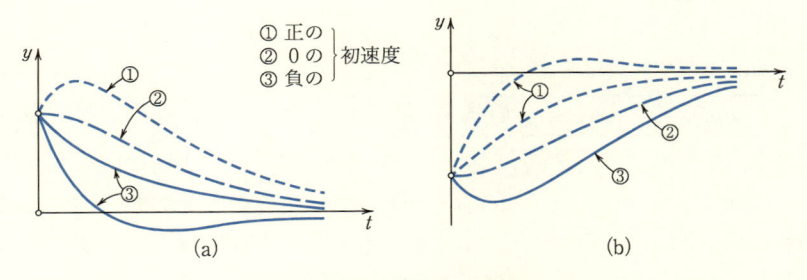

図2.7　過減衰の場合の典型的な運動
　　　(a) 正の初期変位，(b) 負の初期変位

場合 II. 臨界減衰　$c^2 = 4mk$ ならば $\beta = 0$，$\lambda_1 = \lambda_2 = -\alpha$ であり，一般解は

$$y(t) = (c_1 + c_2 t) e^{-\alpha t} \tag{8}$$

となる．指数関数は決して0にはならず，また $c_1 + c_2 t$ はたかだか1つの正の零点をもつから，運動の途中で釣合いの位置 ($y=0$) を通過するのはたかだか1回である．c_1, c_2 がともに正（あるいは負）となるような初期条件のもとでは，釣合いの位置を通過することはない（なぜならば $t>0$ だから）．図2.8は (8) の典型的な形を示している．

場合 II は非振動的な運動と振動との境界を与える．これが "臨界" という言葉の意味である．

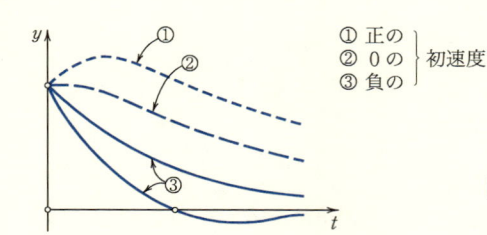

図2.8 臨界減衰 [(8) を見よ]

① 正の
② 0 の 初速度
③ 負の

場合 III. 不足減衰　これはもっとも興味ある場合である．減衰定数 c が十分小さく $c^2<4mk$ ならば，(6) の β は純虚数となる．すなわち，

$$\beta=i\omega^*,\qquad \omega^*=\frac{1}{2m}\sqrt{4mk-c^2}=\sqrt{\frac{k}{m}-\frac{c^2}{4m^2}}\quad(>0).\qquad(9)$$

(ここで ω^* を使ったのは，2.11 節で ω を使うからである．) 特性方程式の根は共役複素数

$$\lambda_1=-\alpha+i\omega^*,\qquad \lambda_2=-\alpha-i\omega^*$$

である．よって，対応する一般解は

$$y(t)=e^{-\alpha t}(A\cos\omega^* t+B\sin\omega^* t)=Ce^{-\alpha t}\cos(\omega^* t-\delta)\qquad(10)$$

である．ここで $C=\sqrt{A^2+B^2}$，$\tan\delta=B/A$ である [(4*) と同様]．

この解は減衰振動を表す．$\cos(\omega^* t-\delta)$ は -1 と 1 の間で変動するので，解曲線は図 2.9 において曲線 $y=Ce^{-\alpha t}$ と $y=-Ce^{-\alpha t}$ の間にあり，$\omega^* t-\delta$ が π の整数倍のところでこれらの曲線と接する．振動数は $\omega^*/2\pi$ [Hz] である．(9) から，$c>0$ が小さいほど ω^* は大きく，振動は速くなることがわかる．c が 0 に近づくと，ω^* は調和振動 (4) に対応する値 $\omega_0=\sqrt{k/m}$ に近づく．

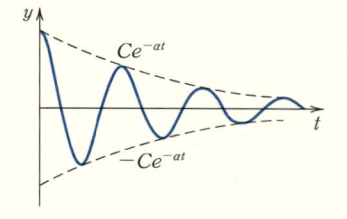

図2.9　場合 III の減衰振動 [(10) を見よ]

例2　減衰振動の 3 つの場合　例 1 の運動は，減衰定数が

　(I)　$c=200.0$ [kg/s]，　　(II)　$c=179.8$ [kg/s]，　　(III)　$c=100.0$ [kg/s]

の減衰力によってどのように変わるか．

[解]　これらの 3 つの場合を調べて，例 1 の系の挙動と比較することは教育的である．

2.5 モデル化：自由振動（質量-ばね系）

(I) 初期値問題
$$9.082y'' + 200.0y' + 890.0y = 0, \quad y(0) = 0.1500\ [\text{m}], \quad y'(0) = 0$$
を考える．特性方程式の根は $\lambda_{1,2} = -\alpha \pm \beta = -11.01 \pm 4.822$, すなわち $\lambda_1 = -6.190$, $\lambda_2 = -15.83$ となる．(7) と初期条件から $c_1 + c_2 = 0.1500$, $\lambda_1 c_1 + \lambda_2 c_2 = 0$ が得られる．解は
$$y(t) = 0.2463 e^{-6.190t} - 0.0963 e^{-15.83t}$$
であり，$t \to \infty$ で 0 になる．この収束は非常に速い．数秒で事実上 0 となり，物体は静止する．

(II) 問題は前と同様であり，$c = 200$ が $c = 179.8$ にかわるだけである．この場合には $c^2 = 4mk$ であるから，重根 $\lambda = -9.899$ が得られる．(8) と初期条件から，$c_1 = 0.1500$, $c_2 + \lambda c_1 = 0$, $c_2 = 1.485$ となる．解は
$$y(t) = (0.150 + 1.485t) e^{-9.899t}$$
である．これも急速に減少して 0 となる．（実際に臨界減衰の場合を得るためには，桁数を多くとらなければならない．試みよ．）

(III) 前の問題と同様にして $c = 100$ とおく．c は十分小さいので，振動解が得られる．実際，特性方程式の根は共役複素数である．
$$\lambda_{1,2} = -\alpha \pm i\omega^* = -5.506 \pm 8.227i$$
(10) と初期条件より，$A = 0.1500$, $-\alpha A + \omega^* B = 0$, $B = 0.1004$ が得られる．解は
$$y(t) = e^{-5.506t}(0.1500 \cos 8.227t + 0.1004 \sin 8.227t)$$
である．これらの減衰振動は例 1 の調和振動よりも 17% ほど小さい振動数をもつ．その振幅は急速に 0 となる（なぜか）． ◀

本節では質量-ばね系の**自由運動**を扱った．その数学モデルは同次微分方程式であった．"駆動力"の影響のもとにおける**強制振動**は非同次方程式として記述される．強制振動については，非同次方程式の解法を学んだ後に，2.11 節で論じることにする．

❖❖❖❖❖ **問題 2.5** ❖❖❖❖❖

調和振動（非減衰運動）

1. 初期変位を y_0, 初速度を v_0 とした場合の調和振動 (4) は $y(t) = y_0 \cos \omega_0 t + (v_0/\omega_0) \sin \omega_0 t$ であることを示し，(4*) の形に表現せよ．

2. あるばねは，20 N（約 4.5 ポンド）の重量によって 2 cm 伸びるとする．対応する調和振動の振動数はいくらか．周期はいくらか．（例 1 にならって計算せよ．）

3. 調和振動の振動数は以下の場合にどのように変化するか．(i) 質量が 2 倍になったとき，(ii) より固いばねの場合．公式を見る前に，物理的な議論により定性的な答えを求めよ．

4. 初期に物体を大きく押すことによって調和振動を速くすることができるか．

5. 物体がばねについている場合の調和振動の振動数が $(\sqrt{g/s_0})/2\pi$ であり，周期が $2\pi\sqrt{s_0/g}$ であることを示せ．ここで s_0 は図 2.4 に記されている伸びである．

6. 物体をばね定数 $k_1 = 8$ のばねに吊し，そのばねをさらにばね定数 $k_2 = 12$ のば

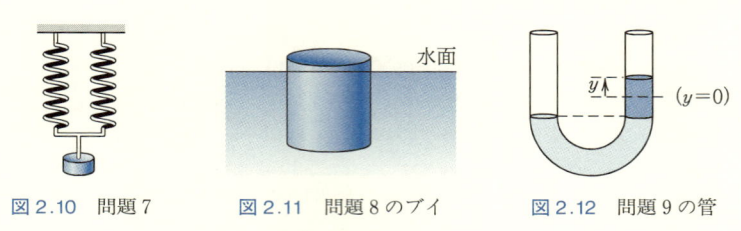

図 2.10 問題 7　　図 2.11 問題 8 のブイ　　図 2.12 問題 9 の管

ねに吊すと，2つのばねの結合した全体のばね定数 k はいくらか．

7. 次の場合に，質量 m の物体の振動数はいくらか．(i) ばね定数 $k_1=20$ [N/m] のばねに吊した場合，(ii) ばね定数 $k_2=45$ [N/m] のばねに吊した場合，(iii) 2つのばねを平行に吊した場合．(図 2.10 を見よ．)

8. アルキメデスの原理によれば，浮力は物体（全体あるいは部分が水面下にある）が排除する水の重さに等しい．図 2.11 では，直径 60 cm の円柱のブイが軸を垂直にして浮いている．少し沈めて離すと，その振動周期は 2 s であった．ブイの重さを求めよ．

9. 1 ℓ の水が，直径 2 cm の U字管の中で上下に振動するようになっている（図 2.12）．振動数はいくらか．粘性抵抗は無視せよ．

10. ［協同プロジェクト］　類似モデルの調和振動　数学的方法によって多種多様な実際現象を統一的に理解できる主な理由は，異なる物理系が同じかよく似たモデルによって記述されることである．このことを図 2.13-2.15 に示した 3 つの系について説明せよ．

（a）　振り子（図 2.13）　空気の抵抗と棒の重さを無視して，長さ L の振り子の振動数を求めよ．θ が十分小さく $\sin\theta$ は事実上 θ で近似できるとする．

（b）　振り子時計　時計の振り子の長さを 1 m とする．時計は振り子が 1 往復振れると 1 回音をたてる．毎分何回時計は音をたてるか．

（c）　板ばね（図 2.14）　一端に物体がついていて他端が固定されている板ばねの調和振動もまた (3) で記述される．物体の重量を 8 N（約 1.8 ポンド）とし，静的平衡における物体の位置を水平位置の 1 cm 下と仮定する．この位置を初期位置とし，初速度を 10 cm/s とすれば，運動はどうなるか．

（d）　ねじれ振動（図 2.15）　弾性的な細棒や細線につながる車輪の非減衰ねじれ振動（前後の回転）は方程式 $I_0\theta'' + K\theta = 0$ に従う．ここで，θ は静的平衡の位置から測った角度である．$K/I_0=13.69$ [s^{-2}]，初期角度 30°（$=0.5235$ ラジアン），初期角速度 20 °s^{-1} の場合に方程式を解け．

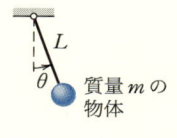

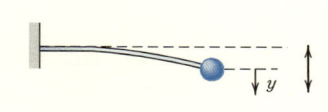

図 2.13　振り子　　図 2.14　板ばね　　図 2.15　ねじれ振動

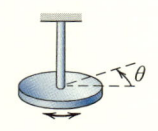

2.5 モデル化：自由振動（質量-ばね系）

減衰運動

11. （過減衰） 一般解 (7) が初期条件 $y(0)=y_0$, $v(0)=v_0$ を満たすためには，$c_1=[(1+\alpha/\beta)y_0+v_0/\beta]/2$, $c_2=[(1-\alpha/\beta)y_0-v_0/\beta]/2$ でなければならないことを示せ．

12. （過減衰） 過減衰の場合，物体はたかだか 1 回だけ $y=0$ を通過することを示せ（図 2.7）．

13. （臨界減衰） 初期位置 y_0，初速度 v_0 から出発する臨界運動 (8) を求めよ．

14. （臨界減衰） いかなる条件のもとで (8) はある時刻 $t>0$ で極大値あるいは極小値をとるか．

15. （不足減衰） 振動 $y(t)=e^{-t}\sin t$ の極大値と極小値に対応する t の値を求めよ．$y(t)$ のグラフを描いて計算結果をチェックせよ．

16. （不足減衰） 不足減衰運動の極大値と極小値が等間隔の時点 t で起こることを示せ．そして隣接する極大点の間隔は $2\pi/\omega^*$ であることを示せ．

17. （減衰定数） 質量 $m=0.5$ [kg] の物体の不足減衰運動を考える．隣接する 2 つの極大点の間隔が 3 s であり，振幅の極大値が 10 サイクル後に初期値の 1/2 になるとする．このとき減衰定数はいくらか．

18. （対数減衰率） 減衰振動 (10) の 2 つの隣接する極大振幅の比が一定であり，この比の自然対数が $\Delta=2\pi\alpha/\omega^*$ に等しいことを証明せよ．Δ は振動の対数減衰率とよばれる．$y=e^{-t}\cos t$ の場合に Δ を求め，極大値および極小値に対応する t の値を定めよ．

19. （振動数） 不足減衰運動の振動数 $\omega^*/2\pi$ は減衰が増大するとともに減少することを示せ．これは物理的に理解できるか．

20. [CAS プロジェクト] 場合 I, II, III の間の移行 典型的な解のプロットによりこの移行を調べよう．

(a) どんなプロジェクトにおいても，作業量を適切に限定することは重要である．不必要な一般性を避けることもモデル化の改良につながる．この場合の数学モデルは，$y(0), y'(0)$ を指定したときの微分方程式 $my''+cy'+k=0$ に関する初期値問題である．2 つの単純化された初期値問題

(A)　　$y''+cy'+y=0$,　　 $y(0)=1$, $y'(0)=0$,

(B)　　同じ微分方程式で c の値が変わり，条件 $y'(0)=0$ が $y'(0)=2$ にかわった場合，

が上の目的に合致し，$m, k, y(0), y'(0)$ の違う他の問題と実際上同じだけの情報を与えるといえるか．

(b) (A) を考えよう．c を適当に選ぶ．場合 III から場合 II および I への移行のためには，図 2.16 よりもよい c を選ぶ．図の曲線から c を推定してみよ．

(c) 静止までの時間．理論的にはこの時間は無限大である（なぜか）．しかし，運動が初期変位の 1% 以下になれば，すなわちある時間 t_1 よりも大きいすべての時間 t に対して

$$|y(t)|<0.01 \tag{11}$$

ならば，系は実際上静止してしまう．工学的構造物では減衰が変動してもあまり問題とはならない．自作したプロットを用いて，t_1 と c の間の経験的関係を見いだせ．

（d） (A)を解析的に解け．なぜ $y'(t)=0$ の解 t_2 を用いた $y(t_2)=-0.01$ の解が最良の c を与えるのか理由を述べよ．

（e） (a), (b)と同様な経験的手法により (B) を考察せよ．(B)と(A) の間の主な相違は何か．

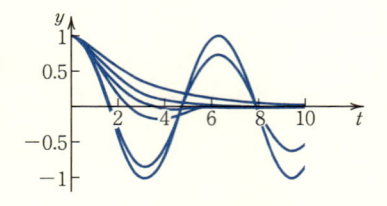

図 2.16　CASプロジェクト 20

2.6　オイラー・コーシーの方程式

指数関数 $e^{\lambda x}$ の特徴は，$(e^{\lambda x})'=\lambda e^{\lambda x}$ のように，微分しても再現することである．この性質は定数係数の線形方程式を解くためのアイディアを与えた（2.2, 2.3 節）．これに対して，べき関数 $y=x^m$ を微分すると，$y'=mx^{m-1}$, $y''=m(m-1)x^{m-2}$ などのように，べき指数 m が 1 ずつ低下する．したがって，y, xy', x^2y'' はすべて同じべき指数をもつことになる．これは，y, xy', x^2y'' の 1 次式である線形微分方程式

$$x^2y''+axy'+by=0 \qquad (a, b \text{ は定数}) \qquad (1)$$

がべき関数解をもつことを示唆する．(1)をオイラー・コーシーの方程式[10]という．まず

$$y=x^m \qquad\qquad (2)$$

とおいてみる．これとその導関数を (1) に代入すると，

$$x^2m(m-1)x^{m-2}+axmx^{m-1}+bx^m=0$$

が得られる．各項共通の因数 x^m は $x\neq 0$ では 0 でない．よって，x^m で割って

---

10) Leonhard Euler (1707-1783), きわめて創造的なスイスの数学者．バーゼル大学で Johann Bernoulli のもとで学び，1727 年にロシアのサンクトペテルスブルグ大学の物理学の教授（後に数学の教授）になった．1741 年にアカデミー会員としてベルリン大学に移ったが，1766 年にふたたびサンクトペテルスブルグ大学に戻った．彼はほとんどすべての数学の分野とその物理学への応用に寄与した．1771 年に全盲になってからもそうであった．彼の基本的な業績は，微分方程式，差分方程式，フーリエ級数などの無限級数，特殊関数，複素解析，変分法，力学，流体力学などにわたっている．彼は解析学が急速に発展した時期の代表的人物である．（これまでに彼の著作集は最初の 70 巻まで刊行されている！）

このような数学の発展は厳密性を特徴とする次の時代に引き継がれた．その代表的人物はフランスの大数学者 Augustin-Louis Cauchy (1789-1857) であり，近代解析学の父といわれている．Cauchy は主としてパリで学び教えた．彼は複素解析の創始者であり，無限級数論，常微分方程式論，偏微分方程式論などに大きな影響を与えた．彼はまた弾性論や光学の研究でも知られている．Cauchy は約 800 編の数学の研究論文を刊行したが，その多くは基本的に重要なものである．

2.6 オイラー・コーシーの方程式

整理すると，補助方程式

$$\boxed{m^2+(a-1)m+b=0} \tag{3}$$

が得られ，(2) の m が決まる．

解の 3 つの場合

場合 I． 異なる実根　(3) が異なる実根 m_1, m_2 をもつときには，解の基底は $y_1=x^{m_1}$, $y_2=x^{m_2}$ であり，対応する (1) の一般解は y_1, y_2 が定義されるすべての x に対して

$$\boxed{y=c_1 x^{m_1}+c_2 x^{m_2}} \qquad (c_1, c_2 \text{ は任意}) \tag{4}$$

となる．

　例1　異なる実根の場合の一般解　　オイラー・コーシーの方程式
$$x^2 y''-2.5xy'-2.0y=0$$
を解け．
　[解]　補助方程式は
$$m^2-3.5m-2.0=0$$
となる (-3.5 であって -2.5 でないことに注意！)．根は $m_1=-0.5$, $m_2=4$ である．これより $y_1=1/\sqrt{x}$, $y_2=x^4$ が得られる．一般解は，すべての正の x に対して
$$y=\frac{c_1}{\sqrt{x}}+c_2 x^4$$
となる．◀

　場合 II． 重根　(3) が重根をもつときには，この根は $\frac{1}{2}(1-a)$ に等しくなければならない．よって，第 1 の解は

$$y_1=x^{(1-a)/2} \tag{5}$$

である．第 2 の解は階数低減法 (2.2 節) によって求められる．すなわち，$y_2=uy_1$ とおき，その導関数とともに (1) に代入すれば
$$x^2(u''y_1+2u'y_1'+uy_1'')+ax(u'y_1+uy_1')+buy_1=0$$
が得られる．項を並べかえて整理した結果は
$$u''x^2 y_1+u'x(2xy_1'+ay_1)+u(x^2 y_1''+axy_1'+by_1)=0 \tag{6}$$
である．最後の括弧内の表式は，y_1 が (1) の解であるため 0 に等しい．残った括弧内の表式は
$$2xy_1'+ay_1=(1-a)x^{(1-a)/2}+ax^{(1-a)/2}=x^{(1-a)/2}=y_1$$
となる．結局 (6) は $(u''x^2+u'x)y_1=0$ に帰着する．$y_1\ (\neq 0)$ で割り，変数分離を行い，積分すると，$x>0$ に対して

$$\frac{u''}{u'}=-\frac{1}{x}, \quad \ln|u'|=-\ln x, \quad u'=\frac{1}{x}, \quad u=\ln x$$

が得られる．したがって $y_2=y_1\ln x$ であり，y_1 に比例していない．重根の場合の結論としては，(1) の基底はすべての正の x に対して y_1 および $y_2=y_1\ln x$ である．対応する一般解は次のように表される．

$$\boxed{y=(c_1+c_2\ln x)x^{(1-a)/2}} \qquad (c_1, c_2 \text{ は任意}) \qquad (7)$$

例 2 重根の場合の一般解　微分方程式
$$x^2y''-3xy'+4y=0$$
を解け．

[解] 補助方程式は重根 $m=2$ をもつ．よって，すべての正の x に対する実数解の基底は x^2 および $x^2\ln x$ であり，対応する一般解は
$$y=(c_1+c_2\ln x)x^2$$
である．　◀

場合 III．共役複素根　これは応用面ではあまり重要な意味はないが，推論を完結させるために一応述べておこう．(3) の根が共役複素数，$m_1=\mu+i\nu$, $m_2=\mu-i\nu$ のときには，技巧的に $x^{i\nu}=(e^{\ln x})^{i\nu}=e^{i\nu\ln x}$ と書いて，2.3 節のオイラーの公式を適用すると，

$$x^{m_1}=x^\mu x^{i\nu}=x^\mu e^{i\nu\ln x}=x^\mu[\cos(\nu\ln x)+i\sin(\nu\ln x)],$$
$$x^{m_2}=x^\mu x^{-i\nu}=x^\mu e^{-i\nu\ln x}=x^\mu[\cos(\nu\ln x)-i\sin(\nu\ln x)]$$

となる．辺々加えれば正弦関数が消去され，差し引けば余弦関数が消去される．(1) は線形で同次であるから，これらの結果もまた解である．和を 2 で割り，差を $2i$ で割ると，実数解

$$x^\mu\cos(\nu\ln x) \quad \text{および} \quad x^\mu\sin(\nu\ln x)$$

が得られる．対応する一般解はすべての正の x に対して

$$y=x^\mu[A\cos(\nu\ln x)+B\sin(\nu\ln x)]$$

である．

例 3　共役複素根の場合の一般解　微分方程式
$$x^2y''+7xy'+13y=0$$
を解け．

[解] 補助方程式 (3) は $m^2+6m+13=0$ である．この方程式の根は共役複素数であり，$m_{1,2}=-3\pm\sqrt{9-13}=-3\pm 2i$ となる．(8) より一般解はすべての正の x に対して

$$y=x^{-3}[A\cos(2\ln x)+B\sin(2\ln x)]$$

である．　◀

2.6 オイラー・コーシーの方程式

オイラー・コーシーの方程式はいくつかの応用問題で実現する．つぎに静電界の簡単な実例で説明する．

例 4 境界値問題．2つの同心球の間の静電界　　半径 $r_1=4$ [cm], $r_2=8$ [cm] の同心球があり，それぞれの電位が $v_1=110$ [V], $v_2=0$ [V] に保たれているとして，その間の電位 $v(r)$ を求めよ．

[解] 電磁気学によれば，電位 $v(r)$ は
$$r\frac{d^2v}{dr^2}+2\frac{dv}{dr}=0$$
の解である．補助方程式は $m^2+m=0$ であり，根は 0 と -1 である．これより一般解は $v(r)=c_1+c_2/r$ である．"境界条件"（球面の電位）から

$$v(4)=c_1+\frac{c_2}{4}=110, \qquad v(8)=c_1+\frac{c_2}{8}=0.$$

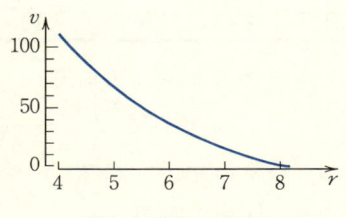

図 2.17　例 4 の電位

したがって，$c_2=880$, $c_1=-110$ が得られる．

解答 $v(r)=-110+880r$ [V]．図 2.17 は電位が下に凸であり，2枚の平行板の間の電位から予想される直線ではないことを示している．たとえば半径 6 cm の球面上では，$110/2=55$ [V] ではなくかなり低くなる．（なぜか．）　◀

❖❖❖❖❖ 問題 2.6 ❖❖❖❖❖

1. (3) が重根をもつ場合には，$x^{(1-a)/2}\ln x$ が (1) の解であることを直接代入により確かめよ．(3) の根が異なる場合には，$x^{m_1}\ln x$ と $x^{m_2}\ln x$ が (1) の解ではないことを同様に確かめよ．

一般解　以下の方程式の実関数で表した一般解を求めよ．（解法を詳細に記せ．）

2. $x^2y''-4xy'+6y=0$ 　　　　　**3.** $x^2y''-20y=0$
4. $xy''+2y'=0$ 　　　　　　　　**5.** $10x^2y''+46xy'+32.4y=0$
6. $x^2y''-xy'+2y=0$ 　　　　　**7.** $x^2y''+xy'+y=0$
8. $(xD^2+D)y=0$ 　　　　　　　**9.** $(4x^2D^2+12xD+3)y=0$
10. $(x^2D^2+0.7xD-0.1)y=0$ 　　**11.** $(x^2D^2+1.25)y=0$
12. $(x^2D^2-0.2xD+0.36)y=0$ 　　**13.** $(x^2D^2+7xD+9)y=0$

初期値問題　次の問題を解き，解を図示せよ．（作業の手順を示せ．）

14. $x^2y''-2xy'+2y=0$,　　$y(1)=1.5$, $y'(1)=1$
15. $4x^2y''+24xy'+25y=0$,　　$y(1)=2$, $y'(1)=-6$
16. $x^2y''+xy'+9y=0$,　　$y(1)=2$, $y'(1)=0$
17. $(x^2D^2-3xD+4)y=0$,　　$y(1)=0$, $y'(1)=3$
18. $(x^2D^2+3xD+1)y=0$,　　$y(1)=3$, $y'(1)=-4$

19. （境界値問題）例 4 において，半径 5 cm, 10 cm の球の電位をそれぞれ 30 V, 300 V としたとき，電位はどのように変化するか．

20. （定数係数の方程式とオイラー・コーシーの方程式との関係） これらの2つの広範囲の微分方程式には，実際に積分しなくても"代数的"に解けるという共通点がある．これらの方程式はたがいに変換可能であることを示せ．

　［ヒント］ $x = e^t$ とおけ．

2.7　存在と一意性の理論，ロンスキ行列式

本節では同次線形方程式

$$y'' + p(x)y' + q(x)y = 0 \tag{1}$$

の一般論を与える．ここで，係数 p, q は連続である以外は任意の x の関数である．(1) の一般解

$$y = c_1 y_1 + c_2 y_2 \tag{2}$$

の存在および (1) と与えられた2つの初期条件

$$y(x_0) = K_0, \quad y'(x_0) = K_1 \tag{3}$$

からなる初期値問題を考える．

明らかに，定数係数の方程式やオイラー・コーシーの方程式に対しては，そのような一般論は必要ではなかった．なぜなら，計算によってすべての陽関数解を確定できたからである．

本節の議論の核心は次の定理である．

定理1　初期値問題に対する存在と一意性の定理　係数 $p(x), q(x)$ がある開区間 I 上で連続な関数であり，x_0 が I の中にあれば，(1) と (3) からなる初期値問題は区間 I において一意的な解 $y(x)$ をもつ．

存在の証明は，1.9節における存在定理の証明と同じ前提条件のもとで可能なので，ここではふれない．付録1にあげた文献［A5］を参照するとよい．一意性の証明は通常は存在の証明よりも簡単である．しかし今の場合は一意性の証明も長い．付録4において証明の追加として示す．

解の線形独立性，ロンスキ行列式

定理1は (1) の一般解 (2) の非常に重要な性質を表している．よく知られているように，一般解は基底 y_1, y_2 すなわち1対の線形独立な解から構成されている．2.1節では，区間 I 上で $k_1 y_1(x) + k_2 y_2(x) = 0$ ならば $k_1 = 0, k_2 = 0$ となるとき，y_1, y_2 は I 上で線形独立であると定義した．これに対して，ともに0

2.7 存在と一意性の理論，ロンスキ行列式

ではない k_1, k_2 に対して $k_1 y_1 + k_2 y_2 = 0$ がなりたつときには，y_1, y_2 は区間 I において線形従属であるという．この場合には，またこの場合に限り，y_1 と y_2 は I 上で比例し

$$\text{(a)} \quad y_1 = k y_2 \quad \text{あるいは} \quad \text{(b)} \quad y_2 = l y_1 \tag{4}$$

と表される．

線形独立か線形従属かの判定には以下の規準が役立つ．この判定規準は，(1) の 2 つの解 y_1, y_2 に対して定義されるいわゆる**ロンスキ行列式**[11]（ロンスキアン）

$$\boxed{W(y_1, y_2) = \begin{vmatrix} y_1 & y_2 \\ y_1' & y_2' \end{vmatrix} = y_1 y_2' - y_2 y_1'} \tag{5}$$

を用いている．

定理 2　解の線形従属性と線形独立性　(1) の係数 $p(x), q(x)$ は開区間 I 上で連続な関数であるとする．そのとき，I における (1) の 2 つの解 y_1, y_2 が I において線形従属であるための必要十分条件は，そのロンスキ行列式が I のある点 $x = x_0$ で 0 になることである．さらに，$x = x_0$ で $W = 0$ ならば，I 上で $W \equiv 0$ である．よって，I 内に W が 0 でないような点 x_1 があれば，y_1, y_2 は I において線形独立である．

［証明］　(**a**)　I 上で y_1, y_2 が線形従属ならば，I 上で (4a) あるいは (4b) がなりたつ．(4a) がなりたてば，

$$W(y_1, y_2) = \begin{vmatrix} k y_2 & y_2 \\ k y_2' & y_2' \end{vmatrix} = k y_2 y_2' - y_2 k y_2' \equiv 0$$

となる．(4b) がなりたつ場合も同様である．

(**b**)　逆に，I 内のある点 $x = x_0$ で $W(y_1, y_2) = 0$ となるとする．このとき，y_1, y_2 が線形従属であることを示そう．未知数 k_1, k_2 に関する連立 1 次方程式

$$\begin{aligned} k_1 y_1(x_0) + k_2 y_2(x_0) &= 0, \\ k_1 y_1'(x_0) + k_2 y_2'(x_0) &= 0 \end{aligned} \tag{6}$$

を考える．この連立 1 次方程式は同次方程式である．そして，係数行列式はロンスキ行列式 $W[y_1(x_0), y_2(x_0)]$ に等しく，仮定により 0 である．よって，この連立方程式は k_1, k_2 がともに 0 ではない（自明でない）解をもつ（第 2 巻 1.6 節の定理 4 を見よ）．これらの数 k_1, k_2 を用いて，関数

$$y(x) = k_1 y_1(x) + k_2 y_2(x)$$

---

[11]　ポーランドの数学者 I.M. Höne (1778-1853) によって導入された．彼は Wrónski と改名した．2 次の行列式は読者にもなじみが深いはずである．未修の場合は第 2 巻 1.6 節の初めの部分を見るとよい．

を導入する．2.1 節の基本定理により，この関数 $y(x)$ は I 上で (1) の解である．
(6) から，これが初期条件 $y(x_0)=0, y'(x_0)=0$ を満たすことがわかる．同じ初期条件を満たす (1) のもう 1 つの解は $y^*\equiv 0$ である．p, q は連続であるから，定理 1 が適用され一意性を保障する．すなわち $y\equiv y^*$ であり，I 上で
$$k_1 y_1 + k_2 y_2 \equiv 0$$
となる．k_1, k_2 はともに 0 でないので，I 上で y_1, y_2 は線形従属となる．

(c) つぎに定理の最後の命題を証明する．I 内のある点 x_0 において $W=0$ ならば，(b) により I 上で y_1, y_2 は線形従属となり，さらに (a) により $W=0$ が導かれる．したがって線形従属の場合は，I 内のある点 x_1 で $W\neq 0$ ということは起こりえない．すなわち，I 内のある点 x_1 で $W\neq 0$ ならば，y_1, y_2 は I 上で線形独立であると結論される．◀

例 1 定理 2 の例解　$y_1 = \cos\omega x$ と $y_2 = \sin\omega x$ は $y'' + \omega^2 y = 0$ の解である．そのロンスキ行列式は
$$W(\cos\omega x, \sin\omega x) = \begin{vmatrix} \cos\omega x & \sin\omega x \\ -\omega\sin\omega x & \omega\cos\omega x \end{vmatrix} = \omega(\cos^2\omega x + \sin^2\omega x) = \omega.$$
定理 2 は，$\omega\neq 0$ であるときに限り線形独立であることを示している．もちろん，これは比 $y_2/y_1 = \tan\omega x$ が定数でないことからも直接確かめられる．$\omega=0$ のときには $y_2\equiv 0$ となり，線形従属である（なぜか）．◀

例 2 重根の場合の定理 2 の例解　任意の区間における $y''-2y'+y=0$ の一般解は $y=(c_1+c_2 x)e^x$ である（確かめよ）．対応するロンスキ行列式は 0 とはならないので，e^x と xe^x の線形独立性が示される．
$$W(e^x, xe^x) = \begin{vmatrix} e^x & xe^x \\ e^x & (x+1)e^x \end{vmatrix} = (x+1)e^{2x} - xe^{2x} = e^{2x} \neq 0.$$
◀

すべての解を含む (1) の一般解

定理 3（一般解の存在）　$p(x)$ と $q(x)$ が開区間 I 上で連続関数ならば，(1) は I 上で一般解をもつ．

［証明］定理 1 により方程式 (1) は，I 上で初期条件
$$y_1(x_0) = 1, \quad y_1'(x_0) = 0$$
を満たす解 $y_1(x)$ と初期条件
$$y_2(x_0) = 0, \quad y_2'(x_0) = 1$$
を満たす解 y_2 をもつ．x_0 におけるロンスキ行列式 $W(y_1, y_2)$ の値は 1 であることがわかる．したがって，定理 2 により，y_1, y_2 は I 上で線形独立であり，I 上で (1) の解の基底をなす．c_1, c_2 を任意定数とすると，$y=c_1 y_1 + c_2 y_2$ は I 上で (1) の一般解である．◀

本節の最終目標は，(1) の一般解が (1) のすべての解を含むという意味において文字どおりの一般解であることを証明することである．

2.7 存在と一意性の理論，ロンスキ行列式

定理4（一般解） (1) の係数 $p(x), q(x)$ がある開区間 I 上の連続関数であるとする．(1) のすべての解 $y = Y(x)$ は

$$Y(x) = C_1 y_1(x) + C_2 y_2(x) \tag{7}$$

の形である．ここで y_1, y_2 は I 上で (1) の解の基底をなす．C_1, C_2 は適当な定数である．

よって，(1) は**特異解**（一般解からは得られない解）をもたない．

[証明] 定理3により，方程式 (1) は一般解

$$y(x) = c_1 y_1(x) + c_2 y_2(x) \tag{8}$$

を区間 I 上でもつ．I 上で $y(x) = Y(x)$ となるような c_1, c_2 の値を見いだせるかどうかがポイントである．そこで，I 内に任意の固定点 x_0 を選んで，

$$\begin{aligned} y(x_0) &= c_1 y_1(x_0) + c_2 y_2(x_0) = Y(x_0), \\ y'(x_0) &= c_1 y_1'(x_0) + c_2 y_2'(x_0) = Y'(x_0) \end{aligned} \tag{9}$$

がなりたつような c_1, c_2 の値を決定できることを示そう．実際，これは未知数 c_1, c_2 に対する連立1次方程式である．その係数行列式は x_0 における y_1, y_2 のロンスキ行列式である．(8) は一般解であるから，y_1, y_2 は I 上で線形独立である．定理2によりロンスキ行列式は0ではない．したがって，連立方程式は一意的な解 $c_1 = C_1$, $c_2 = C_2$ をもつ．（これは第2巻1.6節の消去法あるいはクラメールの公式によって得られる．）これらの定数を用いて，(8) から特殊解

$$y^* = C_1 y_1(x) + C_2 y_2(x)$$

が得られる．C_1, C_2 は (9) の解であるから，(9) より

$$y^* = Y(x_0), \quad y^{*\prime} = Y'(x_0)$$

となることがわかる．これと一意性定理（定理1）により，I 上のすべての点で y^* と Y が等しいと結論される．これで証明が終わる． ◀

❖❖❖❖❖ 問題 2.7 ❖❖❖❖❖

解の基底，ロンスキ行列式 以下の各問の基底のロンスキ行列式を求め，定理2を確かめよ．（作業の詳細を示せ．）

1. $e^{\lambda_1 x}, \ e^{\lambda_2 x}$
2. $1, \ e^x$
3. $e^{-ax/2} \cos 3x, \ e^{-ax/2} \sin 3x$
4. $x^{m_1}, \ x^{m_2}$
5. $x^4, \ x^4 \ln x$
6. $e^{\lambda x}, \ x e^{\lambda x}$
7. $x^\mu \cos(2 \ln x), \ x^\mu \sin(2 \ln x)$
8. $e^{-x} \cos \omega x, \ e^{-x} \sin \omega x$

与えられた基底の方程式，ロンスキ行列式 与えられた関数が解であるような2階の同次線形微分方程式を求めよ．ロンスキ行列式を求め，定理2により線形独立性を確かめよ．（作業の詳細を示せ．）

9. $e^{3x}, \ x e^{3x}$
10. $x^5, \ x^{-5}$
11. $x^2, \ x^2 \ln x$
12. $\cosh 2x, \ \sinh 2x$
13. $x^2, \ x^{1/2}$
14. $1, \ e^{-2x}$
15. $\cos 2\pi x, \ \sin 2\pi x$
16. $\cos(\ln x), \ \sin(\ln x)$
17. $x^{3/2}, \ x^{-3/2}$

18. **[協同プロジェクト]** **本節の理論からの結論** ある種の解の一般的性質は注目に値する．微分方程式 (1) の係数はある開区間上で連続関数であると仮定する．

（a） 基底の解は同じ点では 0 にならないことを証明せよ．
（b） 基底の解は同じ点で極大値あるいは極小値をとらないことを証明せよ．
（c） y_1, y_2 を基底とする．$z_1 = a_{11}y_1 + a_{12}y_2$, $z_2 = a_{21}y_1 + a_{22}y_2$ も，係数 a_{jk} の行列式が 0 でないとき，またそのときに限り基底であることを証明せよ．
（d） $y_1 = e^x$, $y_2 = e^{-x}$, $z_1 = \cosh x$, $z_2 = \sinh x$ について，(c) を例証せよ．
（e） (d) の一般解の任意定数の間にはどんな関係があるか．

2.8 非同次方程式

本節では同次線形方程式から非同次線形方程式
$$y'' + p(x)y' + q(x)y = r(x) \tag{1}$$
に移行する．ここで $r(x) \not\equiv 0$ である．この方程式をどのようにして解くか．解法を考える前に，対応する同次線形方程式
$$y'' + p(x)y' + q(x)y = 0 \tag{2}$$
から非同次方程式 (1) に進むのに何が必要かを考える．(2) と関連させて (1) を解く方針を与え，後の定義の動機ともなる鍵は次の定理である．

定理1［(1) と (2) の解の間の関係］
（a） ある開区間 I 上の (1) の 2 つの解の差は，I 上の (2) の解である．
（b） I 上の (1) の解と I 上の (2) の解の和は，I 上の (1) の解である．

［証明］ (a) (1) の左辺を $L[y]$ と表す．y と $\tilde{y}$ を I 上の (1) の任意の解とする．そのとき，$L[y] = r(x)$, $L[\tilde{y}] = r(x)$ である，$(y - \tilde{y})' = y' - \tilde{y}'$ などを用いると，
$$L[y - \tilde{y}] = L[y] - L[\tilde{y}] = r(x) - r(x) \equiv 0$$
となる．
(b) 同様に，y および I 上の (2) の任意の解 y^* に対しては，
$$L[y + y^*] = L[y] + L[y^*] = r(x) + 0 = r(x)$$
である． ◀

定義（一般解，特殊解） ある開区間 I 上の非同次方程式 (1) の**一般解**は
$$y(x) = y_h(x) + y_p(x) \tag{3}$$
と表される．ここで，$y_h(x) = c_1 y_1(x) + c_2 y_2(x)$ は I 上の同次方程式 (2) の一般解であり，$y_p(x)$ は I 上で任意定数を含まない (1) の解である．

I 上の (1) の**特殊解**は，$y_h(x)$ の任意定数 c_1, c_2 に特定の値を与えて (3) から得られる解である． ◀

2.8 非同次方程式

すべての解を含む (1) の一般解

(1) の係数と $r(x)$ が I 上で連続な関数ならば，(1) は I 上で一般解をもつ．なぜなら，2.7 節の定理 3 によって I 上で $y_h(x)$ が存在し，$y_p(x)$ の存在は 2.10 節で示されるからである．また，(1) に対する初期値問題は I 上で一意的な解をもつ．これは，$y_p(x)$ の存在が保証されていれば，2.7 節の定理 1 から導かれる．実際，初期条件

$$y(x_0) = K_0, \qquad y'(x_0) = K_1$$

が与えられて y_p が決まると，その定理により I 上で

$$\tilde{y}(x_0) = K_0 - y_p(x_0), \qquad \tilde{y}'(x_0) = K_1 - y_p'(x_0)$$

を満たす同次方程式 (2) の一意的な解 $\tilde{y}$ が存在する．$y = \tilde{y} + y_p$ は与えられた初期条件を満たす I 上の (1) の一意的な解である．

さらに，用語を正当化するために，(1) の一般解が (1) のすべての解を含むことを証明する．これは同次方程式の場合と同様である．

定理 2（一般解） (1) の係数と $r(x)$ がある開区間 I 上で連続関数であるとする．I 上の (1) のすべての解は，I 上の (1) の一般解 (3) の中の任意定数に適切な値を与えることによって確定する．

[証明] $\tilde{y}(x)$ が I 上の (1) の任意の解であるとする．また，(3) は I 上の (1) の一般解であるとする．この一般解は連続性の仮定により存在する．定理 1 (a) は，差 $Y(x) = \tilde{y} - y_p(x)$ が同次方程式 (2) の解であることを示している．2.7 節の定理 4 によれば，この解 $Y(x)$ は任意定数 c_1, c_2 に適切な値を与えることにより得られる．したがって任意の解 $y(x) = Y(x) + y_p(x)$ が確定したことになり，証明が終わる．　◀

実際的な結論

非同次方程式 (1)，あるいは (1) の初期値問題を解くためには，同次方程式 (2) を解き，(1) の特殊解 y_p を求めなければならない．

y_p を求める方法と多くの応用は 2.9-2.12 節にある．ここでは基礎的な技巧と記号を簡単な例で示す．

例 1 非同次方程式の初期値問題

$$y'' + 2y' + 101y = 10.4e^x, \qquad y(0) = 1.1, \quad y'(0) = -0.9$$

を解け．

[解] ステップ 1：同次方程式の一般解　同次方程式の特性方程式は $\lambda^2 + 2\lambda + 101 = 0$ である．その根は $-1 \pm \sqrt{1 - 101} = -1 \pm 10i$ である．よって，同次方程式の実関数による一般解は (2.3 節を見よ)

$$y_h(x) = e^{-x}(A\cos 10x + B\sin 10x)$$

である．

ステップ2：非同次方程式の一般解　これを求めるためには，非同次方程式の特殊解 $y_p(x)$ が必要である．右辺の e^x は何回微分しても変わらないから，

$$y_p = Ce^x$$

を試みる．代入すると $(1+2+101)Ce^x = 10.4e^x$ となる．両辺を比較することにより，$C=0.1$ が得られる．よって，非同次方程式の一般解は

$$y = y_h + y_p = e^{-x}(A\cos 10x + B\sin 10x) + 0.1e^x$$

となる．

ステップ3：初期条件を満たす特殊解　一般解 y と第1の初期条件から，$y(0) = A + 0.1 = 1.1$ すなわち $A = 1$ が得られる．$A = 1$ ならば y の導関数は

$$y' = e^{-x}(-\cos 10x - B\sin 10x - 10\sin 10x + 10B\cos 10x) + 0.1e^x$$

と書ける．よって，第2の初期条件から $y'(0) = -1 + 10B + 0.1 = -0.9$，すなわち $B = 0$ が得られる．初期値問題の解は結局

$$y = e^{-x}\cos 10x + 0.1e^x$$

である（図2.18）．第1項は同次方程式に由来する項で，振幅の極大値は0に減少していく．したがって y は指数曲線 $0.1e^x$（破線）に収束する．他の破線は $\pm e^{-x} + 0.1e^x$ であり，その2つの破線の間で解は振動する．　◀

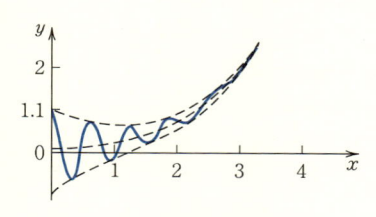

図2.18　例1の解

解法は次節で述べる．

❖❖❖❖❖ 問題 2.8 ❖❖❖❖❖

特殊解と一般解　y_p が与えられた微分方程式の解であることを確かめよ．また一般解を求めよ．（作業の詳細を示せ．）

1. $y'' - y = 8e^{-3x}$,　　$y_p = e^{-3x}$
2. $y'' - y = 8e^{-3x}$,　　$y_p = e^{-3x} - 3e^x$
3. $y'' + 3y' + 2y = 4x^2$,　　$y_p = 2x^2 - 6x + 7$
4. $y'' - 2y' + 5y = 5x^3 - 6x^2 + 6x$,　　$y_p = x^3$
5. $(D^2 + 3D - 4)y = 8\cos 2x + 6\sin 2x$,　　$y_p = -\cos 2x$
6. $(D^2 - 4D + 4)y = e^x \cos x$,　　$y_p = -\frac{1}{2}e^x \sin x$
7. $(D^2 + 1)y = -x^{-2} + \ln \pi x$,　　$y_p = \ln \pi x$
8. $(8D^2 - 6D + 1)y = 6\cosh x$,　　$y_p = \frac{1}{5}e^{-x} + e^x$

初期値問題　問題9-15において，y_p が与えられた方程式の解であることを示せ．初期値問題を解け．（作業の詳細を示せ．）

9. $y'' + y = 2x$,　　$y(0) = -1$, $y'(0) = 8$；　$y_p = 2x$
10. $y'' - y = 2\cos x$,　　$y(0) = 0$, $y'(0) = -0.2$；　$y_p = -\cos x$

11. $y''-y=2e^x$,　　$y(0)=-1$,　$y'(0)=0$；　　$y_p=xe^x$
12. $(D^2+4)y=-12\sin 2x$,　　$y(0)=1.8$,　$y'(0)=5.0$；　$y_p=3x\cos 2x$
13. $(x^2D^2-3xD+3)y=3\ln x-4$,　　$y(1)=0$,　$y'(1)=1$；　$y_p=\ln x$
14. $(x^2D^2-2xD+2)y=(3x^2-6x+6)e^x$,　$y(1)=2+3e$,　$y'(1)=3e$；$y_p=3e^x$
15. $(D^2+4D+4)y=e^{-2x}/x^2$,　　$y(1)=1/e^2$,　$y'(1)=-2/e^2$；$y_p=-e^{-2x}\ln x$

16. ［協同プロジェクト］　非同次方程式の一般解の構造　非同次微分方程式の解法を論じる前に，非同次方程式 (1) の一般解に対する公式 (3) について明確に理解することが重要である．
　（a）　(1) を初期値問題として解くステップを示せ．
　（b）　(3) の y_p と (1) の初期値問題の解 y^* との間にはどんな関係があるか．
　（c）　同じ方程式 (1) に対して 2 つの一般解 $y=y_h+y_p$，$\tilde{y}=\tilde{y}_h+\tilde{y}_p$ が存在するとき，それらにはどんな関係があるか．
　（d）　(c) において，2 つの解 $y=y_h+y_p$ と $\tilde{y}=\tilde{y}_h+y_p$ は可能だろうか．すなわち，同じ y_p を含む異なる一般解は存在するのか．
　（e）　問題 14 において，初期条件 $y(0)=3, y'(0)=7$ におきかえるとどうなるか．

2.9　未定係数法

　非同次線形方程式の一般解は，前節で示したように
$$y(x)=y_h(x)+y_p(x)$$
という和の形である．ここで，y_h は対応する同次方程式の一般解であり，y_p は非同次方程式の特殊解である．したがって，残された主な課題は y_p を求める方法を論じることである．つねにうまくいく一般的方法があるが，それは次節で考える．本章で論じるのは，実際的な興味のあるもっと簡単で特殊な方法である．この方法は未定係数法とよばれ，定数係数の微分方程式

$$\boxed{y''+ay'+by=r(x)} \tag{1}$$

に適用される．ここで，右辺 $r(x)$ は特別な初等関数，すなわち指数関数，多項式，余弦関数，正弦関数，あるいはこれらの関数の積や和である．これらの関数はその導関数がもとの関数と似ている．これが未定係数法の要点である．y_p として $r(x)$ に似た形を選び，未定係数は y_p を (1) に代入して決める．前節の例 1 は指数関数に対するこの適用例を示している．未定の係数は C であった．この方法の手順は以下のとおりである．

未定係数法の手順

　（A）　基本的な規則　　(1) の $r(x)$ が表 2.1 の第 1 列の関数ならば，y_p として対応する第 2 列の関数を選び，y_p とその導関数を (1) に代入して未定係

数を決定する．

　（**B**）**修正の規則**　　y_p として選んだ項が (1) に対応する同次方程式の解になってしまったときには，その解が同次方程式の特性方程式の単根に相当していれば y_p に x を掛け，重根に相当していれば y_p に x^2 を掛ける．

　（**C**）**和の規則**　　$r(x)$ が表 2.1 の第 1 列のいくつかの行の関数の和であるならば，y_p として第 2 列の対応する行の関数の和をとる．

　基本的な規則はまず一般的に何をすべきかを述べている．修正の規則は上記の困難に対する処理法を与える．したがって，つねにまず同次方程式を解かなければならない．和の規則は，$r=r_1$ の場合の (1) の解と $r=r_2$ の場合の (1) の解の和が $r=r_1+r_2$ の場合の (1) の解になることに対応している（確かめよ）．

　これは自動的に修正できる方法である．つまり，y_p の選択を誤ったり，項の数が少なすぎたりすると，矛盾を生じて修正が必要なことがわかる．多すぎる項を選択しても，余分の係数が 0 となって正しい結果を与える．

表 2.1　未定係数法

$r(x)$ の項	y_p の選択
ke^{rx}	Ce^{rx}
kx^n $(n=0, 1, \cdots)$	$K_n x^n + K_{n-1} x^{n-1} + \cdots + K_1 x + K_0$
$k\cos\omega x,\ k\sin\omega x$	$K\cos\omega x + M\sin\omega x$
$ke^{ax}\cos\omega x,\ ke^{ax}\sin\omega x$	$e^{ax}(K\cos\omega x + M\sin\omega x)$

規則 (**A**)-(**C**) の適用例

　例 1　**規則 (A) の適用**　　非同次方程式
$$y'' + 4y = 8x^2 \tag{2}$$
を解け．

　［解］　表 2.1 は以下の選択を示唆する．
$$y_p = K_2 x^2 + K_1 x + K_0$$
したがって $y_p'' = 2K_2$ となる．方程式に代入すると，
$$2K_2 + 4(K_2 x^2 + K_1 x + K_0) = 8x^2.$$
x^2, x, x^0 の係数を比較すると，$4K_2=8,\ 4K_1=0,\ 2K_2+4K_0=0$ が得られる．よって，$K_2=2,\ K_1=0,\ K_0=-1$ となる．結局 $y_p=2x^2-1$ であり，(2) の一般解は
$$y = y_h + y_p = A\cos 2x + B\sin 2x + 2x^2 - 1$$
となる．$r(x)=8x^2$ であるが，$y_p=K_2 x^2$ だけではうまくいかない．試みてみよ．なぜうまくいかないかわかるか．　◀

2.9 未定係数法

例2 単根の場合の修正の規則（B）　非同次方程式
$$y''-3y'+2y=e^x \qquad (3)$$
を解け．

［解］　特性方程式 $\lambda^2-3\lambda+2=0$ は根 $1, 2$ をもつ．よって $y_h=c_1e^x+c_2e^{2x}$ である．通常は $y_p=Ce^x$ とすべきところであるが，e^x は同次方程式の単根 1 に対応する解であるから，規則（B）に従い $y_p=Cxe^x$ とおく．これとその導関数 $y_p'=C(e^x+xe^x)$，$y_p''=C(2e^x+xe^x)$ を (3) に代入すると，
$$C(2+x)e^x-3C(1+x)e^x+2Cxe^x=e^x$$
となる．xe^x の項は打ち消し合い，$-Ce^x=e^x$ が残るから，$C=-1$ となる．一般解は
$$y=c_1e^x+c_2e^{2x}-xe^x$$
である．検算せよ．$y_p=Ce^x$ を試みて，うまくいかないことを確かめよ．　◀

例3 重根の場合の修正の規則（B）　初期値問題
$$y''+2y'+y=(D+1)^2y=e^{-x}, \qquad y(0)=-1, \quad y'(0)=1 \qquad (4)$$
を解け．

［解］　特性方程式は $(\lambda+1)^2=0$ であり，重根 $\lambda=-1$ をもつ．対応する同次方程式の一般解は $y_h=(c_1+c_2x)e^{-x}$ である．

y_p が必要である．通常は Ce^{-x} であるが，e^{-x} が重根 -1 に対応する同次方程式の解であるので，修正の規則（B）により $y_p=Cx^2e^{-x}$ を選択する．そのときには $y_p'=C(2x-x^2)e^{-x}$，$y_p''=C(2-4x+x^2)e^{-x}$ となる．これらすべてを (4) に代入すると，x, x^2 に比例する項は落ちてしまい，
$$C(2-4x+x^2)e^{-x}+2C(2x-x^2)e^{-x}+Cx^2e^{-x}=2Ce^{-x}=e^{-x}$$
が得られる．よって $C=1/2$ である．これより (4) の一般解は
$$y=(c_1+c_2x)e^{-x}+\frac{1}{2}x^2e^{-x}$$
となる．第1の初期条件から $y(0)=c_1=-1$ となる．微分と第2の初期条件から
$$y'=(c_2-c_1-c_2x)e^{-x}+\left(x-\frac{1}{2}x^2\right)e^{-x}, \qquad y'(0)=c_2-c_1=1, \quad c_2=0$$
が得られる．解は
$$y=\left(\frac{1}{2}x^2-1\right)e^{-x}$$
である．図 2.19 に示すように，この曲線は $y=-1$ から勾配 1（図の両軸の尺度が違うことに注意）で始まり，x 軸と $\sqrt{2}$ で交わり，$1+\sqrt{3}=2.73$ で極大値となり（確かめよ），そのあとは単調に 0 に近づく．　◀

例4 和の規則（C）　初期値問題
$$y''+2y'+5y=1.25e^{0.5x}+40\cos 4x-55\sin 4x, \qquad y(0)=0.2, \quad y'(0)=60.1 \qquad (5)$$
を解け．

ステップ1：同次方程式の一般解　特性方程式は $\lambda^2+2\lambda+5=0$ である．これは根 $-1+2i$ および $-1-2i$ をもつ．したがって，同次方程式の一般解は (2.3 節を見よ)，

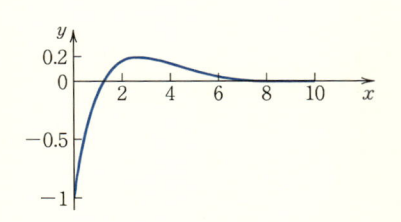

図2.19 例3の解 **図2.20** 例4の解

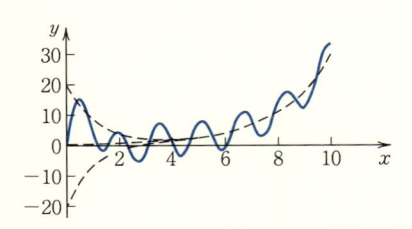

$$y_h = e^{-x}(A\cos 2x + B\sin 2x)$$

である．

ステップ2：特殊解 y_p　表2.1と和の規則を参照すると，
$$y_p = Ce^{0.5x} + K\cos 4x + M\sin 4x$$
と選ぶべきである．そのときには，
$$y_p' = 0.5Ce^{0.5x} - 4K\sin 4x + 4M\cos 4x,$$
$$y_p'' = 0.25Ce^{0.5x} - 16K\cos 4x + 16M\sin 4x$$
である．これらを (5) に代入すると，左辺は
$$(0.25 + 1 + 5)Ce^{0.5x} + (-16K + 8M + 5K)\cos 4x$$
$$+ (-16M - 8K + 5M)\sin 4x$$
となる．これが (5) の右辺と等しくなければならない．両辺の指数関数，余弦関数，正弦関数を比較すると，
$$6.25C = 1.25, \quad C = 0.2,$$
$$-11K + 8M = 40, \quad -8K - 11M = -55, \quad K = 0, \quad M = 5$$
が得られる．(5) の一般解は
$$y = e^{-x}(A\cos 2x + B\sin 2x) + 0.2e^{0.5x} + 5\sin 4x \tag{6}$$
となる．

ステップ3：初期条件を満たす特殊解　(6) と第1の初期条件から
$$y(0) = A + 0.2 = 0.2 \quad \text{すなわち} \quad A = 0$$
が得られる．$A = 0$ とおいて (6) を微分すると，
$$y' = e^{-x}(-B\sin 2x + 2B\cos 2x) + 0.1e^{0.5x} + 20\cos 4x$$
となる．さらに第2の初期条件から
$$y'(0) = 2B + 0.1 + 20 = 60.1 \quad \text{すなわち} \quad B = 20$$
が得られる．したがって答えは
$$y = 20e^{-x}\sin 2x + 0.2e^{0.5x} + 5\sin 4x \tag{7}$$
である（図2.20）．この第1項は比較的急速に0に収束し，$x = 4$ のときには事実上0となる．図2.20では，実線の曲線が解曲線 (7) に対応しているが，上下の破線は曲線 $\pm 20e^x + 0.2e^{0.5x}$ を表し，中央の破線は単調増加曲線 $0.2e^{0.5x}$ を表す．(7) の最終項 $5\sin 4x$ は $0.2e^{0.5x}$ のまわりの振動を与える．　◀

基礎的な応用は2.11，2.12節で扱う．

2.9 未定係数法

❖❖❖❖❖ 問題 2.9 ❖❖❖❖❖

非同次方程式の一般解

実関数による一般解を求めよ．どの規則を用いるか．（計算の各段階を示せ．）

1. $y'' + 4y = \sin 3x$
2. $y'' - y = 2e^x + 6e^{2x}$
3. $y'' + 3y' = 28 \cosh 4x$
4. $y'' - y' - 2y = 3e^{2x}$
5. $y'' + 2y' + 10y = 25x^2 + 3$
6. $3y'' + 10y' + 3y = 9x + 5\cos x$
7. $y'' + y' - 6y = -6x^3 + 3x^2 + 6x$
8. $y'' + 6y' + 9y = 50e^{-x} \cos x$
9. $y'' + 2y' - 35y = 12e^{5x} + 37\sin 5x$
10. $y'' - y' - \frac{3}{4}y = 21\sinh 2x$
11. $y'' + 10y' + 25y = e^{-5x}$
12. $y'' + 3y' - 18y = 9\sinh 3x$
13. $y'' + 8y' + 16y = 64\cosh 4x$
14. $y'' - 4y' + 20y = 377\sin x$

非同次方程式の初期値問題

与えられた初期値問題を解け．用いた規則を示せ．計算の各段階を示せ．

15. $y'' + 1.5y' - y = 12x^2 + 6x^3 - x^4$,　$y(0) = 4$, $y'(0) = -8$
16. $y'' - 6y' + 13y = 4e^{3x}$,　$y(0) = 2$, $y'(0) = 4$
17. $y'' - 4y = e^{-2x} - 2x$,　$y(0) = 0$, $y'(0) = 0$
18. $y'' + 9y = 6\cos 3x$,　$y(0) = 1$, $y'(0) = 0$
19. $y'' + 1.2y' + 0.36y = 4e^{-0.6x}$,　$y(0) = 0$, $y'(0) = 1$
20. $y'' - 2.8y' + 1.96y = 2e^{1.4x}$,　$y(0) = 0$, $y'(0) = 0$
21. $y'' + y' = 2 + 2x + x^2$,　$y(0) = 8$, $y'(0) = -1$
22. $y'' + y' + 9.25y = 9.25(4 + e^{-x})$,　$y(0) = 7$, $y'(0) = -2$

23. [CASプロジェクト] 初期値問題の解の構造　本節の方法を用いて，自分で選んだ初期値問題の解 y を求め，グラフを描き，議論せよ．初期条件を変えると解がどう変わるかを探求せよ．y_p と $y - y_p$（y_h に由来する）を別々にプロットして，それぞれの効果を調べよ．(a) y_h が 0 に向って減少する，(b) y_h が増加する，(c) y_h が解に現れない，という結果が得られる初期値問題を見いだせ．初期条件 $y(0) = 0$，$y'(0) = 0$ の問題について調べよ．修正の規則が適用される問題を考えよ．考えた問題が 3 つの場合 I, II, III のすべてを含むことを確かめよ．

24. [協同プロジェクト] 未定係数法の拡張　表 2.1 は指数関数，べき関数，余弦関数，正弦関数を含む．これらの関数の積にまでこの方法を拡張せよ．そのような拡張の実際上の意義について論評せよ．

25. [論文プロジェクト] 初期値問題　自分自身の言葉や定式化を用いて，本文中の例 4 のすべての計算をもっと詳細に書き出せ．図 2.20 をさらに詳細に論ぜよ．なぜ第 1 の"半波"が上の破線を超えて広がるのか．なぜ第 2 の半波が下の破線に接しないのか．

2.10 定数変化法

前節の方法は簡単であり，次節で示すように重要な工学的応用もある．しかしながら，それは特別な右辺 $r(x)$ をもつ定数係数の微分方程式だけに適用されるものである．本節では**定数変化法**[12]とよばれる方法について議論する．これはもっと複雑ではあるが，はるかに一般的である．つまり，一般的な微分方程式

$$y'' + p(x)y' + q(x)y = r(x) \tag{1}$$

に適用される．ただし，p, q, r はある区間 I 上で連続な関数である．この方法では，I 上の特殊解 y_p は

$$\boxed{y_p(x) = -y_1 \int \frac{y_2 r}{W} dx + y_2 \int \frac{y_1 r}{W} dx} \tag{2}$$

で与えられる．ここで，y_1, y_2 は (1) に対応する同次方程式

$$y'' + p(x)y' + q(x)y = 0 \tag{3}$$

の解の基底であり，

$$W = y_1 y_2' - y_2 y_1' \tag{4}$$

は y_1, y_2 のロンスキ行列式である (2.7 節を見よ)．

［注意］(2) を適用する前に，方程式が標準形 (1) で表されているかどうかを確かめよ．最初の項が $f(x)y''$ で与えられている場合には，$f(x)$ で割らなければならない．(その理由は単純で，(2) がそれを前提として導かれているからである．)

(2) の積分の計算は困難なことも多い．可能ならば前節の方法を適用したほうが簡単である．まずそれができない場合の例をあげ，(2) をどのように使うかを見よう．

例1 定数変化法 微分方程式

$$y'' + y = \sec x$$

を解け．

［解］ 任意の区間における同次方程式の解の基底は $y_1 = \cos x$, $y_2 = \sin x$ であり，ロンスキ行列式は

$$W(y_1, y_2) = \cos x \cos x - \sin x (-\sin x) = 1$$

となる．そこで，積分定数を 0 として (2) を計算すると，与えられた方程式の特殊解

$$y_p = -\cos x \int \sin x \sec x \, dx + \sin x \int \cos x \sec x \, dx$$
$$= \cos x \ln|\cos x| + x \sin x$$

---

[12] Lagrange が創始した (2.1 節の脚注)．方法の名前についてはあとで説明する．

が得られる．これと同次方程式の一般解 $y_h = c_1 y_1 + c_2 y_2$ との和
$$y = y_h + y_p = [c_1 + \ln|\cos x|]\cos x + (c_2 + x)\sin x$$
が解答である．(2) の積分を実行するさいに，2 つの任意の積分定数 $-c_1$ と c_2 を含め計算したとすれば，(2) において $c_1 \cos x + c_2 \sin x$ が付加されることになる．つまり，与えられた方程式の一般解は (2) だけから直接導き出されるのである．このことはつねになりたつ． ◀

定数変化法の考え方，(2) の導出

ラグランジュのアイディアは何だったのか．この方法の名前の由来は何か．どうしたら (2) が得られるのか．どこで連続性の仮定が必要となるのか．

p と q の連続性は，2.7 節の定理 3 によって，同次方程式 (3) が I 上で一般解
$$y_h(x) = c_1 y_1(x) + c_2 y_2(x)$$
をもつことを意味する．定数変化法は，定数 c_1, c_2 を未定の関数 $u(x), v(x)$ でおきかえることを意味する．そうして I 上の (1) の特殊解 $y_p(x)$ を
$$y_p(x) = u(x) y_1(x) + v(x) y_2(x) \tag{5}$$
という形で求めるのである．(5) を微分すると，
$$y_p' = u' y_1 + u y_1' + v' y_2 + v y_2'$$
となる．(5) は 2 つの関数 u, v を含んでいるが，y_p が (1) を満たすという要請だけでは，u, v について 1 つの条件が課せられるにすぎない．したがって，第 2 の条件として任意の条件を課すことができそうに見える．実際，さらに計算を進めると明らかになるが，y_p が (1) を満たし，u, v が第 2 の条件として関係式
$$u' y_1 + v' y_2 = 0 \tag{6}$$
を満たすように，u と v を決めることができる．よって，y_p' に対する表式は
$$y_p' = u y_1' + v y_2' \tag{7}$$
のような形になる．この関数を微分すると，
$$y_p'' = u' y_1' + u y_1'' + v' y_2' + v y_2'' \tag{8}$$
が得られる．(5), (7), (8) を (1) に代入し，u, v を含む項を集めると，
$$u(y_1'' + p y_1' + q y_1) + v(y_2'' + p y_2' + q y_2) + u' y_1' + v' y_2' = r$$
となる．y_1, y_2 は同次方程式 (3) の解であるから，これは次式に帰着する．
$$u' y_1' + v' y_2' = r \tag{6*}$$
(6*) と (6) の両式は，未知関数 u', v' に対する連立 1 次方程式を構成している．その解はクラメールの公式 (第 2 巻 1.6 節) か直接計算によって求めることができる．(6*) に $-y_2$ を掛け，(6) に y_2' を掛けて和をとると，

$$u'(y_1y_2' - y_2y_1') = -y_2r, \quad \text{よって} \quad u'W = -y_2r$$

となる．ここで W は y_1, y_2 のロンスキ行列式である．つぎに (6*) に y_1 を掛け，(6) に $-y_1'$ を掛けて加えると，

$$v'(y_1y_2' - y_2y_1') = y_1r, \quad \text{よって} \quad v'W = y_1r$$

が得られる．y_1, y_2 は基底をなすから，$W \neq 0$ (2.7 節の定理 2 により) である．したがって W で割ることができ，

$$u' = -\frac{y_2 r}{W}, \qquad v' = \frac{y_1 r}{W} \tag{9}$$

と書ける．積分により

$$u = -\int \frac{y_2 r}{W} dx, \qquad v = \int \frac{y_1 r}{W} dx$$

となる．$r(x)$ は連続であるから積分は存在する．これを (5) に代入すれば (2) が得られる．これで (2) が導かれたことになる． ◀

問題 2.10

非同次方程式の一般解 一般解を求めよ．計算の詳細を示せ．

1. $y'' - 4y' + 4y = e^{2x}/x$
2. $y'' + 9y = \sec 3x$
3. $y'' + 2y' + y = e^{-x} \cos x$
4. $y'' + 9y = \operatorname{cosec} 3x$
5. $y'' - 2y' + y = e^x/x^3$
6. $y'' - 4y' + 5y = e^{2x} \operatorname{cosec} x$
7. $(D^2 - 2D + 1)y = 3x^{3/2} e^x$
8. $(D^2 + 6D + 9)y = 16e^{-3x}/(x^2 + 1)$
9. $(D^2 + 4D + 4)y = 2e^{-2x}/x^2$
10. $(D^2 + 2D + 2)y = 4e^{-x} \sec^3 x$

非同次オイラー・コーシー方程式 一般解を求めよ．計算の詳細を示せ．

[注意] まず方程式を y'' の係数で割って標準形 (1) に変換せよ．

11. $x^2 y'' - 4xy' + 6y = 21x^{-4}$
12. $xy'' - y' = (3+x)x^2 e^x$
13. $4x^2 y'' + 8xy' - 3y = 7x^2 - 15x^3$
14. $(x^2 D^2 - 4xD + 6)y = 7x^4 \sin x$
15. $(x^2 D^2 - 2xD + 2)y = x^3 \cos x$
16. $(x^2 D^2 + xD - 1)y = 1/x^2$
17. $(x^2 D^2 + xD - 9)y = 48x^5$

18. [協同プロジェクト] **2.9 節と 2.10 節の方法の比較** 2.9 節の方法は適用できるときに使うべきである．なぜならば，本節の方法よりもずっと簡単だからである．2 つの方法を次のようにして比較せよ．

(a) 両方の方法で $y'' + 4y' + 3y = 65 \cos 2x$ を解き，仕事量を比較せよ．

(b) ある場合には，右辺のある部分についてはどちらかの方法を用い，ほかの部分に対してはもう一方の方法を用いることもできる．方程式 $y'' - 2y' + y = 35x^{3/2} e^x + x^2$ についてこれを実行し，可能な最善の方法を使って解を求めよ．

(c) 特別な非同次のオイラー・コーシーの方程式に対して，未定係数法を考案できないか．(本節各問の解答を参照せよ．)

2.11 モデル化：強制振動，共振

図 2.21 の質量-ばね系の自由運動は外力が存在しない場合の運動であり，同次微分方程式

$$my'' + cy' + ky = 0 \quad (2.5節) \quad (1)$$

に従う．ここで，y は時間 t の関数であって，静止状態からの物体の変位を表す．m は物体の質量，my'' は慣性力，cy' は減衰力，ky はばねの力である．

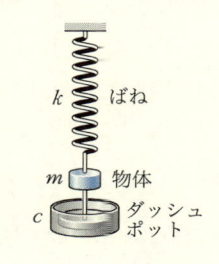

図 2.21　ばね上の質量

強制運動は物体に外力 $r(t)$ が作用するときに起こる．モデル化するためには，上記の力に新しい力 $r(t)$ を加えなければならない．その結果，非同次の微分方程式

$$my'' + cy' + ky = r(t)$$

が得られる．$r(t)$ は入力あるいは駆動力とよばれる．対応する解は駆動力に対する系の出力あるいは応答とよばれる（1.6 節も参照）．

とくに興味があるのは周期的入力の場合である．正弦波入力，たとえば

$$r(t) = F_0 \cos \omega t \quad (F_0 > 0, \ \omega > 0)$$

を考えると，微分方程式

$$my'' + cy' + ky = F_0 \cos \omega t \qquad (2)$$

が得られる．その解は工科の数学において基本的な興味深い事実，とくに共振を理解するのに役立つ．

方程式の解法

(2) の一般解は，2.5 節で求めた (1) の一般解 $y_h(t)$ と (2) の特殊解 $y_p(t)$ の和である．$y_p(t)$ は未定係数法（2.9 節）によって適切に決定される．したがって，

$$y_p(t) = a \cos \omega t + b \sin \omega t \qquad (3)$$

から出発する．この関数とその導関数

$$y_p'(t) = -\omega a \sin \omega t + \omega b \cos \omega t,$$
$$y_p''(t) = -\omega^2 a \cos \omega t - \omega^2 b \sin \omega t$$

を (2) に代入し余弦関数と正弦関数の項を集めると，

$$[(k - m\omega^2)a + \omega cb] \cos \omega t + [-\omega ca + (k - m\omega^2)b] \sin \omega t = F_0 \cos \omega t$$

となる．両辺の余弦関数と正弦関数の係数を等しいとおいて，

$$(k-m\omega^2)a + \omega c b = F_0,$$
$$-\omega c a + (k-m\omega^2)b = 0 \qquad (4)$$

が得られる．これは2つの未知数 a, b に対する連立1次方程式であり，通常の消去法あるいはクラメールの公式（必要ならば第2巻1.6節を見よ）によって解くことができる．その結果は

$$a = F_0 \frac{k-m\omega^2}{(k-m\omega^2)^2 + \omega^2 c^2}, \qquad b = F_0 \frac{\omega c}{(k-m\omega^2)^2 + \omega^2 c^2}$$

である．ただし分母は0でないと仮定する．2.5節と同様に $\sqrt{k/m} = \omega_0 \,(>0)$ とおくと，

$$\boxed{a = F_0 \frac{m(\omega_0^2 - \omega^2)}{m^2(\omega_0^2 - \omega^2)^2 + \omega^2 c^2}, \qquad b = F_0 \frac{\omega c}{m^2(\omega_0^2 - \omega^2)^2 + \omega^2 c^2}} \qquad (5)$$

となる．よって(2)の一般解が次の形に求められる．

$$y(t) = y_h(t) + y_p(t) \qquad (6)$$

ここで $y_h(t)$ は(1)の一般解であり，$y_p(t)$ は(3)〔および(5)〕で与えられる(2)の1つの特殊解である．

この機械系の挙動を調べ，$c=0$（減衰なし）と $c>0$（減衰あり）の2つの場合の相違を明らかにしよう．

場合 I．非減衰強制振動，共振

減衰がなければ $c=0$ である．まず $\omega^2 \neq \omega_0^2$ と仮定する（2.5節と同様に $\omega_0^2 = k/m$ とする）．これは本質的である．そうすると，(3), (5) から，

$$y_p(t) = \frac{F_0}{m(\omega_0^2 - \omega^2)} \cos \omega t = \frac{F_0}{k[1 - (\omega/\omega_0)^2]} \cos \omega t \qquad (7)$$

が得られる．これと2.5節の(4*)より一般解

$$\boxed{y(t) = C \cos(\omega_0 t - \delta) + \frac{F_0}{m(\omega_0^2 - \omega^2)} \cos \omega t} \qquad (8)$$

が得られる．この出力は2つの調和振動の重ね合せを表す．それらの振動数は系の**固有振動数** $\omega_0/2\pi$（すなわち非減衰自由運動の振動数）および入力の振動数 $\omega/2\pi$ である．

(7)より $y_p(t)$ の最大振幅は

$$a_0 = \frac{F_0}{k} \rho, \quad \text{ただし} \quad \rho = \frac{1}{1-(\omega/\omega_0)^2} \qquad (9)$$

であることがわかる．a_0 は ω と ω_0 に依存する．$\omega \to \omega_0$ のとき，ρ と a_0 は無限に大きくなる．入力振動数と固有振動数を一致させること（$\omega = \omega_0$）によっ

2.11 モデル化：強制振動，共振

て大きい振動を励起するこの現象は共振（共鳴）として知られている．これは振動系の研究において基本的に重要である．ρ を共振因子（図 2.22）という．(9) から，$\rho/k = a_0/F_0$ は関数 y_p と入力の振幅の比であることがわかる．

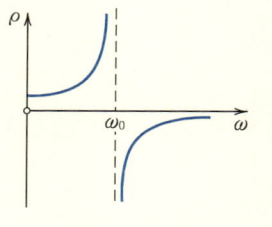

図 2.22 共振因子 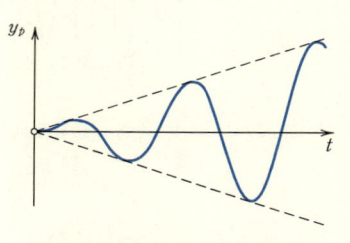 $\rho(\omega)$ 　　図 2.23 共振の場合の特殊解

共振の場合には，方程式 (2) は

$$y'' + \omega_0^2 y = \frac{F_0}{m}\cos\omega_0 t \tag{10}$$

となる．2.9 節の修正の規則により，(10) の特殊解は

$$y_p(t) = t(a\cos\omega_0 t + b\sin\omega_0 t)$$

の形であると結論される．これを (10) に代入すれば，$a=0, b=F_0/(2m\omega_0)$，したがって

$$\boxed{y_p(t) = \frac{F_0}{2m\omega_0} t\sin\omega_0 t} \tag{11}$$

が得られる（図 2.23）．y_p は振幅が増えつづけることがわかる．実際上は，減衰がきわめて小さい系は大きい振動を生じて破壊してしまうのである．共振のこのような実際的な側面についてはあとでふたたび言及したい．

もう 1 つの興味ある非常に重要なタイプの振動は，ω が ω_0 に接近したときに得られる．たとえば，初期条件 $y(0)=0, y'(0)=0$ に対応する特殊解

$$y(t) = \frac{F_0}{m(\omega_0^2 - \omega^2)}(\cos\omega t - \cos\omega_0 t) \qquad (\omega \neq \omega_0) \tag{12}$$

を考えてみる．これは

$$y(t) = \frac{2F_0}{m(\omega_0^2 - \omega^2)} \sin\left(\frac{\omega_0 + \omega}{2}t\right)\sin\left(\frac{\omega_0 - \omega}{2}t\right)$$

とも書ける［付録 A 3.1 の (12) を見よ］．ω は ω_0 に近いからその差 $\omega_0 - \omega$ は小さく，最後の正弦関数の周期は大きいので，図 2.24 のようなタイプの振動（うなり）が得られる．これは音楽家が楽器を調律するときに聴いているものである．

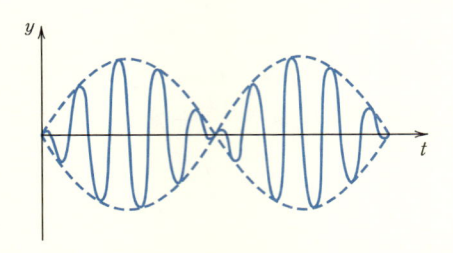

図 2.24　入力振動数と固有振動数の差が小さいときの減衰強制振動（"うなり"）

場合 II. 減衰強制振動

減衰があれば $c>0$ である．2.5 節により，同次方程式 (1) の一般解 y_h は

$$y_h(t) = e^{-\alpha t}(A\cos\omega^* t + B\sin\omega^* t) \quad \left(\alpha = \frac{c}{2m} > 0\right)$$

である [2.5 節の (9), (10) 参照]．この解は t が無限に大きくなると 0 に近づく．十分長い時間の後には事実上 0 になる．非同次方程式 (2) の一般解 (6) は $y = y_h + y_p$ である．これを過渡解とよぶ．過渡解は定常解 y_p に収束する．よって，十分長い時間の後には，純粋正弦波入力に対応する出力は，入力振動数をもつ調和振動となる．これは実際に起こっていることである．なぜならば，どんな物理系も完全には非減衰でないからである．

非減衰の場合には，ω が ω_0 に近づくと y_p の振幅は無限大に発散するが，減衰の場合にはそのようなことは起こらない．このときには，振幅はつねに有限であるが，c に依存するある ω の値で最大値をとる．これは**事実上の共振**といってよい．それは非常に重要である．というのは，ある入力が大振幅の振動を励起して，そのために系が破壊される可能性があるからである．そのようなことは，とくに共振があまり知られていなかった時期には，実際によく起ったのである．機械，自動車，船舶，航空機，橋梁などは振動する機械系であり，好ましくない共振効果のまったくない構造を見いだすことは，ときにはかなり困難である．

y_p の振幅

y_p の振幅を ω の関数として調べるために，(3) を

$$y_p(t) = C^* \cos(\omega t - \eta) \tag{13}$$

の形に書く．ここで (5) により振幅 C^* と位相角 η は

2.11 モデル化：強制振動，共振

$$C^*(\omega) = \sqrt{a^2+b^2} = \frac{F_0}{\sqrt{m^2(\omega_0^2-\omega^2)^2+\omega^2 c^2}},$$
$$\tan\eta = \frac{b}{a} = \frac{\omega c}{m(\omega_0^2-\omega^2)} \tag{14}$$

で与えられる．$C^*(\omega)$ の最大値を求めよう．$dC^*/d\omega=0$ とおいて
$$[-2m^2(\omega_0^2-\omega^2)+c^2]\omega = 0$$
が得られる（確かめよ）．括弧の中の表式は
$$c^2 = 2m^2(\omega_0^2-\omega^2) \tag{15}$$
のとき0である．減衰が十分大きいと $(c^2>2m^2\omega_0^2=2mk)$，方程式 (15) は実数解をもたず，C^* は ω の増加とともに単調に減少する（図 2.25）．$c^2 \leq 2mk$ ならば，方程式 (15) は実数解 $\omega=\omega_{\max}$ をもつ．これは c が減少すると増加し，c が0に近づくと ω_0 に近づく．振幅 $C^*(\omega)$ は $\omega=\omega_{\max}$ で最大値をとる．(14) に $\omega=\omega_{\max}$ を代入して

$$C^*(\omega_{\max}) = \frac{2mF_0}{c\sqrt{4m^2\omega_0^2-c^2}} \tag{16}$$

が得られる．$C^*(\omega_{\max})$ は $c>0$ のとき有限であることがわかる．$c^2<2mk$ のとき $dC^*(\omega_{\max})/dc<0$ だから，$C^*(\omega_{\max})$ の値は $c\ (\leq\sqrt{2mk})$ の減少にともなって増加し，c が0に近づくと無限大に発散する．それは場合Iにおける結果と一致する．図 2.25 は $m=1, k=1$ で減衰定数 c の値を変えたときの増幅率 C^*/F_0（出力と入力の振幅の比）を ω の関数として表している．

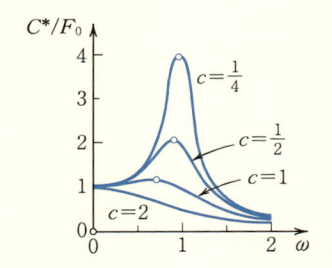

図 2.25　ω の関数としての増幅率 C^*/F_0（$m=1, k=1$ で減衰定数 c が異なる場合）

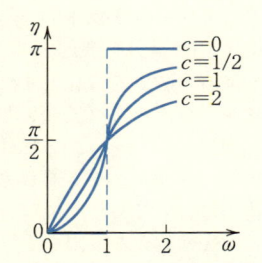

図 2.26　ω の関数としての位相の遅れ η（$m=1, k=1$ で減衰定数 c が異なる場合）

(14) における角 η は位相角あるいは位相の遅れ（図 2.26）とよばれる．それは入力に対する出力の遅れを表しているからである．$\omega<\omega_0$ ならば $\eta<\pi/2$ である．$\omega=\omega_0$ ならば $\eta=\pi/2$ である．$\omega<\omega_0$ ならば $\eta>\pi/2$ である．

◆◆◆◆◆ **問題 2.11** ◆◆◆◆◆

定常解 与えられた方程式に従う質量-ばね系の定常振動を求めよ．計算の詳細を示せ．

1. $y'' + 3y' + 2y = 20\cos 2t$
2. $y'' + 2y' + 5y = -13\sin 3t$
3. $y'' + 2y' + 4y = \sin 0.2t$
4. $(D^2 + 4D + 3)y = \cos t + \frac{1}{3}\cos 3t$
5. $(D^2 + D + 1)y = e^t$
6. $(D^2 + 5D + 10)y = 7\cos t + 2\sin t$

過渡解 与えられた方程式に従う質量-ばね系の過渡運動を求めよ．（計算の詳細を示せ．）

7. $y'' + 3y' + 2y = 170\sin 4t$
8. $y'' + 3y' = 11\cos 0.5t$
9. $y'' + y = \cos \omega t, \quad \omega^2 \neq 1$
10. $(D^2 + 6D + 9)y = 25\sin t$
11. $(D^2 + 4D + 3)y = 26\cos 2t$
12. $(D^2 + D)y = 1 + \cos t$

初期値問題 方程式と初期条件が与えられている質量-ばね系の運動を求めよ．解曲線をスケッチかプロットせよ．解が事実上定常状態に到達する時刻を求めよ．（計算の詳細を示せ．）

13. $y'' + 25y = 24\sin t, \quad y(0) = 1, \; y'(0) = 1$
14. $y'' + 2y' + 2y = \cos t, \quad y(0) = 1.2, \; y'(0) = 1.4$
15. $4y'' + 8y' + 3y = 425\sin 2t, \quad y(0) = -16, \; y'(0) = -26$
16. $(D^2 + 8D + 17)y = 474.5\sin 0.5t, \quad y(0) = -5.4, \; y'(0) = 9.4$
17. $(D^2 + 4)y = \sin t + \frac{1}{3}\sin 3t + \frac{1}{5}\sin 5t, \quad y(0) = -1, \; y'(0) = \frac{3}{35}$

18. ［論文プロジェクト］ 自由振動と強制振動　自由振動と強制振動に関するもっとも重要な事実をまとめた2,3ページの内容の濃い論文を書け．

　　［ヒント］ まずもっとも適切と考える5,6点のリストを作れ．そうすれば3ページを超えないバランスのとれた論文を書くことができる．

19. ［協同プロジェクト］ 事実上の共振　(a) 最大振幅に対する重要な公式(16)の詳しい導き方を示せ．

(b) 減衰定数 c を変化させた微分方程式を自分で選んで解き，図2.25に相当する曲線をスケッチかプロットせよ．

(c) 固定した c をもつ方程式において，入力は2つの項の和として表され，第1項の振動数は事実上の共振振動数に近く，第2項の振動数はそうではない場合を考える．出力について論じ，スケッチかプロットを描け．

(d) 共振が重要な役割を演じる他の応用例について述べよ．

20. ［CASプロジェクト］ さまざまな入力振動数の場合の非減衰振動

(a) 初期値問題 $y'' + y = \cos \omega t, \; \omega^2 \neq 1, \; y(0) = 0, \; y'(0) = 0$ を解け．解が

$$y(t) = \frac{2}{1-\omega^2} \sin\left[\frac{1}{2}(1+\omega)t\right] \sin\left[\frac{1}{2}(1-\omega)t\right] \quad (17)$$

で表されることを示せ．

(b) コンピュータ実験により，さまざまな ω について(17)のプロットを描け．ω の値をうまく選ぶと，小さい $\omega(>0)$ からうなりや共振に移り，最終的には共振を超えて高い ω の値にいたる解曲線の変化を見ることができる（図2.27）．(17)は

うなりをみごとに説明している．しかし，非常に高い振動数の場合には，付録 A3.1 の公式 (11) のほうが有用である．

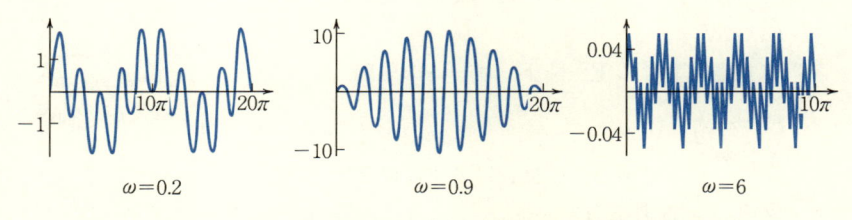

図 2.27　CAS プロジェクト 20 における典型的な解

2.12　電気回路のモデル化

前節では，振動と共振を理解するための基礎となる機械系を扱った．ここでは，同様に重要な電気系を考える．これは電気回路網の基本的な構成要素とみなされる．この考察により，まったく異なる物理系が同じ数学モデル（この場合は微分方程式）に対応するという重要な事実の驚くべき実例が与えられる．したがって，機械系と電気系は同じ数学的方法によって解くことができる．これは数学の統一力の印象的な表現である．

実際，機械系と電気系の間の対応は，単に定性的であるだけでなく厳密に定量的でもある．与えられた機械系に対して電気回路を構成することができ，適切なスケール因子を導入すれば，電気系の電流が機械系の変位の値を厳密に与えるようにすることができる．

そのような機械系と電気系の類似性が実際上重要であることは明らかである．類似性は与えられた機械系の電気的モデルを構築するために用いられる．多くの場合，これは本質的な単純化をもたらす．なぜならば，電気回路は組み立てるのが容易で，電流と電圧の測定も容易である．一方で，変位の測定にはもっと時間がかかり，電流の測定よりも不正確である．

モデルの設定

RL 回路と RC 回路は 1.7 節でモデル化したが，ここで復習しよう．まず図 2.28 の **RLC** 回路を考える．そこでは，抵抗 R [Ω] のオーム抵抗器，インダクタンス L [H] のインダクタ，キャパシタンス C [F] のキャパシタが直列で起電力 $E(t)$ [V] の電源とつながっている．ここで t は時刻を表す．この

RLC 回路の中の電流 $I(t)$ [A] に対する方程式は，次の 3 つの電圧降下を考えることによって得られる．

$E_L = LI'$ （インダクタにおける電圧降下），

$E_R = RI$

（抵抗器における電圧降下，オームの法則），

$E_C = \dfrac{1}{C}\int I(t)\,dt$

（キャパシタにおける電圧降下）．

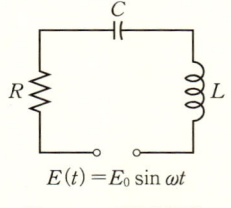

図 2.28 RLC 回路

これらの和は起電力 $E(t)$ と等しい．これはキルヒホッフの電圧の法則（1.7 節）であって，機械系におけるニュートンの第 2 法則（2.5 節）に似ている．正弦関数 $E(t) = E_0 \sin \omega t$（E_0 は定数）に対して，この法則は

$$LI' + RI + \frac{1}{C}\int I(t)\,dt = E(t) = E_0 \sin \omega t \tag{1'}$$

を与える．このモデル化は 1.7 節と同じである．実際，RC 回路に対する 1.7 節の方程式 (7) に $E_L = LI'$ を加えれば，RLC 回路に対する上記の方程式 (1') が導かれる．

(1') の積分を除くために t について微分すると，

$$\boxed{LI'' + RI' + \frac{1}{C}I = E_0 \omega \cos \omega t} \tag{1}$$

となる．これは 2.11 節の (2) と同じ形である．よって，RLC 回路は 2.11 節の機械系の電気的類似である．対応する電気系と機械系の類似は表 2.2 に掲げてある．

表 2.2 本節の (1) と 2.11 節の (2) における電気量と力学量の類似関係

電 気 系	機 械 系
インダクタンス L	質量 m
抵抗 R	減衰定数 c
キャパシタンスの逆数 $1/C$	ばね定数 k
起電力の導関数 $E_0 \omega \cos \omega t$	駆動力 $F_0 \cos \omega t$
電流 $I(t)$	変位 $y(t)$

[コメント] 1.7 節を思い起こすと，$I = Q'$, $I' = Q''$, $\int I\,dt = Q$ である．よって，(1') からキャパシタの電荷 Q に対する微分方程式

$$LQ'' + RQ' + Q/C = E(t) = E_0 \sin \omega t \tag{1''}$$

が得られる．多くの実際問題においては，電流 $I(t)$ は電荷 $Q(t)$ よりも重要である．そのため，(1'') よりも (1) に集中することにする．

2.12 電気回路のモデル化

方程式 (1) の解法,解の意味

(1) の特殊解を得るために 2.11 節と同様な計算を進めよう.

$$I_p = a\cos\omega t + b\sin\omega t,$$
$$I_p' = \omega(-a\sin\omega t + b\cos\omega t), \qquad (2)$$
$$I_p'' = \omega^2(-a\cos\omega t - b\sin\omega t)$$

を (1) に代入する.そうして,余弦関数を集めて右辺の $E_0\omega\cos\omega t$ と等しいとおき,また正弦関数の項を 0 とすれば,

$$L\omega^2(-a) + R\omega b + \frac{a}{C} = E_0\omega \qquad (\text{余弦関数の項}),$$
$$L\omega^2(-b) + R\omega(-a) + \frac{b}{C} = 0 \qquad (\text{正弦関数の項}).$$

解 a, b は以下のように求められる(確かめよ).

$$a = \frac{-E_0 S}{R^2 + S^2}, \qquad b = \frac{E_0 R}{R^2 + S^2}. \qquad (3)$$

ここで S は**リアクタンス**とよばれ,

$$\boxed{S = \omega L - \frac{1}{\omega C}} \qquad (4)$$

で表される.現実の場合には $R \neq 0$ であるから,(3) の分母は 0 ではない.係数 a, b が (3) で与えられるとき,(2) は (1) の特殊解である.

(3) を用いて I_p を以下の形に書くことができる.

$$I_p(t) = I_0 \sin(\omega t - \theta) \qquad (5)$$

ただし,

$$I_0 = \sqrt{a^2 + b^2} = \frac{E_0}{\sqrt{R^2 + S^2}}, \qquad \tan\theta = -\frac{a}{b} = \frac{S}{R}$$

である〔付録 A3.1 の (14) 参照〕.$\sqrt{R^2 + S^2}$ は**インピーダンス**とよばれる.この公式からわかるように,インピーダンスは比 E_0/I_0 に等しい.これは $E/I = R$(オームの法則)と似ている.

(1) に対応する同次方程式の一般解は

$$I_h = c_1 e^{\lambda_1 t} + c_2 e^{\lambda_2 t}$$

である.ここで λ_1, λ_2 は特性方程式

$$\lambda^2 + \frac{R}{L}\lambda + \frac{1}{LC} = 0$$

の根である.これらの根は $\lambda_1 = -\alpha + \beta$, $\lambda_2 = -\alpha - \beta$ と書くことができる.ただし

$$\alpha = \frac{R}{2L}, \qquad \beta = \frac{1}{2L}\sqrt{R^2 - \frac{4L}{C}}.$$

2.11節のように，$R>0$ ならば（もちろんこれはどんな実際の場合でもなりたつ），同次方程式の一般解 $I_h(t)$ は，t が無限大になると（実際には十分長い時間のあとで）0に近づく．よって，過渡電流 $I=I_h+I_p$ は定常電流 $I_p(t)$ に収束する．そして，ある時間がたつと，出力は事実上(5)で与えられる調和振動となり，その振動数は入力の振動数に等しい．

例1　*RLC* 回路　$R=100$ [Ω], $L=0.1$ [H], $C=10^{-3}$ [F] で，電圧 $E(t)=155\sin 377$ [V]（すなわち 60 Hz）の電源に接続している *RLC* 回路に流れる電流 $I(t)$ を求めよ．なお，$t=0$ では電荷も電流も 0 と仮定する．

[解]　**ステップ1：一般解**　方程式(1)は
$$0.1I''+100I'+1000I=155\times 377\cos 377t$$
となる．リアクタンスは $S=37.7-1/0.377=35.0$，定常電流は
$$I_p(t)=a\cos 377t+b\sin 377t$$
と計算される．ここで，
$$a=\frac{-155\times 35.0}{100^2+35^2}=-0.484,\qquad b=\frac{155\times 100}{100^2+35^2}=1.380$$
である．つぎに，特性方程式
$$0.1\lambda^2+100\lambda+1000=0$$
を解く．根は $\lambda_1=-10$ と $\lambda_2=-900$ （もっと厳密には -10.102051 と -989.897949）である．これより，一般解は
$$I(t)=c_1 e^{-10t}+c_2 e^{-990t}-0.484\cos 377t+1.380\sin 377t \tag{6}$$
となる．

ステップ2：特殊解　初期条件 $Q(0)=0$, $I(0)=0$ から c_1, c_2 を決める．第2の条件により，
$$I(0)=c_1+c_2-0.484=0. \tag{7}$$
$Q(0)=0$ はどのように使ったらよいのか．$\int I\,dt=Q$ であるから，(1')を代数的に解くと
$$I'=\frac{1}{L}\left[E(t)-RI(t)-\frac{Q(t)}{C}\right] \tag{8}$$
となる．ここで，$E(0)=0$, $I(0)=0$, $Q(0)=0$ であるから $I'(0)=0$ である．(6)を微分すると，
$$I'(0)=-10c_1-990c_2+1.380\times 377=0$$
が得られる．これと(7)の連立1次方程式の解は $c_1=-0.042$, $c_2=0.526$ である．(6)より，解答は
$$I(t)=-0.042e^{-10t}+0.526e^{-990t}-0.484\cos 377t+1.380\sin 377t$$
となる．

図2.29は $I(t)$ と $I_p(t)$ を表している．その2つの曲線は $t=0$ 付近のごく短い時間を除いて事実上一致している．なぜならば，指数関数項が非常に急激に 0 になるからである．したがって，最初の短時間の後には電流は事実上入力と同じ 60 Hz の調和振動をする．

(5) より定常電流は次の形に書けることに注意せよ．
$$I_p(t) = 1.463 \sin(377t - 0.34) \qquad \blacktriangleleft$$

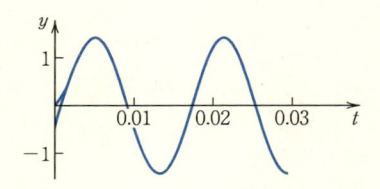

図 2.29 例 1 の過渡電流と定常電流

❖❖❖❖❖ 問題 2.12 ❖❖❖❖❖

RLC 回路

1. （減衰のタイプ） RLC 回路が過減衰（場合 I），臨界減衰（場合 II），不足減衰（場合 III）となるための条件は何か．とくに，臨界抵抗（機械系における臨界減衰定数 $2\sqrt{mk}$ に相当する量，表 2.2 参照）とは何か．

2. （過渡電流） 本文で，$R > 0$ ならば過渡電流は $t \to \infty$ で I_p に収束すると述べたが，これを証明せよ．

3. （同調） ラジオを放送局に同調させるとき，ラジオのつまみを回して，RLC 回路（図 2.28）の C （あるいは L）を変え，定常電流の振幅が最大になるようにする．これはどんな C の値の場合に相当するのか．

定常電流 以下のデータを与えて，図 2.30 の RLC 回路の定常電流を求めよ．（作業の詳細を示せ．）

4. $R = 2\,[\Omega]$, $L = 1\,[\mathrm{H}]$, $C = 0.5\,[\mathrm{F}]$, $E = 50 \sin t\,[\mathrm{V}]$

5. $R = 8\,[\Omega]$, $L = 2\,[\mathrm{H}]$, $C = 0.1\,[\mathrm{F}]$, $E = 160 \cos 5t\,[\mathrm{V}]$

6. $R = 4\,[\Omega]$, $L = 1\,[\mathrm{H}]$, $C = 2 \times 10^{-4}\,[\mathrm{F}]$, $E = 220\,[\mathrm{V}]$

過渡電流 以下のデータを与えて，図 2.30 の RLC 回路の電流を求めよ．（作業の詳細を示せ．）

7. $R = 40\,[\Omega]$, $L = 0.5\,[\mathrm{H}]$, $C = 1/750\,[\mathrm{F}]$, $E = 25 \cos 100t\,[\mathrm{V}]$

8. $R = 20\,[\Omega]$, $L = 5\,[\mathrm{H}]$, $C = 10^{-2}\,[\mathrm{F}]$, $E = 425 \sin 4t\,[\mathrm{V}]$

9. $R = 10\,[\Omega]$, $L = 0.1\,[\mathrm{H}]$, $C = 1/340\,[\mathrm{F}]$,
$E = e^{-t}(169.9 \sin t - 160.1 \cos t)\,[\mathrm{V}]$

初期値問題 初期に電流と電荷が 0 であると仮定して，以下の問題を解け．（作業の詳細を示せ．）

10. $R = 80\,[\Omega]$, $L = 10\,[\mathrm{H}]$, $C = 0.004\,[\mathrm{F}]$, $E = 240.5 \sin 10t\,[\mathrm{V}]$

11. $R = 8\,[\Omega]$, $L = 2\,[\mathrm{H}]$, $C = 0.1\,[\mathrm{F}]$, $E = 10\,[\mathrm{V}]$

12. $R = 3\,[\Omega]$, $L = 0.5\,[\mathrm{H}]$, $C = 0.08\,[\mathrm{F}]$, $E = 12 \cos 5t\,[\mathrm{V}]$

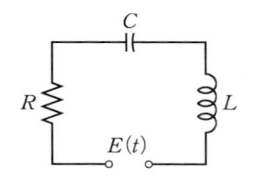

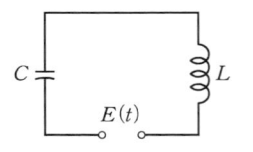

図 2.30　RLC 回路　　　　図 2.31　LC 回路

LC 回路

（実際には無視できるほど小さい R の *RLC* 回路）

以下のデータを与えて，初期の電流と電荷が 0 であると仮定し，図 2.31 の *LC* 回路の電流 $I(t)$ を求めよ．［$Q(0)=0$ を用いるときには例 1 を参照せよ．］（作業の詳細を示せ．）

13.　$L=10$ [H]，$C=0.1$ [F]，$E=10t$ [V]

14.　$L=2$ [H]，$C=5\times10^{-5}$ [F]，$E=110$ [V]

15.　$L=2$ [H]，$C=0.005$ [F]，$E=220\sin 4t$ [V]

16.　（電荷）問題 14 の電荷 Q を，次の 2 通りの方法により求めよ．(a) 電流の方程式 (1) の解を積分する．(b) 電荷の方程式 (1″) を直接解く．

17.　［プロジェクト］　質量-ばね系と電気回路の類似性

（a）　表 2.2 にもとづいて 2, 3 ページの小論文を書け．類似性をもっと詳細に記述せよ．その実用的意味について論ぜよ．

（b）　どんな *RLC* 回路（$L=1$ [H] とする）が質量 2 kg，減衰定数 20 kg/s，ばね定数 58 kg/s²，駆動力 $110\cos 5t$ N の質量-ばね系に対応するか．

（c）　自分で選んだ実例について類似性を説明せよ．

18.　［協同プロジェクト］　特殊解を得るための複素法　指数関数の微分 $(e^{ax})'=ae^{ax}$ は正弦関数や余弦関数の微分より簡単である．このことから次の方法が考案された．アイディアの核心はオイラーの公式

$$e^{i\omega t}=\cos\omega t+i\sin\omega t \quad (i=\sqrt{-1}) \qquad (9)$$

である (2.3 節)．実際，工学者は (1) のような方程式については，$E_0\omega\cos\omega t$ を $E_0\omega e^{i\omega t}$ でおきかえて定常電流を求めたいと考える．$E_0\omega e^{i\omega t}$ の実部が $E_0\omega\cos\omega t$ である．このとき，(1) は複素数の方程式

$$\boxed{LI''+RI'+\frac{1}{C}I=E_0\omega e^{i\omega t}} \quad (i=\sqrt{-1}) \qquad (10)$$

に変わる．工学者は (10) の特殊解 I_p を求め，最後に I_p の実部 $\tilde{I}_p$ をとる．これが求める (1) の解である．このアイディアを以下のように具体化しよう．

（a）　(10) に

$$I_p=Ke^{i\omega t} \qquad (11)$$

とその導関数を代入し，$i^2=-1$ を用い，

$$\left(-\omega^2 L+i\omega R+\frac{1}{C}\right)Ke^{i\omega t}=E_0\omega e^{i\omega t}$$

が得られることを示せ．これを代数的に解いて

$$K = \frac{E_0}{-\left(\omega L - \dfrac{1}{\omega C}\right) + iR} = \frac{E_0}{-S + iR} = \frac{-E_0(S + iR)}{S^2 + R^2} \quad (12)$$

となることを示せ．ここで S は (4) で与えられるリアクタンスである．最後の等式は，分母と分子に $-S - iR$ ($-S + iR$ の共役複素数) を掛けて得られるが，これは複素数の分数に関する標準的な技巧である (第 4 巻 1.2 節を参照)．(12) を (11) に代入せよ．(9) を用い，結果を実部と虚部に分けよ．実部が

$$I_p = \frac{-E_0}{S^2 + R^2}(S \cos \omega t - R \sin \omega t) \quad (13)$$

となることを示せ．これは (2), (3) と一致する．

（b） いわゆる複素インピーダンス

$$Z = R + iS = R + i\left(\omega L - \frac{1}{\omega C}\right) \quad (14)$$

を導入すれば，(12) が単純に

$$K = \frac{E_0}{iZ} \quad (12^*)$$

と書くことができることを示せ．Z の実部が抵抗値 R，虚部がリアクタンス S，絶対値 $|Z| = \sqrt{R^2 + S^2}$ がインピーダンスであることに注意せよ (図 2.32 を参照)．

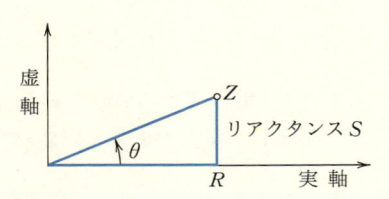

図 2.32 複素インピーダンス Z

（c） $I'' + I' + 3I = 5\cos t$ をまず実数の方法で解き，つぎに複素数の方法で解け．結果を比較せよ．（作業の詳細を示せ．）

（d） 自分で選んだ方程式に対して複素法を適用せよ．

2.13 高階線形微分方程式

2 階の微分方程式から任意の階数 n の微分方程式

$$F(x, y, y', \cdots, y^{(n)}) = 0 \quad \left(y^{(n)} = \frac{d^n y}{dx^n}\right)$$

に移ろう．方程式が

$$y^{(n)} + p_{n-1}(x) y^{(n-1)} + \cdots + p_1(x) y' + p_0(x) y = r(x) \quad (\mathbf{1})$$

と書けるときには，線形であるという．($n = 2$ の場合には，$p_1 = p$, $p_0 = q$ とおけば 2.1 節の (1) に帰着する．) 係数 $p_0, \cdots, p_{n-1}$ と r は与えられた x の関数であり，y は未知の関数である．$y^{(n)}$ の係数は 1 である．これを標準形とよぶ．これは実際的である．[$f(x) y^{(n)} + \cdots$ という形の方程式も，$f(x)$ で割れば標準形になる．] (1) のような形に書けない方程式は非線形であるという．

$r(x)$ がすべての x に対して恒等的に 0，すなわち $r(x) \equiv 0$ ならば，(1) は

$$y^{(n)} + p_{n-1}(x) y^{(n-1)} + \cdots + p_1(x) y' + p_0(x) y = 0 \quad (\mathbf{2})$$

となり，同次であるという．$r(x)$ が恒等的には 0 でなければ，非同次とよばれる．これは 2.1 節と同様である．

解．一般解．線形独立性

ある開区間 I における n 階の（線形または非線形）微分方程式の解とは，I 上で定義された n 回微分可能な関数 $y=h(x)$ であって，未知関数 y とその導関数を h とその導関数におきかえたときに，方程式が恒等的になりたつものである．

同次方程式 (2) の理論から始めよう．

定理1（重ね合せの原理，線形原理） 同次線形微分方程式 (2) に対して，ある開区間 I 上の解の和と定数倍もまた I 上における (2) の解である．

証明は，2.1 節の証明の単純な一般化でよいので，読者に任せる．ただし，この定理は非同次方程式や非線形方程式には適用されないことをふたたび注意しておきたい．

これからの議論は，2.1 節における 2 階微分方程式の議論と並行し拡張したものとなる．まず (2) の一般解を定義する．そのさい，線形独立性を 2 つの関数から n 個の関数の場合に拡張しなければならない．これは，当面の目的よりももっと一般的な重要性をもった概念である．

定義（一般解，基底，特殊解） 開区間 I 上の (2) の一般解は次のような I 上の (2) の解である．

$$y(x) = c_1 y_1(x) + \cdots + c_n y_n(x) \qquad (c_1, \cdots, c_n \text{ は任意}^{13)}) \qquad (\mathbf{3})$$

ここで，$y_1, \cdots, y_n$ は I 上の (2) の解の基底（あるいは基本解）である．すなわち，これらの解は以下に定義するように I 上で線形独立である．

I 上の (2) の特殊解は (3) において n 個の定数 $c_1, \cdots, c_n$ に特定の値を与えたものである．　◀

定義（線形独立性，線形従属性） n 個の関数 $y_1(x), \cdots, y_n(x)$ は，方程式

$$k_1 y_1(x) + \cdots + k_n y_n(x) = 0 \qquad (I \text{ 上で}) \qquad (\mathbf{4})$$

が $k_1 = \cdots = k_n = 0$ を意味するとき，I 上で線形独立であるという．すべての

---

13) 2.1 節の脚注 2) を見よ．

2.13 高階線形微分方程式

$k_1, \cdots, k_n$ が 0 でなくても，I 上で (4) がなりたつとき，これらの関数は線形従属であるという． ◀

$y_1(x), \cdots, y_n(x)$ が I 上で線形従属であるとき，またそのときに限り，I 上でこれらの関数のうちの（少なくとも）1 つを，他の $n-1$ 個の関数の線形結合として表すことができる．線形結合とは，これらの関数のそれぞれに 0 でない定数を掛けて加え合わせたものである．これが"線形従属"という言葉の意味である．たとえば，(4) が $k_1 \neq 0$ でなりたつならば，k_1 で割り，y_1 を線形結合

$$y_1 = -\frac{1}{k_1}(k_2 y_2 + \cdots + k_n y_n)$$

で表すことができる

$n=2$ のときには，これらの概念は 2.1 節の定義に帰着する．

例 1 線形従属 関数 $y_1 = x$, $y_2 = 3x$, $y_3 = x^2$ が任意の区間で線形従属であることを示せ．
[解] $y_2 = 3y_1 + 0y_3$. ◀

例 2 線形独立 $y_1 = x$, $y_2 = x^2$, $y_3 = x^3$ が任意の区間，たとえば $-1 \leq x \leq 2$ で線形独立であることを示せ．
[解] 方程式 (4) は $k_1 x + k_2 x^2 + k_3 x^3 = 0$ である．$x = -1, 1, 2$ ととると，それぞれ
$$-k_1 + k_2 - k_3 = 0, \quad k_1 + k_2 + k_3 = 0, \quad 2k_1 + 4k_2 + 8k_3 = 0$$
となる．これは $k_1 = k_2 = k_3 = 0$ すなわち線形独立性を意味する．

この計算はあまり感じがよくない．線形独立性を検定するためのもっとよい方法が必要であることを示している． ◀

例 3 一般解，基底 4 階微分方程式
$$y'''' - 5y'' + 4y = 0$$
を解け．
[解] 2.2 節と同様に，$y = e^{\lambda x}$ を試行する．方程式に代入し，共通の（0 でない）因子 $e^{\lambda x}$ で割ると，特性方程式
$$\lambda^4 - 5\lambda^2 + 4 = 0$$
が得られる．これは $\mu = \lambda^2$ に対する 2 次方程式
$$\mu^2 - 5\mu + 4 = 0$$
となる．その根は $\mu = 1$ と $\mu = 4$ である．よって，4 つの根 $\lambda = -2, -1, 1, 2$ が得られる．対応する 4 つの解が線形独立ならば，任意の区間における一般解は
$$y = c_1 e^{-2x} + c_2 e^{-x} + c_3 e^x + c_4 e^{2x}$$
となる．この 4 つの解が線形独立であることはすぐあとで示される． ◀

初期値問題,存在と一意性

方程式 (2) に対する初期値問題は,(2) と n 個の初期値

$$y(x_0)=K_0, \quad y'(x_0)=K_1, \quad \cdots, \quad y^{(n-1)}(x_0)=K_{n-1} \qquad (5)$$

からなる.ここで,x_0 は考えている区間 I の中にある固定点である.

2.7 節の定理 1 を拡張すると以下のようになる.

定理 2 初期値問題に対する存在と一意性の定理 $p_0(x),\cdots,p_{n-1}(x)$ がある開区間 I 上で連続関数であり,x_0 が I 内の点であるならば,初期値問題 (2),(5) は区間 I 上で一意的な解 $y(x)$ をもつ.

存在定理は付録の文献 [A5] で証明されている.一意性定理は付録 4 の最初にある一意性の証明をわずかに一般化することによって証明される.

例 4 3 階のコーシー・オイラーの方程式の初期値問題 $x=1$ を含む正の x 軸上の任意の開区間 I における初期値問題

$$x^3y'''-3x^2y''+6xy'-6y=0, \quad y(1)=2, \; y'(1)=1, \; y''(1)=-4$$

を解け.

[解] **ステップ 1:一般解** 2.6 節のように $y=x^m$ を試行する.微分と代入により,

$$m(m-1)(m-2)x^m-3m(m-1)x^m+6mx^m-6x^m=0.$$

項を整理して x^m で割ると,

$$m^3-6m^2+11m-6=0$$

が得られる.この 3 次方程式の根 $m=1$ が予想できれば,別の根 $m=2$, $m=3$ を求めることも容易であろう.[4 次以上の方程式などで予想できない場合には,ニュートン法(第 5 巻 1.2 節参照)などの数値解法を用いなければならない.] 対応する解 x, x^2, x^3 は I 上で線形独立である(例 2 を見よ).よって I 上の一般解は

$$y=c_1x+c_2x^2+c_3x^3$$

となる.この場合の区間 I は 0 を含まない.与えられた方程式を x^3 で割った標準形の方程式の係数は $x=0$ で連続でないからである.しかし,実際には y は任意区間において一般解であることが示される.

ステップ 2:特殊解 一般解 y とその導関数が必要である.

$$y'=c_1+2c_2x+3c_3x^2, \quad y''=2c_2+6c_3x.$$

初期条件により

$$y(1)=c_1+\;c_2+\;c_3=2,$$
$$y'(1)=c_1+2c_2+3c_3=1,$$
$$y''(1)=\quad\;\;2c_2+6c_3=-4$$

となる.消去法あるいはクラメールの公式(第 2 巻 1.6 節)を用いれば,$c_1=2$, $c_2=1$, $c_3=-1$ が得られる. [答] $y=2x+x^2-x^3$ ◀

2.13 高階線形微分方程式

解の線形独立性，ロンスキ行列式

 階数 $n=2$ を一般の n に変えるさいに必要なアイディアはきわめて少ない．3つ以上の関数の線形従属性はその一例である．そのために望ましい規準は何か．2.7節のロンスキ行列式による規準は，$n=2$ の場合にはあまり重要ではなかったが，一般の n に拡張できるために実用的な価値が高い．これは，n 個の解のロンスキ行列式 W，すなわち n 次の行列式

$$W(y_1, \cdots, y_n) = \begin{vmatrix} y_1 & y_2 & \cdots & y_n \\ y_1' & y_2' & \cdots & y_n' \\ \vdots & \vdots & \cdots & \vdots \\ y_1^{(n-1)} & y_2^{(n-1)} & \cdots & y_n^{(n-1)} \end{vmatrix} \tag{6}$$

を用いる規準であり，次のように表現される．

 定理3（解の線形従属性と線形独立性） (2)の係数 $p_0(x), \cdots, p_{n-1}(x)$ がある開区間 I 上で連続であるとする．このとき，I 上の (2) の n 個の解 $y_1, \cdots, y_n$ は，ロンスキ行列式がある点 $x=x_0$ で0となるとき，またそのときに限り線形従属である．さらに，$x=x_0$ で $W=0$ ならば，I 上で $W \equiv 0$ である．よって，I の中に $W \neq 0$ となる点 x_1 があれば，$y_1, \cdots, y_n$ は I 上で線形独立である．

 ［証明］ (a) $y_1, \cdots, y_n$ が I 上で線形従属であるとする．そうすると，I のすべての点 x において，すべてが0ではない定数 $k_1, \cdots, k_n$ が存在して

$$k_1 y_1 + \cdots + k_n y_n = 0 \tag{7}$$

とすることができる．この恒等式 (7) を $n-1$ 回微分すれば，

$$\begin{aligned} k_1 y_1' + \cdots + k_n y_n' &= 0 \\ &\vdots \\ k_1 y_1^{(n-1)} + \cdots + k_n y_n^{(n-1)} &= 0 \end{aligned} \tag{8}$$

が得られる．(7), (8) は自明ではない解 $k_1, \cdots, k_n$ をもつ同次の連立1次方程式である．したがって，クラメールの定理（第2巻1.6節 定理4）により，その係数行列式は I のすべての点 x で0でなければならない．係数行列式は実はロンスキ行列式 W である．よって，I 上のすべての x に対して $W=0$ である．

 (b) 逆に，I のある点 x_0 において $W=0$ とする．クラメールの定理によれば，$x=x_0$ に対して，連立方程式 (7), (8) はすべてが0ではない解 $\tilde{k}_1, \cdots, \tilde{k}_n$ をもつ．これらの定数を用いて (2) の解 $\tilde{k}_n y_1 + \cdots + \tilde{k}_n y_n$ を定義する．(7) と (8) から，これは初期条件 $\tilde{y}(x_0)=0, \cdots, \tilde{y}^{(n-1)}(x_0)=0$ を満たす．しかし，この初期条件を満たす別の解は $y \equiv 0$ である．よって，定理2より I 上で $\tilde{y}=y$ である．すなわち，(7) は I 上で恒等的になりたつ．これは $y_1, \cdots, y_n$ の線形従属性を表している．

 (c) I のある点 x_0 で $W=0$ ならば，(b) により線形従属性が導びかれ，(a) により $W \equiv 0$ が得られる．したがって，I の任意の点 x_1 で $W \neq 0$ ならば，I 上で解 $y_1, \cdots, y_n$ は線形独立である． ◀

例5 基底,ロンスキ行列式
例3において基底が存在することを証明しよう. W の計算では,各列から指数関数を除き 2, 3, 4 列から 1 列を引いて 3 次の行列式に帰着させる.結果は次の通りである.

$$W = \begin{vmatrix} e^{-2x} & e^{-x} & e^{x} & e^{2x} \\ -2e^{-2x} & -e^{-x} & e^{x} & 2e^{2x} \\ 4e^{-2x} & e^{-x} & e^{x} & 4e^{2x} \\ -8e^{-2x} & -e^{-x} & e^{x} & 8e^{2x} \end{vmatrix} = e^{-2x}e^{-x}e^{x}e^{2x} \begin{vmatrix} 1 & 1 & 1 & 1 \\ -2 & -1 & 1 & 2 \\ 4 & 1 & 1 & 4 \\ -8 & -1 & 1 & 8 \end{vmatrix}$$

$$= \begin{vmatrix} 1 & 0 & 0 & 0 \\ -2 & 1 & 3 & 4 \\ 4 & -3 & -3 & 0 \\ -8 & 7 & 9 & 16 \end{vmatrix} = \begin{vmatrix} 1 & 3 & 4 \\ -3 & -3 & 0 \\ 7 & 9 & 16 \end{vmatrix} = 72.$$

◀

すべての解を含む (2) の一般解

まず一般解がつねに存在することを示す.実際,2.7 節の定理 3 は次のように拡張される.

定理 4(一般解の存在) (2) の係数 $p_0, \cdots, p_{n-1}$ が開区間 I 上で連続ならば,(2) は I 上で一般解をもつ.

[証明] I 上に任意の固定点 x_0 を選ぶ.定理 2 により方程式 (2) は n 個の解 $y_1, \cdots, y_n$ をもつ.ただし,y_j は初期条件 (5) を $K_{j-1}=1$ でほかの $K_0, \cdots, K_{n-1}$ をすべて 0 とした場合の解である.この解の x_0 におけるロンスキ行列式は 1 である.たとえば $n=3$ の場合,$y_1(x_0)=1$,$y_2'(x_0)=1$,$y_3''(x_0)=1$ であり,他の初期値はすべて 0 であるから,

$$W(y_1(x_0), y_2(x_0), y_3(x_0)) = \begin{vmatrix} y_1(x_0) & y_2(x_0) & y_3(x_0) \\ y_1'(x_0) & y_2'(x_0) & y_3'(x_0) \\ y_1''(x_0) & y_2''(x_0) & y_3''(x_0) \end{vmatrix} = \begin{vmatrix} 1 & 0 & 0 \\ 0 & 1 & 0 \\ 0 & 0 & 1 \end{vmatrix} = 1.$$

ゆえに,定理 3 により,これらの解は I 上で線形独立である.すなわち,解 $y_1, \cdots, y_n$ は I 上で基底をつくり,任意定数 $c_1, \cdots, c_n$ による線形結合 $y = c_1 y_1 + \cdots + c_n y_n$ は I 上で (2) の一般解である.

◀

これで "(2) のすべての解は一般解の任意定数を適切に選ぶことによって得られる" という基本的性質を証明することができる.したがって,n 階の線形微分方程式は一般解からは得られない**特異解**をもたない.

定理 5(すべての解を含む一般解) (2) が開区間 I 上で連続な係数 $p_0, \cdots, p_{n-1}$ をもつとする.そのとき,I 上の (2) のすべての解 $y = Y(x)$ は

$$Y(x) = C_1 y_1(x) + \cdots + C_n y_n(x) \tag{9}$$

という形に表される.ここで,$y_1, \cdots, y_n$ は I 上における (2) の基底であり,$C_1, \cdots, C_n$ は適切な定数である.

2.13 高階線形微分方程式

[証明]　$y(x) = c_1 y_1(x) + \cdots + c_n y_n(x)$ を I 上の (2) の一般解とする．I の中に任意の固定点 x_0 を選ぼう．x_0 において，y と y の $n-1$ 階までの導関数が Y とその $n-1$ 階までの導関数とそれぞれ一致するように，$c_1, \cdots, c_n$ の値を選択できることを示す．式で書くと，x_0 に対して

$$\begin{aligned}
c_1 y_1 \phantom{{}^{(n-1)}} + \cdots + c_n y_n \phantom{{}^{(n-1)}} &= Y, \\
c_1 y_1' \phantom{{}^{(n-1)}} + \cdots + c_n y_n' \phantom{{}^{(n-1)}} &= Y', \\
&\vdots \\
c_1 y_1^{(n-1)} + \cdots + c_n y_n^{(n-1)} &= Y^{(n-1)}.
\end{aligned} \tag{10}$$

これは未知数 $c_1, \cdots, c_n$ に対する連立 1 次方程式である．その係数行列式は x_0 における $y_1, \cdots, y_n$ のロンスキ行列式であり，定理 3 により 0 ではない．なぜならば，$y_1, \cdots, y_n$ は I 上で線形独立だからである（基底を構成する）．したがって，クラメールの定理（第 2 巻 1.6 節）により (10) はただ 1 組の解 $c_1 = C_1, \cdots, c_n = C_n$ をもつ．これらの値を使えば，一般解から特殊解

$$y^*(x) = C_1 y_1(x) + \cdots + C_n y_n(x)$$

が得られたことになる．(10) から，y^* は x_0 において Y と一致し，y^* と Y の $n-1$ 階までの導関数もそれぞれ一致することがわかる．すなわち，x_0 において y^* と Y は同じ初期条件を満たす．一意性の定理（定理 2）により I 上で $y^* = Y$ と結論される．こうして定理は証明された． ◀

これで同次線形方程式 (2) の理論は完結する．$n = 2$ のときの結果は，期待通り 2.7 節と同じである．

応用：弾性ばり

2 階の微分方程式にはさまざまな応用があるが，工学の分野で 3 階以上の高階の方程式が現れるのはまれである．建物，橋などに使われる木造や鉄製の弾性ばりの曲げは 4 階の微分方程式で表される．

例 6　荷重による弾性ばりの曲げ　　長さ L，断面積一定（たとえば長方形断面），均質な弾性材料（たとえば鉄）のはり B を考える（図 2.33 を見よ）．自重によってはりはわずかに曲がるが，事実上直線であると見なせるとする．対称軸（図 2.33 の x 軸）を通る垂直面内で荷重を与えると B はたわむ．その軸はいわゆる弾性曲線（あるいはたわみ曲線）C に沿って曲がる．弾性論では，曲げモーメント $M(x)$ は曲線 C の曲率 $k(x)$ に比例することが示されている．曲げが小さいと仮定すると，変位 $y(x)$ とその導関数 $y'(x)$（C の接線方向を決める）は小さい．したがって $k = y''/(1+y'^2)^{3/2} \approx y''$ となる[14] ので，

$$M(x) = EI y''(x)$$

が得られる．比例定数 EI は，はりの材料のヤング率 E と水平の z 軸（図 2.33）のまわりの断面の慣性モーメント I の積である．

---

14)　（訳注）　空間曲線の曲率の公式については，第 2 巻 3.7 節（とくに問題 3）を見よ．

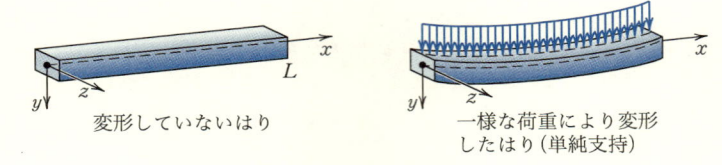

変形していないはり　　　　　　一様な荷重により変形
　　　　　　　　　　　　　　　　したはり（単純支持）

図2.33　弾性ばり

さらに弾性論によれば，$f(x)$ を単位長さ当たりの荷重とすると，$M''=f(x)$ となり，

$$EIy''''=f(x) \tag{11}$$

が得られる．実際上もっとも重要な支持の方法と対応する境界条件は以下のようになる（図2.34）．

(A)　"単純ばり"（単純に支持点におかれているはり）
　　　$x=0$ と $x=L$ において $y=y''=0$
(B)　"固定ばり"（両端が固定されているはり）
　　　$x=0$ と $x=L$ において $y=y'=0$
(C)　"片持ばり"（$x=0$ が固定端で $x=L$ が自由端のはり）
　　　$y(0)=y'(0)=0,\ y''(L)=y'''(L)=0$

境界条件 $y=0$ は変位がないことを意味する．条件 $y'=0$ は接線方向が水平であることを意味する．条件 $y''=0$ は曲げモーメントが存在しないことを意味する．条件 $y'''=0$ はせん断の力がはたらかないことを意味する．

図2.33の単純に支持されたはりに一様な荷重がかかっている場合を考える．荷重は $f(x)=f_0=$ 一定 である．そのとき，(11)は

$$y''''=k, \qquad k=\frac{f_0}{EI} \tag{12}$$

となる．これは簡単に解くことができる．2回積分すれば，

$$y''=\frac{k}{2}x^2+c_1x+c_2$$

が得られる．$y''(0)=0$ より $c_2=0$ となる．すると $y''(L)=L\left(\frac{1}{2}kL+c_1\right)=0$，した

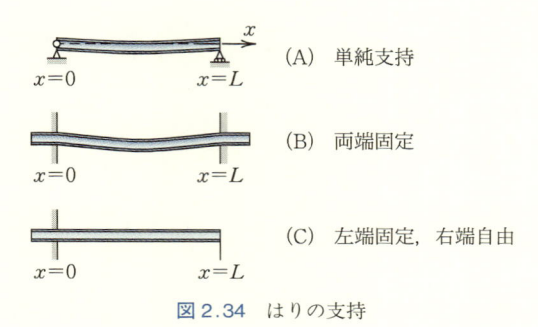

(A)　単純支持

(B)　両端固定

(C)　左端固定，右端自由

図2.34　はりの支持

がって，$c_1 = -kL/2$ が得られる．ゆえに，
$$y'' = \frac{k}{2}(x^2 - Lx).$$
これをさらに 2 回積分すると，
$$y = \frac{k}{2}\left(\frac{1}{12}x^4 - \frac{L}{6}x^3 + c_3 x + c_4\right).$$
$y(0) = 0$ より $c_4 = 0$ である．よって，
$$y(L) = \frac{kL}{2}\left(\frac{L^3}{12} - \frac{L^3}{6} + c_3\right) = 0, \qquad c_3 = \frac{L^3}{12}.$$
k の表式を代入すると，次の解が得られる．
$$y = \frac{f_0}{24EI}(x^4 - 2Lx^3 + L^3 x)$$
両端における境界条件は同じであるから，変位 $y(x)$ は中心 $L/2$ について"対称"で，$y(x) = y(L-x)$ がなりたつはずである．実際，$x = u + L/2$ とおいて，y が u の偶関数
$$y = \frac{f_0}{24EI}\left(u^2 - \frac{L^2}{4}\right)\left(u^2 - \frac{5L^2}{4}\right)$$
であることを直接確かめてみよ．これより，中心 $u=0$ (すなわち $x=L/2$) における最大のたわみが $5f_0 L^4/(16 \times 24EI)$ であることがわかる．正方向が下方であることを思い起こせ． ◀

はりの振動は第 3 巻 3.4 節で扱う．

❖❖❖❖❖ 問題 2.13 ❖❖❖❖❖

基底の典型例．初期値問題

高階の線形方程式に関して何が期待されるのかを知るために，問題 1-9 において，与えられた関数が対応する方程式の基底をなすことを証明せよ．それから初期値問題を解け．作業の詳細を記せ．(解法は次節でも引き続き論じられる．)

1. $1, x, x^2, x^3$; $\quad y'''' = 0, \qquad y = 1, \ y'(0) = 0, \ y''(0) = -1, \ y'''(0) = 30$
2. e^x, e^{-x}, e^{2x}; $\quad y''' - 2y'' - y' + 2y = 0$,
  $y(0) = -2, \ y'(0) = -5, \ y''(0) = -11$
3. $e^{-3x}, xe^{-3x}, x^2 e^{-3x}$; $\quad y''' + 9y'' - 27y' + 27y = 0$,
  $y(0) = 4, \ y'(0) = -13, \ y''(0) = 46$
4. $1, \cos x, \sin x$; $\quad y''' + y' = 0, \qquad y(0) = 15, \ y'(0) = 0, \ y''(0) = -3$
5. $e^x \cos x, \ e^x \sin x, \ e^{-x} \cos x, \ e^{-x} \sin x$; $\quad (D^4 + 4)y = 0$,
  $y(0) = 0, \ y'(0) = 2, \ y''(0) = 0, \ y'''(0) = 4$
6. $\cosh x, \sinh x, \cos x, \sin x$; $\quad (D^4 - 1)y = 0$,
  $y(0) = y'(0) = y''(0) = y'''(0) = 1$
7. $1, x, x^{-1}$; $\quad xy''' + 3y'' = 0, \qquad y(1) = 4, \ y'(1) = -8, \ y''(1) = 10$
8. $\cos x, \sin x, \cos 2x, \sin 2x$; $\quad (D^4 + 5D^2 + 4)y = 0$,
  $y(0) = 1, \ y'(0) = 1, \ y''(0) = -1, \ y'''(0) = -4$

9. e^{2x}, e^{-2x}, $\cos x$, $\sin x$; $(D^4-3D^2-4)y=0$,
$y(0)=4$, $y'(0)=-4$, $y''(0)=16$, $y'''(0)=4$

線形独立と線形従属

これらの概念は，現在までの学習の範囲をはるかに超えた一般的重要性をもつものであるから，いくつかの問題をつけ加えておく．

以下の関数は正の x 軸上で線形独立か線形従属か．（理由も示せ．）

10. $\cos x$, $\sin x$, $\sin 2x$ **11.** $\cos^2 x$, $\sin^2 x$, π
12. $\ln x$, $-\ln(x^2)$, $\ln(x^3)$ **13.** $\cosh 2x$, e^x, e^{-x}, e^{2x}
14. $\sinh 3x$, e^{-3x}, e^{3x} **15.** $(x-1)^2$, $(x+1)^2$, x
16. $\ln x$, $(\ln x)^2$, e^x, e^{-x} **17.** $e^x\cos x$, $e^x\sin x$, e^x
18. $\tan^2 x$, $\tan x$, $\cos x$, 0

19. ［論文プロジェクト］ **線形微分方程式の一般的性質** ある種の性質は，与えられた解から新しい解を得るときや基底を構成するときなどに基本的に重要な実際的意味をもつ．そこで，問題 2.1 の論文プロジェクト 20 を n 階の微分方程式に拡張せよ．(1) あるいは (2) の解の和あるいは定数倍に関する命題を系統的に探求し証明せよ．$n=2$ から一般の n に拡張するさいには，新しい考え方が必要がないことを明確に認識せよ．

20. ［協同プロジェクト］ **線形独立と線形従属** （a） 区間 I 上の集合 S に関する以下の基本的事実を証明せよ．それぞれについて例をあげよ．
(1) S が関数 0 を元としてもつならば，S は線形従属である．
(2) I の部分区間 J 上で S が線形独立ならば，S は I 上で線形独立である．I 上で S が線形従属ならば，J の S について何がいえるか．
(3) S が I 上で線形従属で T が S を含むならば，T は I 上で線形従属である．S が I 上で線形独立ならば，T について何がいえるか．
（b） いかなる場合に，線形独立性の検定にロンスキ行列式を使うことができるか．そのような検定のために使うことができる他の手段は考えられないか．

2.14 定数係数の高階同次方程式

高階の線形微分方程式が定数係数をもつ場合には，2 階の定数係数方程式と同じ方法で解くことができる．同次方程式

$$y^{(n)} + a_{n-1}y^{(n-1)} + \cdots + a_1 y' + a_0 y = 0 \qquad (\mathbf{1})$$

から始めよう．2.2 節のように $y = e^{\lambda x}$ を代入すると，(1) の特性方程式は

$$\lambda^n + a_{n-1}\lambda^{n-1} + \cdots + a_1\lambda + a_0 = 0 \qquad (\mathbf{2})$$

である．(1) の解を得るためには，(2) の根を求めなければならない．一般的には数値解法（たとえば第 4 巻 1.3 節のニュートン法）が必要となるが，読者の CAS に入っているかもしれない．

2.14 定数係数の高階同次方程式

2.2 節や 2.3 節よりも多くの場合がある．それらすべてについて典型的な例を用いて議論する．

異なる実根

(2) の n 個の根 $\lambda_1, \cdots, \lambda_n$ がすべて異なる実数ならば，n 個の解

$$y_1 = e^{\lambda_1 x}, \quad \cdots, \quad y_n = e^{\lambda_n x} \tag{3}$$

はすべての x について基底をなす．対応する (1) の一般解は

$$y = c_1 e^{\lambda_1 x} + \cdots + c_n e^{\lambda_n x} \tag{4}$$

となる．実際，次の例のあとで示すように，(3) の解は線形独立である．

例1 異なる実根 微分方程式
$$y''' - 2y'' - y' + 2y = 0$$
を解け．

[解] 特性方程式
$$\lambda^3 - 2\lambda^2 - \lambda + 2 = 0$$
の解は $-1, 1, 2$ であるから，対応する一般解 (4) は
$$y = c_1 e^{-x} + c_2 e^x + c_3 e^{2x}$$
である．線形独立性をロンスキ行列式を使って確かめよ． ◀

(3) の線形独立性を証明する．n 次の行列式についてよく知っている読者は，各列から指数関数部分を取り出すことによって，$e^{\lambda_1 x}, \cdots, e^{\lambda_n x}$ のロンスキ行列式を計算できるだろう．すなわち，

$$W = \begin{vmatrix} e^{\lambda_1 x} & e^{\lambda_2 x} & \cdots & e^{\lambda_n x} \\ \lambda_1 e^{\lambda_1 x} & \lambda_2 e^{\lambda_2 x} & \cdots & \lambda_n e^{\lambda_n x} \\ \lambda_1^2 e^{\lambda_1 x} & \lambda_2^2 e^{\lambda_2 x} & \cdots & \lambda_n^2 e^{\lambda_n x} \\ \vdots & \vdots & \cdots & \vdots \\ \lambda_1^{n-1} e^{\lambda_1 x} & \lambda_2^{n-1} e^{\lambda_2 x} & \cdots & \lambda_n^{n-1} e^{\lambda_n x} \end{vmatrix}$$

$$= e^{(\lambda_1 + \cdots + \lambda_n)x} \begin{vmatrix} 1 & 1 & \cdots & 1 \\ \lambda_1 & \lambda_2 & \cdots & \lambda_n \\ \lambda_1^2 & \lambda_2^2 & \cdots & \lambda_n^2 \\ \vdots & \vdots & \cdots & \vdots \\ \lambda_1^{n-1} & \lambda_2^{n-1} & \cdots & \lambda_n^{n-1} \end{vmatrix}. \tag{5}$$

指数関数は 0 にならないので，$W = 0$ となるのは右辺の行列式が 0 となる場合に限る．これをヴァンデルモンドの行列式[15]あるいはコーシーの行列式[16]と

---
15) Alexandre-Théophie Vandermonde (1735-1793)，フランスの数学者．行列式による方程式の解法についての業績を残した．
16) Cauchy については 2.6 節の脚注 10) を見よ．

よぶ．これは

$$(-1)^{n(n-1)/2} V \tag{6}$$

と等しいことが示される．ここで，V は $j<k$ ($\leq n$) に対応するすべての $\lambda_j-\lambda_k$ の積である．たとえば，$n=3$ のとき $-V=-(\lambda_1-\lambda_2)(\lambda_1-\lambda_3)(\lambda_2-\lambda_3)$ である．したがって，(2) のすべての根が異なる場合のみロンスキ行列式は 0 でない．これより以下の定理が得られる．

定理1（基底） (1) の解 $y_1=e^{\lambda_1 x}, \cdots, y_n=e^{\lambda_n x}$ （λ_j は実数あるいは複素数）が基底をなすのは，(2) の n 個のすべての根が異なる場合のみである．

実際には，定理 1 は (5) と (6) から得られる．さらに一般的な結果の重要な特殊な場合である．

定理2（線形独立性） (1) の解 $y_1=e^{\lambda_1 x}, \cdots, y_n=e^{\lambda_n x}$ の任意の組が開区間 I 上で線形独立であるのは，$\lambda_1, \cdots, \lambda_n$ がすべて異なる場合のみである．

単純な複素根

(1) の係数はすべて実数であるから，複素根は必ず共役複素数の対の形で現れる．よって，$\lambda=\gamma+i\omega$ が (2) の単根ならば，その共役複素数 $\bar{\lambda}=\gamma-i\omega$ もまた根であるから，対応する線形独立な解は次のようになる（2.3 節を見よ，ただし記号が異なる）．

$$y_1=e^{\gamma x}\cos\omega x, \qquad y_2=e^{\gamma x}\sin\omega x.$$

例2　単純な共役複素根　　初期値問題

$$y'''-y''+100y'-100y=0, \qquad y(0)=4, \ y'(0)=11, \ y''(0)=-299$$

を解け．

[解] 特性方程式は $\lambda^3-\lambda^2+100\lambda-100=0$ である．1 つの根が 1 であることは，視察からすぐわかる．$\lambda-1$ で割れば，他の根は $\pm 10i$ であることがわかる．ゆえに，一般解とその導関数は以下のようになる．

(a) 　$y=c_1 e^x + A\cos 10x + B\sin 10x$
(b) 　$y'=c_1 e^x - 10A\sin 10x + 10B\cos 10x$
(c) 　$y''=c_1 e^x - 100A\cos 10x + 100B\sin 10x$

これと初期条件を用い，$x=0$ とおけば，

(a) 　$c_1+A=4$
(b) 　$c_1+10B=11$
(c) 　$c_1-100A=-299$

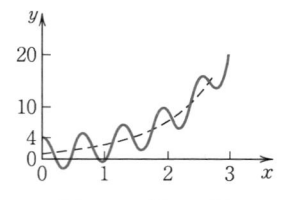

図 2.35　例 2 の解

(a)−(c) より $101A=303$，すなわち $A=3, c_1=1$ が得られる．また (b) より $B=1$ が得られる．解は

$$y = e^x + 3\cos 10x + \sin 10x$$

である（図 2.35）．これは e^x（破線）のまわりで振動する曲線である． ◀

多重実根

実数の 2 重根があるとき，たとえば $\lambda_1 = \lambda_2$ ならば，(3) において $y_1 = y_2$ となるので，y_1 と $y_2 = xy_1$ をこの根に関する 2 つの線形独立な解として採用する．これは 2.2 節と同様である．

3 重根が存在すれば，つまり $\lambda_1 = \lambda_2 = \lambda_3$ ならば，(3) において $y_1 = y_2 = y_3$ となるので，この根に関する 3 つの線形独立な解は

$$y_1, \quad xy_1, \quad x^2 y_1 \tag{7}$$

である．さらに一般解は，根 λ が **m 重根**（重複度 m）ならば，対応する m 個の線形独立な解は

$$\boxed{e^{\lambda x}, \quad xe^{\lambda x}, \quad \cdots, \quad x^{m-1} e^{\lambda x}} \tag{8}$$

である．ある開区間におけるこれらの関数の線形独立性は，$1, x, \cdots, x^{m-1}$ の線形独立性に由来する．そしてその線形独立性は，2.13 節の定理 3 およびそれらがロンスキ行列式 $W \neq 0$ の $y^{(m)} = 0$ の解であることから導かれる．(8) はどのようにして得られるのか．証明は次の例のあとで述べる．

例 3　実数の 2 重根と 3 重根　微分方程式

$$y''''' - 3y'''' + 3y''' - y'' = 0$$

を解け．

［解］　特性方程式

$$\lambda^5 - 3\lambda^4 + 3\lambda^3 - \lambda^2 = 0$$

の根は $\lambda_1 = \lambda_2 = 0$，$\lambda_3 = \lambda_4 = \lambda_5 = 1$ である．解は

$$y = c_1 + c_2 x + (c_3 + c_4 x + c_5 x^2) e^x \tag{9}$$

である． ◀

約束どおり，関数系 (8) がどのように導かれるかを示し，各関数が (1) の解であることを確認しよう．公式を少し簡単にするために，演算子の記号 (2.4 節) を用いて，(1) の左辺を以下のように表すことにする．

$$L[y] = [D^n + a_{n-1} D^{n-1} + \cdots + a_0] y$$

$y = e^{\lambda x}$ に対して微分を実行すると，

$$L[e^{\lambda x}] = [\lambda^n + a_{n-1} \lambda^{n-1} + \cdots + a_0] e^{\lambda x}$$

となる．λ_1 が右辺の多項式の m 重根であり，$\lambda_{m+1}, \cdots, \lambda_n$ $(m < n)$ がすべて λ_1 とは異なる他の根であるとすると，

$$L[e^{\lambda x}] = (\lambda - \lambda_1)^m h(\lambda) e^{\lambda x}$$

のような積の形に書くことができる．ただし，$m=n$ ならば $h(\lambda)=1$ であり，$m<n$ ならば $h(\lambda)=(\lambda-\lambda_{m+1})\cdots(\lambda-\lambda_n)$ である．ここがアイディアの要点である．両辺を λ について微分すれば，

$$\frac{\partial}{\partial \lambda} L[e^{\lambda x}] = m(\lambda-\lambda_1)^{m-1} h(\lambda) e^{\lambda x} + (\lambda-\lambda_1)^m \frac{\partial}{\partial \lambda}[h(\lambda) e^{\lambda x}]. \quad (10)$$

x に関する微分と λ に関する微分は独立であり，それぞれの導関数は連続であるから，左辺の微分の順序を入れかえてもよく，

$$\frac{\partial}{\partial \lambda} L[e^{\lambda x}] = L\left[\frac{\partial}{\partial \lambda} e^{\lambda x}\right] = L[x e^{\lambda x}] \quad (11)$$

がなりたつ．(10) の右辺は，因数 $(\lambda-\lambda_1)^{m-1}$ $(m\geq 2)$ をもつから，$\lambda=\lambda_1$ のとき 0 である．よって xe^{λ_1} は (1) の解である．

この手順をくり返して λ に関する微分を $m-2$ 回実行すれば，$x^2 e^{\lambda_1 x},\cdots,x^{m-1} e^{\lambda_1 x}$ などの解を求めることができる．しかし，$m-1$ 回目の微分では右辺はもはや 0 にはならない．なぜなら，$\lambda-\lambda_1$ の最低次のべきは $m!h(\lambda)(\lambda-\lambda_1)^0$ となり，しかも $h(\lambda)$ は因数 $\lambda-\lambda_1$ を含まないからである．こうして，(8) の解を厳密に定めたことになる． ◀

多重複素根

この場合にも，単純な複素根の場合と同様に実数の解が得られる．したがって，$\lambda = \gamma + i\omega$ が 2 重複素根であるならば，$\bar{\lambda} = \gamma - i\omega$ はその共役複素根である．対応する線形独立な解は

$$e^{\gamma x}\cos\omega x, \quad e^{\gamma x}\sin\omega x, \quad xe^{\gamma x}\cos\omega x, \quad xe^{\gamma x}\sin\omega x \quad (\mathbf{12})$$

となる．前と同様に，初めの 2 つの解は $e^{\lambda x}$ と $e^{\bar{\lambda} x}$ に由来し，次の 2 つの解は $xe^{\lambda x}$ と $xe^{\bar{\lambda} x}$ に由来する．明らかに，対応する一般解は

$$y = e^{\gamma x}[(A_1 + A_2 x)\cos\omega x + (B_1 + B_2 x)\sin\omega x] \quad (13)$$

である．3 重複素根(応用問題ではほとんど現れない)に対しては，さらに 2 つの解 $x^2 e^{\gamma x}\cos\omega x,\ x^2 e^{\gamma x}\sin\omega x$ が追加されることになるだろう．

2.14 定数係数の高階同次方程式

◆◆◆◆◆◆ 問題 2.14 ◆◆◆◆◆◆

一般解 以下の微分方程式を解け．（作業の詳細を示せ．）

1. $y'''' - 16y = 0$
2. $y''' + 9y'' + 27y' + 27y = 0$
3. $y'''' - 2y'' + y = 0$
4. $y'''' + 2y'' + y = 0$
5. $y''' - 2y'' - y' + 2y = 0$
6. $y''' + 5y'' + 4y = 0$
7. $(D^3 - D^2 - D + 1)y = 0$
8. $(D^3 - 3D + 2)y = 0$
9. $(16D^4 - 40D^2 + 9)y = 0$
10. $(D^3 + 6D + 11D + 6)y = 0$

初期値問題 以下の初期値問題を解き，解のスケッチかプロットを描け．（作業の詳細を示せ．）

11. $y'''' = 0$, $y(0) = 1$, $y'(0) = 16$, $y''(0) = -4$, $y'''(0) = 24$
12. $y''' - 3y'' + 3y' - y = 0$, $y(0) = 2$, $y'(0) = 2$, $y''(0) = 10$
13. $y''' - y'' - y' + y = 0$, $y(0) = 2$, $y'(0) = 1$, $y''(0) = 0$
14. $(D^4 - 1)y = 0$, $y(0) = -1$, $y'(0) = 7$, $y''(0) = -1$, $y'''(0) = 7$
15. $(D^3 + 5D^2 - D - 5)y = 0$, $y(0) = 5$, $y'(0) = 0$, $y''(0) = 125$
16. $(D^4 + 10D^2 + 9)y = 0$, $y(0) = 0$, $y'(0) = 0$, $y''(0) = 32$, $y'''(0) = 0$
17. $(D^4 + 4D^3 + 8D^2 + 8D + 4)y = 0$,
    $y(0) = 1$, $y'(0) = 0$, $y''(0) = -2$, $y'''(0) = 2$
18. $(D^3 + 6D^2 + 12D + 8)y = 0$, $y(0) = 1$, $y'(0) = -2$, $y''(0) = 6$

19. [**CAS プロジェクト**] ロンスキ行列式．高階のオイラー・コーシーの方程式
（a） ロンスキ行列式の値を計算するプログラムを書け．
（b） そのプログラムを，3 階と 4 階の定数係数の方程式と関連して現れる典型的な基底に適用せよ．
（c） 2.6 節の解法を任意の階数のオイラー・コーシーの方程式に拡張せよ．$x^3 y''' + x^2 y'' - 2xy' + 2y = 0$ と自分で選んだ 2 つの方程式を解け．それぞれの場合に，ロンスキ行列式を計算せよ．

20. [**プロジェクト**] 階数の低減　階数低減法は高階方程式でも実際上重要である．なぜなら，視察や試行によって 1 つの解が得られることが多いからである．
（a） 定数係数の方程式に対してどのような手順で実行するか説明せよ．（これはいくぶん簡単である．）
（b） 変動係数の方程式
$$y''' + p_2(x)y'' + p_1(x)y' + p_0(x)y = 0$$
の場合にはやや複雑である．しかしながら，もし 1 つの解 $y_1(x)$ が知られているならば，もう 1 つの解は $y_2(x) = u(x) y_1(x)$ によって与えられる．ここで $u(x) = \int z(x) dx$ であり，z は
$$y_1 z'' + (3y_1' + p_2 y_1) z' + (3y_1'' + 2p_2 y_1' + p_1 y_1) z = 0$$
を解くことによって得られる．この一般的な公式を導け．
[ヒント] 2.1 節の 2 階方程式に対する手法にならってモデル化せよ．
（c） 3 階方程式 $x^3 y''' - 3x^2 y'' + (6 - x^2)xy' - (6 - x^2)y = 0$ について，1 つの解が $y_1 = x$ であることを確認し，(b) の公式を適用して解け．

2.15 高階非同次方程式

以下のような標準形の n 階の非同次線形微分方程式に移ろう．
$$y^{(n)}+p_{n-1}(x)y^{(n-1)}+\cdots+p_1(x)y'+p_0(x)y=r(x) \tag{1}$$
第1項は $y^{(n)}=d^ny/dx^n$ とするのが実際的であり，$r\not\equiv 0$ と仮定する．2階方程式の場合と同様に，開区間 I 上における一般解は次のような形になる．
$$y(x)=y_h(x)+y_p(x) \tag{2}$$
ここで，$y_h(x)=c_1y_1(x)+\cdots+c_ny_n(x)$ は，I 上の対応する同次方程式
$$y^{(n)}+p_{n-1}(x)y^{(n-1)}+\cdots+p_1(x)y'+p_0(x)y=0 \tag{3}$$
の一般解である．$y_p(x)$ は I 上の (1) の特殊解であり，任意定数を含まない．I 上で (1) の係数 $p_0(x),\cdots,p_{n-1}(x)$ および $r(x)$ が連続関数ならば，(1) の一般解が存在してすべての解を含む．したがって (1) は特異解をもたない．

(1) の初期値問題は，(1) と n 個の初期条件
$$y(x_0)=K_0, \quad y'(x_0)=K_1, \quad \cdots, \quad y^{(n-1)}(x_0)=K_{n-1} \tag{4}$$
からなる．ここで x_0 は I 内の点である．上記の連続性の仮定により，初期値問題は一意的な解をもつ．証明の考え方は 2.8 節の $n=2$ の場合と同様である．

未定係数法

方程式 (1) を解くためには，(2) に含まれる (1) の特殊解 $y_p(x)$ を決めなければならない．定数係数方程式
$$y^{(n)}+a_{n-1}y^{(n-1)}+\cdots+a_1y'+a_0y=r(x) \tag{5}$$
($a_0,\cdots,a_{n-1}$ は定数) と 2.9 節のように特別な $r(x)$ の場合には，そのような $y_p(x)$ は未定係数法によって求められる．2.9 節のように以下の規則を用いる．

(**A**) 基本的な規則　2.9 節と同様．

(**B**) 修正の規則　$y_p(x)$ として選択した項が同次方程式 (3) の解であるならば，$y_p(x)$ に x^k を乗じる．ここで，k は $x^ky_p(x)$ の項が (3) の解ではなくなるような最小の正の整数である．

(**C**) 和の規則　2.9 節と同様．

この方法の実際上の応用は 2.9 節と同様である．初期値問題を解くさいの典型的な手順，とくに前の修正の規則を特殊な場合 ($k=4$ あるいは 2) として含

2.15 高階非同次方程式

む新しい修正の規則を示すだけで十分であろう．係数の決定はかなり煩雑になるとしても，技術的には $n=2$ の場合と同じであることを見よう．

例1 初期値問題．修正の規則 初期値問題
$$y'''+3y''+3y'+y=30e^{-x}, \qquad y(0)=3,\ y'(0)=-3,\ y''(0)=-47 \qquad (6)$$
を解け．

[解] ステップ1 特性方程式は $\lambda^3+3\lambda^2+3\lambda+1=(\lambda+1)^3=0$ である．これは3重根 $\lambda=-1$ をもつ．よって同次方程式の一般解は次のようになる．
$$y_h(x)=c_1e^{-x}+c_2xe^{-x}+c_3x^2e^{-x}=(c_1+c_2x+c_3x^2)e^{-x}$$

ステップ2 $y_p=Ce^{-x}$ を試みると，$-C+3C-3C+C=30$ が得られるが，これは解をもたない．Cxe^{-x} と Cx^2e^{-x} を試みても失敗する．そこで修正の規則に準じて
$$y_p=Cx^3e^{-x}$$
とおくと，
$$y_p'=C(3x^2-x^3)e^{-x},$$
$$y_p''=C(6x-6x^2+x^3)e^{-x},$$
$$y_p'''=C(6-18x+9x^2+x^3)e^{-x}.$$
これらを (6) に代入し，共通の因数 e^{-x} を省略すると
$$C(6-18x+9x^2-x^3)+3C(6x-6x^2+x^3)+3C(3x^2-x^3)+Cx^3=30$$
となる．1次，2次，3次の項は打ち消し合い，$6C=30$ すなわち $C=5$ が得られる．したがって $y_p=5x^3e^{-x}$ である．

ステップ3 まず与えられた方程式の一般解 $y=y_h+y_p$ を書き下す．つぎに，第1の初期条件によって c_1 を求める．この値を代入して，微分を行い，第2の初期条件によって c_2 を求める．さらに，この値を代入し，$y''(0)$ と第3の初期条件によって c_3 を決める．
$$y=y_h+y_p=(c_1+c_2x+c_3x^2)e^{-x}+5x^3e^{-x}, \qquad y(0)=c_1=3,$$
$$y'=[-3+c_2+(-c_2+2c_3)x+(15-c_3)x^2-5x^3]e^{-x},$$
$$y'(0)=-3+c_2=-3,\quad c_2=0,$$
$$y''=[3+2c_3+(30-4c_3)x+(-30+c_3)x^2+5x^3]e^{-x},$$
$$y''(0)=3+2c_3=-47,\quad c_3=-25,$$
したがって，問題の解答は
$$y=(3-25x^2)e^{-x}+5x^3e^{-x}$$
である（図 2.36）．

図 2.36 の破線は y_p を表す．y の曲線は読者が初期条件や $x\to\infty$ の極限から期待したものと一致するか． ◀

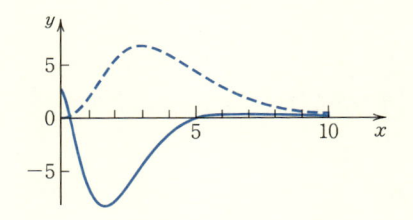

図 2.36 例1の y（実線）と y_p（破線）

定数変化法

定数変化法（2.10 節を見よ）もまた任意階数 n の場合に拡張される．これを非同次方程式 (1) [$y^{(n)}$ を第 1 項とする標準形] に適用すれば，(1) の特殊解 y_p を与える公式

$$
\boxed{\begin{aligned}
y_p = y_1(x) \int \frac{W_1(x)}{W(x)} r(x)\, dx &+ y_2(x) \int \frac{W_2(x)}{W(x)} r(x)\, dx \\
&+ \cdots + y_n(x) \int \frac{W_n(x)}{W(x)} r(x)\, dx
\end{aligned}} \tag{7}
$$

が得られる．この公式は (1) の係数 $r(x)$ が連続な区間 I で有効である．(7) において関数 $y_1, \cdots, y_n$ は同次方程式 (3) の基底をなす．W はロンスキ行列式であり，W_j ($j = 1, \cdots, n$) は W の第 j 列を $[0\ 0\ \cdots\ 0\ 1]^T$ でおきかえた行列式である．よって $n = 2$ の場合は，2.10 節の (2) と同様に

$$
W = \begin{vmatrix} y_1 & y_2 \\ y_1' & y_2' \end{vmatrix}, \qquad W_1 = \begin{vmatrix} 0 & y_2 \\ 1 & y_2' \end{vmatrix} = -y_2, \qquad W_2 = \begin{vmatrix} y_1 & 0 \\ y_1' & 1 \end{vmatrix} = y_1
$$

となる．(7) の証明は 2.10 節における (2) の証明の考えを拡張すればよく，付録 1 の文献 [A5] にある．

例 2　定数変化法．非同次のオイラー・コーシーの方程式　微分方程式
$$
x^3 y''' - 3x^2 y'' + 6x y' - 6y = x^4 \ln x \qquad (x > 0)
$$
を解け．

[解]　ステップ 1：一般解　$y = x^m$ とその導関数を同次方程式に代入し，因数 x^m を除くと，
$$
m(m-1)(m-2) - 3m(m-1) + 6m - 6 = 0
$$
が得られる．その根は $1, 2, 3$ であるから，同次方程式の基底は
$$
y_1 = x, \qquad y_2 = x^2, \qquad y_3 = x^3
$$
となる．

ステップ 2：(7) で必要な行列式　それらは以下のようになる．
$$
W = \begin{vmatrix} x & x^2 & x^3 \\ 1 & 2x & 3x^2 \\ 0 & 2 & 6x \end{vmatrix} = 2x^3, \qquad W_1 = \begin{vmatrix} 0 & x^2 & x^3 \\ 0 & 2x & 3x^2 \\ 1 & 2 & 6x \end{vmatrix} = x^4,
$$
$$
W_2 = \begin{vmatrix} x & 0 & x^3 \\ 1 & 0 & 3x^2 \\ 0 & 1 & 6x \end{vmatrix} = -2x^3, \qquad W_3 = \begin{vmatrix} x & x^2 & 0 \\ 1 & 2x & 0 \\ 0 & 2 & 1 \end{vmatrix} = x^2.
$$

ステップ 3：積分　(7) では標準形の方程式 (1) の右辺 $r(x)$ が必要である．標準形にするためには，y''' の係数である x^3 で割らなければならない．すなわち
$$
r(x) = \frac{x^4 \ln x}{x^3} = x \ln x
$$
である．ゆえに，

2.15 高階非同次方程式

$$y_p = x\int \frac{x}{2} x \ln x \, dx - x^2 \int x \ln x \, dx + x^3 \int \frac{1}{2x} \ln x \, dx$$
$$= \frac{x}{2}\left(\frac{x^3}{3}\ln x - \frac{x^3}{9}\right) - x^2\left(\frac{x^2}{2}\ln x - \frac{x^2}{4}\right) + \frac{x^3}{2}(x\ln x - x).$$

最終的な解答は

$$y_p = \frac{x^4}{6}\left(\ln x - \frac{11}{6}\right)$$

となる(図 2.37).この解曲線の形を説明できるか.$x=0$ の近傍ではどうか.極小値が現れたり,ついには急激に増加することはどうか.なぜ未定係数法では解が得られなかったのか. ◀

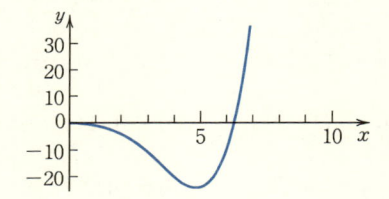

図 2.37 例 2 の非同次のオイラー・コーシーの方程式の解

❖❖❖❖❖ 問題 2.15 ❖❖❖❖❖

一般解 一般解を求めよ.(作業の詳細を示せ.)

1. $y''' + 3y'' + 3y' + y = 8e^x + x + 3$
2. $x^3 y''' + x^2 y'' - 2xy' + 2y = x^3 \ln x$
3. $x^3 y''' + x^2 y'' - 2xy' + 2y = x^{-2}$
4. $y''' + 2y'' - y' - 2y = 1 - 4x^3$
5. $y''' - y'' - 4y' + 4y = 12e^{-x}$
6. $y''' - 6y'' + 12y' - 8y = \sqrt{x}\, e^{2x}$
7. $xy''' + 3y'' = e^x$
8. $4x^3 y''' + 3xy' - 3y = 4x^{11/2}$

初期値問題 以下の初期値問題を解け.(これは 2.9 節と 2.10 節における 2 階方程式に対する手順と似ている.)(作業の詳細を示せ.)

9. $y''' + 3y'' + 3y' + y = e^{-x}\sin x,\quad y(0)=2,\ y'(0)=0,\ y''(0)=-1$
10. $x^3 y''' + xy' - y = x^2,\quad y(1)=1,\ y'(1)=3,\ y''(1)=3$
11. $x^3 y''' - 3x^2 y'' + 6xy' - 6y = 24x^5,\quad y(1)=1,\ y'(1)=3,\ y''(1)=14$
12. $y''' + 10y'' + 9y = 40\sinh x,\quad y(0)=0,\ y'(0)=6,\ y''(0)=0,\ y'''=-26$
13. $y''' - 4y' = 10\cos x + 5\sin x,\quad y(0)=3,\ y'(0)=-2,\ y''(0)=-1$

14. [CAS プロジェクト] 定数変化法と未定係数法 定数変化法は未定係数法と比較して複雑である.したがって,未定係数法をコンピュータ実験によって拡張する経験は有益と思われる.この拡張が可能な方程式および不可能な方程式を見いだせ.

[ヒント] 作業を逆向きに実行せよ.まず CAS によって方程式を解き,それからその解が未定係数法でも得られるのかどうか,また解けるとすればどのようにして解けるのかを見よ.たとえば,次の 2 つの方程式を考えよ.

$$y''' - 3y'' + 3y' - y = x^{1/2}e^x \quad \text{および} \quad x^3 y''' + x^2 y'' - 2xy' + 2y = x^3 \ln x$$

15. [論文プロジェクト] 本節における 2 つの解法の比較 未定係数法と定数変化法についての論文を書け.それぞれの方法の長所と短所を比較検討せよ.典型的

な例題によって説明せよ．たとえば，定数係数の方程式で右辺に指数関数がある場合に，定数変化法から未定係数法を導いてみよ．

2章の復習

1. 重ね合せの原理とは何か．非線形方程式についてなりたつか．非同次線形方程式についてはどうか．同次線形方程式についてはどうか．なぜこれが重要か．
2. 非同次線形方程式の一般解はいくつ任意定数を含むか．同次線形微分方程式の一般解はどうか．解を決定するにはどれだけの付加条件が必要か．
3. n 個の関数の間の線形独立性と線形従属性はどのように定義されるのか．なぜこのような概念が本章で重要なのか．
4. 2つの関数の間の線形独立性を判定するには実際上どのようにすればよいか．線形微分方程式の n 個の解についてはどうか．
5. 2階の微分方程式が高階の微分方程式よりも実際上重要であるのはなぜか．
6. ある1点における関数の線形独立性を論じることは意味があるか．
7. 特殊解とは何か．実際上の問題に対する最終的な答えとしては，特殊解のほうが一般解よりも一般に通用するのはなぜか．
8. ロンスキ行列式とは何か．本章でどのような役割を演じたか．
9. 本質的に代数的方法で解ける微分方程式として2つの大きな種類を考えた．それらは何か．
10. 解の存在と一意性について知っていることを述べよ．
11. 修正の規則とは何か．どのような場合に必要となるか．
12. 定数変化法の考え方について，記憶する限り詳細に述べよ．
13. モデル化において，線形方程式によって現実に記述できることが期待されるならば，非線形方程式よりも線形方程式を選択するのが一般的である．その理由は何か．
14. 2階の定数係数微分方程式について3つの場合を区別した．それらは何か．質量-ばね系との関連で，それらの意味するところは何か．RLC 回路についてはどうか．
15. "共振"とは何を意味するのか．共振が起こる条件は何か．

一般解 一般解を求めよ．（計算の詳細を示せ．）
16. $4y'' + 24y' + 37y = 0$
17. $2y'' - 3y' - 2y = 13 - 2x^2$
18. $x^2 y'' + xy' - 9y = 0$
19. $x^2 y'' - 3xy' + 4y = 12$
20. $y''' - 4y'' - y' + 4y = 30e^{2x}$
21. $x^3 y''' - 9x^2 y'' + 33xy' - 48y = 0$
22. $y'' - 2\pi y' + \pi^2 y = 2e^{\pi x}$
23. $y'' + 2y' + 2y = 3e^{-x}\cos 2x$
24. $(D^2 + 4D + 4)y = e^{-2x}/x^2$
25. $(D^4 - 5D^2 + 4)y = 40\cos 2x$
26. $(D^3 - D)y = \sinh x$
27. $(D^3 + 3D^2 + 3D + 1)y = 8\sin x$
28. $(D^2 + D + 1)y = \cos x + 13\cos 2x$
29. $(x^2 D^2 - 0.4xD + 0.49)y = 0.07$
30. $(D^2 - 4D + 4)y = e^{2x}/x$

2章の復習

初期値問題 以下の問題を解け．（詳細を示せ．）

31. $y'' + 16y = 17e^x$, $\quad y(0) = 6$, $y'(0) = -2$
32. $y'' - 3y' + 2y = 10\sin x$, $\quad y(0) = 1$, $y'(0) = -6$
33. $x^2 y'' - 4xy' + 6y = \pi^2 x^4 \sin \pi x$, $\quad y(1) = 5$, $y'(1) = 5 + \pi$
34. $y'' + 4y' + (4 + \omega^2)y = 0$, $\quad y(0) = 1$, $y'(0) = \omega - 2$
35. $y'' + 4y = 8e^{-2x} + 4x^2 + 2$, $\quad y(0) = 2$, $y'(0) = 2$
36. $(D^2 - 4D + 3)y = 10\sin x$, $\quad y(0) = 2$, $y'(0) = 1$
37. $(x^2 D^2 + xD - 1)y = 16x^3$, $\quad y(1) = -1$, $y'(1) = 11$
38. $(D^3 - D^2 - D + 1)y = 0$, $\quad y(0) = 2$, $y'(0) = 1$, $y''(0) = 0$
39. $(x^3 D^3 - 3x^2 D^2 + 6xD - 6)y = 12/x$, $\quad y(1) = 5$, $y'(1) = 13$, $y''(1) = 10$
40. $(D^3 + 3D^2 + 3D + 1)y = 8\sin x$, $\quad y(0) = -1$, $y'(0) = -3$, $y''(0) = 5$

応　用

41. 図2.38のRLC回路において，$L = 1$ [H]，$R = 2000$ [Ω]，$C = 4 \times 10^{-3}$ [F]，$E(t) = 110 \sin 415t$ [V]（66 Hz）として定常電流を求めよ．

42. 問題41の方程式に対応する同次方程式の一般解を求めよ．

43. 図2.38のRLC回路において，$R = 50$ [Ω]，$L = 30$ [H]，$C = 0.025$ [F]，$E(t) = 200 \sin 4t$ [V] として定常電流を求めよ．

44. 図2.38のRLC回路において，$R = 20$ [Ω]，$L = 0.1$ [H]，$C = 1.5625 \times 10^{-3}$ [F]，$0 < t < 0.01$ に対して $E(t) = 160 t$ [V]，$t > 0.01$ に対して $E(t) = 1.6$ [V] として電流を求めよ．ただし $I(0) = 0$，$I'(0) = 0$ とする．

45. 質量 4 kg，ばね定数 10 kg/s²，減衰定数 20 kg/s，駆動力 $100 \sin 4t$ N の質量-ばね系に対応する電気回路をつくれ．

46. 複素法を用いて，図2.38のRLC回路における定常電流を求めよ．ただし，$L = 4$ [H]，$R = 20$ [Ω]，$C = 0.5$ [F]，$E(t) = 10 \sin 10t$ [V] とする．

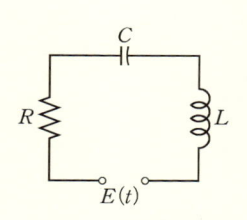

図2.38　RLC回路

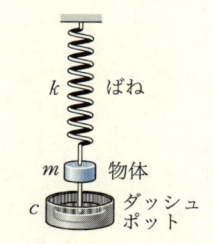

図2.39　質量-ばね系

47. 図2.39の質量-ばね系の定常解を求めよ．ここで，$m = 1, c = 2, k = 6$，駆動力は $\sin 2t + 2\cos 2t$ である．

48. 図2.39の質量-ばね系の運動を求めよ．ここで，質量は 0.125 kg，減衰は 0，ばね定数は 1.122 kg/s²，駆動力は $\cos t - 4\sin t$ N である．初期変位と初速度は 0 であるとする．駆動力の振動数がいくらのときに共振するか．

49. 問題 47 において, 初期変位 1, 初速度 0 に対応する解を求めよ.

50. 図 2.39 において, $m=1$, $c=4$, $k=24$, $r(t)=10\cos\omega t$ とおく. 定常振動が可能な最大振幅となる ω の値を決めよ. その振幅を求めよ. 一般解にこの ω の値を代入して, 結果が一致するかどうか確かめよ.

2章のまとめ

2階の線形微分方程式は実際上大変重要である. その理論と応用は任意の階数の線形微分方程式のすべての典型的な様相を網羅している. それゆえ, 本章では2階微分方程式を重点的に扱ってきた (2.1節-2.12節). 任意の n に移ることは簡単である (2.13節-2.15節).

2階微分方程式は,
$$y'' + p(x)y' + q(x)y = r(x) \tag{1}$$
と書けるとき, 線形であるという. この線形微分方程式の"標準形"は, $f(x)y''$ で始まる一般の2階方程式を係数 $f(x)$ で割ることによって得られる.

方程式 (1) は右辺の関数がすべての x に対して 0 であるとき, すなわち $r(x) \equiv 0$ であるとき, 同次であるという. もし $r(x) \not\equiv 0$ ならば非同次であるという. よって2階の同次方程式は以下の形になる.
$$y'' + p(x)y' + q(x)y = 0 \tag{2}$$
これは, 解の線形結合もまた解であるという非常に重要な性質をもつ (重ね合せの原理あるいは線形原理, 2.1節を見よ). ある開区間 I 上で (2) の2つの線形独立な解 y_1, y_2 は I 上の解の基底 (あるいは基本解系) をなし, c_1, c_2 を任意定数とする線形結合 $y = c_1 y_1 + c_2 y_2$ は一般解を与える. したがって, (通常2つの) 初期条件を課して c_1, c_2 の値を特定すれば特殊解が得られる.

非同次方程式 (1) に対しては, 一般解は
$$y = y_h + y_p \tag{3}$$
と表される (2.8節). ここで, y_h は (2) の一般解であり, y_p は (1) の特殊解 (すなわち任意定数を含まない解) である. このような y_p を求める実際的な問題は, 定数変化法 (2.10節) によって解くことができる.

もっと簡単な解法としては未定係数法 (2.9節) がある. これは p, q が定数で, r が特別な初等関数 (x のべき関数, 正弦関数, 余弦関数など (2.9節)) のときに有効である. この場合には, (1) は
$$y'' + ay' + by = r(x) \qquad (a, b \text{ は定数}) \tag{4}$$
と書ける. 対応する同次方程式 $y'' + ay' + by = 0$ を解くために, $y = e^{\lambda x}$ を代入すれば, 特性方程式
$$\lambda^2 + a\lambda + b = 0 \tag{5}$$
が得られる. その根 λ は同次方程式の解を与える. 以下の3つの場合がある (2.2節).

場合	根のタイプ	一般解
I	異なる実根 $\lambda = \lambda_1, \lambda_2$	$y = c_1 e^{\lambda_1 x} + c_2 e^{\lambda_2 x}$
II	重根 $-\frac{1}{2}a$	$y = (c_1 + c_2 x)e^{-ax/2}$
III	複素根 $-\frac{1}{2}a \pm i\omega$	$y = e^{-ax/2}(A\cos\omega x + B\sin\omega x)$

方程式 (4) は機械工学や電気工学に重要な応用がある (2.5節, 2.11節, 2.12節). それは振動や共振の研究において基本的である.

別のタイプの方程式で代数的に解くことができるのは, 次のオイラー・コーシーの方程式である (2.6節).
$$x^2 y'' + axy' + by = 0 \tag{6}$$
$y = x^m$ を代入して得られる補助方程式
$$m^2 + (a-1)m + b = 0 \tag{7}$$
を解いて m を定めることができる.

2階微分方程式 (1) あるいは (2) に対して, 初期値問題は方程式と2つの初期条件 (2.1節)
$$y(x_0) = K_0, \quad y'(x_0) = K_1 \quad (x_0, K_0, K_1 は与えられた数) \tag{8}$$
からなる. p, q, r がある開区間 $I: \alpha < x < \beta$ において連続関数であり, x_0 が I 内の点であるならば, (1) と (2) は I 上で一般解をもち, 初期値問題 (1), (8) あるいは (2), (8) は I 上で一意的な解をもつ. これは特殊解である. よって (1) あるいは (2) は特異解をもたない.

これらの方法と結果は, 任意の階数 n の微分方程式に拡張される. n 階の線形微分方程式は, 以下のように表される方程式である.
$$y^{(n)} + p_{n-1}(x)y^{(n-1)} + \cdots + p_1(x)y' + p_0(x)y = r(x) \tag{9}$$
ここでも第1項は $y^{(n)} = d^n y/dx^n$ であるから, やはり標準形とよばれる. これは (1) を拡張したものである. 方程式 (9) は $r(x) \equiv 0$ のとき同次であるという. $r(x) \not\equiv 0$ ならば非同次である. 同次方程式
$$y^{(n)} + p_{n-1}(x)y^{(n-1)} + \cdots + p_1(x)y' + p_0(x)y = 0 \tag{10}$$
に対しては, $n=2$ の場合と同様に重ね合せの原理がなりたつ. 開区間 I 上の (10) の解の基底は n 個の線形独立な解 $y_1, \cdots, y_n$ からなる. (10) の一般解はそれらの線形結合である.
$$y = c_1 y_1 + \cdots + c_n y_n \quad (c_1, \cdots, c_n は任意の定数) \tag{11}$$
I 上における非同次方程式 (9) の一般解は次のような形になる [(3) を見よ].
$$y = y_h + y_p \tag{12}$$
ここで, y_h は I 上における (10) の一般解であり, y_p は (9) の任意の特殊解である. 特殊解 y_p は定数変化法あるいは未定係数法 (定数係数で特別な $r(x)$ の場合) によって得られる.

初期値問題は, 方程式 (9) あるいは (10) と n 個の初期条件
$$y(x_0) = K_0, \quad y'(x_0) = K_1, \quad \cdots, \quad y^{(n-1)}(x_0) = K_{n-1} \tag{13}$$
からなる. ここで $x_0, K_0, \cdots, K_{n-1}$ は与えられた数である. 開区間 I 上における

(9) と (10) の一般解は，I 上で係数 $p_0(x), \cdots, p_{n-1}(x)$ と関数 $r(x)$ が連続関数であれば存在する．その場合，初期値問題 (9), (11) あるいは (10), (11) は一意的な解をもつ．

　変数係数の線形微分方程式の解は一般には高等関数となる．高等関数とは微積分学における初等関数と対比される関数である．もっとも重要な高等関数については第 4 章で扱う．

3

連立微分方程式，相平面，定性的方法

　連立微分方程式はさまざまな応用分野（3.1，3.5 節）に現れる．連立方程式の理論（概要は 3.2 節）には，特別な場合として単一の微分方程式も含まれている．連立線形方程式（3.3，3.4，3.6 節）を扱うには，行列とベクトルを用いるのが最善であるが，本章では最小限の線形代数の知識（3.0 節）だけで十分である．

　3.3，3.6 節のように実際に連立線形微分方程式を解くほかに，まったく異なる別の方法，すなわち相空間（3.4 節）における解の一般的挙動を論じるという非常に有効な方法もある．これは，実際の解を必要としないので定性的方法とよばれる．実際の解が与えられれば"定量的"ということになるが，多くの実用上重要な連立方程式は解析的に解くことができない．

　定性的方法は安定性についての情報も与える．この概念は基礎工学（たとえば制御理論）において一般的に重要である．大まかにいえば，ある時点において物理系に生じた小さい変動は，その後の系の挙動においても小さい変動しかもたらさないということである．

　相空間の方法は非線形方程式（3.5 節）にも拡張されるためとくに有用である．

　変数と関数に関する記法　未知関数については $y_1 = y_1(t), y_2 = y_2(t)$ あるいは $y_1 = y_1(x), y_2 = y_2(x)$ などと書く．これは，微分法における通常の関数表記 $y = f(x)$ ではなく，1, 2 章で使った表記 $y = y(x)$ を採用することを意味する．この記法は $y = f(x)$ における独立変数 x を別の変数 t の従属変数に変える場合に便利である．簡単に $x_1 = x_1(t), x_2 = x_2(t)$ と書けるからである．

　本章を学ぶための予備知識：1.2，1.6 節，2 章．
　参考書：付録 1．
　問題の解答：付録 2．

3.0 序論:ベクトル,行列,固有値

連立線形微分方程式を論じるさいには,行列とベクトルの概念を用いて,公式を単純化しアイディアを明確にすることができる.そのためには初等的な線形代数の知識が必要であるが,ほとんどの学生にとっては既知と思われるので,ただちに 3.1 節に進み,本節は必要に応じて参照するだけでもよい.(第 2 巻 1, 2 章のような本格的な行列の理論は本章では必要とされない.)

ここで扱う多くの連立方程式は,以下のような形をした 2 つの未知関数 $y_1(t), y_2(t)$ に関する 2 つの微分方程式である.

$$\begin{matrix} y_1' = a_{11} y_1 + a_{12} y_2, \\ y_2' = a_{21} y_1 + a_{22} y_2, \end{matrix} \quad \text{たとえば}, \quad \begin{matrix} y_1' = -5 y_1 + 2 y_2 \\ y_2' = 13 y_1 + \dfrac{1}{2} y_2 \end{matrix} \quad (1)$$

それぞれの方程式の右辺に既知の関数を追加することもある.

同様に,n 個の未知関数 $y_1(t), \cdots, y_n(t)$ に関する n 個の 1 階微分方程式からなる連立線形方程式は以下のような形である.

$$\begin{matrix} y_1' = a_{11} y_1 + a_{12} y_2 + \cdots + a_{1n} y_n, \\ y_2' = a_{21} y_1 + a_{22} y_2 + \cdots + a_{2n} y_n, \\ \cdots\cdots\cdots\cdots\cdots\cdots\cdots\cdots\cdots\cdots\cdots \\ y_n' = a_{n1} y_1 + a_{n2} y_2 + \cdots + a_{nn} y_n \end{matrix} \quad (2)$$

各方程式の右辺に既知の関数を加えてもよい.

定義と用語

(1) の係数 (定数あるいは変数) は $\boldsymbol{2 \times 2}$ 行列 $\boldsymbol{A}$ すなわち

$$\boldsymbol{A} = [a_{jk}] = \begin{bmatrix} a_{11} & a_{12} \\ a_{21} & a_{22} \end{bmatrix} \quad \text{たとえば} \quad \boldsymbol{A} = \begin{bmatrix} -5 & 2 \\ 13 & \dfrac{1}{2} \end{bmatrix} \quad (3)$$

をつくる.同様に (2) の係数は $\boldsymbol{n \times n}$ 行列

$$\boldsymbol{A} = [a_{jk}] = \begin{bmatrix} a_{11} & a_{12} & \cdots & a_{1n} \\ a_{21} & a_{22} & \cdots & a_{2n} \\ \vdots & \vdots & \cdots & \vdots \\ a_{n1} & a_{n21} & \cdots & a_{nn} \end{bmatrix} \quad (4)$$

をつくる.ここで,$a_{11}, a_{12}, \cdots$ は成分とよばれ,横方向は行あるいは"行ベクトル",縦方向は列あるいは"列ベクトル"とよばれる.よって,(3) の第 1 行は $[a_{11} \quad a_{12}]$,第 2 行は $[a_{21} \quad a_{22}]$ である.第 1 列,第 2 列は

$$\begin{bmatrix} a_{11} \\ a_{21} \end{bmatrix} \quad \text{および} \quad \begin{bmatrix} a_{12} \\ a_{22} \end{bmatrix}$$

である．成分は 2 つの添数で表されるが，これらの添数はそれぞれの成分が位置している"行"と"列"を表す．(4) においても同様である．対角成分とは (4) においては $a_{11}, a_{22}, \cdots, a_{nn}$ であり，(3) においては a_{11}, a_{22} である．

ベクトルも必要である．n 個の成分 $x_1, \cdots, x_n$ をもつ列ベクトルとは

$$\boldsymbol{x} = \begin{bmatrix} x_1 \\ x_2 \\ \vdots \\ x_n \end{bmatrix}, \quad \text{よって } n=2 \text{ ならば} \quad \boldsymbol{x} = \begin{bmatrix} x_1 \\ x_2 \end{bmatrix}$$

である．同様に，行ベクトル $\boldsymbol{v}$ は以下の形

$$\boldsymbol{v} = [v_1 \ \cdots \ v_n], \quad \text{よって } n=2 \text{ ならば} \quad \boldsymbol{v} = [v_1 \ v_2]$$

である．

行列とベクトルの計算

相 等 2 つの $n \times n$ 行列が等しいとは，対応する成分が等しい場合をいう．つまり，$n=2$ のとき，

$$\boldsymbol{A} = \begin{bmatrix} a_{11} & a_{12} \\ a_{21} & a_{22} \end{bmatrix} \quad \text{と} \quad \boldsymbol{B} = \begin{bmatrix} b_{11} & b_{12} \\ b_{21} & b_{22} \end{bmatrix}$$

に対して $\boldsymbol{A} = \boldsymbol{B}$ であるとは，

$$a_{11} = b_{11}, \qquad a_{12} = b_{12}$$
$$a_{21} = b_{21}, \qquad a_{22} = b_{22}$$

がなりたつことである．2 つの列ベクトル（あるいは行ベクトル）が等しいのは，それぞれ n 個の成分をもち，対応する成分が等しいときである．たとえば，$n=2$ の列ベクトル

$$\boldsymbol{v} = \begin{bmatrix} v_1 \\ v_2 \end{bmatrix} \quad \text{と} \quad \boldsymbol{x} = \begin{bmatrix} x_1 \\ x_2 \end{bmatrix}$$

は，$v_1 = x_1$, $v_2 = x_2$ がなりたつとき，またそのときに限り $\boldsymbol{v} = \boldsymbol{x}$ である．

2 つの行列やベクトルの和の計算は，対応する成分を加え合わせることによって行われる．ここで 2 つの行列はともに $n \times n$ 型であるとし，2 つのベクトルもともに同じ数（n 個）の成分をもつとする．たとえば $n=2$ の場合には，

$$\boldsymbol{A} + \boldsymbol{B} = \begin{bmatrix} a_{11}+b_{11} & a_{12}+b_{12} \\ a_{21}+b_{21} & a_{22}+b_{22} \end{bmatrix}, \quad \boldsymbol{v} + \boldsymbol{x} = \begin{bmatrix} v_1+x_1 \\ v_2+x_2 \end{bmatrix} \qquad (5)$$

である．

スカラー倍（数 c との積）は，各成分を c 倍したものである．たとえば，

$$A=\begin{bmatrix} 9 & 3 \\ -2 & 0 \end{bmatrix} \quad \text{ならば} \quad -7A=\begin{bmatrix} -63 & -21 \\ 14 & 0 \end{bmatrix}$$

である．また

$$v=\begin{bmatrix} 0.4 \\ -13 \end{bmatrix} \quad \text{ならば} \quad 10v=\begin{bmatrix} 4 \\ -130 \end{bmatrix}$$

である．

行列の積 2つの $n \times n$ 行列 $A=[a_{jk}]$ と $B=[b_{jk}]$ の（この順序での）積 $C=AB$ は，$n \times n$ 行列 $C=[c_{jk}]$ であって，その成分は

$$c_{jk}=\sum_{m=1}^{n} a_{jm}b_{mk} \qquad \begin{pmatrix} j=1,\cdots,n \\ k=1,\cdots,n \end{pmatrix} \qquad (6)$$

で与えられる．すなわち，A の j 行目の各成分を B の k 列目の対応する成分に掛け，それらの n 個の積を加え合わせたものである．簡単に"行を列に掛ける"といってもよい．たとえば，

$$\begin{bmatrix} 9 & 3 \\ -2 & 0 \end{bmatrix}\begin{bmatrix} 1 & -4 \\ 2 & 5 \end{bmatrix}=\begin{bmatrix} 9\cdot 1+3\cdot 2 & 9\cdot(-4)+3\cdot 5 \\ (-2)\cdot 1+0\cdot 2 & (-2)\cdot(-4)+0\cdot 5 \end{bmatrix}$$
$$=\begin{bmatrix} 15 & -21 \\ -2 & 8 \end{bmatrix}.$$

［注意！］ 行列の積は非可換である．すなわち一般には $AB \neq BA$ である．上の例では，

$$\begin{bmatrix} 1 & -4 \\ 2 & 5 \end{bmatrix}\begin{bmatrix} 9 & 3 \\ -2 & 0 \end{bmatrix}=\begin{bmatrix} 1\cdot 9+(-4)\cdot(-2) & 1\cdot 3+(-4)\cdot 0 \\ 2\cdot 9+5\cdot(-2) & 2\cdot 3+5\cdot 0 \end{bmatrix}$$
$$=\begin{bmatrix} 17 & 3 \\ 8 & 6 \end{bmatrix} \neq \begin{bmatrix} 15 & -21 \\ -2 & 8 \end{bmatrix}.$$

$n \times n$ 行列 A と n 成分のベクトル x の積も同じ規則で定義される．$v=Ax$ は

$$v_j = \sum_{m=1}^{n} a_{jm}x_m \qquad (j=1,\cdots,n)$$

で与えられる n 成分のベクトルである．たとえば，

$$\begin{bmatrix} 12 & 7 \\ -8 & 3 \end{bmatrix}\begin{bmatrix} x_1 \\ x_2 \end{bmatrix}=\begin{bmatrix} 12x_1+7x_2 \\ -8x_1+3x_2 \end{bmatrix}.$$

微 分 変数の成分をもつ行列（あるいはベクトル）の導関数は，各成分を微分して得られる．もし

$$y(t)=\begin{bmatrix} y_1(t) \\ y_2(t) \end{bmatrix}=\begin{bmatrix} e^{-2t} \\ \sin t \end{bmatrix} \quad \text{ならば} \quad y'(t)=\begin{bmatrix} y_1'(t) \\ y_2'(t) \end{bmatrix}=\begin{bmatrix} -2e^{-2t} \\ \cos t \end{bmatrix}$$

である．

転置とは，行と列を入れかえる操作であり，T で表す．よって 3×3 行列

$$A=\begin{bmatrix} a_{11} & a_{12} & a_{13} \\ a_{21} & a_{22} & a_{23} \\ a_{31} & a_{32} & a_{33} \end{bmatrix}=\begin{bmatrix} 4 & 0 & -8 \\ 1 & -6 & 7 \\ 9 & 9 & 5 \end{bmatrix}$$

の転置行列は

$$A^T=\begin{bmatrix} a_{11} & a_{21} & a_{31} \\ a_{12} & a_{22} & a_{32} \\ a_{13} & a_{23} & a_{33} \end{bmatrix}=\begin{bmatrix} 4 & 1 & 9 \\ 0 & -6 & 9 \\ -8 & 7 & 5 \end{bmatrix}$$

で与えられる．列ベクトル

$$\boldsymbol{v}=\begin{bmatrix} v_1 \\ v_2 \end{bmatrix} \quad \text{の転置ベクトルは行ベクトル} \quad \boldsymbol{v}^T=[v_1 \quad v_2]$$

であり，その逆もなりたつ．

逆行列 $n\times n$ 単位行列 I は，対角成分が $1,1,\cdots,1$ で，他のすべての成分が 0 の $n\times n$ 行列である．ある与えられた $n\times n$ 行列の A に対して，$n\times n$ 行列 B が存在して $AB=BA=I$ であるならば，A は正則行列であるという．また，B は A の逆行列とよばれ，A^{-1} と表される．すなわち，

$$AA^{-1}=A^{-1}A=I \tag{7}$$

である．A が逆行列をもたないとき，A は特異行列であるという．$n=2$ の場合には，

$$A^{-1}=\frac{1}{\det A}\begin{bmatrix} a_{22} & -a_{12} \\ -a_{21} & a_{11} \end{bmatrix} \tag{8}$$

となる．ここで，$\det A$ は A の行列式であって，

$$\det A=\begin{vmatrix} a_{11} & a_{12} \\ a_{21} & a_{22} \end{vmatrix}=a_{11}a_{22}-a_{12}a_{21} \tag{9}$$

で与えられる．（一般の n の場合は本章では必要ないが，第 2 巻 1.7 節を見よ．）

線形独立性 n 成分をもつ r 個のベクトル $\boldsymbol{v}^{(1)},\cdots,\boldsymbol{v}^{(r)}$ が与えられたとする．これらのベクトルは，もし

$$c_1\boldsymbol{v}^{(1)}+\cdots+c_r\boldsymbol{v}^{(r)}=\boldsymbol{0} \tag{10}$$

がなりたてば，すべてのスカラー係数 $c_1,\cdots,c_r$ が 0 となるとき，線形独立であるという．ここで，$\boldsymbol{0}$ は零ベクトルとよばれ，n 個のすべての成分が 0 のベクトルを意味する．すべてのスカラー $c_1,\cdots,c_r$ が 0 でなくとも (10) がなりた

つ場合には，これらのベクトルは線形従属であるという．なぜなら，少なくとも1つのベクトルは他のベクトルの線形結合で表されるからである．たとえば，(10) において $c_1 \neq 0$ と仮定すると，

$$\boldsymbol{v}^{(1)} = -\frac{1}{c_1}(c_2\boldsymbol{v}^{(2)} + \cdots + c_r\boldsymbol{v}^{(r)})$$

が得られる．

ベクトル方程式としての連立微分方程式

行列の積と微分を用いて，(1) を以下のように書くことができる．

$$\boldsymbol{y}' = \begin{bmatrix} y_1' \\ y_2' \end{bmatrix} = \boldsymbol{A}\boldsymbol{y} = \begin{bmatrix} a_{11} & a_{12} \\ a_{21} & a_{22} \end{bmatrix} \begin{bmatrix} y_1 \\ y_2 \end{bmatrix}, \quad \text{たとえば，} \quad \boldsymbol{y}' = \begin{bmatrix} -5 & 2 \\ 13 & \frac{1}{2} \end{bmatrix} \begin{bmatrix} y_1 \\ y_2 \end{bmatrix}. \tag{11}$$

n 変数の場合 (2) もまったく同様であって，$n \times n$ 行列 $\boldsymbol{A}$ と n 成分の列ベクトル $\boldsymbol{y}$ を用いて $\boldsymbol{y}' = \boldsymbol{A}\boldsymbol{y}$ を導くことができる．ベクトル方程式 (11) は成分に対する2つの方程式と等価であり，確かに (1) の2つの方程式と一致する．

固有値，固有ベクトル

固有値および固有ベクトルという概念は，本章において（実際には数学全般にわたって）非常に重要である．

$\boldsymbol{A} = [a_{jk}]$ を $n \times n$ 行列とする．ベクトル方程式

$$\boxed{\boldsymbol{A}\boldsymbol{x} = \lambda\boldsymbol{x}} \tag{12}$$

を考えよう．ここで，λ は未知のスカラー（実数あるいは複素数），$\boldsymbol{x}$ は未知のベクトルである．与えられた $\boldsymbol{A}$ に対して，(12) を満足するスカラー λ とベクトル $\boldsymbol{x}$ を定めたい．どんな λ の値でも零ベクトル $\boldsymbol{x} = \boldsymbol{0}$ は (12) の解であるが，これは実際上意味がない．あるベクトル $\boldsymbol{x} \neq \boldsymbol{0}$ に対して (12) がなりたつとき，スカラー λ を $\boldsymbol{A}$ の固有値とよび，このベクトルを $\boldsymbol{A}$ の固有値 λ に対応する固有ベクトルとよぶ．

(12) を $\boldsymbol{A}\boldsymbol{x} - \lambda\boldsymbol{x} = \boldsymbol{0}$ あるいは

$$\boxed{(\boldsymbol{A} - \lambda\boldsymbol{I})\boldsymbol{x} = \boldsymbol{0}} \tag{13}$$

と書く．これは n 個の未知数 $x_1, \cdots, x_n$（ベクトル $\boldsymbol{x}$ の成分）に関する連立1次方程式である．連立方程式 (13) が解 $\boldsymbol{x} \neq \boldsymbol{0}$ をもつためには，係数行列 $\boldsymbol{A} - \lambda\boldsymbol{I}$ の行列式が0でなければならない．このことは線形代数の基本的事実として証

3.0 序論：ベクトル，行列，固有値

明されている（第2巻1.6節の定理4）．本章では $n=2$ の場合だけが必要である．すると (13) は

$$\begin{bmatrix} a_{11}-\lambda & a_{12} \\ a_{21} & a_{22}-\lambda \end{bmatrix}\begin{bmatrix} x_1 \\ x_2 \end{bmatrix}=\begin{bmatrix} 0 \\ 0 \end{bmatrix} \tag{14}$$

と書ける．成分で表すと，

$$\begin{aligned}(a_{11}-\lambda)x_1+a_{12}x_2&=0,\\ a_{21}x_1+(a_{22}-\lambda)x_2&=0\end{aligned} \tag{14*}$$

となる．行列 $\boldsymbol{A}$ の特性行列式 $\det(\boldsymbol{A}-\lambda\boldsymbol{I})$ が 0 のとき，またそのときに限り，$\boldsymbol{A}-\lambda\boldsymbol{I}$ は特異行列となる．したがって，

$$\begin{aligned}\det(\boldsymbol{A}-\lambda\boldsymbol{I})&=\begin{vmatrix} a_{11}-\lambda & a_{12} \\ a_{21} & a_{22}-\lambda \end{vmatrix}\\ &=(a_{11}-\lambda)(a_{22}-\lambda)-a_{12}a_{21}\\ &=\lambda^2-(a_{11}+a_{22})\lambda+a_{11}a_{22}-a_{12}a_{21}=0.\end{aligned} \tag{15}$$

この λ に対する2次方程式は $\boldsymbol{A}$ の特性方程式とよばれる．その解は $\boldsymbol{A}$ の固有値 λ_1, λ_2 である．まずこれらの λ_1, λ_2 の値を定める．つぎに，(14*) において $\lambda=\lambda_1$ とおき，λ_1 に対応する $\boldsymbol{A}$ の固有ベクトル $\boldsymbol{x}^{(1)}$ を求める．最後に，(14*) において $\lambda=\lambda_2$ とおき，λ_2 に対応する固有ベクトル $\boldsymbol{x}^{(2)}$ を求める．$\boldsymbol{x}$ が $\boldsymbol{A}$ の固有ベクトルならば，任意の $k\neq 0$ に対して $k\boldsymbol{x}$ も固有ベクトルであることに注意しよう．

例1 固有値問題　行列

$$\boldsymbol{A}=\begin{bmatrix} -4.0 & 4.0 \\ -1.6 & 1.2 \end{bmatrix} \tag{16}$$

の固有値と固有ベクトルを求めよ．

[解] 特性方程式は以下の2次方程式である．

$$\det(\boldsymbol{A}-\lambda\boldsymbol{I})=\begin{vmatrix} -4.0-\lambda & 4.0 \\ -1.6 & 1.2-\lambda \end{vmatrix}=\lambda^2+2.8\lambda+1.6=0$$

解は $\lambda_1=-2, \lambda_2=-0.8$ である．これらが $\boldsymbol{A}$ の固有値である．

固有ベクトルは (14*) から求められる．$\lambda=\lambda_1=-2$ に対しては，

$$\begin{aligned}(-4.0+2.0)x_1+\quad\;\, 4.0x_2&=0,\\ -1.6x_1+(1.2+2.0)x_2&=0.\end{aligned}$$

1行目の方程式の1つの解は $x_1=2, x_2=1$ である．これは2行目の方程式も満たす（なぜか）．よって，$\lambda_1=-2.0$ に対応する $\boldsymbol{A}$ の固有ベクトルは

$$\boldsymbol{x}^{(1)}=\begin{bmatrix} 2 \\ 1 \end{bmatrix} \text{であり，同様にして} \quad \boldsymbol{x}^{(2)}=\begin{bmatrix} 1 \\ 0.8 \end{bmatrix} \tag{17}$$

は $\lambda_2=-0.8$ に対応する $\boldsymbol{A}$ の固有ベクトルである．この固有ベクトル $\boldsymbol{x}^{(2)}$ は，(14*) に $\lambda=\lambda_2=-0.8$ を代入して得られることを確かめよ． ◀

3.1 序論：例題による導入

まずいくつかの典型的な例題を用いて，連立微分方程式がさまざまな分野で広く応用されるだけでなく，本節の (8) のような実際の高階の方程式もつねに 1 階の連立微分方程式に帰着されることを説明しよう．これはまた連立微分方程式の実用上の重要性を示すものである．

例1　2 つの水槽における混合の問題　1 つの水槽における混合の問題が 1 つの 1 階微分方程式で表されることは 1.4 節の例 2 で示した．モデル化の原則は 2 つの水槽の場合も同じであるから，前の例を見直してみよう．2 槽の場合には 2 つの 1 階微分方程式となる．

図 3.1 の水槽 T_1 には初めに 100 ガロンの純水があった．水槽 T_2 には，初めに 100 ガロンの水があり，その中に 150 ポンドの肥料が溶けている．液体は 2 つの水槽の間で毎分 2 ガロンずつ循環していて，混合物は攪拌によってつねに一様になっている．時刻 t において，それぞれの水槽にある肥料の量 $y_1(t), y_2(t)$ を求めよ．

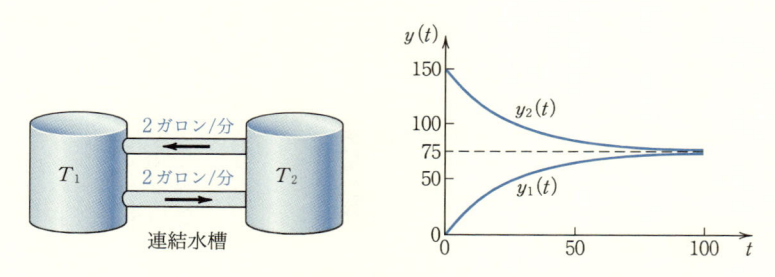

図 3.1　水槽 T_1（上の曲線）と T_2（下の曲線）における肥料の循環

[解]　ステップ 1：モデル化　1 つの水槽については，水槽 T_1 の中の肥料の量 $y_1(t)$ の時間的変化率 $y_1'(t)$ は，流入量と流出量との差に等しい．同様のことが水槽 T_2 についてもいえる．図 3.1 から以下のことがわかる．

$$y_1' = 毎分当たりの流入量 - 毎分当たりの流出量 = \frac{2}{100}y_2 - \frac{2}{100}y_1 \quad (水槽 \ T_1),$$

$$y_2' = 毎分当たりの流入量 - 毎分当たりの流出量 = \frac{2}{100}y_1 - \frac{2}{100}y_2 \quad (水槽 \ T_2).$$

よって，この混合の問題の数学的モデルは以下の連立 1 階微分方程式となる．

$$y_1' = -0.02 y_1 + 0.02 y_2 \quad (水槽 \ T_1),$$
$$y_2' = 0.02 y_1 - 0.02 y_2 \quad (水槽 \ T_2).$$

ベクトル $\boldsymbol{y} = [y_1 \ \ y_2]^T$（転置しているのでこれは列ベクトルである）と行列 $\boldsymbol{A}$ を使えば，ベクトル方程式

$$\boldsymbol{y}' = \boldsymbol{A}\boldsymbol{y}$$

が得られる．ここで，

3.1 序論：例題による導入

$$A = \begin{bmatrix} -0.02 & 0.02 \\ 0.02 & -0.02 \end{bmatrix}.$$

ステップ２：一般解 単独の方程式の場合と同様に，t に関する指数関数の解を試みる．すると，

$$y = x e^{\lambda t}, \quad \text{したがって} \quad y' = \lambda x e^{\lambda t} = A x e^{\lambda t} \tag{1}$$

となる．$e^{\lambda t}$ で割って，右辺と左辺を入れかえると

$$A x = \lambda x$$

が得られる．自明でない解（恒等的に 0 でない解）が必要である．よって，A の固有値と固有ベクトルを求める．固有値は特性方程式

$$\det(A - \lambda I) = \begin{vmatrix} -0.02 - \lambda & 0.02 \\ 0.02 & -0.02 - \lambda \end{vmatrix}$$
$$= (-0.02 - \lambda)^2 - 0.02^2 = \lambda(\lambda + 0.04) = 0 \tag{2}$$

の根である．したがって $\lambda_1 = 0$ であることがわかる．（0 の固有値が現れても驚くことはない．0 であってはならないのは，固有ベクトルのほうである．） もう１つの根は $\lambda_2 = -0.04$ である．固有ベクトルは，3.0 節の (14*) において $\lambda = 0$，$\lambda = -0.04$ とおくと得られる．この A については [(14*) の最初の式のみ必要]，

$$-0.02 x_1 + 0.02 x_2 = 0,$$
$$(-0.02 + 0.04) x_1 + 0.02 x_2 = 0$$

となる．よって，$x_1 = x_2$ および $x_1 = -x_2$ となる．それぞれ $x_1 = x_2 = 1$，$x_1 = -x_2 = -1$ とおいてもよい．これより，固有ベクトルは

$$x^{(1)} = \begin{bmatrix} 1 \\ 1 \end{bmatrix}, \quad \text{および} \quad x^{(2)} = \begin{bmatrix} 1 \\ -1 \end{bmatrix}$$

となる．(1) と重ね合せの原理（連立同次線形方程式についても適用される）により，次の解が得られる．

$$y = c_1 x^{(1)} e^{\lambda_1 t} + c_2 x^{(2)} e^{\lambda_2 t} = c_1 \begin{bmatrix} 1 \\ 1 \end{bmatrix} + c_2 \begin{bmatrix} 1 \\ -1 \end{bmatrix} e^{-0.04 t} \tag{3}$$

ここで c_1 と c_2 は任意の定数である．この解は 3.2 節で定義するいわゆる一般解である．

ステップ３：初期条件．解答 初期条件は $y_1(0) = 0$（水槽 T_1 に肥料がない）と $y_2(0) = 150$ である．これと $t = 0$ における (3) より，

$$y(0) = c_1 \begin{bmatrix} 1 \\ 1 \end{bmatrix} + c_2 \begin{bmatrix} 1 \\ -1 \end{bmatrix} = \begin{bmatrix} c_1 + c_2 \\ c_1 - c_2 \end{bmatrix} \begin{bmatrix} 0 \\ 150 \end{bmatrix}$$

が得られる．成分で見れば，$c_1 + c_2 = 0$，$c_1 - c_2 = 150$ である．その解は $c_1 = 75$，$c_2 = -75$ であるから次の答えが得られる．

$$y = 75 x^{(1)} - 75 x^{(2)} e^{-0.04 t} = 75 \begin{bmatrix} 1 \\ 0 \end{bmatrix} - 75 \begin{bmatrix} 1 \\ -1 \end{bmatrix} e^{-0.04 t}$$

成分で表すと

$$y_1 = 75 - 75 e^{-0.04 t} \quad \text{（水槽 } T_1，\text{下の曲線）},$$
$$y_2 = 75 + 75 e^{-0.04 t} \quad \text{（水槽 } T_2，\text{下の曲線）}.$$

図 3.1 は，y_1 が指数関数的に増加し，y_2 が指数関数的に減少して，同じ極限である 75 ポンドに収束することを示す．このことは物理的に予想できるか．２つの曲線が

"対称的"なことを物理的に説明できるか.はじめに T_1 と T_2 がそれぞれ 100 ポンドと 50 ポンドの肥料を含んでいれば,極限値は変わるだろうか. ◀

例2　電気回路網のモデル　　図 3.2a に示した回路網における電流 $I_1(t)$ および $I_2(t)$ を求めよ.ただし,スイッチを閉じた時刻 $t=0$ ではすべての電荷と電流が 0 と仮定する.

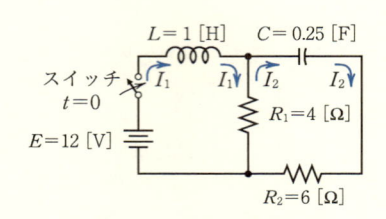

(a) 電気回路網

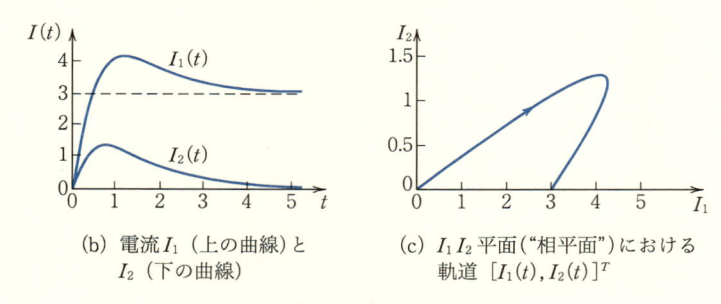

(b) 電流 I_1(上の曲線)と I_2(下の曲線)

(c) $I_1 I_2$ 平面("相平面")における軌道 $[I_1(t), I_2(t)]^T$

図 3.2　例 2 の電気回路網と電流

[解]　**ステップ 1：数学的モデルをたてること**　　この回路網の数学的モデルは,1.7,2.12 節と同様に,キルヒホッフの電圧の法則から得られる.左のループでは
$$I_1' + 4(I_1 - I_2) = 12,$$
すなわち,
$$I_1' = -4I_1 + 4I_2 + 12 \tag{4a}$$
がなりたつ.ここで,I_1 は左のループ内の電流,I_2 は右のループ内の電流である.$4(I_1 - I_2)$ は抵抗器における電圧降下である.なぜならば,I_1 と I_2 は抵抗器を逆の向きに流れるからである.同様にして,右のループについては
$$6I_2 + 4(I_2 - I_1) + 4\int I_2 \, dt = 0$$
が得られる.微分して,10 で割ると,
$$I_2' - 0.4 I_1' + 0.4 I_2 = 0$$
となる.(4a) により I_1' を消去して整理すれば,
$$I_2' = -1.6 I_1 + 1.2 I_2 + 4.8 \tag{4b}$$
が得られる.行列の形に書くと,
$$\boldsymbol{J}' = \boldsymbol{AJ} + \boldsymbol{g} \tag{5}$$
となる.ここで,

3.1 序論：例題による導入

$$J = \begin{bmatrix} I_1 \\ I_2 \end{bmatrix}, \quad A = \begin{bmatrix} -4.0 & 4.0 \\ -1.6 & 1.2 \end{bmatrix}, \quad g = \begin{bmatrix} 12.0 \\ 4.8 \end{bmatrix}.$$

ステップ２：(5) を解くこと　これは連立非同次線形方程式である．まだ解法は与えられていないが，単一の方程式の場合と同様に進めることができる．まず，連立同次方程式 $J' = AJ$（すなわち $J' - AJ = 0$）を解くために，$J = xe^{\lambda t}$ を代入する．

$$J' = \lambda x e^{\lambda t} = A x e^{\lambda t}$$

となるので，

$$Ax = \lambda x$$

が得られる．したがって，自明でない解を得るには，ここでも固有値と固有ベクトルが必要となる．3.0節の例1によれば，この A に対する固有値と固有ベクトルは次のように与えられる．

$$\lambda_1 = -2, \quad x^{(1)} = \begin{bmatrix} 2 \\ 1 \end{bmatrix}; \quad \lambda_2 = -0.8, \quad x^{(2)} = \begin{bmatrix} 1 \\ 0.8 \end{bmatrix}.$$

よって，連立同次方程式の "一般解" は

$$J_h = c_1 x^{(1)} e^{-2t} + c_2 x^{(2)} e^{-0.8t}$$

となる．g は一定のベクトルであるから，(5)の特殊解として，$J_p = a = [a_1 \ a_2]^T$ というベクトルを試してみる．そうすると $J_p' = 0$ である．これを代入すると，$Aa + g = 0$ が得られる．成分で見れば，

$$-4.0 a_1 + 4.0 a_2 + 12.0 = 0,$$
$$-1.6 a_1 + 1.2 a_2 + 4.8 = 0$$

となる．この解は $a_1 = 3, a_2 = 0$ である．よって，$a = [3 \ 0]^T$ となり，

$$J = J_h + J_p = c_1 x^{(1)} e^{-2t} + c_2 x^{(2)} e^{-0.8t} + a \tag{6}$$

が得られる．成分で書くと，

$$I_1 = 2c_1 e^{-2t} + c_2 e^{-0.8t} + 3,$$
$$I_2 = c_1 e^{-2t} + 0.8 c_2 e^{-0.8t}$$

である．初期条件から

$$I_1(0) = 2c_1 + c_2 + 3 = 0,$$
$$I_2(0) = c_1 + 0.8 c_2 = 0.$$

したがって $c_1 = -4, c_2 = 5$ となる．問題の解としては

$$J = -4 x^{(1)} e^{-2t} + 5 x^{(2)} e^{-0.8t} + a \tag{7}$$

が得られる．成分では（図 3.2b），

$$I_1 = -8 e^{-2t} + 5 e^{-0.8t} + 3,$$
$$I_2 = -4 e^{-2t} + 4 e^{-0.8t}.$$

これより，I_1 の極限値は 3 A，I_2 の極限値は 0 になることがわかる．これは予想できたか．物理的に説明ができるか．

図 3.2b は $I_1(t)$ と $I_2(t)$ が2つの分離した曲線であることを示す．図 3.2c は2つの電流を $I_1 I_2$ 平面上で1本の曲線 $[I_1(t), I_2(t)]$ として示している．これは t をパラメータとするパラメータ表示である．この曲線上でどの向きに動いているかを知ることが重要となる場合がある．時間の経過する方向を矢印で記す．$I_1 I_2$ 平面は連立方程式 (5) の相平面とよばれ，曲線は軌道とよばれる．このような相平面表示は図 3.2b のようなグラフよりもさらに重要である．なぜならば，図のような1つの解だけでな

く，多種多様な解全体の一般的な挙動について，はるかにすぐれた定性的(質的)な情報を与えるからである． ◀

n 階微分方程式を連立方程式に変換すること

n 階微分方程式は n 個の連立 1 階微分方程式に変換できることを示そう．これは実際上も理論的にも重要である．実際問題としては，連立方程式の解法を用いて，単一の方程式を扱い解くことが可能となる．理論的には，高階方程式の理論を連立 1 階方程式の理論に帰着させることができる．このように単一の微分方程式に変換できることは，さまざまな基本的応用のモデルとして使われることとともに，連立微分方程式の重要性を示すものである．

この変換の基本的な考え方は簡単である．n 階の微分方程式

$$y^{(n)} = F(t, y, y', \cdots, y^{(n-1)}) \tag{8}$$

は，

$$\boxed{y_1 = y, \quad y_2 = y', \quad y_3 = y'', \quad \cdots, \quad y_n = y^{(n-1)}} \tag{9}$$

とおくことによって，ただちに連立 1 階方程式

$$\boxed{\begin{aligned} y_1' &= y_2, \\ y_2' &= y_3, \\ &\vdots \\ y_{n-1}' &= y_n, \\ y_n' &= F(t, y_1, y_2, \cdots, y_n) \end{aligned}} \tag{10}$$

に変換される．上から $n-1$ 個の方程式は，(9) を微分してただちに導くことができる．また，(9) により $y_n' = y^{(n)}$ であるから，与えられた微分方程式 (8) は (10) の最後の方程式に帰着する．このような高階から 1 階への階数の低減は，連立方程式の理論がもっぱら 1 階の方程式を対象とする主な理由でもある．これを確かめるために，2.5 節の機械系をもう一度ふり返ってみよう．

例3　ばね上の質量　方程式

$$y'' + \frac{c}{m} y' + \frac{k}{m} y = 0 \quad [\text{2.5 節の (5)}]$$

の場合には，連立方程式 (10) は線形で同次である．

$$\begin{aligned} y_1' &= y_2, \\ y_2' &= -\frac{k}{m} y_1 - \frac{c}{m} y_2. \end{aligned}$$

$\boldsymbol{y}^T = [y_1 \quad y_2]$ とおくと，行列の形に表すことができる．

3.1 序論：例題による導入

$$y' = \begin{bmatrix} 0 & 1 \\ -\dfrac{k}{m} & -\dfrac{c}{m} \end{bmatrix} y$$

特性方程式は

$$\det(A - \lambda I) = \begin{vmatrix} -\lambda & 1 \\ -\dfrac{k}{m} & -\dfrac{c}{m} - \lambda \end{vmatrix} = \lambda^2 + \dfrac{c}{m}\lambda + \dfrac{k}{m} = 0$$

となり，2.5 節の特性方程式と一致する．わかりやすく計算するために，$m=1$, $c=2$, $k=0.75$ とおく．すると，$\lambda^2 + 2\lambda + 0.75 = 0$ となる．これより固有値 $\lambda_1 = -0.5$, $\lambda_2 = -1.5$ が得られる．固有ベクトルは $x^{(1)} = [2 \quad -1]^T$ ($0.5x_1 + x_2 = 0$ より)，$x^{(2)} = [1 \quad -1.5]^T$ ($1.5x_1 + x_2 = 0$ より) となる．よって，以下の解が得られる．

$$y = c_1 \begin{bmatrix} 2 \\ -1 \end{bmatrix} e^{-0.5t} + c_2 \begin{bmatrix} 1 \\ -1.5 \end{bmatrix} e^{-1.5t}$$

このベクトル式の第 1 成分は予想されていた解である．

$$y = y_1 = 2c_1 e^{-0.5t} + c_2 e^{-1.5t}$$

である．$y_2 = y_1'$ も当然のことながら満たされている．

$$y_2 = -c_1 e^{-0.5t} - 1.5 c_2 e^{-1.5t} = y_1'$$

◀

❖❖❖❖❖ 問題 3.1 ❖❖❖❖❖

混合の問題 以下の場合に例 1 において何が起こるか．
1. もし液体の交換速度が 2 倍になったら（毎分 4 ガロン）どうか．初めに予想して，それから計算せよ．
2. もし水槽 T_1 を 200 ガロンの水槽におきかえたらどうか．初めに予想をたてよ．
3. それぞれの水槽を小さくして 50 ガロンにしたらどうか．

電気回路網 例 2 の電気回路網の電流を求めよ．
4. 初期電流が $I_1(0) = 28$ [A]，$I_2(0) = 14$ [A] の場合．
5. 初期電流が $I_1(0) = 9$ [A]，$I_2(0) = 0$ [A] の場合．
6. 電気容量が $C = 5/27$ [F] に変化した場合（一般解）．

連立方程式への変換 与えられた方程式を，まず，（a）連立方程式に変換して，つぎに，（b）与えられた形のままで解け．（一般解を求め，解法の詳細を記せ．）
7. $y'' - y = 0$　　　　　　**8.** $y'' + 3y' + 2y = 0$
9. $y'' - 9y = 0$　　　　　　**10.** $4y'' - 15y' - 4y = 0$
11. $y'' - 4y' = 0$　　　　　**12.** $y''' + 2y'' - y' - 2y = 0$

13. [CAS プロジェクト] 電気回路網 （a） 例 2 において，限界値 (0.25 F) を超えて増加するキャパシタンス C の数値列を選び，対応する A の固有値の数値列を計算せよ．この数値計算の結果，どんな（近似的な）極限値が得られるか．
（b） この極限値を解析的に求めよ．
（c） 結果を物理的に説明せよ．
（d） 振動を得るためには，C をどのような値よりも小さくすればよいか．

14.　[協同プロジェクト]　連立2階微分方程式の変換．ばね上の質量
　(a)　図3.3の(非減衰)機械系[1]をモデル化せよ．
　(b)　2つの連立2階微分方程式を直接解け．(まず，試みに指数関数の解を $y = xe^{\omega t}$ とおく．ここで $\omega^2 = \lambda$ とする．例1，例2と同様に計算せよ．)
　(c)　この方程式を4つの連立1階微分方程式に変換して解け．この場合には，(b)のほうが実際的であることを確認せよ．

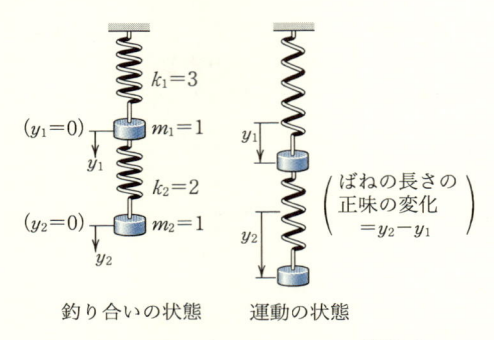

図3.3　協同プロジェクト14の機械系

3.2　基本的な概念と理論

　本節では，連立微分方程式に関して，単一の微分方程式の場合と同様な基本的概念と事実を述べる．
　前節の連立1階方程式は，もっと一般的な連立方程式

$$\begin{aligned} y_1' &= f_1(t, y_1, \cdots, y_n), \\ y_2' &= f_2(t, y_1, \cdots, y_n), \\ &\cdots \\ y_n' &= f_n(t, y_1, \cdots, y_n) \end{aligned} \tag{1}$$

の特別な場合である．列ベクトル $\boldsymbol{y} = [y_1 \ \cdots \ y_n]^T$ と $\boldsymbol{f} = [f_1 \ \cdots \ f_n]^T$ を導入すると，(1)はベクトル方程式となる．

$$\boldsymbol{y}' = \boldsymbol{f}(t, \boldsymbol{y}) \tag{1'}$$

この連立方程式は実際上意味のあるほとんどすべての場合を尽くしている．$n = 1$ ならば，$y_1' = f_1(t, y_1)$，あるいは単純に $y' = f_1(t, y)$ と書ける．これは第1章の場合である．

---

[1]　(訳注)　この機械系は2個の質量と2個のばねからなる振動系(第2巻2.2節の例4)とまったく同じものである．そこでは(b)の直接解法についても説明されている．

3.2 基本的な概念と理論

ある区間 $a<t<b$ 上の (1) の解は, $a<t<b$ 上で定義される n 個の微分可能な関数の組

$$y_1 = h_1(t), \quad y_2 = h_2(t), \quad \cdots, \quad y_n = h_n(t)$$

であって, (1) を満たすものである. これは, ベクトルの形では, 解ベクトル $\boldsymbol{h} = [h_1 \ \cdots \ h_n]^T$ を導入して

$$\boldsymbol{y} = \boldsymbol{h}(t)$$

と書くことができる.

(1) に対する初期値問題は, 方程式 (1) と n 個の与えられた初期条件

$$y_1(t_0) = K_1, \quad y_2(t_0) = K_2, \quad \cdots, \quad y_n(t_0) = K_n \tag{2}$$

からなる. この初期条件をベクトルの形で書くと, $\boldsymbol{y}(t_0) = \boldsymbol{K}$ となる. ここで t_0 は考える区間における特定の t の値であり, $\boldsymbol{K} = [K_1 \ \cdots \ K_n]^T$ の各成分は与えられた数である. 初期値問題 (1), (2) の解の存在と一意性のための十分条件は, 以下の定理で与えられる. これは, 単一の方程式に対する 1.9 節の定理を拡張したものである. (証明について参考文献 [A3] を見よ.)

定理 1 (存在と一意性) (1) における $f_1, \cdots, f_n$ は, 点 $(t_0, K_1, \cdots, K_n)$ を含む空間 $(t, y_1, \cdots, y_n)$ のある領域 R において連続な偏導関数 $\partial f_1/\partial y_1, \cdots, \partial f_1/\partial y_n$, $\cdots, \partial f_n/\partial y_n$ をもつ関数であるとする. このとき, (1) はある区間 $t_0 - \alpha < t < t_0 + \alpha$ 上で (2) を満たす解をもち, その解は一意的である.

連立線形微分方程式

線形微分方程式の概念を拡張して, (1) が $y_1, \cdots, y_n$ について線形であるならば, これを連立線形微分方程式とよぶ. すなわち,

$$\boxed{\begin{aligned} y_1' &= a_{11}(t)y_1 + \cdots + a_{1n}(t)y_n + g_1(t), \\ &\cdots \\ y_n' &= a_{n1}(t)y_1 + \cdots + a_{nn}(t)y_n + g_n(t). \end{aligned}} \tag{3}$$

ベクトルの形では,

$$\boxed{\boldsymbol{y}' = \boldsymbol{A}\boldsymbol{y} + \boldsymbol{g}} \tag{3'}$$

となる. ここで,

$$\boldsymbol{A} = \begin{bmatrix} a_{11} & \cdots & a_{1n} \\ \vdots & \cdots & \vdots \\ a_{n1} & \cdots & a_{nn} \end{bmatrix}, \quad \boldsymbol{y} = \begin{bmatrix} y_1 \\ \vdots \\ y_n \end{bmatrix}, \quad \boldsymbol{g} = \begin{bmatrix} g_1 \\ \vdots \\ g_n \end{bmatrix}.$$

この連立方程式は, $\boldsymbol{g} = \boldsymbol{0}$ のとき, 同次であるという. このとき,

$$\boldsymbol{y}' = A\boldsymbol{y}. \tag{4}$$

もし $\boldsymbol{g} \neq 0$ ならば，(3) は非同次であるという．前節の例1の連立方程式は同次であり，例2の方程式は非同次である．

連立線形方程式 (3) については，定理1において $\partial f_1/\partial y_1 = a_{11}(t), \cdots, \partial f_n/\partial y_n = a_{nn}(t)$ であるから，以下の定理が得られる．

定理2（線形の場合の存在と一意性） (3) における a_{jk} と g_j が，$t = t_0$ を含む開区間 $\alpha < t < \beta$ 上で t の連続関数であるとする．このとき，(3) はこの区間上で (2) を満たす解 $\boldsymbol{y}(t)$ をもち，この解は一意的である．

単一の線形方程式のときと同様に以下の定理がなりたつ．

定理3（重ね合せの原理あるいは線形原理） $\boldsymbol{y}^{(1)}$ と $\boldsymbol{y}^{(2)}$ がある区間上で連立同次線形方程式 (4) の解ならば，その任意の線形結合 $\boldsymbol{y} = c_1\boldsymbol{y}^{(1)} + c_2\boldsymbol{y}^{(2)}$ もまた解である．

［証明］ $\boldsymbol{y}$ を微分して (4) を用いると，
$$\boldsymbol{y}' = [c_1\boldsymbol{y}^{(1)} + c_2\boldsymbol{y}^{(2)}]' = c_1\boldsymbol{y}^{(1)\prime} + c_2\boldsymbol{y}^{(2)\prime}$$
$$= c_1 A\boldsymbol{y}^{(1)} + c_2 A\boldsymbol{y}^{(2)} = A(c_1\boldsymbol{y}^{(1)} + c_2\boldsymbol{y}^{(2)}) = A\boldsymbol{y}$$

となる． ◀

連立線形方程式の一般理論は，2.7, 2.8 節における単一方程式の理論とまったく類似している．これを見るために，もっとも基本的な概念と事実を以下に述べる．証明については，[A3] のような高級な教科書を参照されたい．

基底，一般解，ロンスキ行列式

ある区間[2] J 上の連立同次方程式 (4) の解の基底あるいは基本解とは，その区間上での (4) の線形独立な n 個の解 $\boldsymbol{y}^{(1)}, \cdots, \boldsymbol{y}^{(n)}$ である．対応する線形結合
$$\boldsymbol{y} = c_1\boldsymbol{y}^{(1)} + \cdots + c_n\boldsymbol{y}^{(n)} \qquad (c_1, \cdots, c_n \text{ は任意定数}) \tag{5}$$
を J 上の (4) の一般解とよぶ．(4) の $a_{jk}(t)$ が J 上で連続ならば，(4) は J 上で解の基底をもち，J 上の (4) のすべての解を含む一般解をもつ．

区間 J 上の (4) の n 個の解 $\boldsymbol{y}^{(1)}, \cdots, \boldsymbol{y}^{(n)}$ は $n \times n$ 行列の列として表すことができる．
$$Y = [\boldsymbol{y}^{(1)} \quad \cdots \quad \boldsymbol{y}^{(n)}] \tag{6}$$

---

[2] ここで J という記号を使ったのは，I を単位行列の記号として使うからである．ベクトル空間（第2巻 1.4 節）についてよく知っている読者は，同次線形連立方程式が n 次元のベクトル空間を形成することに気づくであろう．このことは以下では本質的ではないが．

3.3 定数係数の同次連立方程式，相平面，臨界点

Y の行列式は $\boldsymbol{y}^{(1)}, \cdots, \boldsymbol{y}^{(n)}$ のロンスキ行列式とよばれる．

$$W(\boldsymbol{y}^{(1)}, \cdots, \boldsymbol{y}^{(n)}) = \begin{vmatrix} y_1^{(1)} & y_1^{(2)} & \cdots & y_1^{(n)} \\ y_2^{(1)} & y_2^{(2)} & \cdots & y_2^{(n)} \\ \vdots & \vdots & \cdots & \vdots \\ y_n^{(1)} & y_n^{(2)} & \cdots & y_n^{(n)} \end{vmatrix} \quad (7)$$

各列は解ベクトルの成分を表している．区間 J における任意の t_1 において W が 0 でなければ，これらの解は基底をなす．W は，J において恒等的に 0 であるか，あるいはどこでも 0 でないかのいずれかである．これは 2.7，2.13 節と同様である．これらの解が基底（基本解）をなすときには，(6) はしばしば基本行列とよばれる．

(7) を 2.7 節と関連づけることができる．y と z が 2 階同次線形微分方程式の解ならば，そのロンスキ行列式は

$$W = \begin{vmatrix} y & z \\ y' & z' \end{vmatrix}$$

である．この 2 階の方程式を連立 1 階方程式として表すときには，$y = y_1$，$y' = y_1' = y_2$ とおかなければならない．z についても同様で，$z = z_1$，$z' = z_1' = z_2$ とおくことになる．（3.1 節を参照せよ．）したがって，記号は異なるにせよ，W は $n=2$ の場合の (7) に相当することがわかる．

3.3 定数係数の同次連立方程式，相平面，臨界点

同次線形連立方程式

$$\boldsymbol{y}' = \boldsymbol{A}\boldsymbol{y} \quad (1)$$

に関する議論を続けよう．ここで，$n \times n$ 行列 $\boldsymbol{A} = [a_{jk}]$ は成分が時間 t に依存しない定数行列であるとする．これを解くために，まず単一の方程式 $y' = ky$ が解 $y = Ce^{kt}$ をもつことを思い起こそう．したがって，

$$\boldsymbol{y} = \boldsymbol{x}e^{\lambda t} \quad (2)$$

という形の解を試みる．これを (1) に代入すると，

$$\boldsymbol{y}' = \lambda \boldsymbol{x}e^{\lambda t} = \boldsymbol{A}\boldsymbol{y} = \boldsymbol{A}\boldsymbol{x}e^{\lambda t}$$

となる．両辺を $e^{\lambda t}$ で割ると，固有値問題

$$\boldsymbol{A}\boldsymbol{x} = \lambda \boldsymbol{x} \quad (3)$$

が残る．よって，(1) の自明でない解は (2) の形である．ここで，λ は $\boldsymbol{A}$ の固有値で，$\boldsymbol{x}$ は固有ベクトルである．

さらに，A が n 個の固有値 $\lambda_1, \cdots, \lambda_n$（すべての値が異なるとは限らない）に対応する固有ベクトル $\boldsymbol{x}^{(1)}, \cdots, \boldsymbol{x}^{(n)}$ をもつとする．そうすると，対応する解は

$$\boldsymbol{y}^{(1)} = \boldsymbol{x}^{(1)} e^{\lambda_1 t}, \quad \cdots, \quad \boldsymbol{y}^{(n)} = \boldsymbol{x}^{(n)} e^{\lambda_n t} \tag{4}$$

である．そのロンスキ行列式 [3.2 節の (7)] は次のように書ける．

$$W(\boldsymbol{y}^{(1)}, \cdots, \boldsymbol{y}^{(n)}) = \begin{vmatrix} x_1^{(1)} e^{\lambda_1 t} & \cdots & x_1^{(n)} e^{\lambda_n t} \\ x_2^{(1)} e^{\lambda_1 t} & \cdots & x_2^{(n)} e^{\lambda_n t} \\ \vdots & \cdots & \vdots \\ x_n^{(1)} e^{\lambda_1 t} & \cdots & x_n^{(n)} e^{\lambda_n t} \end{vmatrix}$$

$$= e^{\lambda_1 t + \cdots + \lambda_n t} \begin{vmatrix} x_1^{(1)} & \cdots & x_1^{(n)} \\ x_2^{(1)} & \cdots & x_2^{(n)} \\ \vdots & \cdots & \vdots \\ x_n^{(1)} & \cdots & x_n^{(n)} \end{vmatrix}$$

右辺で指数関数が 0 となることはないし，行列式も 0 とはならない．なぜならば，列ベクトルは線形独立な固有ベクトルであり基底をなすからである．これより以下の定理が証明される．

定理 1（一般解） 連立方程式 (1) において，定数行列 A が n 個の固有ベクトルの線形独立な組をなすならば[3]，対応する (4) の解 $\boldsymbol{y}^{(1)}, \cdots, \boldsymbol{y}^{(n)}$ は (1) の解の基底をなす．対応する一般解は

$$\boxed{\boldsymbol{y} = c_1 \boldsymbol{x}^{(1)} e^{\lambda_1 t} + \cdots + c_n \boldsymbol{x}^{(n)} e^{\lambda_n t}} \tag{5}$$

である．

解を図示する方法，相平面

定数係数をもつ 2 つの連立同次線形方程式 (1) に限定して考える．

$$\boxed{\boldsymbol{y}' = A\boldsymbol{y}} \quad \text{成分で書くと} \quad \begin{aligned} y_1' &= a_{11} y_1 + a_{12} y_2, \\ y_2' &= a_{21} y_1 + a_{22} y_2. \end{aligned} \tag{6}$$

もちろん (6) の解

$$\boldsymbol{y}(t) = \begin{bmatrix} y_1(t) \\ y_2(t) \end{bmatrix} \tag{7}$$

は，t 軸上で，$\boldsymbol{y}(t)$ のそれぞれの成分を 2 つの曲線として表示される．(3.1 節の図 3.2b はその例である．) しかし，(7) を $y_1 y_2$ 平面における単一の曲線として表示することもできる．これは t をパラメータとするパラメータ表示

---

[3] A が対称行列である（$a_{ij} = a_{ji}$）か，または異なる n 個の固有値をもつならば，この条件がなりたつ．第 2 巻 2.5 節の定理 3 と 4 を見よ．

3.3 定数係数の同次連立方程式，相平面，臨界点　　　　　　　　　　　　　171

（パラメータ方程式）であり，微積分学で知られているものである．（例として図 3.2c を見よ．以下にも多数の実例が示される．）　このような曲線を (6) の軌道 (または経路) とよぶ．$y_1 y_2$ 平面を (1) の**相平面**[4]とよぶ．相平面を (6) の軌道で満たしたときには，(6) の**相像**が得られたという．

例　相平面における軌道 (相像)　何が起こっているのかをみるために，初めの導入的な例として，以下の連立方程式の解を求めて表示しよう．

$$\boldsymbol{y}' = \boldsymbol{Ay} = \begin{bmatrix} -3 & 1 \\ 1 & -3 \end{bmatrix} \boldsymbol{y}, \quad \text{つまり} \quad \begin{aligned} y_1' &= -3y_1 + y_2, \\ y_2' &= y_1 - 3y_2. \end{aligned} \tag{8}$$

[解]　$\boldsymbol{y} = \boldsymbol{x} e^{\lambda t}$ と $\boldsymbol{y}' = \lambda \boldsymbol{x} e^{\lambda t}$ を代入し，共通する指数関数を除けば，$\boldsymbol{Ax} = \lambda \boldsymbol{x}$ が得られる．特性方程式は

$$\det(\boldsymbol{A} - \lambda \boldsymbol{I}) = \begin{vmatrix} -3-\lambda & 1 \\ 1 & -3-\lambda \end{vmatrix} = \lambda^2 + 6\lambda + 8 = 0$$

となり，固有値 $\lambda_1 = -2$, $\lambda_2 = -4$ を与える．対応する固有ベクトルは

$$(-3-\lambda)x_1 + x_2 = 0$$

より得られる．$\lambda_1 = -2$ に対しては $-x_1 + x_2 = 0$ である．よって $\boldsymbol{x}^{(1)} = [1 \ \ 1]^T$ である．$\lambda_2 = -4$ に対しては $x_1 + x_2 = 0$ であり，固有ベクトルは $\boldsymbol{x}^{(2)} = [1 \ \ -1]^T$ である．これより一般解は

$$\boldsymbol{y} = \begin{bmatrix} y_1 \\ y_2 \end{bmatrix} = c_1 \boldsymbol{y}^{(1)} + c_2 \boldsymbol{y}^{(2)} = c_1 \begin{bmatrix} 1 \\ 1 \end{bmatrix} e^{-2t} + c_2 \begin{bmatrix} 1 \\ -1 \end{bmatrix} e^{-4t}.$$

図 3.4 はいくつかの軌道の相像を示している（望むならもっと軌道を加えることもできる）．1 対の直線軌道はそれぞれ $c_1 = 0, c_2 = 0$ の場合である．他の軌道は c_1, c_2 の別の値に対応する．　　　　　　　　　　　　　　　　　　　　　　　　　　◀

このような相平面上の解の特性の研究は，コンピュータ画像技術の進歩にともなって，近年きわめて重要なものになってきた．なぜならば，相像によって解全体の一般的かつ定性的な挙動が鮮明に印象づけられるからである．

連立方程式 (6) の臨界点

図 3.4 における点 $\boldsymbol{y} = \boldsymbol{0}$ はすべての軌道に共通する点のようにみえる．この面白い性質の理由を調べてみよう．その答えは微積分学から得られる．確かに，(6) より，

$$\frac{dy_2}{dy_1} = \frac{dy_2/dt}{dy_1/dt} = \frac{y_2'}{y_1'} = \frac{a_{21} y_1 + a_{22} y_2}{a_{11} y_1 + a_{12} y_2}. \tag{9}$$

したがって，点 $P = P_0 : (0, 0)$ を除くすべての点 $P : (y_1, y_2)$ において，その点を通る軌道の接線方向 dy_2/dy_1 が一意的に決まる．$(0, 0)$ においては，(9) の

---

[4]　この名前は物理学に由来する．物理学では，位置 y と運動量 mv からなる平面で運動を表示する．一般には $y_1 y_2$ 平面に対して用いられる．

右辺は $0/0$ となる．このように dy_2/dy_1 が不定となる点を (6) の**臨界点**とよぶ．

臨界点の5つのタイプ

臨界点には，近傍における軌道の幾何学的形状に従って5つのタイプがある．非真性節，真性節，鞍点，中心，らせん点である．これらの定義と例を以下の例1-5において示す．

例1 非真性節（図3.4） 非真性節は，1対の軌道の例外を除いて，すべての軌道の接線の勾配が P_0 において同じ極限をもつ場合である．その例外となる1対の軌道は P_0 において同じ接線方向の極限をもつが，その極限方向は他の軌道の極限方向とは異なっている．

連立方程式 (8) は，図3.4の相像が示すように $\mathbf{0}$ において非真性節をもつ．$\mathbf{0}$ における共通の極限方向は固有ベクトル $\boldsymbol{x}^{(1)} = [1 \quad 1]^T$ の方向である．なぜならば，t の増加に対して e^{-4t} は e^{-2t} よりも急速に 0 となるからである．例外的な接線方向の極限はもう1つの固有ベクトル $\boldsymbol{x}^{(2)} = [1 \quad -1]^T$ の方向である． ◀

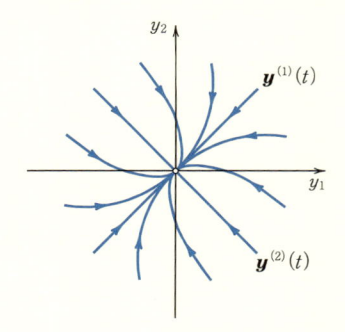

図3.4 連立方程式(8)の軌道
（非真性節）

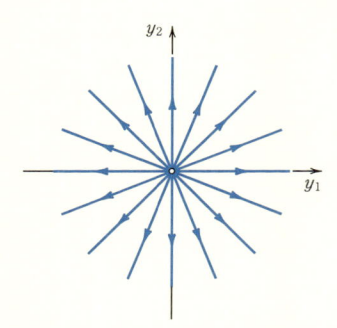

図3.5 連立方程式(10)の軌道
（真性節）

例2 真性節（図3.5） 真性節 P_0 とは，その点においてすべての軌道がそれぞれ確定した極限方向をもち，任意に与えられた方向 d に対して，P_0 において極限方向 d をもつ軌道が存在する場合である．連立方程式

$$\boldsymbol{y}' = \begin{bmatrix} 1 & 0 \\ 0 & 1 \end{bmatrix} \boldsymbol{y}, \quad \text{したがって，} \quad \begin{array}{l} y_1' = y_1, \\ y_2' = y_2 \end{array} \tag{10}$$

は，原点において真性節をもつ（図3.5）．なぜならば一般解が

$$\boldsymbol{y} = c_1 \begin{bmatrix} 1 \\ 0 \end{bmatrix} e^t + c_2 \begin{bmatrix} 0 \\ 1 \end{bmatrix} e^t, \quad \text{したがって} \quad \begin{array}{l} y_1 = c_1 e^t \\ y_2 = c_2 e^t \end{array} \quad \text{あるいは} \quad c_1 y_2 = c_2 y_1$$

となるからである． ◀

例3 鞍点（図3.6） 鞍点という臨界点 P_0 においては，1対の流入する軌道と1対の流出する軌道とがあり，他のすべての軌道は P_0 の近傍で P_0 を迂回する．

3.3 定数係数の同次連立方程式，相平面，臨界点

連立方程式

$$\boldsymbol{y}' = \begin{bmatrix} 1 & 0 \\ 0 & -1 \end{bmatrix} \boldsymbol{y}, \quad \text{したがって} \quad \begin{aligned} y_1' &= y_1, \\ y_2' &= -y_2 \end{aligned} \tag{11}$$

は原点において鞍点をもつ．なぜならば，一般解が

$$\boldsymbol{y} = c_1 \begin{bmatrix} 1 \\ 0 \end{bmatrix} e^t + c_2 \begin{bmatrix} 0 \\ 1 \end{bmatrix} e^{-t}, \quad \text{すなわち} \quad \begin{aligned} y_1 &= c_1 e^t \\ y_2 &= c_2 e^{-t} \end{aligned} \quad \text{または} \quad y_1 y_2 = \text{一定}$$

であるからである．これは双曲線と座標軸からなる曲線族である．図3.6を見よ．◀

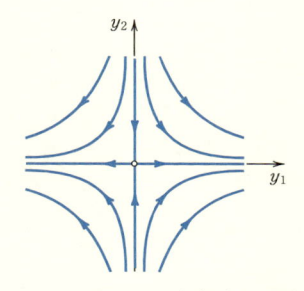

図3.6 連立方程式(11)の軌道 （鞍点）

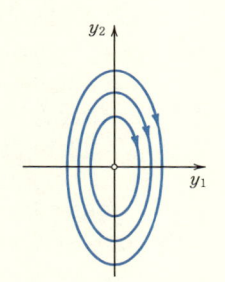

図3.7 連立方程式(12)の軌道 （中心）

例4 中心（図3.7） 中心は無限個の閉軌道によって囲まれる臨界点である．
連立方程式

$$\boldsymbol{y}' = \begin{bmatrix} 0 & 1 \\ -4 & 0 \end{bmatrix} \boldsymbol{y}, \quad \text{すなわち} \quad \begin{aligned} y_1' &= y_2, \\ y_2' &= -4y_1 \end{aligned} \tag{12}$$

は原点において中心をもつことを示そう．特性方程式は $\lambda^2 + 4 = 0$ である．よって固有値は $2i$ と $-2i$ である．ここで $i = \sqrt{-1}$ である．固有ベクトルはそれぞれ $[1 \ \ 2i]^T$, $[1 \ -2i]^T$ である（確かめよ）．よって，複素数の一般解は

$$\boldsymbol{y} = c_1 \begin{bmatrix} 1 \\ 2i \end{bmatrix} e^{2it} + c_2 \begin{bmatrix} 1 \\ -2i \end{bmatrix} e^{-2it}, \quad \text{すなわち} \quad \begin{aligned} y_1 &= c_1 e^{2it} + c_2 e^{-2it}, \\ y_2 &= 2ic_1 e^{2it} - 2ic_2 e^{-2it} \end{aligned} \tag{12*}$$

となる．次の段階は，オイラーの公式を用いてこの解を実数の形に変換することであろう（2.3節）．しかし，中心の場合にどのような固有値が得られるのかに興味があったのであるから，これ以上深入りはしないで，最初に戻って直接解を求めることにする．与えられた方程式を $y_1' = y_2$, $4y_1 = -y_2'$ という形に書きかえてみる．そうすると，左辺の積は右辺の積に等しいため，

$$4y_1 y_1' = -y_2 y_2', \quad \text{積分により} \quad 2y_1^2 + \frac{1}{2} y_2^2 = \text{一定}$$

が得られる．これは原点を中心とする楕円の族を表す（図3.7を見よ）．◀

例5 らせん点（図3.8） 臨界点 P_0 のまわりで軌道がらせん運動をして $t \to \infty$ で P_0 に漸近するとき，P_0 をらせん点という．

連立方程式

$$\boldsymbol{y}' = \begin{bmatrix} -1 & 1 \\ -1 & -1 \end{bmatrix} \boldsymbol{y}, \quad \text{すなわち} \quad \begin{matrix} y_1' = -y_1 + y_2, \\ y_2' = -y_1 - y_2 \end{matrix} \tag{13}$$

は原点にらせん点をもつ．つぎにこれを証明しよう．特性方程式は $\lambda^2 + 2\lambda + 2 = 0$ である．その固有値は $-1+i, -1-i$ である．対応する固有ベクトルは $(-1-\lambda)x_1 + x_2 = 0$ から得られる．$\lambda = -1+i$ に対しては，$-ix_1 + x_2 = 0$ となり，固有ベクトルは $[1 \ \ i]^T$ である．$\lambda = -1-i$ に対応する固有ベクトルは $[1 \ \ -i]^T$ である．これより複素数の一般解

$$\boldsymbol{y} = c_1 \begin{bmatrix} 1 \\ i \end{bmatrix} e^{(-1+i)t} + c_2 \begin{bmatrix} 1 \\ -i \end{bmatrix} e^{(-1-i)t}$$

が得られる．次の段階は，この複素数解をオイラーの公式によって実数解に変換することになる．しかしながら，前の例と同様に，らせん点の場合にどんな固有値が現れるかを見ることが目的であっただけなので，煩雑な組織的計算を経ずに，直接解を求めることにする．(13) の上式に y_1，下式に y_2 を掛けて加え合わせると，

$$y_1 y_1' + y_2 y_2' = -(y_1^2 + y_2^2)$$

が得られる．ここで，極座標 $y_1 = r\cos t, \ y_2 = r\sin t$ を導入すれば，$r^2 = y_1^2 + y_2^2$，$rr' = y_1 y_1' + y_2 y_2'$ となるため，求める解曲線は

$$rr' = -r^2, \quad \text{すなわち} \quad r' = -r$$

と書ける．積分して指数をとると，

$$\ln r = -t + \tilde{c}, \quad \text{または} \quad r = ce^{-t}$$

が得られる．これは，予想どおり c のそれぞれの実数値に対して原点に向かうらせんを表す（図 3.8 参照）． ◀

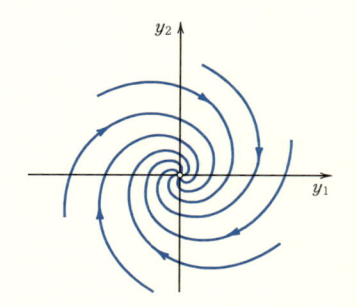

図 3.8 連立方程式 (13) の軌道（らせん点）

固有ベクトルが得られない場合

このような場合があり得るのだろうか．またその場合にはどうすればよいのか．行列 A が対称行列の場合（例 1-3 のように $a_{jk} = a_{kj}$ の場合），あるいは交代行列の場合（$a_{jk} = -a_{kj}$，よって $a_{jj} = 0$）には，このようなことは起こらない．他の多くの場合（たとえば例 4, 例 5 など）にも，やはり起こってはいない．これは $n = 2$ の場合に限らず，任意の n についていえることである．しか

3.3 定数係数の同次連立方程式，相平面，臨界点

し，もしそのようなことが起こったら，どうすればよいのだろうか．

$n \times n$ 行列 A が 2 重固有値 μ をもち，特性方程式 $\det(A - \lambda I) = 0$ が因数 $(\lambda - \mu)^2$ をもつとする．もし，2つの線形独立な固有ベクトルではなく，1つの固有ベクトル (およびそのスカラー倍) しか存在しなければ，とりあえず1つの解 $y^{(1)} = x e^{\mu t}$ しか得られないことになる．この場合には，

$$y^{(2)} = x t e^{\mu t} + u e^{\mu t} \tag{14}$$

を (1) に代入して第2の独立な解を求めることができる．(右辺の第1項は，2.2節で重根の場合に用いた形に似ているが，それだけでは足りないのである．試してみよ．) 結果は，

$$y^{(2)\prime} = x e^{\mu t} + \mu x t e^{\mu t} + \mu u e^{\mu t} = A y^{(2)} = A x t e^{\mu t} + A u e^{\mu t}.$$

ところが，$\mu x = Ax$ であるから，$\mu x t e^{\mu t}$ と $A x t e^{\mu t}$ は打ち消し合う．両辺を $e^{\mu t}$ で割ると，

$$x + \mu u = Au, \quad \text{すなわち} \quad (A - \mu I) u = x \tag{15}$$

が得られる．行列式は $\det(A - \mu I) = 0$ であるが，解 u はつねに定められることがわかる．

例 6 固有ベクトルが得られない場合．縮重節 (図 3.9)　方程式
$$y' = Ay = \begin{bmatrix} 4 & 1 \\ -1 & 2 \end{bmatrix} y$$

の一般解を求めよ．

[解] 行列 A は交代行列ではない (なぜか)．特性方程式は

$$\det(A - \lambda I) = \begin{vmatrix} 4-\lambda & 1 \\ -1 & 2-\lambda \end{vmatrix}$$
$$= \lambda^2 - 6\lambda + 9 = (\lambda - 3)^2 = 0$$

であり，重根 $\lambda = 3$ をもつ．固有ベクトルは，$(4-\lambda)x_1 + x_2 = 0$ すなわち $x_1 + x_2 = 0$ から，$x^{(1)} = [1 \quad -1]^T$ とそのスカラー倍となる．(15) は

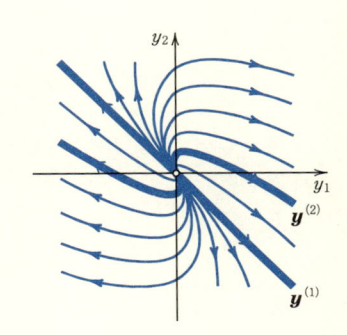

図 3.9　例 6 の縮重節

$$(\boldsymbol{A}-3\boldsymbol{I})\,\boldsymbol{u}=\begin{bmatrix} 1 & 1 \\ -1 & -1 \end{bmatrix}\boldsymbol{u}=\begin{bmatrix} 1 \\ -1 \end{bmatrix}, \quad \text{すなわち} \quad \begin{array}{l} u_1+u_2=1, \\ -u_1-u_2=-1 \end{array}$$

であるから，単純に $\boldsymbol{u}=[0\ \ 1]^T$ とおいてよい．これより次の解が得られる（図3.9）．

$$\boldsymbol{y}=c_1\boldsymbol{y}^{(1)}+c_2\boldsymbol{y}^{(2)}=c_1\begin{bmatrix} 1 \\ -1 \end{bmatrix}e^{3t}+c_2\left(\begin{bmatrix} 1 \\ -1 \end{bmatrix}t+\begin{bmatrix} 0 \\ 1 \end{bmatrix}\right)e^{3t}$$

この原点の臨界点はしばしば縮重節とよばれる（あるいは例1とは別に非真性節とよばれることもある）．$c_1\boldsymbol{y}^{(1)}$ は太い直線であり，$c_1>0$ は下方部分（第4象限）に対応し，$c_1<0$ は上方部分（第2象限）に対応する．$\boldsymbol{y}^{(2)}$ は原点から始まって第2象限，第1象限を経て最後に第4象限を通る太い曲線の右の部分を与える．$-\boldsymbol{y}^{(2)}$ は太い曲線の左の部分を与える． ◀

(1) が3個以上の方程式からなり，$\boldsymbol{A}$ が3重固有値 μ とただ1つの線形独立な固有ベクトルをもつとする．その場合には，(15)を満たすベクトルによる第2の解 (14) のほかに，線形独立な第3の解

$$\boldsymbol{y}^{(3)}=\frac{1}{2}\boldsymbol{x}t^2e^{\mu t}+\boldsymbol{u}t^{\mu t}+\boldsymbol{v}e^{\mu t} \tag{16}$$

を構成することができる．ただし，$\boldsymbol{v}$ は (15) と同様に必ず解ける方程式

$$(\boldsymbol{A}-\mu\boldsymbol{I})\boldsymbol{v}=\boldsymbol{u} \tag{17}$$

によって求められる．

最後に，$\boldsymbol{A}$ が3重固有値 μ および2つの線形独立な固有ベクトル $\boldsymbol{x}^{(1)}, \boldsymbol{x}^{(2)}$ をもつとき，3つの線形独立な解は

$$\boldsymbol{y}^{(1)}=\boldsymbol{x}^{(1)}e^{\mu t}, \qquad \boldsymbol{y}^{(2)}=\boldsymbol{x}^{(2)}e^{\mu t}, \qquad \boldsymbol{y}^{(3)}=\boldsymbol{x}te^{\mu t}+\boldsymbol{u}e^{\mu t} \tag{18}$$

となる．ここで，$\boldsymbol{x}$ は $\boldsymbol{x}^{(1)}$ と $\boldsymbol{x}^{(2)}$ との線形結合であり，

$$(\boldsymbol{A}-\mu\boldsymbol{I})\boldsymbol{u}=\boldsymbol{x} \tag{19}$$

が解をもつようなベクトルである．

❖❖❖❖❖ 問題 3.3 ❖❖❖❖❖

一般解 以下の連立方程式の実数の一般解を求めよ．（作業の詳細を記せ．）

1. $y_1'=y_2$
   $y_2'=y_1$

2. $y_1'=2y_1+2y_2$
   $y_2'=5y_1-\ y_2$

3. $y_1'=\ y_1+y_2$
   $y_2'=3y_1-y_2$

4. $y_1'=6y_1+9y_2$
   $y_2'=\ y_1+6y_2$

5. $y_1'=y_1-y_2$
   $y_2'=y_1+y_2$

6. $y_1'=-8y_1-2y_2$
   $y_2'=\ 2y_1-4y_2$

7. $y_1'=\ \ 10y_1-10y_2-\ 4y_3$
   $y_2'=-10y_1+\ \ y_2-14y_3$
   $y_3'=-\ \ 4y_1-14y_2-\ 2y_3$

8. $y_1'=-3y_1-\ y_2+2y_3$
   $y_2'=\ \ \ \ \ \ \ \ -4y_2+2y_3$
   $y_3'=\ \ \ \ \ \ \ \ \ \ y_2-5y_3$

9. $y_1'=-y_1-4y_2+2y_3$
   $y_2'=\ 2y_1+5y_2-\ y_3$
   $y_3'=\ 2y_1+2y_2+2y_3$

3.3 定数係数の同次連立方程式，相平面，臨界点   177

初期値問題　以下の連立方程式の初期値問題を解け．（詳細を示せ．）

10. $y_1' = 2y_1 + 2y_2$
    $y_2' = 5y_1 - y_2$
    $y_1(0) = 0,\ y_2(0) = -7$

11. $y_1' = y_2$
    $y_2' = y_1$
    $y_1(0) = 1,\ y_2(0) = 0$

12. $y_1' = y_1 + y_2$
    $y_2' = 4y_1 + y_2$
    $y_1(0) = 4,\ y_2(0) = 4$

13. $y_1' = 2y_1 + 5y_2$
    $y_2' = -\frac{1}{2}y_1 - \frac{3}{2}y_2$
    $y_1(0) = 10,\ y_2(0) = -5$

14. $y_1' = 2y_1 + 3y_2$
    $y_2' = \frac{1}{3}y_1 + 2y_2$
    $y_1(0) = 0,\ y_2(0) = 2$

15. $y_1' = -14y_1 + 10y_2$
    $y_2' = -5y_1 + y_2$
    $y_1(0) = -1,\ y_2(0) = 1$

16. （混合の問題，図3.10）2つの水槽のそれぞれには200ガロンの水が入っている．そこに初めに水槽 T_1 には100ポンド，水槽 T_2 には200ポンドの肥料が溶けている．流入，循環，流出は図3.10のようになっている．混合物は撹拌によって一様に保たれている．水槽 T_1 の肥料の含量 $y_1(t)$ と水槽 T_2 の肥料の含量 $y_1(t)$ を求めよ．

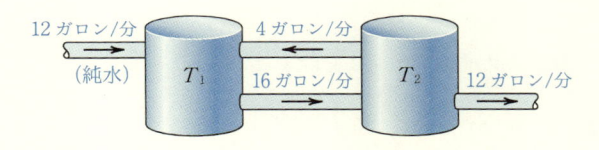

図3.10　問題16の水槽

17. （回路網）図3.11における電流 $I_1(t)$，$I_2(t)$ のモデルは

$$\frac{1}{C}\int I_1\,dt + R(I_1 - I_2) = 0,$$
$$LI_2' + R(I_2 - I_1) = 0$$

となることを示せ．$R = 3\,[\Omega]$，$L = 4\,[H]$，$C = 1/12$ [F] として，一般解を求めよ．

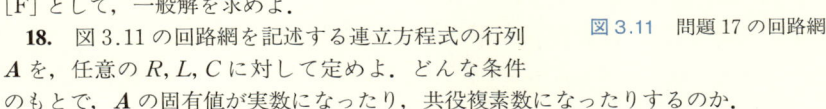

図3.11　問題17の回路網

18. 図3.11の回路網を記述する連立方程式の行列 A を，任意の R, L, C に対して定めよ．どんな条件のもとで，A の固有値が実数になったり，共役複素数になったりするのか．

19. ［CAS プロジェクト］相像　この節で扱ったいくつかのグラフ，とくにベクトル $y^{(2)}$ が t に依存する縮重節のグラフ（図3.9）をコンピュータで描け．それぞれの図上で，自分で選んだ初期条件を満たす軌道を強調せよ．

20. ［協同プロジェクト］複素解から実解への変換　例4および例5では，簡便な直接法によって複素数解を実数解に変換した．そのさい示唆したオイラーの公式による系統的計算を行い，計算量を比較してみよ．

3.4 臨界点の規準，安定性

前節では，定数係数をもつ2つの方程式からなる次の連立同次線形方程式を議論した．

$$\boldsymbol{y}' = \boldsymbol{A}\boldsymbol{y}, \quad \text{成分で書くと} \quad \begin{aligned} y_1' &= a_{11}y_1 + a_{12}y_2, \\ y_2' &= a_{21}y_1 + a_{22}y_2. \end{aligned} \tag{1}$$

その解は相平面とよばれる y_1y_2 平面における曲線であり，パラメータ表示

$$\boldsymbol{y}(t) = \begin{bmatrix} y_1(t) \\ y_2(t) \end{bmatrix} \tag{2}$$

によって表される．このような解曲線を方程式 (1) の軌道とよぶ．また，定数係数の連立方程式 (1) は固有値問題に帰着することをみてきた．その理由は簡単で，

$$\boldsymbol{y}(t) = \boldsymbol{x}e^{\lambda t} \quad \text{とおくと} \quad \boldsymbol{y}'(t) = \lambda \boldsymbol{x}e^{\lambda t} = \boldsymbol{A}\boldsymbol{y} = \boldsymbol{A}\boldsymbol{x}e^{\lambda t} \tag{3}$$

となるからである．共通の因子 $e^{\lambda t}$ を除くと，

$$\boxed{\boldsymbol{A}\boldsymbol{x} = \lambda \boldsymbol{x}} \tag{4}$$

が得られる．このため $\boldsymbol{x}$ が $\boldsymbol{0}$ でない解となるように $\boldsymbol{A}$ の固有値 λ が定まるのである．$\boldsymbol{x}$ は行列 $\boldsymbol{A}$ の固有値 λ に対応する固有ベクトルである．

前節の例は相像の一般的な特性を表している．すなわち，相平面における軌道の族はおおよそ連立方程式 (1) の臨界点のタイプによって決まるのである．臨界点とは [3.3 節の (9) を見よ]，

$$\frac{dy_2}{dy_1} = \frac{dy_2/dt}{dy_1/dt} = \frac{y_2'}{y_1'} = \frac{a_{21}y_1 + a_{22}y_2}{a_{11}y_1 + a_{12}y_2} \tag{5}$$

が不定 0/0 となる点である．これらの例を考え直してみると，臨界点のタイプが連立方程式 (1) の固有値の種類とある関係をもっていることに気づくであろう．これが本節で追求する第1の新しいアイディアである．第2のアイディアは安定性である．

臨界点のタイプの規準

(1) の行列 $\boldsymbol{A}$ の固有値は，特性方程式

$$\det(\boldsymbol{A} - \lambda \boldsymbol{I}) = \begin{vmatrix} a_{11} - \lambda & a_{12} \\ a_{21} & a_{22} - \lambda \end{vmatrix} = 0,$$

すなわち

$$\lambda^2 - (a_{11} + a_{22})\lambda + \det \boldsymbol{A} = 0 \tag{6}$$

の解 λ_1, λ_2 であることはすでに学んだ．そこで，標準的な記号

3.4 臨界点の規準，安定性

$$p = a_{11} + a_{22}, \quad q = \det \boldsymbol{A} = a_{11}a_{22} - a_{12}a_{21}, \quad \Delta = p^2 - 4q \tag{7}$$

を導入しよう．すると，(6) の左辺の表式から

$$\lambda^2 - p\lambda + q = (\lambda - \lambda_1)(\lambda - \lambda_2) = \lambda^2 - (\lambda_1 + \lambda_2)\lambda + \lambda_1\lambda_2 \tag{8}$$

が得られる．したがって，p は固有値の和，q は固有値の積，Δ は判別式である．これより，以下のような規準 (9) が得られる．導き方は後に示す．

臨界点の規準　　(1) の臨界点 P_0 は，

> (a) $q > 0$ および $\Delta \geq 0$ ならば節である．
> (b) $q < 0$ ならば鞍点である．
> (c) $p = 0$ および $q > 0$ ならば中心である．
> (d) $p \neq 0$ および $\Delta < 0$ ならばらせん点である．

(9)

安定性

規準 (9) は，(1) の臨界点 P_0 を P_0 の近傍における軌道によって分類する．もう1つの規準は安定性にもとづくものである．安定性の概念は工学などの応用において基本的であり，物理学から示唆されたものである．安定性は，大まかにいえば，物理系をある瞬間に小さく変化させたとき（小さな攪乱を与えたとき），系は以後の時間 t においても挙動がわずかに変化することを意味する．臨界点については，以下の定義が適切である．

定義

大まかにいって，ある時刻において P_0 の十分近くにあった (1) のすべての軌道がその後も P_0 の近傍に留まり続けるならば，P_0 は (1) の安定な[5]臨界点とよばれる．厳密にいうと，P_0 を中心とする半径 ε の円板 D_ε のそれぞれに対して，P_0 を中心とする半径 δ の円板 D_δ が存在して，ある時刻 $t = t_1$ において D_δ 内の点 P_0 にある (1) の軌道が，$t \geq t_1$ において D_ε 内に留まるならば，安定な臨界点である．図3.12 を見よ．

P_0 が安定でないときには**不安定**であるという．

もし P_0 が安定であり，D_δ 内にあったすべての軌道が $t \to \infty$ で P_0 に収束するならば，P_0 は (1) の**漸近安定な臨界点**[6]とよばれる．

---

[5] もっと厳密にいえば，リャプノフの意味で安定である．安定性については別の定義もあるが，ここで用いるリャプノフの定義がもっとも有用である．

[6] 漸近安定な (asympotically stable) 臨界点は安定で吸引的な (stable and attractive) 臨界点ともいう．

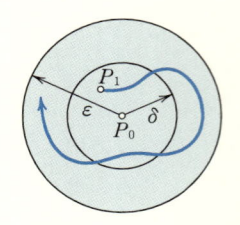

図3.12 (1)の安定臨界点 P_0 (P_1 から始まる軌道は半径 ε の円板内に留まる)

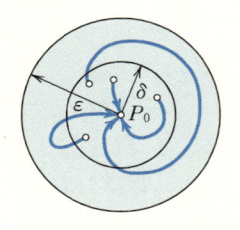

図3.13 (1)の漸近安定な臨界点 P_0

臨界点の安定性規準　　臨界点 P_0 は

> (a) $p<0$ および $q>0$ ならば, 漸近安定である.
> (b) $p\leqq 0$ および $q>0$ ならば, 安定である.
> (c) $p>0$ あるいは $q<0$ ならば, 不安定である.

(**10**)

(9)と(10)の規準は図3.14の安定性図にまとめられている. この図では不安定領域は濃い青色で記されている.

このような規準がどのようにして得られるかを示そう. $q=\lambda_1\lambda_2>0$ ならば, 2つの固有値がともに正か, ともに負か, あるいは複素共役である. さらに, $p=\lambda_1+\lambda_2<0$ ならば, ともに負か, ともに負の実部をもつ. よって, P_0 は漸近安定である. (10)の他の2つの規準も同様にして得られる.

また $\Delta<0$ ならば, 固有値は複素共役である. これを $\lambda_1=\alpha+i\beta$ および $\lambda_2=\alpha-i\beta$ と書くことにする. さらに $p=\lambda_1+\lambda_2=2\alpha<0$ ならば, 漸近安定ならせん点を与える. しかし, $p=2\alpha>0$ ならば不安定ならせん点を与える.

もし $p=0$ ならば, $\lambda_1=-\lambda_2$ でありまた $q=\lambda_1\lambda_2=-\lambda_1^2$ である. さらに $q>0$ ならば $\lambda_1^2=-q<0$ であるから, λ_1 と λ_2 は純虚数である. これは周期的な解を与え, その軌道は P_0 のまわりの閉曲線となるので, P_0 は中心である.

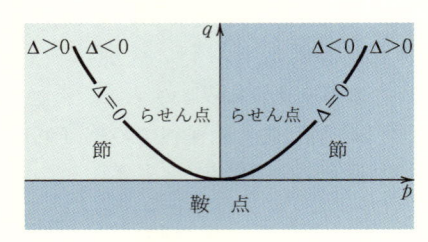

図3.14 (7)で定義された p,q,Δ をもつ系(1)の安定性図.
　　　　漸近安定：q 軸を除く第2象限.
　　　　正の q 軸でも安定（中心に対応）.
　　　　不安定：濃い青色の領域.

3.4 臨界点の規準，安定性　　　　　　　　　　　　　　　　　　　　　　181

例1 規準 (9) と (10) の応用　　前節の連立方程式 (8) は次の形であった．
$$y' = Ay = \begin{bmatrix} -3 & 1 \\ 1 & -3 \end{bmatrix} y \tag{11}$$
ここに，$p = a_{11} + a_{22} = -6$, $q = \det A = 8$, $\Delta = (-6)^2 - 4 \times 8 = 4$ である．よって，(9a) により原点にある臨界点は節であり，(10a) により漸近安定である．これは以前の結果と同じである．3.3節の他の例も同様に議論できる．　◀

例2 ばね上の質量の自由運動　　弾性ばね上の質量のモデルはどのような臨界点をもつか．

[解] 微分方程式 [2.5節の (5) 参照] は
$$y'' + \frac{c}{m} y' + \frac{k}{m} y = 0$$
である．連立方程式とするために $y_1 = y$, $y_2 = y'$ とおくと，
$$y' = \begin{bmatrix} 0 & 1 \\ -\frac{k}{m} & -\frac{c}{m} \end{bmatrix} y, \quad \text{すなわち} \quad \begin{aligned} y_1' &= y_2, \\ y_2' &= -\frac{k}{m} y_1 - \frac{c}{m} y_2 \end{aligned}$$
となる．規準 (9) と (10) を用いるためには，$p = -c/m$, $q = k/m$, $\Delta = (c/m)^2 - 4k/m$ が必要である．これより以下の結果が得られる．

無減衰．$c=0$, $p=0$, $q>0$, 中心．
不足減衰．$c^2 < 4mk$, $p<0$, $q>0$, $\Delta<0$, 漸近安定ならせん点．
臨界減衰．$c^2 = 4mk$, $p<0$, $q>0$, $\Delta=0$, 漸近安定な節．
過減衰．$c^2 > 4mk$, $p<0$, $q>0$, $\Delta>0$, 漸近安定な節．　◀

❖❖❖❖❖　問題 3.4　❖❖❖❖❖

臨界点のタイプと安定性

臨界点のタイプと安定性を決定せよ．実数値の一般解を求めよ．相平面にいくつかの軌道を図示せよ．（作業の詳細を記せ．）

1. $y_1' = y_1$
   $y_2' = 2y_2$

2. $y_1' = 2y_1 + y_2$
   $y_2' = 5y_1 - 2y_2$

3. $y_1' = y_1 + 2y_2$
   $y_2' = 2y_1 + y_2$

4. $y_1' = -6y_1 - y_2$
   $y_2' = -9y_1 - 6y_2$

5. $y_1' = -2y_1 + 2y_2$
   $y_2' = -2y_1 - 2y_2$

6. $y_1' = y_1 - 2y_2$
   $y_2' = 5y_1 - y_2$

7. $y_1' = y_2$
   $y_2' = -9y_1$

8. $y_1' = -y_1 + 4y_2$
   $y_2' = 3y_1 - 2y_2$

9. $y_1' = -2y_1 - 6y_2$
   $y_2' = -8y_1 - 4y_2$

10. $y_1' = -y_1$
    $y_2' = -5y_1 - y_2$

11. $y_1' = 2y_1 + y_2$
    $y_2' = 6y_1 + 2y_2$

連立方程式の軌道と2階微分方程式

12. （調和振動）$y'' + \frac{1}{9} y = 0$ を解け．軌道を求め，そのいくつかを図示せよ．

13. （軌道）$y'' + ay' = 0$ を解け（a は定数）．軌道のいくつかを図示せよ．

14. （減衰振動）$y'' + 2y' + 2y = 0$ を解け．軌道としてどのような曲線が得られるか．

15. （臨界点のタイプ）3.3節の (10)-(13) の臨界点について，規準 (9), (10) を

適用して議論せよ．

16. （パラメータの変換） 例1の臨界点について，新しい独立変数として $\tau = -t$ を導入すると何が起こるか．

17. （中心の摂動） 3.3節の例4において，A を $A + 0.1I$ に変えたら何が起こるか．

18. （中心の摂動） 連立方程式が臨界点として中心をもつとき，行列 A を $\tilde{A} = A + kI$（k は実数）でおきかえたら何が起こるか．k は対角成分の測定誤差とみなすことができる．

19. （摂動） 3.3節の例4の連立方程式は中心をもつ．4つのすべての a_{jk} を $a_{jk} + b$ でおきかえる（b は測定誤差と考えられる）．らせん点，鞍点，節などが現れる b の値を求めよ．

20. ［論文プロジェクト］ 安定性 安定性の概念は，物理学やさまざまな応用工学（流体の流れ，自動車，航空機，機械，橋梁など）において基本的に重要である．それぞれ3ページ程度の2部構成の小論文を書け．前部（A）では，安定性が重要な役割を演じる一般的な応用についてできるだけ厳密に論じ，後部（B）では，本節で述べた安定性に関する内容をまとめよ．自分自身で定式化し，自分で選んだ実例を挙げよ．

3.5 連立非線形方程式に対する定性的方法

微分方程式に対する定性的方法とは，実際に方程式を解くことをしないで，定性的に解の一般的な性質を調べることである．たとえば，$y' = 1 + y^2$ のすべての解は，$1 + y^2 > 0$ であるから t とともに増大する．よって導関数 y' は正である．これは，非常に単純とはいえ，1つの典型的な定性的結論である．

定性的方法は，解析的な方法が困難か不可能な場合にとくに貴重である．多くの実際上重要な連立1階非線形方程式

$$\boxed{\; \boldsymbol{y}' = \boldsymbol{f}(\boldsymbol{y}), \quad \text{すなわち} \quad \begin{aligned} y_1' &= f_1(y_1, y_2), \\ y_2' &= f_2(y_1, y_2) \end{aligned} \;} \tag{1}$$

の場合などである．

さきほど議論した相平面の方法も定性的方法である．本節では，相平面の方法を連立非線形方程式（1）に拡張する．

（1）は自励系である，すなわち独立変数 t は陽に現れないとする．拡張された方法によって，解のさまざまな一般的性質の特徴を明らかにすることができる．以前と同様に，解全体の特性を示そう．これは，たとえ精密であっても一度に1つの（近似）解しか与えることができない数値的方法よりもすぐれている．

3.5 連立非線形方程式に対する定性的方法

3.3 節と同様に，$y_1 y_2$ 平面を**相平面**，相平面における (1) の解曲線を**軌道**，$f_1(y_1, y_2) = f_2(y_1, y_2) = 0$ となる点 $P_0 : (y_1, y_2)$ を**臨界点**とよぶ．

もし (1) がいくつかの臨界点をもつならば，それぞれについて議論をする．そのさいは，議論すべき点 $P_0 : (a, b)$ を原点に移す．これは変数変換

$$\tilde{y}_1 = y_1 - a, \qquad \tilde{y}_2 = y_2 - b$$

によって可能となる．したがって，P_0 を原点 $(0, 0)$ とみなし，$\tilde{y}_1, \tilde{y}_2$ の代わりに y_1, y_2 と書いて簡単化することができる．さらに，P_0 は孤立していると仮定する．すなわち，原点を中心とする十分小さな円板の中にあるただ 1 つの臨界点であることを仮定する．

連立非線形方程式の線形化

(1) の臨界点 $P_0 : (0, 0)$ のタイプと安定性は，どのように決定できるのであろうか．多くの実際問題では，いわゆる線形化によって実行することができる．すなわち，関連するある種の連立線形方程式を，以下のように解析することによって可能となるのである．

まず，(1) の f_1 と f_2 が連続であり，P_0 の近傍で連続な偏導関数をもつものと仮定する．そうすると，P_0 の近傍で (1) を近似して得られる連立線形方程式ともとの方程式 (1) は，P_0 において同じ種類の臨界点をもつ (以下に見るように 2 つの例外がある)．

P_0 は臨界点であるから，$f_1(0, 0) = f_2(0, 0) = 0$ である．よって f_1 と f_2 は定数項をもたない．1 次の項を具体的に書くと

$$\boldsymbol{y}' = \boldsymbol{A}\boldsymbol{y} + \boldsymbol{h}(\boldsymbol{y}), \quad \text{すなわち} \quad \begin{matrix} y_1' = a_{11} y_1 + a_{12} y_2 + h_1(y_1, y_2), \\ y_2' = a_{21} y_1 + a_{22} y_2 + h_2(y_1, y_2). \end{matrix} \qquad (2)$$

(1) は自励系であるから，$\boldsymbol{A}$ は定数である (t に依存しない)．$\det \boldsymbol{A} \neq 0$ ならば，臨界点 P_0 のタイプと安定性は線形化によって得られた連立線形方程式の臨界点 $(0, 0)$ と同じである．すなわち，(2) から $\boldsymbol{h}(\boldsymbol{y})$ を除去して得られる連立線形方程式

$$\boxed{\boldsymbol{y}' = \boldsymbol{A}\boldsymbol{y}, \quad \text{すなわち} \quad \begin{matrix} y_1' = a_{11} y_1 + a_{12} y_2, \\ y_2' = a_{21} y_1 + a_{22} y_2 \end{matrix}} \qquad (3)$$

の臨界点と同じタイプと安定性をもつのである．たしかに，導関数に関する仮定によって，P_0 の近傍において h_1 と h_2 は小さい．$\boldsymbol{A}$ の固有値が等しいかあるいは純虚数のときには，例外的なことが起こる．このとき，連立線形方程式の臨界点のタイプに加えて，連立非線形方程式はらせん点をもつ可能性があ

る．証明については，文献 [A3] の pp. 375-388 を見よ．

例1　自由な非減衰振り子．線形化　図3.15a は質量 m の物体（おもり）と長さ L の棒からなる振り子を表す．臨界点の位置とタイプを決めよ．棒の質量と空気抵抗は無視できるものとする．

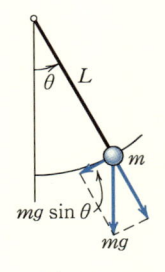

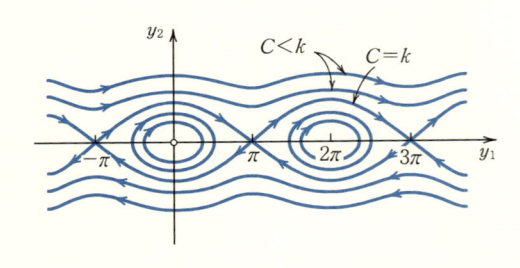

(a) 振り子　　　(b) 相平面における(4)の解曲線 $y_2(y_1)$

図3.15　例1と例2（C は例4で説明される．）

[解]　ステップ1：数学的モデルの構築　θ は平衡位置から測った反時計まわりの角度とする．おもりの重量は mg である（g は重力加速度）．運動の曲線の接線方向に復元力 $mg\sin\theta$ がはたらく．ニュートンの第2法則により，各瞬間でこの復元力が加速度 $L\theta''$ を与える．これより以下のような数学的モデルが得られる．

$$mL\theta'' + mg\sin\theta = 0$$

両辺を mL で割ると，

$$\boxed{\theta'' + k\sin\theta = 0} \qquad \left(k = \frac{g}{L}\right) \quad (4)$$

となる．θ が非常に小さければ，$\sin\theta$ を θ で近似でき，近似解 $A\cos(\sqrt{k}\,t) + B\sin(\sqrt{k}\,t)$ が得られる．任意の θ に対する厳密解は初等関数では表されない．

ステップ2：線形化による臨界点の検討　連立方程式を得るために，$\theta = y_1$, $\theta' = y_2$ とおく．(4) により，連立非線形方程式 (1) は以下の形になる．

$$\begin{aligned} y_1' &= f_1(y_1, y_2) = y_2, \\ y_2' &= f_2(y_1, y_2) = -k\sin y_1. \end{aligned} \quad (4^*)$$

それぞれの右辺は，$y_2 = 0$, $\sin y_1 = 0$ のときに0となる．よって，無限個の臨界点 $(n\pi, 0)$ が存在する．ここで，$n = 0, \pm 1, \pm 2, \cdots$ である．まず $(0, 0)$ を考える．マクローリン級数は

$$\sin y_1 = y_1 - \frac{1}{6}y_1^3 + \cdots \approx y_1$$

であるから，$(0, 0)$ における連立線形方程式は

$$\mathbf{y}' = \mathbf{A}\mathbf{y} = \begin{bmatrix} 0 & 1 \\ -k & 0 \end{bmatrix}\mathbf{y}, \quad \text{すなわち} \quad \begin{aligned} y_1' &= y_2, \\ y_2' &= -ky_1 \end{aligned}$$

となる．3.4節における規準 (9), (10) において必要となるのは，$p = a_{11} + a_{22} = 0$, $q = \det\mathbf{A} = k\ (>0)$, $\Delta = p^2 - 4q = -4k$ である．これと3.4節の (9c) より，$(0, 0)$ は

3.5 連立非線形方程式に対する定性的方法

つねに安定な中心である．$\sin\theta=\sin y_1$ は周期 2π の周期関数であるから，臨界点 $(n\pi,0)$, $n=\pm 2,\pm 4,\cdots$ はすべて中心である．

つぎに臨界点 $(\pi,0)$ を考える．$\theta-\pi=y_1$, $(\theta-\pi)'=\theta'=y_2$ とおくと，(4) において

$$\sin\theta=\sin(y_1+\pi)=-\sin y_1=-y_1+\frac{1}{6}y_1^3-\cdots\approx -y_1$$

となるので，$(\pi,0)$ における線形化した連立方程式は

$$\boldsymbol{y}'=\boldsymbol{A}\boldsymbol{y}=\begin{bmatrix}0 & 1 \\ k & 0\end{bmatrix}\boldsymbol{y}, \quad \text{すなわち} \quad \begin{array}{l} y_1'=y_2, \\ y_2'=ky_1 \end{array}$$

となる．この場合，$p=0$, $q=-k$ (<0), $\Delta=-4q=4k$ であるから，3.4 節の規準 (9b) により，$(\pi,0)$ は鞍点であり，つねに不安定である．周期性より，臨界点 $(n\pi,0)$, $n=\pm 1,\pm 3,\cdots$ はすべて鞍点である．これらの結果は図 3.15b を見たときの印象と一致する．◀

例 2　減衰振り子の方程式の線形化　臨界点についてさらに検討するために，実際上重要なもう 1 つの場合として，例 1 の方程式 (4) に減衰項 $c\theta'$（角速度に比例する減衰）を加えたときにどのような変化があるかを見てみよう．この場合，方程式は

$$\boxed{\theta''+c\theta'+k\sin\theta=0} \tag{5}$$

となる．ここで，$k>0$, $c\geqq 0$ である（前の減衰なしの場合 $c=0$ も含む）．前と同様に $\theta=y_1$, $\theta'=y_2$ とおくと，

$$\begin{array}{l} y_1'=y_2, \\ y_2'=-k\sin y_1-cy_2 \end{array}$$

となる．臨界点は，前の場合と同じ位置，すなわち $(0,0)$, $(\pm\pi,0)$, $(\pm 2\pi,0)$, $\cdots$ にあることがわかる．まず $(0,0)$ を考える．例 1 と同様に $\sin y_1\approx y_1$ のように線形化すると，$(0,0)$ における連立線形方程式は

$$\boldsymbol{y}'=\boldsymbol{A}\boldsymbol{y}=\begin{bmatrix}0 & 1 \\ -k & -c\end{bmatrix}\boldsymbol{y}, \quad \text{すなわち} \quad \begin{array}{l} y_1'=y_2, \\ y_2'=-ky_1-cy_2 \end{array} \tag{6}$$

となる．これは，m を除いて 3.4 節の例 2 と等価である．（y_1 の物理的意味は異なる．）したがって，$c=0$（減衰なし）の場合には，臨界点 $(0,0)$ は中心となる（図 3.15b）．減衰が小さいとき，臨界点 $(0,0)$ はらせん点（図 3.16）となる．

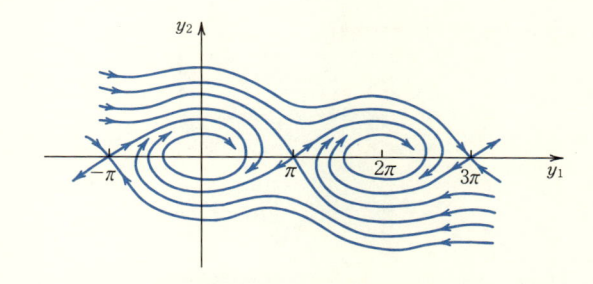

図 3.16　減衰振り子の場合の相平面における軌道

つぎに臨界点 $(\pi, 0)$ を考える．$\theta - \pi = y_1$, $(\theta - \pi)' = \theta' = y_2$ とおき，さらに
$$\sin\theta = \sin(y_1 + \pi) = -\sin y_1 \approx -y_1$$
という線形化を行う．これより，$(\pi, 0)$ における線形化された連立方程式は
$$\boldsymbol{y}' = A\boldsymbol{y} = \begin{bmatrix} 0 & 1 \\ k & -c \end{bmatrix} \boldsymbol{y}, \quad \text{すなわち} \quad \begin{aligned} y_1' &= y_2, \\ y_2' &= ky_1 - cy_2 \end{aligned} \tag{6*}$$
となる．3.4 節の規準 (9), (10) のために必要な定数を求めると，$p = a_{11} + a_{22} = -c$, $q = \det A = -k$, $\Delta = p^2 - 4q = c^2 + 4k$ となる．これより以下の結果が得られる．
　　無減衰の場合．$c = 0$, $p = 0$, $q < 0$, $\Delta > 0$, 鞍点 (図 3.15b)
　　減衰の場合．　$c > 0$, $p < 0$, $q < 0$, $\Delta > 0$, 鞍点 (図 3.16)
　$\sin y_1$ は周期 2π の周期関数であるから，臨界点 $(\pm 2\pi, 0)$, $(\pm 4\pi, 0)$, … は $(0, 0)$ と同じタイプである．また，臨界点 $(-\pi, 0)$, $(\pm 3\pi, 0)$, … は $(\pi, 0)$ と同じタイプである．こうしてすべての臨界点の種類が決まったのである．
　図 3.16 は減衰の場合の軌道を示している．以上の結果は物理的直観と合致している．たしかに，減衰はエネルギーの損失を意味する．実際，図 3.15b の場合には周期解である閉じた軌道であるが，ここでは臨界点 $(0, 0)$, $(\pm 2\pi, 0)$, … のそれぞれに収束するらせん軌道となる．回転運動に対応する波状の軌道も次第にこれらの臨界点のうちの 1 つに向かってらせん運動をしながら収束する．さらに，無減衰の場合と異なって，臨界点の間を結ぶ軌道は存在しない．　　　　　　　　　　　◀

ロトカ・ボルテラの個体数モデル

例 3　補食者-被食者の個体数モデル (ロトカ 1925 年，ボルテラ 1931 年[7])　このモデルは 2 つの種，たとえば，ウサギとキツネからなる．キツネはウサギを捕食する．以下の仮定を導入する．
1. ウサギには無限に餌が供給されている．すなわち，キツネがいなければ，その個体数 $y_1(t)$ は指数関数的に $(y_1' = ay_1)$ 増大する．
2. 実際には，ウサギはキツネに殺されるので，y_1 は減少する．減少する速さは $y_1 y_2$ に比例する．ここで，$y_2(t)$ はキツネの個体数である．よって，$y_1' = ay_1 - by_1 y_2$ であり，$a > 0$, $b > 0$ である．
3. ウサギがいなければ，$y_2(t)$ は指数関数的に減少し $(y_2' = -ly_2)$ 0 となる．しかしながら，y_2 はキツネとウサギが出会う頻度に比例して増大する．全体では $y_2' = -ly_2 + ky_1 y_2$ となる．ここで $k > 0$, $l > 0$ である．

以上より，ロトカ・ボルテラの連立方程式
$$\begin{aligned} y_1' &= ay_1 - by_1 y_2, \\ y_2' &= ky_1 y_2 - ly_2 \end{aligned} \tag{7}$$
が得られる．
　臨界点は
$$y_1(a - by_2) = 0, \quad y_2(ky_1 - l) = 0$$

---

7)　Alfred J. Lotka (1880-1949)，アメリカの生物物理学者．Vito Volterra (1860-1940)，イタリアの数学者で関数解析の創始者 (1887)．

3.5 連立非線形方程式に対する定性的方法

の解である．$(y_1, y_2) = (0, 0)$ および $(y_1, y_2) = (l/k, a/b)$ という2つの解がある．臨界点 $(0, 0)$ では，連立線形方程式は

$$y_1' = ay_1,$$
$$y_2' = -ly_2$$

である．固有値は $\lambda_1 = a > 0$ と $\lambda_2 = -l < 0$ であるので，この臨界点は鞍点である．

臨界点 $(l/k, a/b)$ では $y_1 = l/k + \tilde{y}_1$, $y_2 = a/b + \tilde{y}_2$ とおくと

$$\tilde{y}_1' = \left(\tilde{y}_1 + \frac{l}{k}\right)\left[a - b\left(\tilde{y}_2 + \frac{a}{b}\right)\right] = \left(\tilde{y}_1 + \frac{l}{k}\right)(-b\tilde{y}_2),$$

$$\tilde{y}_2' = \left(\tilde{y}_2 + \frac{a}{b}\right)\left[k\left(\tilde{y}_1 + \frac{l}{k}\right) - l\right] = \left(\tilde{y}_2 + \frac{a}{b}\right)k\tilde{y}_1$$

が得られる．2つの非線形項を除去すると，線形化された連立方程式

(a) $\quad \tilde{y}_1' = -\dfrac{lb}{k}\tilde{y}_2,$

(b) $\quad \tilde{y}_2' = \dfrac{ak}{b}\tilde{y}_1$ 　　　　　(7*)

が得られる．ここで 3.3 節の例 4 の直接的な方法を使おう．すなわち，(a) の左辺と (b) の右辺の積は (b) の左辺と (a) の右辺の積に等しいので，

$$\tilde{y}_1' \frac{ak}{b}\tilde{y}_1 = -\tilde{y}_2' \frac{lb}{k}\tilde{y}_2$$

となり，積分すると楕円が得られる．

$$\frac{ak}{b}\tilde{y}_1^2 + \frac{lb}{k}\tilde{y}_2^2 = \text{一定}$$

よって，連立線形方程式の臨界点は中心である（図 3.17）．もっと複雑な解析によれば，連立非線形方程式 (7) は，閉じた軌道（楕円ではない）によって囲まれる中心 $(l/k, a/b)$ をもつことが示される（らせん点ではない）．

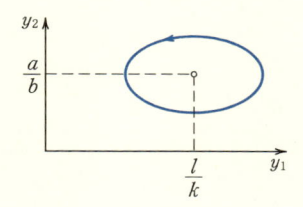

図 3.17　線形化されたロトカ・ボルテラの連立方程式 (7*) の生態学的平衡点と軌道

以上により，臨界点のまわりで捕食者と被食者が周期的な変動をすることがわかる．楕円の右端から始まって反時計まわりに動くとする．ここではウサギの個体数は最大である．キツネの個体数は急激に増大し，楕円の上端の最大値に到達する．そのあとウサギの個体数は急激に減少し，楕円の左端の最小値に到達する．これを繰り返す．この種の周期的変動は自然界で観測されている．たとえば，ハドソン湾のオオヤマネコとカンジキウサギの場合，周期は 10 年である．

このモデルは多くの場合単純すぎる仮定にもとづいている．もっと改善されたモデルや系統的な議論については C.W. Clark, *Mathematical Bioeconomics* (Wiley, 1976) を見よ．　　　　◀

相平面における1階微分方程式への変換

もう1つの相平面の方法は，2階の**自励方程式**（t が陽に現れない微分方程式）
$$F(y, y', y'') = 0$$
を1階の方程式に変換するというアイディアにもとづいている．$y = y_1$ を独立変数とし，さらに $y' = y_2$ を y_1 の関数として，y'' を連鎖法則により

$$y'' = y_2' = \frac{dy_2}{dt} = \frac{dy_2}{dy_1}\frac{dy_1}{dt} = \frac{dy_2}{dy_1} y_2$$

と変換すると，方程式は

$$F\left(y_1, y_2, \frac{dy_2}{dy_1} y_2\right) = 0 \tag{8}$$

のように1階となる．このような方程式は解ける場合もあるし，また方向場の方法で扱える場合もある．この方法を例1の方程式に適用して，解の挙動をさらにくわしく調べよう．

例4 自由非減衰振り子に対する方程式 (8) (4)において $\theta = y_1$, $\theta' = y_2$（角速度）とおき，

$$\theta'' = \frac{dy_2}{dt} = \frac{dy_2}{dy_1}\frac{dy_1}{dt} = \frac{dy_2}{dy_1} y_2$$

を用いると，(4)から

$$\frac{dy_2}{dy_1} y_2 = -k \sin y_1$$

が得られる．変数分離して積分すれば，

$$\frac{1}{2} y_2^2 = k \cos y_1 + C \qquad (C \text{ は一定}) \tag{9}$$

となる．これに mL^2 を掛けると，

$$\frac{1}{2} m(Ly_2)^2 - mL^2 k \cos y_1 = mL^2 C$$

が得られる．これら3つの項はエネルギーを表す．y_2 は角速度であるから Ly_2 は速度である．よって，左辺の第1項は運動エネルギーを表す．第2項は（負号も含めて）振り子のポテンシャル（位置）エネルギーである．$mL^2 C$ は全エネルギーであり，エネルギー保存の法則から予想されるように一定値である．たしかに，減衰がないからエネルギー損失はない．運動のタイプは全エネルギー，すなわち C の値によって変わる．

図3.15b はさまざまな C の値の場合の軌道を示している．これらのグラフは周期 2π で左にも右にもつながっていく．閉じた楕円の形をした軌道のほかに，波状に広がっている軌道もある．また，これら2つのタイプの軌道を分離する1対の軌道があり，それらは鞍点 $(n\pi, 0)$, $n = \pm 1, \pm 3, \cdots$ を通る．(9)より，C の最小値は $C = -k$ である．このとき，$y_2 = 0$, $\cos y_1 = 1$ であるから振り子は静止している．$y_2 = \theta' = 0$ の点においては，振り子は運動の方向を変えることができる．そこでは，(9)より $k \cos y_1 + C = 0$ である．$y_1 = \pi$ ならば，$\cos y_1 = -1$ であり $C = k$ である．よって

3.5 連立非線形方程式に対する定性的方法

$-k<C<k$ ならば，振り子は $|y_1|=|\theta|<\pi$ において方向を変え，振り子は振動する．これが，図の閉じた楕円型の軌道に対応する．$|C|>k$ ならば，$y_2=0$ となることは不可能なので，振り子は運動の方向を変えることなく回転運動を行う．これは，y_1y_2 平面においては波状の軌道となる．最後に，$C=k$ は図 3.15b において鞍点を結ぶ 2 つの「分離軌道」に対応する． ◀

単一の 1 階方程式 (8) を導出する相平面の方法は，(8) が解ける場合（例 4）だけでなく，解くことが不可能で方向場を使わなければならない場合でも，実際上の利点がある．このことを大変有名な例によって示す．

例 5　自励振動，ファンデルポルの方程式　　小さい振動のときにはエネルギーが供給され，大きい振動のときにはエネルギーが除去されるという物理系が存在する．つまり，大きい振動は減衰し，小さい振動に対しては「負の減衰」（エネルギーの供給）があるというものである．物理的理由から，この種の系は，相平面における閉じた軌道として表現される周期的挙動に漸近することが予想される．その閉じた軌道をリミットサイクルとよぶ．その振動を記述する微分方程式の 1 つが，有名なファンデルポルの方程式[8]である．

$$y'' - \mu(1-y^2)y' + y = 0 \qquad (\mu>0 \text{ は定数}) \qquad (10)$$

これは最初に，真空管を含む電気回路の研究の中で提案されたものである．$\mu=0$ のとき，この方程式は $y''+y=0$ となり，調和振動を与える．$\mu>0$ ならば，減衰項は $-\mu(1-y^2)$ という係数をもつ．この係数は，振動が小さく $y^2<1$ ならば負であるから，"負の減衰" を与える．$y^2=1$ ならば減衰は 0 となる．$y^2>1$ ならば正の減衰であり，エネルギーが失われる．μ が小さければリミットサイクルは相平面で円に近いことが予想される．なぜならば，μ が小さければ，$y''+y=0$ とわずかに異なるだけだからである．μ が大きいと，リミットサイクルの形状は変ってくるだろう．

$y=y_1$，$y'=y_2$ とおいて，(8) と同様に $y''=(dy_2/dy_1)y_2$ を用いると，(10) より

$$\frac{dy_2}{dy_1}y_2 - \mu(1-y_1^2)y_2 + y_1 = 0 \qquad (11)$$

が得られる．y_1y_2 平面（相平面）における等傾線は $dy_2/dy_1=K=$ 一定 を満たす曲線である．すなわち，

$$\frac{dy_2}{dy_1} = \mu(1-y_1^2) - \frac{y_1}{y_2} = K$$

である．y_2 について代数的に解くと，等傾線は

$$y_2 = \frac{y_1}{\mu(1-y_1^2)-K} \qquad (\text{図 3.18，図 3.19})$$

で与えられる．図 3.18，3.19 には，いくぶん複雑に見えるこれらの曲線を示した．図 3.18 には，小さい $\mu=0.1$ に対する等傾線とリミットサイクル（ほとんど円形）およびリミットサイクルに外側と内側から漸近する 1 対の軌道を示した．後者は狭いらせんであり，初期の部分だけを図に示してある．大きい μ の値の場合には状況は

---

[8]　Balthasar van der Pol (1889-1959)，オランダの物理学者．

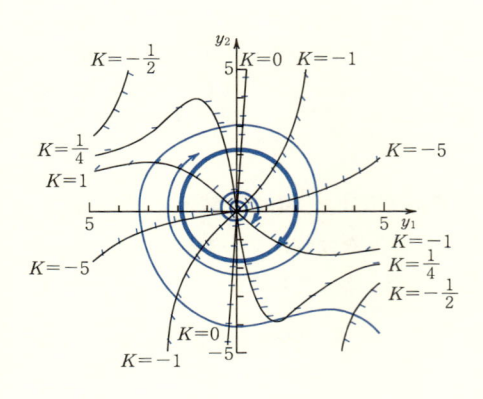

図3.18 $\mu=0.1$ の場合のファンデルポルの方程式に対する方向線素図：リミットサイクルとそれに漸近する1対の軌道

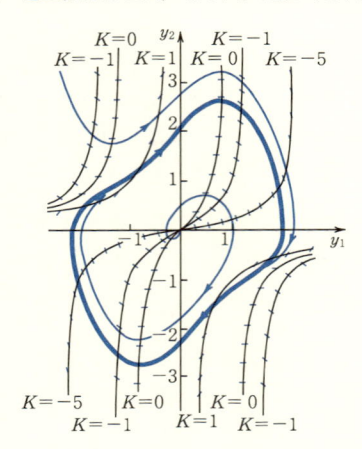

図3.19 $\mu=1$ の場合のファンデルポルの方程式に対する方向線素図：リミットサイクルとそれに漸近する1対の軌道

変わり，リミットサイクルは円形ではなくなる．図3.19は $\mu=1$ の場合のリミットサイクルを示している．$\mu=0.1$ の場合と比較して，リミットサイクルへの収束が大変急速であることがわかる． ◀

❖❖❖❖❖ 問題 3.5 ❖❖❖❖❖

1. （リミットサイクル）リミットサイクルと中心を囲む閉じた軌道との間の本質的な相違は何か．

2. （調和振動）相平面における $y''+y=0$ の実数の一般解の半径を求めよ．

3. 図3.15bにおいて閉じた軌道が座標軸と交わる4つの交点は，振動する振り子のどのような状態（位置，速さ，運動の方向）に対応するのか．波状の曲線が y_2 軸と交わる点はどうか．

4. 例1において，$k<1$ ならばどのようなタイプの臨界点が得られるか．

5. （線形化）$y''-y+y^2=0$ が臨界点 $(0,0),(1,0)$ をもつことを示し，そのタイプと安定性を決めよ．

臨界点，線形化　以下の方程式のすべての臨界点の位置とタイプを決めよ．（対応する連立方程式の線形化を用いよ．作業の詳細を記せ．）

6. $y''+y+y^2=0$

7. $y''+y-\frac{1}{2}y^2=0$

8. $y''+y-y^3=0$

9. $y''-9y+y^3=0$

10. $y''+4y-5y^3+y^5=0$

11. $y''+\cos y=0$

12. （軌道）$y''-4y+y^3=0$ を連立方程式に変換し，y_2 を y_1 の関数として解き，相平面においていくつかの軌道を図示せよ．

13. （軌道） $yy''+y'^2=0$ の軌道はどのような曲線になるか．

14. （軌道） 問題12に減衰項 y' を加えた方程式 $y''+y'-4y+y^3=0$ を考える．力学的な観点から，問題12と比較することにより，それぞれの臨界点のタイプを予想せよ．そして，線形化によってそれらのタイプを決めよ．計算の詳細を記せ．

15. ［CASプロジェクト］ ファンデルポルの方程式 ファンデルポルの方程式を連立方程式に書きかえて，リミットサイクルとそれに内外から漸近する軌道のいくつかを図示せよ．$\mu=0.2,\ 0.4,\ 0.6,\ 0.8,\ 1,\ 1.5,\ 2$ の場合について行え．μ の増加とともにリミットサイクルがどのように変形するかを言葉で表現せよ．

16. ［協同プロジェクト］ 自励振動 （a） ファンデルポルの方程式 $\mu>0$，$\mu=0$，$\mu<0$ の場合について，$(0,0)$ における臨界点のタイプを決めよ．$\mu\to 0$ のときに，等傾線が原点を通る直線に漸近することを示せ．なぜこのようなことが予期されるか．

（b） レイリー[9]の方程式

$$Y''-\mu\left(1-\frac{1}{3}Y'^2\right)Y'+Y=0 \qquad (\mu>0)$$

はレイリーの方程式とよばれる．これも自励振動を記述することを示せ．$Y'=y$ とおくとファンデルポルの方程式が得られることを示せ．

（c） ダッフィングの方程式 ダッフィングの方程式

$$y''+\omega_0^2 y+\beta y^3=0$$

において，$|\beta|$ は通常小さいとされ，復元力の1次からの小さいずれを特徴づける．$\beta>0$ の場合は固いばね，$\beta<0$ の場合はやわらかいばねの場合である．相平面における軌道の方程式を求めよ（$\beta>0$ に対してすべての曲線は閉じていることに注意）．

3.6 連立非同次線形方程式

第3章の最後である本節では，連立非同次線形方程式の解法を議論する．3.2節からそのような連立方程式は

$$\boxed{y'=Ay+g} \qquad (1)$$

という形になることを思い起こそう．ここでベクトル $g(t)$ は恒常的に 0 とはならないものとする．$g(t)$ ならびに $n\times n$ 行列 $A(t)$ の各成分は，ともに t 軸のある区間 J 上で連続であると仮定する．J 上の同次方程式 $y'=Ay$ の一般解 $y^{(h)}(t)$ と (1) の**特殊解** $y^{(p)}(t)$ ［すなわち (1) の解で任意定数を含まないもの］から，(1) の解

$$y=y^{(h)}+y^{(p)} \qquad (2)$$

が得られる．これを J 上の (1) の**一般解**とよぶ．なぜならば，これは J 上の

---

[9] Lord Rayleigh (John William Strutt, 1842-1919)，イギリスの物理学者，数学者．ケンブリッジ大学ならびにロンドン大学の教授．波動理論，弾性論，流体力学など応用数学と理論物理学のさまざまな分野における業績で知られている．

(1) の解のすべてを含むからである．これは 3.2 節の定理 2 から導かれる（問題 1）．

3.1-3.4 節で連立同次線形方程式を学んだので，ここでは (1) の特殊解を求める方法を説明する．2.9，2.10 両節で見たように，単一の方程式の場合には未定係数法や定数変化法によって特殊解を求めることができた．連立方程式の場合にも対応する同様な手法を適用することができる．さらに，第 3 の解法として，対角行列に帰着させる方法も考えてみよう．

未定係数法

この方法は，g の成分が t の整数べき，指数関数，あるいは 3 角関数である場合に適している．例題によって説明しよう．

例 1　未定係数法　　連立非同次線形方程式
$$y' = Ay + g = \begin{bmatrix} 2 & -4 \\ 1 & -3 \end{bmatrix} y + \begin{bmatrix} 2t^2 + 10t \\ t^2 + 9t + 3 \end{bmatrix} \tag{3}$$
の一般解を求めよ．

［解］g の形から $y^{(p)}$ を
$$y^{(p)} = u + vt + wt^2$$
と仮定して，ベクトル u, v, w を決める．(3) に代入すると
$$y^{(p)\prime} = v + 2wt = Au + Avt + Awt^2 + g$$
となる．ベクトルを成分で表すと，
$$\begin{bmatrix} v_1 \\ v_2 \end{bmatrix} + \begin{bmatrix} 2w_1 t \\ 2w_2 t \end{bmatrix} = \begin{bmatrix} 2u_1 - 4u_2 \\ u_1 - 3u_2 \end{bmatrix} + \begin{bmatrix} 2v_1 - 4v_2 \\ v_1 - 3v_2 \end{bmatrix} t + \begin{bmatrix} 2w_1 - 4w_2 \\ w_1 - 3w_2 \end{bmatrix} t^2 + \begin{bmatrix} 2t^2 + 10t \\ t^2 + 9t + 3 \end{bmatrix}$$
となる．両辺の t^2 の項，t の項，さらに定数項を比較すれば，それぞれ
$$0 = 2w_1 - 4w_2 + 2, \quad 0 = w_1 - 3w_2 + 1, \quad \text{すなわち} \quad w_1 = -1, \; w_2 = 0,$$
$$2w_1 = 2v_1 - 4v_2 + 10, \quad 2w_2 = v_1 - 3v_2 + 9, \quad \text{すなわち} \quad v_1 = 0, \; v_2 = 3,$$
$$v_1 = 2u_1 - 4u_2, \quad v_2 = u_1 - 3u_2 + 3, \quad \text{すなわち} \quad u_1 = 0, \; u_2 = 0$$
が得られる．これと同次連立方程式の一般解（確かめよ）
$$y^{(h)} = c_1 \begin{bmatrix} 4 \\ 1 \end{bmatrix} e^t + c_2 \begin{bmatrix} 1 \\ 1 \end{bmatrix} e^{-2t}$$
から，答えは
$$y = y^{(h)} + y^{(p)} = c_1 \begin{bmatrix} 4 \\ 1 \end{bmatrix} e^t + c_2 \begin{bmatrix} 1 \\ 1 \end{bmatrix} e^{-2t} + \begin{bmatrix} -t^2 \\ 3t \end{bmatrix}$$
となる． ◂

しかし，g が A の 1 つの固有値 λ に関連する指数関数 $e^{\lambda t}$ を含むときには修正が必要である．この場合には，$y^{(p)}$ に $ue^{\lambda t}$ の項を仮定するかわりに，$ute^{\lambda t} + ye^{\lambda t}$ の形から出発しなければならない．（第 1 項は 2.9 節の修正とよく似ているが，それだけでは十分ではないのである．試みよ．）

例2 未定係数法の修正

$$\boldsymbol{y}' = \boldsymbol{A}\boldsymbol{y} + \boldsymbol{g} = \begin{bmatrix} -3 & 1 \\ 1 & -3 \end{bmatrix} \boldsymbol{y} + \begin{bmatrix} -6 \\ 2 \end{bmatrix} e^{-2t} \tag{4}$$

の一般解を求めよ．

[解] 連立同次方程式の一般解は (3.3節の例1を参照)

$$\boldsymbol{y}^{(h)} = c_1 \begin{bmatrix} 1 \\ 1 \end{bmatrix} e^{-2t} + c_2 \begin{bmatrix} 1 \\ -1 \end{bmatrix} e^{-4t} \tag{5}$$

である．$\lambda = -2$ は $\boldsymbol{A}$ の固有値であるから，$\boldsymbol{y}^{(p)} = \boldsymbol{u} e^{-2t}$ ではなく $\boldsymbol{y}^{(p)} = \boldsymbol{u} t e^{-2t} + \boldsymbol{v} e^{-2t}$ とおかなければならない．これを (4) に代入すると，

$$\boldsymbol{y}^{(p)'} = \boldsymbol{u} e^{-2t} - 2\boldsymbol{u} t e^{-2t} - 2\boldsymbol{v} e^{-2t} = \boldsymbol{A}\boldsymbol{u} t e^{-2t} + \boldsymbol{A}\boldsymbol{v} e^{-2t} + \boldsymbol{g}.$$

両辺の te^{-2t} の項は等しいはずであるから，$-2\boldsymbol{u} = \boldsymbol{A}\boldsymbol{u}$ が得られる．したがって $\boldsymbol{u}$ は $\boldsymbol{A}$ の固有値 $\lambda = -2$ に対応する固有ベクトルであり，$\boldsymbol{u} = a[1\ \ 1]^T\ (a \neq 0)$ となる [(5) を見よ]．

$$\boldsymbol{u} - 2\boldsymbol{v} = \boldsymbol{A}\boldsymbol{v} + \begin{bmatrix} -6 \\ 2 \end{bmatrix}, \quad \text{すなわち} \quad (\boldsymbol{A} + 2\boldsymbol{I})\boldsymbol{v} = \boldsymbol{u} - \begin{bmatrix} -6 \\ 2 \end{bmatrix} = a \begin{bmatrix} 1 \\ 1 \end{bmatrix} - \begin{bmatrix} -6 \\ 2 \end{bmatrix}.$$

成分で書くと

$$-v_1 + v_2 = a + 6,$$
$$v_1 - v_2 = a - 2.$$

これが解をもつためには，$a = -2$ でなければならない．そして $v_2 = v_1 + 4$ である．したがって，$v_1 = k$ と書けば $v_2 = k + 2$ となる．よって

$$\boldsymbol{v} = k \begin{bmatrix} 1 \\ 1 \end{bmatrix} + \begin{bmatrix} 0 \\ 4 \end{bmatrix}$$

となる．単純に $k = 0$ とすると，答えは以下のようになる．

$$\boldsymbol{y} = \boldsymbol{y}^{(h)} + \boldsymbol{y}^{(p)} = c_1 \begin{bmatrix} 1 \\ 1 \end{bmatrix} e^{-2t} + c_2 \begin{bmatrix} 1 \\ -1 \end{bmatrix} e^{-4t} - 2 \begin{bmatrix} 1 \\ 1 \end{bmatrix} t e^{-2t} + \begin{bmatrix} 0 \\ 4 \end{bmatrix} e^{-2t} \tag{6}$$

他の k の値に対しては別の $\boldsymbol{v}$ となる．たとえば $k = -2$ のときには，$\boldsymbol{v} = [-2\ \ 2]^T$ となる．答えは

$$\boldsymbol{y} = c_1 \begin{bmatrix} 1 \\ 1 \end{bmatrix} e^{-2t} + c_2 \begin{bmatrix} 1 \\ -1 \end{bmatrix} e^{-4t} - 2 \begin{bmatrix} 1 \\ 1 \end{bmatrix} t e^{-2t} + \begin{bmatrix} -2 \\ 2 \end{bmatrix} e^{-2t}. \tag{6*}$$

◀

定数変化法

これは連立非同次線形方程式

$$\boldsymbol{y}' = \boldsymbol{A}(t)\boldsymbol{y} + \boldsymbol{g}(t) \tag{7}$$

に適用される．ここで，$\boldsymbol{A} = \boldsymbol{A}(t)$ および $\boldsymbol{g}(t)$ は時間的に変動するものとする．対応する同次方程式の t 軸上の区間 J における一般解

$$\boldsymbol{y}^{(h)} = c_1 \boldsymbol{y}^{(1)} + \cdots + c_n \boldsymbol{y}^{(n)} \tag{8}$$

が知られている場合には，この方法によって区間 J 上の (7) の特殊解を定めることができる．成分で書くと，(8) は

$$\boldsymbol{y}^{(h)} = \begin{bmatrix} c_1 y_1^{(1)} + \cdots + c_n y_1^{(n)} \\ \vdots \\ c_1 y_n^{(1)} + \cdots + c_n y_n^{(n)} \end{bmatrix} = \begin{bmatrix} y_1^{(1)} & \cdots & y_1^{(n)} \\ & \vdots & \\ y_n^{(1)} & \cdots & y_n^{(n)} \end{bmatrix} \begin{bmatrix} c_1 \\ \vdots \\ c_n \end{bmatrix} = \boldsymbol{Y}(t)\boldsymbol{c}$$

となる．$\boldsymbol{Y}(t)$ は基本行列 (3.2節) であり，その列は (8) における基底ベクトルである．また，$\boldsymbol{c} = [c_1 \ \cdots \ c_n]^T$ は任意定数成分のベクトルである．2.10節と同様に，定数ベクトル $\boldsymbol{c}$ を変数ベクトル $\boldsymbol{u}(t)$ におきかえると，

$$\boldsymbol{y}^{(p)} = \boldsymbol{Y}(t)\boldsymbol{u}(t) \tag{9}$$

となり，$\boldsymbol{u}(t)$ は $\boldsymbol{y}^{(p)}$ を (7) に代入することによって求められる．これから

$$\boldsymbol{Y}'\boldsymbol{u} + \boldsymbol{Y}\boldsymbol{u}' = \boldsymbol{A}\boldsymbol{Y}\boldsymbol{u} + \boldsymbol{g} \tag{10}$$

が得られる．ここで，$\boldsymbol{y}^{(1)}, \cdots, \boldsymbol{y}^{(n)}$ は連立同次方程式の解であるから，

$$\boldsymbol{y}^{(1)\prime} = \boldsymbol{A}\boldsymbol{y}^{(1)}, \quad \boldsymbol{y}^{(2)\prime} = \boldsymbol{A}\boldsymbol{y}^{(2)}, \quad \cdots, \quad \boldsymbol{y}^{(n)\prime} = \boldsymbol{A}\boldsymbol{y}^{(n)}$$

である．これらの n のベクトル方程式は，1つの行列方程式 $\boldsymbol{Y}' = \boldsymbol{A}\boldsymbol{Y}$ にまとめられる．したがって，(10) は $\boldsymbol{Y}\boldsymbol{u}' = \boldsymbol{g}$ に帰着する．$\boldsymbol{Y}$ の行列式はロンスキ行列式 (3.2節) であって，基底に対しては0とはならない．よって，$\boldsymbol{Y}$ は正則行列 (3.0節) となり，逆行列 $\boldsymbol{Y}^{-1}$ が存在するので，結局，$\boldsymbol{u}' = \boldsymbol{Y}^{-1}\boldsymbol{g}$ が得られる．J 上で t_0 から t まで積分すると，

$$\boldsymbol{u}(t) = \int_{t_0}^{t} \boldsymbol{Y}^{-1}(\tilde{t})\boldsymbol{g}(\tilde{t})d\tilde{t} + \boldsymbol{c}$$

が得られる．被積分関数は n 成分のベクトルである．積分は，各成分についてそれぞれ積分することを意味する．これによって n 個の成分をもつベクトル $\boldsymbol{u}$ が得られる．定数ベクトル $\boldsymbol{c}$ を特定しなければ，以下の一般解が得られる．

$$\boldsymbol{y} = \boldsymbol{Y}\boldsymbol{u} = \boldsymbol{Y}\boldsymbol{c} + \boldsymbol{Y}\int_{t_1}^{t} \boldsymbol{Y}^{-1}(\tilde{t})\boldsymbol{g}(\tilde{t})d\tilde{t} \tag{11}$$

$\boldsymbol{c} = \boldsymbol{0}$ のとき，これは (7) の特殊解 (9) である．

例3 定数変化法による解 例2の連立方程式 (4) に対しては，(4) と (5) から

$$\boldsymbol{Y} = [\boldsymbol{y}^{(1)} \ \boldsymbol{y}^{(2)}] = \begin{bmatrix} e^{-2t} & e^{-4t} \\ e^{-2t} & -e^{4t} \end{bmatrix}, \quad \boldsymbol{g} = \begin{bmatrix} -6 \\ 2 \end{bmatrix} e^{-2t} \tag{12}$$

が得られる．これと3.0節の (8) により逆行列を求めると，

$$\boldsymbol{Y}^{-1} = \frac{1}{-2e^{-6t}} \begin{bmatrix} -e^{-4t} & -e^{-4t} \\ -e^{-2t} & e^{-2t} \end{bmatrix} = \frac{1}{2} \begin{bmatrix} e^{2t} & e^{2t} \\ e^{4t} & -e^{-4t} \end{bmatrix}.$$

したがって，

$$\boldsymbol{u}' = \boldsymbol{Y}^{-1}\boldsymbol{g} = \frac{1}{2} \begin{bmatrix} e^{2t} & e^{2t} \\ e^{4t} & -e^{4t} \end{bmatrix} \begin{bmatrix} -6e^{-2t} \\ 2e^{-2t} \end{bmatrix} = \frac{1}{2} \begin{bmatrix} -4 \\ -8e^{2t} \end{bmatrix} = \begin{bmatrix} -2 \\ -4e^{2t} \end{bmatrix}.$$

積分すると，

3.6 連立非同次線形方程式

$$u(t) = \int_0^t \begin{bmatrix} -2 \\ -4e^{2\tilde{t}} \end{bmatrix} d\tilde{t} = \begin{bmatrix} -2t \\ -2e^{2t}+2 \end{bmatrix}.$$

ここで，右辺第2行の+2は積分の下限に由来する項である．これと(12)より，

$$Yu = \begin{bmatrix} e^{-2t} & e^{-4t} \\ e^{-2t} & -e^{-4t} \end{bmatrix} \begin{bmatrix} -2t \\ -2e^{2t}+2 \end{bmatrix} = \begin{bmatrix} -2te^{-2t}-2e^{-2t}+2e^{-4t} \\ -2te^{-2t}+2e^{-2t}-2e^{-4t} \end{bmatrix}$$
$$= \begin{bmatrix} -2t-2 \\ -2t+2 \end{bmatrix} e^{-2t} + \begin{bmatrix} 2 \\ -2 \end{bmatrix} e^{-4t}.$$

右辺の最後の項は連立同次方程式の解であるから，$y^{(h)}$ に含めることができる．このようにして得られる連立方程式 (4) の一般解は

$$y = c_1 \begin{bmatrix} 1 \\ 1 \end{bmatrix} e^{-2t} + c_2 \begin{bmatrix} 1 \\ -1 \end{bmatrix} e^{-4t} - 2 \begin{bmatrix} 1 \\ 1 \end{bmatrix} te^{-2t} + \begin{bmatrix} -2 \\ 2 \end{bmatrix} e^{-2t} \tag{13}$$

となり，(6*) と一致する． ◀

対角化法

この方法の考え方は，n 個の連立線形方程式の"結合を切る"ということである．そうすることによって，それぞれの方程式が未知関数 $y_1, \cdots, y_n$ の1つだけを含むようにし，他の方程式とは独立に解くわけである．この方法は以下の方程式に適用される．

$$\boxed{y' = Ay + g(t)} \tag{14}$$

ここで，A は固有ベクトルの基底 $x^{(1)}, \cdots, x^{(n)}$ をもつとする．［これは対称行列 ($a_{jk} = a_{kj}$) あるいは交代行列 ($a_{jk} = -a_{kj}$) という重要な場合に正しい．］そのとき，

$$\boxed{D = X^{-1}AX} \tag{15}$$

が A の固有値 $\lambda_1, \cdots, \lambda_n$ を対角成分とする対角行列であることを示すことができる．ここで，X は $x^{(1)}, \cdots, x^{(n)}$ を列ベクトルとする $n \times n$ 行列である．（証明は第2巻2.5節を見よ．）列ベクトルは線形独立であるから，逆ベクトル X^{-1} がつねに存在することを注意しておこう．たとえば，例2では

$$X = \begin{bmatrix} 1 & 1 \\ 1 & -1 \end{bmatrix}, \quad D = \begin{bmatrix} \frac{1}{2} & \frac{1}{2} \\ \frac{1}{2} & -\frac{1}{2} \end{bmatrix} \begin{bmatrix} -3 & 1 \\ 1 & -3 \end{bmatrix} \begin{bmatrix} 1 & 1 \\ 1 & -1 \end{bmatrix} = \begin{bmatrix} -2 & 0 \\ 0 & -4 \end{bmatrix} \tag{16}$$

となる（確かめよ）．

この対角化法を (14) に適用するために，新しい未知関数を導入する．

$$\text{(a) } z = X^{-1}y \quad \text{すなわち} \quad \text{(b) } y = Xz. \tag{17}$$

これを (14) に代入すると，

が得られる（X は定数であることに注意せよ）. この両辺に左から X^{-1} を掛けると,

$$z' = X^{-1}AXz + h$$

となる. ここで

$$h = X^{-1}g$$

である. (15) より,

$$z' = Dz + h, \quad 成分は \quad z_j' = \lambda_j z_j + h_j \tag{18}$$

と書ける. ここで $j = 1, \cdots, n$ である. したがって, n 個の線形微分方程式のそれぞれを 1.6 節と同様にして解くことができ,

$$\boxed{z_j(t) = c_j e^{\lambda_j t} + e^{\lambda_j t} \int e^{-\lambda_j t} h_j(t)\, dt} \tag{19}$$

が得られる. これらは $z(t)$ の成分であり, (17b) によって解 $y = Xz$ が求められる.

この方法は, 固有値と固有ベクトルが必要なので, 他の方法よりも計算法としてすぐれているわけではないが, 連立線形微分方程式の解法と行列の対角化が関連する問題であることは興味深い.

例 4　対角化法　例 2 の連立方程式 (4) に対しては (5) と (4) から [(16) も見よ]

$$h = X^{-1}g = \begin{bmatrix} \frac{1}{2} & \frac{1}{2} \\ \frac{1}{2} & -\frac{1}{2} \end{bmatrix} \begin{bmatrix} -6e^{-2t} \\ 2e^{-2t} \end{bmatrix} = \begin{bmatrix} -2e^{-2t} \\ -4e^{-2t} \end{bmatrix}$$

が得られる. 固有値は $\lambda_1 = -2$, $\lambda_2 = -4$ であるから, 対角化された方程式は

$$z' = \begin{bmatrix} -2 & 0 \\ 0 & -4 \end{bmatrix} z + h, \quad すなわち \quad \begin{matrix} z_1' = -2z_1 - 2e^{-2t}, \\ z_2' = -4z_2 - 4e^{-2t} \end{matrix}$$

となる. (19) より, 解 $z_1 = c_1 e^{-2t} - 2te^{-2t}$, $z_2 = c_2 e^{-4t} - 2te^{-2t}$ が得られる. これと (17b) を組み合わせると,

$$y = Xz = \begin{bmatrix} 1 & 1 \\ 1 & -1 \end{bmatrix} \begin{bmatrix} c_1 e^{-2t} - 2te^{-2t} \\ c_2 e^{-4t} - 2te^{-2t} \end{bmatrix} = \begin{bmatrix} c_1 e^{-2t} - 2te^{-2t} + c_2 e^{-4t} - 2te^{-2t} \\ c_1 e^{-2t} - 2te^{-2t} - c_2 e^{-4t} + 2te^{-2t} \end{bmatrix}.$$

この答えは (13) および (6*) と一致する.　　◀

❖❖❖❖❖　問題 3.6　❖❖❖❖❖

1.　（一般解）　(2) が (1) のあらゆる解を含むことを証明せよ.

一般解　以下の連立非同次線形方程式の実数の一般解を求めよ.

2.　$y_1' = 2y_2 + t$
　　$y_2' = 2y_1 + 1$

3.　$y_1' = y_2 + e^{3t}$
　　$y_2' = y_1 - 3e^{3t}$

3.6 連立非同次線形方程式

4. $y_1' = 3y_1 - 4y_2 + 10\cos t$
   $y_2' = y_1 - 2y_2$

5. $y_1' = 3y_1 + y_2 - 3\sin 3t$
   $y_2' = 7y_1 - 3y_2 + 9\cos 3t - 16\sin 3t$

6. $y_1' = 4y_1 + y_2 + t$
   $y_2' = 2y_1 + 3y_2 - t$

7. $y_1' = -2y_1 + y_2$
   $y_2' = -y_1 + e^t$

初期値問題 計算の詳細を示し,解を求めよ.

8. $y_1' = 4y_2$
   $y_2' = 4y_1 + 2 - 16t^2$
   $y_1(0) = 3,\ y_2(0) = 1$

9. $y_1' = y_1 + 6e^{2t}$
   $y_2' = y_1 - 3e^{2t}$
   $y_1(0) = 11,\ y_2(0) = 0$

10. $y_1' = 4y_1 - 8y_2 + 2\cosh t$
    $y_2' = 2y_1 - 6y_2 + \cosh t + \sinh t$
    $y_1(0) = 0,\ y_2(0) = 0$

11. $y_1' = 5y_2 + 23$
    $y_2' = -5y_1 + 15t$
    $y_1(0) = 1,\ y_2(0) = -2$

12. $y_1' = -3y_1 - 4y_2 + 2e^t$
    $y_2' = 5y_1 + 6y_2 - 6e^t$
    $y_1(0) = 19,\ y_2(0) = -23$

13. $y_1' = y_2 - 5\sin t$
    $y_2' = -4y_1 + 17\cos t$
    $y_1(0) = 5,\ y_2(0) = 2$

14. $y_1' = y_1 + 4y_2 - t^2 + 6t$
    $y_2' = y_1 + y_2 - t^2 + t - 1$
    $y_1(0) = 2,\ y_2(0) = -1$

15. $y_1' = 5y_1 + 4y_2 - 5t^2 + 6t + 25$
    $y_2' = y_1 + 2y_2 - t^2 + 2t + 4$
    $y_1(0) = 0,\ y_2(0) = 0$

16. (未定係数法:修正) 本文の例2において,ベクトル $\boldsymbol{v}$ の選択にいくぶん自由度があるのはなぜかを説明せよ.

17. (回路網) 図3.20において,$R_1 = 2\ [\Omega]$,$R_2 = 8\ [\Omega]$,$L = 1\ [H]$,$C = 0.5\ [F]$,$E = 200\ [V]$ として電流を求めよ.計算の詳細を示せ.

18. (回路網) 問題17において,E を $440\sin t$ V に変えれば,解はどう変わるか.

19. (回路網) 問題17において,電流と電荷が $t=0$ で0である場合の特殊解を求めよ.

20. (回路網) 図3.21において,$R_1 = 2\ [\Omega]$,$R_2 = 1.4\ [\Omega]$,$L_1 = 0.8\ [H]$,$L_2 = 1\ [H]$,$E = 100\ [V]$,$I_1(0) = I_2(0) = 0$ としたとき,任意時刻における電流 $I_1(t)$ および $I_2(t)$ を求めよ.

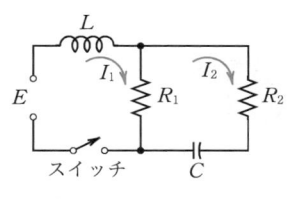

図3.20 問題17-19

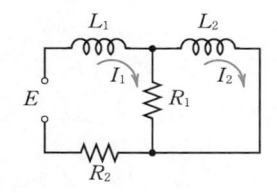

図3.21 問題20

3章の復習

1. 連立非同次線形微分方程式とは何か．連立非線形方程式とは何か．
2. 2階線形微分方程式を連立線形微分方程式に変換するにはどうすればよいのか．4階の場合はどうか．
3. 相平面とは何か．軌道とは何か．
4. 臨界点とは何か．なぜ重要なのか．
5. 本文を見ないで，臨界点の分類について記憶していることを書き下せ．
6. 安定性とは何か．工学において基本的な概念であるのはなぜか．
7. 連立非線形方程式の線形化とは何か．
8. 非減衰ならびに減衰振り子の微分方程式とその線形化について復習せよ．
9. 相像とは何か．問題8の場合の相像を比較せよ．
10. 自励振動とは何か．ファンデルポルの方程式と本章におけるその扱いについて説明せよ．
11. 固有値問題が連立微分方程式と関連するのはなぜか．
12. 固有ベクトルの基底とは何か．本文でこれを解の基底として用いた経過を説明せよ．
13. 行列が固有ベクトルの基底をもたないときにはどうしたらよいか．
14. 鞍点の近傍で軌道はどのようふるまうか．節の近傍ではどうか．
15. リミットサイクルと中心のまわりの閉軌道の相違は何か．

一般解，臨界点 一般解を求めよ．臨界点のタイプと安定性を決めよ．（解法の詳細を示せ．）

16. $y_1' = 3y_1 + 4y_2$
    $y_2' = 3y_1 + 2y_2$

17. $y_1' = -3y_1 + 2y_2$
    $y_2' = 4y_1 - y_2$

18. $y_1' = -2y_2$
    $y_2' = 2y_1$

19. $y_1' = -2y_1 + 5y_2$
    $y_2' = -y_1 - 6y_2$

20. $y_1' = y_1 + y_2$
    $y_2' = -6y_1 - 4y_2$

21. $y_1' = 2y_1 + 4y_2$
    $y_2' = 3y_1 + y_2$

22. $y_1' = y_1 + 4y_2$
    $y_2' = y_1 + y_2$

23. $y_1' = 4y_1 - 2y_2$
    $y_2' = 13y_1 - 6y_2$

連立非同次方程式 一般解を求めよ．（詳細を示せ．）

24. $y_1' = 2y_1 + 2y_2 + e^t$
    $y_2' = -2y_1 - 3y_2 + e^t$

25. $y_1' = 2y_1 + 3y_2 - 2e^{-t}$
    $y_2' = -y_1 - 2y_2$

26. $y_1' = y_1 + 4y_2 - 2\cos t$
    $y_2' = y_1 + y_2 - \cos t + \sin t$

27. $y_1' = 4y_2$
    $y_2' = 4y_1 + 32t^2$

28. （臨界点）もし $\boldsymbol{y}' = \boldsymbol{A}\boldsymbol{y}$ が $(0,0)$ において鞍点をもつならば，$\boldsymbol{y}' = \boldsymbol{A}^2\boldsymbol{y}$ が $(0,0)$ において不安定な節をもつことを証明せよ．

29. （臨界点）$\boldsymbol{y}' = \boldsymbol{A}\boldsymbol{y}$ の $\boldsymbol{A}$ が固有値 $-4, 3$ をもつとき，$(0,0)$ はどのようなタイプの臨界点になるか．

3章の復習

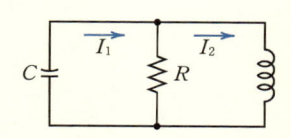

図 3.22 問題 30 の回路網

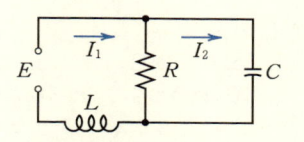

図 3.23 問題 31, 32 の回路網

30. （回路網）図 3.22 において，$R=1\,[\Omega]$，$L=1.25\,[\mathrm{H}]$，$C=0.2\,[\mathrm{F}]$，$I_1(0)=I_2(0)=1\,[\mathrm{A}]$ のとき，電流 $I_1(t), I_2(t)$ を求めよ．

31. （回路網）図 3.23 において，$R=2.5\,[\Omega]$，$L=1\,[\mathrm{H}]$，$C=0.04\,[\mathrm{F}]$，$E(t)=169\sin t\,[\mathrm{V}]$，$I_1(0)=I_2(0)=0\,[\mathrm{A}]$ のとき，電流 $I_1(t), I_2(t)$ を求めよ．

32. （ネットワーク）図 3.23 において，$R=1\,[\Omega]$，$L=10\,[\mathrm{H}]$，$C=1\,[\mathrm{F}]$，$E(t)=100\,[\mathrm{V}]$，$I_1(0)=I_2(0)=0\,[\mathrm{A}]$ のとき，電流 $I_1(t), I_2(t)$ を求めよ．

33. （混合の問題）図 3.24 の水槽 T_1 には初めに 100 ガロンの純水が入っている．水槽 T_2 には初めに 100 ガロンの塩水があり，その中には 90 ポンドの塩が溶けている．液体は図に示すようにポンプで流れていて，混合物は撹拌によってつねに一様になっている．それぞれの水槽 T_1, T_2 にある塩の量 $y_1(t), y_2(t)$ を求めよ．

34. （解法の比較）3.6 節で議論した 3 つの方法のそれぞれを用いて，連立微分方程式 $y_1'=y_2+t$，$y_2'=-y_1$ の一般解を求めよ．

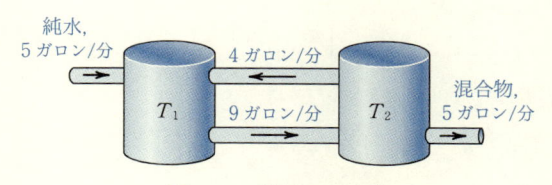

図 3.24 問題 33 の水槽

連立方程式の線形化　線形化を用いてすべての臨界点の位置とタイプを決定せよ．

35. $y_1'=y_2$
     $y_2'=y_1-y_1^3$

36. $y_1'=y_2$
     $y_2'=-\tan y_1$

37. $y_1'=-4y_2$
     $y_2'=\sin y_1$

38. $y_1'=2y_2+2y_2^2$
     $y_2'=-8y_1$

3章のまとめ

単一の電気回路や質量-ばね系などは，数学モデルとしては単一の微分方程式に従って作動する（2章）．しかしながら，いくつかの回路からなる回路網，いくつかの質量とばねからなる機械系，あるいは他の興味深い工学的諸問題は，数学的には連立微分方程式によって表現される（3.1節）．このような連立微分方程式においては，さまざまな回路の電流や質量の変位などを表す複数の未知関数を同時に扱うことになる．1階の連立微分方程式がもっとも重要である（3.2節）．すなわち

$$\boldsymbol{y}' = \boldsymbol{f}(t, \boldsymbol{y}), \quad \text{成分で書けば，} \quad \begin{array}{l} y_1' = f_1(t, y_1, \cdots, y_n), \\ \vdots \\ y_n' = f_n(t, y_1, \cdots, y_n). \end{array}$$

任意の高階の連立方程式はこの形の1階の連立方程式に帰着できるからである．このまとめでは，簡単のために $n=2$ とする．したがって，

$$\begin{array}{l} y_1' = f_1(t, y_1, y_2), \\ y_2' = f_2(t, y_1, y_2), \end{array} \tag{1}$$

連立線形方程式は次のような形である．

$$\begin{array}{l} y_1' = a_{11} y_1 + a_{12} y_2 + g_1, \\ y_2' = a_{21} y_1 + a_{22} y_2 + g_2 \end{array} \tag{2'}$$

ベクトルで書けば，

$$\boldsymbol{y}' = A\boldsymbol{y} + \boldsymbol{g}, \quad \text{ここで} \quad A = \begin{bmatrix} a_{11} & a_{12} \\ a_{21} & a_{22} \end{bmatrix}, \quad \boldsymbol{y} = \begin{bmatrix} y_1 \\ y_2 \end{bmatrix}, \quad \boldsymbol{g} = \begin{bmatrix} g_1 \\ g_2 \end{bmatrix}. \tag{2}$$

連立同次線形方程式は以下の形をとる．

$$\boldsymbol{y}' = A\boldsymbol{y}, \quad \text{すなわち} \quad \begin{array}{l} y_1' = a_{11} y_1 + a_{12} y_2, \\ y_2' = a_{21} y_1 + a_{22} y_2. \end{array} \tag{3}$$

連立方程式 (3) は，$a_{11}, a_{12}, a_{21}, a_{22}$ が定数ならば，解 $\boldsymbol{y} = \boldsymbol{x} e^{\lambda t} \not\equiv \boldsymbol{0}$ をもつ．ただし，λ は 2 次方程式（3.3節）

$$\begin{vmatrix} a_{11} - \lambda & a_{12} \\ a_{21} & a_{22} - \lambda \end{vmatrix} = (a_{11} - \lambda)(a_{22} - \lambda) - a_{12} a_{21} = 0$$

の根であり，ベクトル $\boldsymbol{x} \neq \boldsymbol{0}$ の成分 x_1, x_2 は

$$(a_{11} - \lambda) x_1 + a_{12} x_2 = 0$$

によって（定数倍を除いて）定まる．（これらの λ は行列 A の固有値，ベクトル $\boldsymbol{x}$ は A の固有ベクトルとよばれる．詳しい説明は 3.0 節に与えられている．）

$y_1 y_2$ 平面は相平面とよばれる．軌道は相平面上における解曲線 $(y_1(t), y_2(t))$ である．連立方程式 (1)［あるいは (2)］の臨界点 $P : (y_1, y_2)$ とは，連立方程式の右辺がともに 0 となる点である．P の近傍の軌道のふるまいに応じて，臨界点 P は節，鞍点，中心，らせん点などとよばれる（3.3節）．臨界点はまた安定性によって分類することもできる（3.4節）．連立非線形方程式の場合にも線形化によって同様な解析が可能となる（3.5節）．相平面の方法は本来は自励系，すなわち t が陽には現れない連立方程式に適用される．これらは定性的方法ともよばれている．定性的方法を適用すれば，連立方程式を直接解かずに，解の

一般的性質を論じることができる．その結果，とくに解析的には解けない非線形系（微分方程式）に関して驚くほど大量の情報が得られるのである．3.5節では，定性的方法の3つの有名な応用例として，振り子の方程式，ファンデルポルの方程式およびロトカ・ボルテラの捕食者-被食者の個体数モデルが紹介されている．

3.6節では，連立非同次方程式に対する3種類の解法を説明した．

4

微分方程式のべき級数解,特殊関数

　2章で学んだように,定数係数の線形同次方程式は代数的方法で解け,その解は微積分学で知られた初等関数である.しかしながら,係数が変化（xの関数）の場合には,通常別の方法で解かなければならない.ルジャンドルの方程式（4.3節）,超幾何方程式（4.4節）,ベッセルの方程式（4.5節）はこのタイプの非常に重要な方程式である.このような方程式とその解は応用数学において重要な役割を演じるものであるから,この章で2つの標準解法とその応用を述べることにする.すなわち,べき級数の形で解を与えるべき級数法（4.1, 4.2節）およびその拡張であるフロベニウス法（4.4節）である.

　これらの解（および初等微積分学には現れない他の"高等"関数）の理論を特殊関数論とよぶ.4章によって読者はこの分野の手法に慣れることができる.さらに,4.7, 4.8節では関数の直交性に基づくステュルム・リウビルの理論を扱う.数理物理学とその工学的応用におけるステュルム・リウビル問題の重要性は,どれだけ評価しても過大評価となることはない.

　注意 この章は,3章の内容を前提としないから,2章の直後に学ぶこともできる.

　本章を学ぶための予備知識：2章.
　短縮コースでは省略してもよい節：4.2, 4.6-4.8節.
　参考書：付録1.
　問題の解答：付録2.

4.1 べき級数法

べき級数法は，係数が変動する場合の線形微分方程式を解くための標準的な基本方法である．これは解をべき級数の形で与える．そのためべき級数法と命名されたのである．あとで見るように，べき級数は数値的に計算したり，解の性質を特徴づけたり，解を別の形に表現したりするのに用いられる．この節では，べき級数法の基本的な考え方を説明することから始めよう．

べき級数

初めに，べき級数[1]（$x-x_0$ のべきでの）は，

$$\sum_{m=0}^{\infty} a_m(x-x_0)^m = a_0 + a_1(x-x_0) + a_2(x-x_0)^2 + \cdots \tag{1}$$

という形の無限級数であることを思い起こそう．ここで $a_0, a_1, a_2, \cdots$ は定数で級数の係数とよばれる．x_0 は級数の中心とよばれる定数であり，x は変数である．

とくに $x_0=0$ のとき，x のべきのべき級数

$$\sum_{m=0}^{\infty} a_m x^m = a_0 + a_1 x + a_2 x^2 + a_3 x^3 + \cdots \tag{2}$$

が得られる．

この節では変数と定数はすべて実数とする．

よく知られているべき級数の例はマクローリン級数である．

$$\frac{1}{1-x} = \sum_{m=0}^{\infty} x^m = 1 + x + x^2 + \cdots \quad (|x|<1, \text{ 等比級数})$$

$$e^x = \sum_{m=0}^{\infty} \frac{x^m}{m!} = 1 + x + \frac{x^2}{2!} + \frac{x^3}{3!} + \cdots$$

$$\cos x = \sum_{m=0}^{\infty} \frac{(-1)^m x^{2m}}{(2m)!} = 1 - \frac{x^2}{2!} + \frac{x^4}{4!} - + \cdots \text{ [2]}$$

$$\sin x = \sum_{m=0}^{\infty} \frac{(-1)^m x^{2m+1}}{(2m+1)!} = x - \frac{x^3}{3!} + \frac{x^5}{5!} - + \cdots$$

---

[1] "べき級数"という用語は通常 (1) の形の級数を表し，$a_1 x^{-1} + a_2 x^{-2} + \cdots$ というような x の負のべきからなる級数や x の非整数べきからなる級数を含まない．(1) の初項においては，$x=x_0$ の場合でさえ便宜上 $(x-x_0)^0 = 1$ と了解する．

[2] （訳注） $-+$ という記号はあまり見かけないが，級数の中で $-$ の項と $+$ の項が交互に現れることを示している．

4.1 べき級数法

べき級数法の考え方

 微分方程式を解くためのべき級数法の考え方は実に簡単で自然である．ここでは実際的な手順を記述することから始めよう．つぎに，実際に何が起こるかを理解するために，解が知られている簡単な方程式に対して具体的な手順を説明しよう．数学的な基礎づけについては次節で述べる．

 微分方程式
$$y'' + p(x)y' + q(x)y = 0$$
を考える．まず $p(x)$ および $q(x)$ を x のべき級数（解として $x-x_0$ のべき級数が求められるならば $x-x_0$ のべき級数）に展開する．$p(x)$ や $q(x)$ が多項式になる場合には，この段階では何もしなくてよい．つぎに，解を未知係数のべき級数の形に仮定し，

$$y = \sum_{m=0}^{\infty} a_m x^m = a_0 + a_1 x + a_2 x^2 + a_3 x^3 + \cdots \tag{3}$$

とおく．この級数と項別に微分して得られる級数

$$y' = \sum_{m=1}^{\infty} m a_m x^{m-1} = a_1 + 2a_2 x + 3a_3 x^2 + \cdots, \tag{4a}$$

$$y'' = \sum_{m=2}^{\infty} m(m-1) a_m x^{m-2} = 2a_2 + 3\cdot 2a_3 x + 4\cdot 3a_4 x^2 + \cdots \tag{4b}$$

などを方程式に代入する．それから，x の同じべきを集め，それぞれのべきの係数の和を0とおく．つまり，定数項，x を含む項，x^2 を含む項などのそれぞれの係数の和を0とおくのである．これより得られる関係式から(3)の未知の係数をつぎつぎに定めることができる．

 初等的な方法で解くことができるいくつかの簡単な方程式に対して，実際の手順を示そう．

例1 微分方程式
$$y' - y = 0$$
を解け．

［解］ 最初の段階で(3)と(4a)を方程式に代入する．
$$(a_1 + 2a_2 x + 3a_3 x^2 + \cdots) - (a_0 + a_1 x + a_2 x^2 + \cdots) = 0$$
つぎに x の同じべきを集めると，
$$(a_1 - a_0) + (2a_2 - a_1)x + (3a_3 - a_2)x^2 + \cdots = 0.$$
x の各べきの係数を0に等しいとおいて，
$$a_1 - a_0 = 0, \quad 2a_2 - a_1 = 0, \quad 3a_3 - a_2 = 0, \cdots.$$
これらの方程式を解けば，$a_1, a_2, \cdots$ を a_0 で表すことができる．a_0 は任意のままである．

$$a_1 = a_0, \quad a_2 = \frac{a_1}{2} = \frac{a_0}{2!}, \quad a_3 = \frac{a_2}{3} = \frac{a_0}{3!}, \quad \cdots.$$

これらの値を用いると，(3) は

$$y = a_0 + a_0 x + \frac{a_0}{2!} x^2 + \frac{a_0}{3!} x^3 + \cdots$$

となり，よく知られた一般解

$$y = a_0 \left(1 + x + \frac{x^2}{2!} + \frac{x^3}{3!} + \cdots \right) = a_0 e^x$$

が得られる. ◀

例2 微分方程式

$$y' = 2xy$$

を解け.

[解] (3) と (4a) を方程式に代入する.

$$a_1 + 2a_2 x + 3a_3 x^2 + \cdots = 2x(a_0 + a_1 x + a_2 x^2 + \cdots)$$

右辺の掛け算を行って整理すると,

$$a_1 + 2a_2 x + 3a_3 x^2 + 4a_4 x^3 + 5a_5 x^4 + 6a_6 x^5 + \cdots$$
$$= 2a_0 x + 2a_1 x^2 + 2a_2 x^3 + 2a_3 x^4 + 2a_4 x^5 + \cdots.$$

これから

$$a_1 = 0, \; 2a_2 = 2a_0, \; 3a_3 = 2a_1, \; 4a_4 = 2a_2, \; 5a_5 = 2a_3, \; \cdots$$

が得られる. したがって, $a_3 = 0, a_5 = 0, \cdots$ となる. 係数の添数が偶数の場合には,

$$a_2 = a_0, \quad a_4 = \frac{a_2}{2} = \frac{a_0}{2!}, \quad a_6 = \frac{a_4}{3} = \frac{a_0}{3!}, \quad \cdots$$

で表され, a_0 は任意である. これらの値を用いると, (3) は

$$y = c_0 \left(1 + x^2 + \frac{x^4}{2!} + \frac{x^6}{3!} + \frac{x^8}{4!} + \cdots \right) = c_0 e^{x^2}$$

となる. 読者は, 変数分離法によって検算してみよ. ◀

例3 微分方程式

$$y'' + y = 0$$

を解け.

[解] (3) と (4b) を方程式に代入すれば

$$(2a_2 + 3 \cdot 2 a_3 x + 4 \cdot 3 a_4 x^2 + \cdots) + (a_0 + a_1 x + a_2 x^2 + \cdots) = 0$$

が得られる. x の同じべきを集めると,

$$(2a_2 + a_0) + (3 \cdot 2 a_3 + a_1) x + (4 \cdot 3 a_4 + a_2) x^2 + \cdots = 0$$

となる. x の各べきの係数が 0 に等しいとおけば,

$$2a_2 + a_0 = 0 \qquad (x^0 \text{ の係数})$$
$$3 \cdot 2 a_3 + a_1 = 0 \qquad (x^1 \text{ の係数})$$
$$4 \cdot 3 a_4 + a_2 = 0 \qquad (x^2 \text{ の係数})$$
$$\cdots$$

が得られる. したがって, $a_2, a_4, \cdots$ は a_0 により表され, $a_3, a_5, \cdots$ は a_1 により表されることがわかる.

4.1 べき級数法

$$a_2 = -\frac{a_0}{2!}, \quad a_3 = -\frac{a_1}{3!}, \quad a_4 = -\frac{a_2}{4 \cdot 3} = \frac{a_0}{4!}, \quad \cdots$$

a_0 と a_1 は任意である．これらの値を代入すれば，級数 (3) は

$$y = a_0 + a_1 x - \frac{a_0}{2!} x^2 - \frac{a_1}{3!} x^3 + \frac{a_0}{4!} x^4 + \frac{a_1}{5!} x^5 + \cdots$$

となる．べき級数では項の順序を変えてもよいので，これは

$$y = a_0 \left(1 - \frac{x^2}{2!} + \frac{x^4}{4!} - + \cdots \right) + a_1 \left(x - \frac{x^3}{3!} + \frac{x^5}{5!} - + \cdots \right)$$

と書け，よく知られた一般解

$$y = a_0 \cos x + a_1 \sin x$$

が得られる． ◀

このような微分方程式に対してべき級数法が必要だったのだろうか．もちろんそうではない．ここではただべき級数法を具体例で説明しただけである．それでは，2 章とは異なるタイプの方程式，たとえば一見単純な $y'' + xy = 0$（エアリの方程式）ではどうなるのか．おそらくべき級数で定義される新しい関数に帰着するだろう．そして，その方程式と解が実用的（または理論的）に重要ならば，固有の名称を与えられて徹底的に研究されることになる．これが実現したもっとも有名な実例がルジャンドルの方程式，ベッセルの方程式およびガウスの超幾何方程式である．しかし，これらの非常に重要な方程式を論じる前に，まずべき級数法（およびその拡張）についてもっと詳しく説明しよう．

❖❖❖❖❖ 問題 4.1 ❖❖❖❖❖

べき級数法の技法 次の微分方程式にべき級数法を適用せよ．計算の詳細を示せ．（この型の問題は問題 4.2 にも含まれている．）

1. $y' = 3y$
2. $y' = 7y$
3. $y' + 2y = 0$
4. $(1-x)y' = y$
5. $y' = xy$
6. $(1+x)y' = y$
7. $y' = -5xy$
8. $y'' = y$
9. $y'' + 9y = 0$
10. $y'' = y'$
11. $y' = 3x^2 y$
12. $y'' = 4y$

13. ［論文プロジェクト］ **べき級数** 通常の微分学課程で教えられている程度のべき級数の簡単な要約（2-3 ページ）を書け．教科書の丸写しではなく，読者自身の定式化を行い，いくつかの簡単な実例を示せ．

4.2 べき級数法の理論

べき級数法により微分方程式の解がべき級数で与えられることを前節で見た．この節では，まず初等微分学で学んだべき級数に関する事項を要約し，つぎにべき級数に関する必要な演算（微分，和，積など）を説明し，最後にべき級数解の存在条件にも言及する．

基本的概念

微積分学によれば，べき級数とは

$$\sum_{m=0}^{\infty} a_m(x-x_0)^m = a_0 + a_1(x-x_0) + a_2(x-x_0)^2 + \cdots \qquad (1)$$

の形の無限級数である．前節同様，変数 x，中心 x_0，係数 $a_0, a_1, \cdots$ は実数とする．級数 (1) の第 n 部分和 ($n=0, 1, \cdots$) とは

$$s_n(x) = a_0 + a_1(x-x_0) + a_2(x-x_0)^2 + \cdots + a_n(x-x_0)^n \qquad (2)$$

のことである．s_n の項を (1) から除けば，残りの表式は明らかに

$$R_n(x) = a_{n+1}(x-x_0)^{n+1} + a_{n+2}(x-x_0)^{n+2} + \cdots \qquad (3)$$

となる．この $R_n(x)$ を n 次の項 $a_n(x-x_0)^n$ より高次の (1) の剰余という．

たとえば，等比級数

$$1 + x + x^2 + \cdots + x^n + \cdots$$

の場合には

$$s_0 = 1, \qquad R_0 = x + x^2 + x^3 + \cdots,$$
$$s_1 = 1 + x, \qquad R_1 = x^2 + x^3 + x^4 + \cdots,$$
$$s_2 = 1 + x + x^2, \qquad R_2 = x^3 + x^4 + x^5 + \cdots$$

などである．

このようにして，(1) に対して部分和の数列 $s_0(x), s_1(x), s_2(x), \cdots$ を対応させた．ある $x = x_1$ に対してこの数列が収束するとする．すなわち

$$\lim_{n \to \infty} s_n(x_1) = s(x_1)$$

とする．このとき級数 (1) は $x = x_1$ において収束するという．数 $s(x_1)$ を x_1 における (1) の値または和といい，

$$s(x_1) = \sum_{m=0}^{\infty} a_m(x_1 - x_0)^m$$

と書く．収束する場合には，すべての n に対して

$$s(x_1) = s_n(x_1) + R_n(x_1) \qquad (4)$$

がなりたつ．もし部分和の数列が $x = x_1$ で発散するならば，級数 (1) は $x = x_1$

で発散するという．

数列 $s_n(x_1)$ が数 $s(x_1)$ に収束するというのは，任意の正数 ε を与えたとき，すべての $n > N$ に対して

$$|R_n(x_1)| = |s(x_1) - s_n(x_1)| < \varepsilon \tag{5}$$

がなりたつような（ε に依存する）正の整数 N が存在することである．幾何学的にいえば，これは，$n > N$ のときすべての $s_n(x_1)$ が $s(x_1) - \varepsilon$ と $s(x_1) + \varepsilon$ の間にあることを意味している．実際問題としては，和 $s(x_1)$ を $s_n(x_1)$ によって近似できること，しかも n を十分大きくとることにより，近似の誤差 $|R_n(x_1)|$ をいくらでも小さくできることを意味する．

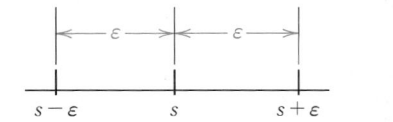

図 4.1 不等式 (5)
 [$s(x_1)$ を s と略記]

収束区間．収束半径

1. 級数 (1) は $x = x_0$ においてつねに収束する．第 1 項 a_0 以外の項が 0 になるからである．例外的な場合として，(1) が収束する x の値は x_0 だけであることがある．このような級数は実際には意味がない．

2. x_0 以外の値でも級数が収束するときには，これらの値は x_0 を含むある区間，すなわち収束区間をつくる．収束区間が有限ならば，それは x_0 を中点とし，

$$|x - x_0| < R \tag{6}$$

で表される区間である（図 4.2）．級数 (1) は，$|x - x_0| < R$ を満たすすべての x に対して収束し，$|x - x_0| > R$ を満たすすべての x に対して発散する．数 R は (1) の**収束半径**[3]とよばれる．収束半径は次の各公式によって求めることができる[4]．

$$\text{(a)} \quad \frac{1}{R} = \lim_{m \to \infty} \sqrt[m]{|a_m|} \qquad \text{(b)} \quad \frac{1}{R} = \lim_{m \to \infty} \left| \frac{a_{m+1}}{a_m} \right| \tag{7}$$

---

[3] 複素べき級数の場合には，半径 R の開円板内で収束を考えるため，収束半径という術語が準用されたのである．なお，$x - x_0 = R$ あるいは $x - x_0 = -R$ において収束か発散かを判定する一般的な基準は存在しない．

[4] （訳注）これは (a), (b) の右辺の極限値が存在するかどうかによって級数が収束するか発散するかを判定できることを意味する．(a), (b) の極限値による収束の判定法をそれぞれ**根判定法**，**比判定法**とよぶ．詳細な説明と証明は第 4 巻 3.1 節にある．

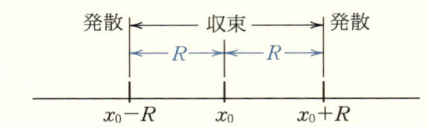

```
発散 ←― 収束 ―→ 発散
      ←―R―→←―R―→
      ┼────┼────┼
     $x_0-R$  $x_0$  $x_0+R$
```

図 4.2 中心 x_0 のべき級数の収束区間 (6)

ここで右辺の極限値は存在し 0 ではないとする．（もし無限大なら (1) は中心 x_0 だけで収束する．）

3． 収束区間が無限区間 $(-\infty, \infty)$ となるのは，級数 (1) がすべての x の値に対して収束する場合である．これはたとえば (7a) や (7b) の中の極限値が 0 になると実現する．そのときには便宜上 $R=\infty$ と書く．（べき級数に関する諸命題の証明は第 4 巻 3.2 節にある．）

級数 (1) が収束するような x のそれぞれの値に対して，(1) は $s(x)$ という値をとる．このとき，(1) は収束区間において関数 $s(x)$ を表すといい，

$$s(x) = \sum_{m=0}^{\infty} a_m (x-x_0)^m \qquad (|x-x_0|<R)$$

と書く．

収束半径が 0，有限，無限であるという 3 つの可能な典型例を以下に示そう．

例 1　中心だけで収束する無用な場合 1　　級数

$$\sum_{m=0}^{\infty} m! \, x^m = 1 + x + 2x^2 + 6x^3 + \cdots$$

の場合には $a_m = m!$ であり，(7b) において

$$\frac{a_{m+1}}{a_m} = \frac{(m+1)!}{m!} = m+1 \longrightarrow \infty \qquad (m \to \infty \text{ のとき}).$$

よって $R=0$ で，級数は中心 $x=0$ だけで収束する．このような級数は無用である．　◀

例 2　有限区間で収束する普通の場合 2．等比級数　　等比級数については，

$$\frac{1}{1-x} = 1 + x + x^2 + \cdots \qquad (|x|<1).$$

実際，すべての m に対して $a_m = 1$ で，(7) から $R=1$ を得る．すなわち，右辺の等比級数は $|x|<1$ のとき収束し，$1/(1-x)$ を表す．　◀

例 3　すべての x に対して収束する最良の場合 3　　級数

$$e^x = \sum_{m=0}^{\infty} \frac{x^m}{m!} = 1 + x + \frac{x^2}{2!} + \cdots$$

の場合には $a_m = 1/m!$ である．よって (7b) において

$$\frac{a_{m+1}}{a_m} = \frac{1/(m+1)!}{1/m!} = \frac{1}{m+1} \longrightarrow 0 \qquad (m \to \infty \text{ のとき}).$$

したがって，級数はすべての x に対し収束する．　◀

例4　収束半径の問題 **13-21** に対するヒント　　級数
$$\sum_{m=0}^{\infty}\frac{(-1)^m}{8^m}x^{3m}=1-\frac{x^3}{8}+\frac{x^6}{64}-\frac{x^9}{512}+-\cdots$$
の収束半径を求めよ．

［解］　これは係数 $a_m=(-1)^m/8^m$ の $t=x^3$ のべき級数であるから，(7b) において
$$\left|\frac{a_{m+1}}{a_m}\right|=\frac{8^m}{8^{m+1}}=\frac{1}{8},$$
すなわち $R=8$ となる．ゆえに，級数は $|t|<8$ または $|x|<2$ に対して収束する．　◀

べき級数法の演算

べき級数法ではべき級数を微分したり，和や積を計算したりする．これらの3つの演算はある意味で可能である．その意味はこれから説明する．また，べき級数のすべての係数が0となるための条件もあげておく．これはべき級数法における基本的な手法である．（証明は第4巻3.3節にある．）

項別微分

べき級数は項別に微分できる．より正確には，
$$y(x)=\sum_{m=0}^{\infty}a_m(x-x_0)^m$$
が，$R>0$ として，$|x-x_0|<R$ に対し収束すれば，項別に微分して得られる級数もまた $|x-x_0|<R$ に対し収束して，導関数 $y'(x)$ を表す．すなわち，
$$y'(x)=\sum_{m=1}^{\infty}ma_m(x-x_0)^{m-1}\qquad(|x-x_0|<R).$$
同様に，
$$y''(x)=\sum_{m=2}^{\infty}m(m-1)a_m(x-x_0)^{m-2}\qquad(|x-x_0|<R)$$
などもなりたつ．

項別和

2つのべき級数は項別に加えることができる．より正確には，
$$\sum_{m=0}^{\infty}a_m(x-x_0)^m \quad \text{および} \quad \sum_{m=0}^{\infty}b_m(x-x_0)^m \tag{8}$$
が正の収束半径をもち，和がそれぞれ $f(x)$ および $g(x)$ であるとき，級数
$$\sum_{m=0}^{\infty}(a_m+b_m)(x-x_0)^m$$
は，与えられた各級数の収束区間の内部にあるような x に対して収束し，その値は $f(x)+g(x)$ に等しい．

項別積

2つのべき級数は項別に掛け合わせることができる.より正確には,級数 (8) は正の収束半径をもち,和はそれぞれ $f(x)$ と $g(x)$ であるとする.そのとき,初めの級数の各項と2番目の級数の各項とを掛け,$x-x_0$ の同じべきを集めて得られる級数,すなわち

$$\sum_{m=0}^{\infty}(a_0b_m+a_1b_{m-1}+\cdots+a_mb_0)(x-x_0)^m$$
$$=a_0b_0+(a_0b_1+a_1b_0)(x-x_0)+(a_0b_2+a_1b_1+a_2b_0)(x-x_0)^2+\cdots$$

は,与えられた各級数の収束区間の内部にあるような x に対して収束し,その値は $f(x)g(x)$ に等しい.

すべての係数が 0 となること

べき級数が正の収束半径をもち,その和が収束区間において恒等的に 0 ならば,級数の各係数はすべて 0 である.

和の添数の移動

これは典型的な実例を引用して説明するのが最善であろう.いま,級数の和

$$x^2\sum_{m=2}^{\infty}m(m-1)a_mx^{m-2}+2\sum_{m=1}^{\infty}ma_mx^{m-1}$$
$$=x^2(2a_2+6a_3x+12a_4x^2+\cdots)+2(a_1+2a_2+3a_3x^2+\cdots)$$

が与えられているとして,これを単独の級数にまとめることを試みよう.まず,x^2 と 2 を総和記号の中にとり込んで,

$$\sum_{m=2}^{\infty}m(m-1)a_mx^m+\sum_{m=1}^{\infty}2ma_mx^{m-1}$$

を考える.最終的に得られるはずの級数の添数を s と書く.第1の級数では単に m を s におきかえるだけにする.和の添数はいわばダミーであって,それまでに使われていないどんな記号でも許されるのだから,このような記号の変更はつねに可能である.第2の級数では添数を1だけずらせて $m-1=s$ とおく.すると $m=s+1$ となる.m についての和は $m=1$ から始まったが,s についての和は $s=0$ から始まる.したがって,上の級数の和は

$$\sum_{s=2}^{\infty}s(s-1)a_sx^s+\sum_{s=0}^{\infty}2(s+1)a_{s+1}x^s$$

と書ける.第1の級数では $s=2$ を $s=0$ と変えることができる(なぜか).結果としては,

$$\sum_{s=0}^{\infty}[s(s-1)a_s+2(s+1)a_{s+1}]x^s$$
$$=2[a_1+2a_2x+(a_2+3a_3)x^2+(3a_3+4a_4)x^3+\cdots]$$

が得られる．

べき級数解の存在，実解析関数

以上のようなべき級数の性質はべき級数法の基礎になっている．残る疑問は，与えられた微分方程式がはたしてべき級数で表される解をもつかどうかである．答えは簡単である．すなわち，微分方程式

$$y'' + p(x)y' + q(x)y = r(x) \qquad (9)$$

の係数 p, q および右辺の関数 r がべき級数で表されるときには，(9) はべき級数解をもつ．さらに一般的な微分方程式

$$\tilde{h}(x)y'' + \tilde{p}(x)y' + \tilde{q}(x)y = \tilde{r}(x) \qquad (10)$$

についても，$\tilde{h}, \tilde{p}, \tilde{q}, \tilde{r}$ がべき級数で表されて $\tilde{h}(x_0) \neq 0$（x_0 は級数の中心）ならば，同じ結論が得られる．実際に現れるほとんどすべての方程式では，係数は多項式すなわち有限項で終わるべき級数であり，$\tilde{r}(x)$ も 0 かべき級数であるから，$\tilde{h}(x_0) \neq 0$ 以外の条件はほぼ満足されている．これが成立しない場合の検討は，今後数節で各方程式について個別に実行したい．

このようなべき級数法の理論を正確にしかも簡潔に構成するために，次の非常に重要な概念を用いる．

実解析関数の定義 実関数 $f(x)$ が $x - x_0$ のべき級数（収束半径 $R > 0$）により表されるならば，$f(x)$ は点 $x - x_0$ において解析的であるという．

この概念を使うと，基本定理を次のように述べることができる．

定理 1（べき級数解の存在） (9) の p, q, r が $x = x_0$ において解析的ならば，(9) のすべての解は $x = x_0$ において解析的であって，収束半径 $R > 0$ の $x - x_0$ のべき級数で表すことができる．したがって，(10) の $\tilde{h}, \tilde{p}, \tilde{q}, \tilde{r}$ が $x = x_0$ において解析的で $\tilde{h}(x_0) \neq 0$ ならば，(10) のすべての解は $x = x_0$ において解析的であって，収束半径 $R > 0$ の $x - x_0$ のべき級数で表すことができる[5]．

この定理の証明には複素関数論の高等な方法を必要とし，付録 1 の参考文献 [A5] の中にある．

---

5) 関数 p, q, r の 1 つが複素変数の関数として解析的でないような点のうち，$x = x_0$ ともっとも近い点を P とすると，R は点 $x = x_0$ と P との距離に等しいかまたはそれより大きい．（P は x 軸上の点とは限らず，複素平面上の点のこともある．）

問題 4.2

べき級数解 次の微分方程式の x のべきのべき級数解を求めよ．（計算の詳細を示せ．）

1. $y' = -2xy$
2. $(x-2)y' = xy$
3. $xy' - 3y = k \;(=一定)$
4. $(1-x^2)y' = 2xy$
5. $y'' - 3y' + 2y = 0$
6. $y'' - 4xy' + (4x^2 - 2)y = 0$
7. $y'' + 4y = 0$
8. $(1-x^2)y'' - 2xy' + 2y = 0$

$x - x_0$ のべきの級数解 $t = x - x_0$ を新しい独立変数として導入し，得られた方程式で y を t のべき級数として解けばよい．簡単のため $x_0 = 1$ として次の方程式を解け．計算の詳細を示せ．

9. $y' = ky$
10. $y'' - y = 0$
11. $y' = y/x + 1$
12. 問題 11 の方程式が x のべきのべき級数によって解けないのはなぜか．

収束半径 次の級数の収束半径を求めよ．

13. $\sum_{m=0}^{\infty} \dfrac{x^{2m}}{m!}$
14. $\sum_{m=0}^{\infty} (m+1)mx^m$
15. $\sum_{m=0}^{\infty} \dfrac{1}{3^m}(x-3)^{2m}$
16. $\sum_{m=0}^{\infty} (-1)^m x^{4m}$
17. $\sum_{m=0}^{\infty} \dfrac{(-1)^m}{k^m} x^{2m}$
18. $\sum_{m=0}^{\infty} \dfrac{x^{2m+1}}{(2m+1)!}$
19. $\sum_{m=0}^{\infty} \left(\dfrac{2}{3}\right)^m x^{2m}$
20. $\sum_{m=0}^{\infty} m^m x^m$
21. $\sum_{m=0}^{\infty} \dfrac{1}{2^m}(x-x_0)^{2m}$

22. ［協同プロジェクト］ **べき級数の性質** 次の各節では，工学的に重要な新しい関数（ルジャンドル関数など）をべき級数によって定義し，それらの関数のいろいろな性質が直接べき級数から導かれることを示す．この考え方を理解するために，微積分学で現れる代表的な初等関数の性質をべき級数を使って説明せよ．

（a） e^x, $\cos x$, $1/(x-1)$ および読者自身が選んだ他の関数の微分公式を導け．

（b） $\cosh x + \sinh x = e^x$ を示せ．

（c） $\cot x$ や $\sinh x$ が奇数べきしか含まないことからどのようなことがわかるか．偶数べきしか含まない場合はどうか．最低次のべきが x^{10} である場合はどうか．すべての係数が正である場合はどうか．（実例をあげよ．）

（d） 読者が選んだ級数のほかの性質を見いだせ．べき級数によって $\cos x$ や $\sin x$ が周期関数であることがわかるか．絶対値が 1 を超えないことについてはどうか．

和の添数の移動 この演算はべき級数法ではしばしば実行される．総和記号の中のべきが x^m になるように添数を移動せよ．移動前後の級数の初めの数項を比較して一致するかどうか確認せよ．収束半径を求めよ．

23. $\sum_{s=2}^{\infty} \dfrac{s(s+1)}{s^2+1} x^{s-1}$
24. $\sum_{p=2}^{\infty} p(p-1)x^{p-2}$
25. $\sum_{n=0}^{\infty} \dfrac{(n+1)^3}{(n+2)!} x^{n+1}$

26. ［CAS プロジェクト］ **部分和から得られる情報** べき級数 (1) の部分和 (2) は，しばしば (1) で与えられた関数の近似値の計算に用いられる．そのさい，n は必要な精度と $x - x_0$ の値に応じて適当に選ばれる．簡単のため $x_0 = 0$ としよう．n

を増して (2) をプロットしていけば，精度を大まかに評価することができる．
(a) $\cos x$ の部分和を $n=2, 4, 6, \cdots, 20$ に対してプロットせよ．
(b) 初期値問題 $(1-x^2)y''-2xy'+2y=0$，$y(0)=1$，$y'(0)=0$ の解の部分和を適当に選んだ n に対してプロットせよ．このプロットから解の収束性についてどんな情報が得られるか．
(c) 解が x とともにゆるやかに変化するか急激に変化する 2 つの初期値問題を自分で選び，同様なコンピュータ実験を行え．

4.3 ルジャンドルの方程式，ルジャンドルの多項式 $P_n(x)$

これまでは，練習のために，べき級数法をほかの方法でも解ける微分方程式に適用してきた．ここで，べき級数法を必要とする最初の"大"物理方程式に移ろう．それは次のルジャンドル[6]の微分方程式である．

$$(1-x^2)y''-2xy'+n(n+1)y=0 \qquad (\mathbf{1})$$

この方程式は物理学の多くの問題，とくに球に関する境界値問題（第 3 巻 3.11 節の例 1 参照）に現れる．(1) におけるパラメータ n は与えられた実数である．(1) の任意の解を**ルジャンドル関数**という．初等微積分学では扱わないルジャンドル関数やその他の"高等"関数の研究を**特殊関数論**と総称する．（次節以下では別の特殊関数が現れる．）

(1) を y'' の係数 $1-x^2$ で割ると，新しい方程式の係数 $-2x/(1-x^2)$ および $n(n+1)/(1-x^2)$ は，$x=0$ において解析的である．したがって，4.2 節の定理 1 によりべき級数法を適用できる．べき級数

$$y=\sum_{m=0}^{\infty} a_m x^m \qquad (\mathbf{2})$$

とその導関数を (1) に代入し，定数 $n(n+1)$ を k で表せば，

$$(1-x^2)\sum_{m=2}^{\infty} m(m-1)a_m x^{m-2} - 2x\sum_{m=1}^{\infty} m a_m x^{m-1} + k\sum_{m=0}^{\infty} a_m x^m = 0$$

が得られる．最初の級数を 2 つの別々の級数として書けば，

$$\sum_{m=2}^{\infty} m(m-1)a_m x^{m-2} - \sum_{m=2}^{\infty} m(m-1)a_m x^m - 2\sum_{m=1}^{\infty} m a_m x^m + k\sum_{m=0}^{\infty} a_m x^m = 0 \qquad (1^*)$$

となる．各級数を詳しく書いて整理した結果は，

---

[6] Adrien Marie Legendre (1752-1833)，フランスの数学者．1775 年にパリ大学の教授となり，特殊関数，楕円積分，整数論，変分法に重要な貢献をした．その著書"幾何原論"は非常な好評を博し，1794 年の発刊後 30 年を経ない間に 12 版を重ねた．
ルジャンドル関数の公式は参考文献 [1], [6], [11] の中にある．

$$2\cdot1a_2+3\cdot2a_3x+4\cdot3a_4x^2+\cdots \quad +(s+2)(s+1)a_{s+2}x^s+\cdots$$
$$-2\cdot1a_2x^2-\cdots \quad -s(s-1)a_sx^s+\cdots$$
$$-2\cdot1a_1x-2\cdot2a_2x^2-\cdots \quad -2sa_sx^s-\cdots$$
$$+ka_0+\quad ka_1x+\quad ka_2x^2+\cdots \quad +ka_sx^s-\cdots=0$$

である．(2) が (1) の解であるためには，この式が x について恒等式でなければならないから，x の各べきの係数の和は 0 になるはずである．$k=n(n+1)$ であることを考えれば，

$$2a_2+n(n+1)a_0=0 \quad (x^0 \text{ の係数}),$$
$$6a_3+[-2+n(n+1)]a_1=0 \quad (x^1 \text{ の係数}). \tag{3a}$$

一般に $s=2,3,\cdots$ のときには

$$(s+2)(s+1)a_{s+2}+[-s(s-1)-2s+n(n+1)]a_s=0 \tag{3b}$$

となる．括弧 $[\cdots]$ 内の表式は，$(n-s)(n+s+1)$ と書けるので，(3) から

$$a_{s+2}=-\frac{(n-s)(n+s+1)}{(s+2)(s+1)}a_s \quad (s=0,1,\cdots) \tag{4}$$

が得られる．このような式は**漸化式**とよばれる．任意定数として残る a_0 と a_1 を除けば，これは各係数をその 2 つ前の係数で表している．すなわち，

$$a_2=-\frac{n(n+1)}{2!}a_0 \qquad a_3=-\frac{(n-1)(n+2)}{3!}a_1$$
$$a_4=-\frac{(n-2)(n+3)}{4\cdot3}a_2 \qquad a_5=-\frac{(n-3)(n+4)}{5\cdot4}a_3$$
$$=\frac{(n-2)n(n+1)(n+3)}{4!}a_0 \qquad =\frac{(n-3)(n-1)(n+2)(n+4)}{5!}a_1$$

などがつぎつぎに求められる．これらの係数の値を (2) に代入すれば，

$$y(x)=a_0y_1(x)+a_1y_2(x) \tag{5}$$

が得られる．ここに，

$$y_1(x)=1-\frac{n(n+1)}{2!}x^2+\frac{(n-2)n(n+1)(n+3)}{4!}x^4-+\cdots, \tag{6}$$

$$y_2(x)=x-\frac{(n-1)(n+2)}{3!}x^3$$
$$+\frac{(n-3)(n-1)(n+2)(n+4)}{5!}x^5-+\cdots. \tag{7}$$

これらの級数は $|x|<1$ に対して収束する．(問題 9 を参照せよ．ただし，下記のルジャンドルの多項式のように有限項だけで終わる場合もある．) (6) は x の偶数べきだけを含み，(7) は x の奇数べきだけを含むから，比 y_1/y_2 は定数ではなく，y_1 と y_2 は 1 次独立な解である．よって (5) は，区間 $-1<x<1$ における (1) の一般解である．

4.3 ルジャンドルの方程式，ルジャンドルの多項式 $P_n(x)$

ルジャンドルの多項式

多くの応用において，ルジャンドルの方程式の中のパラメータ n は負でない整数である．その場合，(4) の右辺は $s=n$ のとき 0 であり，したがって $a_{n+2}=0$, $a_{n+4}=0$, $a_{n+6}=0$, … である．よって，n が偶数ならば $y_1(x)$ は n 次の多項式になってしまう．n が奇数ならば同じことが $y_2(x)$ についてなりたつ．これらの多項式にある定数を掛けたものを**ルジャンドルの多項式**という．それらは実用上非常に重要だからもっと詳しく説明しよう．そのため (4) を

$$a_s = -\frac{(s+2)(s+1)}{(n-s)(n+s+1)} a_{s+2} \qquad (s \leq n-2) \qquad (8)$$

の形に書く．すると，0 でないすべての係数を多項式の最高次のべきの係数 a_n によって表すことができる．そのとき a_n はまだ任意である．$n=0$ のとき $a_n=1$ にとり，一般には

$$a_n = \frac{(2n)!}{2^n (n!)^2} = \frac{1 \cdot 3 \cdot 5 \cdots (2n-1)}{n!} \qquad (n=1, 2, \cdots) \qquad (9)$$

とするのが慣例である．その理由は，このように a_n を選ぶと，多項式はすべて $x=1$ のとき値が 1 となるからである．このことは問題 10 ［協同プロジェクト］の (13) からわかる．そのとき (8) と (9) から

$$\begin{aligned}
a_{n-2} &= -\frac{n(n-1)}{2(2n-1)} a_n \\
&= -\frac{n(n-1)(2n)!}{2(2n-1) 2^n (n!)^2} \\
&= -\frac{n(n-1) 2n (2n-1)(2n-2)!}{2(2n-1) 2^n n(n-1)! n(n-1)(n-2)!},
\end{aligned} \qquad (9^*)$$

すなわち

$$a_{n-2} = -\frac{(2n-2)!}{2^n (n-1)!(n-2)!}$$

が得られる．同様に

$$\begin{aligned}
a_{n-4} &= -\frac{(n-2)(n-3)}{4(2n-3)} a_{n-2} \\
&= \frac{(2n-4)!}{2^n 2!(n-2)!(n-4)!}
\end{aligned}$$

などとなり，一般には $n-2m \geq 0$ に対して

$$a_{n-2m} = (-1)^m \frac{(2n-2m)!}{2^n m!(n-m)!(n-2m)!} \qquad (10)$$

と書ける．このようにして得られたルジャンドルの微分方程式 (1) の解を n 次の**ルジャンドルの多項式**といい，$P_n(x)$ で表す．

(10) から，

$$P_n(x) = \sum_{m=0}^{[n/2]} (-1)^m \frac{(2n-2m)!}{2^n m!(n-m)!(n-2m)!} x^{n-2m}$$
$$= \frac{(2n)!}{2^n (n!)^2} x^n - \frac{(2n-2)!}{2^n 1!(n-1)!(n-2)!} x^{n-2} + - \cdots \quad (11)$$

が得られる．ここで $[n/2]$ はいわゆるガウスの記号であって，$n/2$ の整数部分すなわち $n/2$ を超えない最大の整数を表し，n が偶数か奇数かに応じて $n/2$ または $(n-1)/2$ のどちらかの値をとる．低次のルジャンドルの多項式は

$$P_0(x) = 1,$$
$$P_2(x) = \frac{3x^2 - 1}{2},$$
$$P_4(x) = \frac{35x^4 - 30x^2 + 3}{8},$$
$$P_1(x) = x,$$
$$P_3(x) = \frac{5x^3 - 3x}{2},$$
$$P_5(x) = \frac{63x^5 - 70x^3 + 15}{8} \quad (11')$$

などである（図 4.3）．

ルジャンドルの多項式のいわゆる直交性については 4.7, 4.8 節で考える．

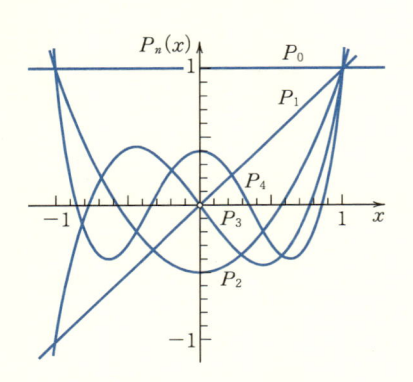

図 4.3 ルジャンドルの多項式

♦♦♦♦♦ 問題 4.3 ♦♦♦♦♦

1. （$n=0$ に対するルジャンドル関数）　$n=0$ のとき，(6) は $y_1(x) = P_0(x) = 1$ を与え，(7) は

$$y_2(x) = x + \frac{2}{3!} x^3 + \frac{(-3)(-1) \cdot 2 \cdot 4}{5!} x^5 + \cdots$$
$$= x + \frac{x^3}{3} + \frac{x^5}{5} + \cdots = \frac{1}{2} \ln \frac{1+x}{1-x}$$

を与えることを示せ．この結果を検証するために，(1) で $n=0$ とおいて得られる $z = y'$ に関する微分方程式を解け．

2. （$n=1$ に対するルジャンドル関数）　$n=1$ のとき，(7) は $y_2(x) = P_1(x) = x$ を与え，(6) は

$$y_1(x) = 1 - \frac{x^3}{1} - \frac{x^4}{3} - \frac{x^6}{5} - \cdots$$
$$= 1 - x\left(x + \frac{x^3}{3} + \frac{x^5}{5} + \cdots\right) = 1 - \frac{x}{2} \ln \frac{1+x}{1-x}$$

を与えることを示せ．

4.3 ルジャンドルの方程式，ルジャンドルの多項式 $P_n(x)$

3. （特別な n の値） (11) から (11′) を導け．

4. （検証） (11′) の諸関数がルジャンドルの方程式を満たすことを確かめよ．

5. （証明の近道） (1*) の最初の和において $m-2=s$ と書き，その他の和において $m=s$ とおくと，

$$\sum_{s=0}^{\infty}\left\{(s+2)(s+1)a_{s+2}-[s(s-1)+2s-k]a_s\right\}x^s=0$$

が得られ，もっと容易に (3) を証明できることを示せ．

6. （ロドリーグ[7]の公式） 2項定理を $(x^2-1)^n$ に適用し，項別に n 回微分して (11) と比較することにより，

$$\boxed{P_n(x)=\frac{1}{2^n n!}\frac{d^n}{dx^n}[(x^2-1)^n]}\qquad\text{（ロドリーグの公式）}\qquad(12)$$

を導け．

7. （微分方程式）

$$(a^2-x^2)y''-2xy'+12y=0\qquad(a\neq 0)$$

の解を求めよ．

8. （ロドリーグの公式） (12) から (11′) を導け．

9. （収束性） 級数 (6) および (7) が多項式にならないような n に対しては，級数の収束半径が 1 となることを示せ．

10. ［協同プロジェクト］ 母関数 母関数は現代応用数学において重要な役割を果たしている（参考書 [7] 参照）．その意味は簡単である．ある数列 $(f_n(x))$ に対して関数

$$G(u,x)=\sum_{n=0}^{\infty}f_n(x)u^n$$

が定義されるとき，これを $(f_n(x))$ の母関数とよぶ．なぜなら，数列 $(f_n(x))$ の性質は関数 $G(u,x)$ から"生成"されるからである．

（a） ルジャンドルの多項式の母関数は

$$G(u,x)=\frac{1}{\sqrt{1-2xu+u^2}}=\sum_{n=0}^{\infty}P_n(x)u^n \qquad(13)$$

であることを証明せよ．

［ヒント］ $1/\sqrt{1-v}$ の2項展開から出発し，$v=2xu-u^2$ とおき，v のべきを u について展開し，u^n を含むすべての項を集め，その和が $P_n(x)u^n$ であることを示せばよい．訳者注：具体的な計算は次のようになる．

$$(1-2xu+u^2)^{-1/2}=\sum_{k=0}^{\infty}\frac{(2k)!}{2^{2k}(k!)^2}(2xu-u^2)^k \qquad\text{（2項定理を適用）}$$

$$=\sum_{k=0}^{\infty}\sum_{m=0}^{k}(-1)^m\frac{(2k)!\,2^{k-m}x^{k-m}}{2^{2k}k!\,m!\,(k-m)!}u^{k+m} \qquad(k \text{ を } n=k+m \text{ に変換})$$

$$=\sum_{n=0}^{\infty}\sum_{m=0}^{[n/2]}(-1)^m\frac{(2n-2m)!\,x^{n-2m}}{2^n m!\,(n-m)!\,(n-2m)!}u^n=\sum_{n=0}^{\infty}P_n(x)u^n$$

（b） ポテンシャル論 A_1 と A_2 を空間の2点とする（図4.4，$r_2>0$）．(13) を使って，

---

[7] Olinde Rodrigues (1794-1851)，フランスの数学者，経済学者．

$$\frac{1}{r} = \frac{1}{\sqrt{r_1^2 + r_2^2 - 2r_1 r_2 \cos\theta}}$$
$$= \frac{1}{r_2} \sum_{m=0}^{\infty} P_m(\cos\theta) \left(\frac{r_1}{r_2}\right)^m$$

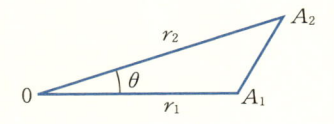

を導け．この公式はポテンシャル論で用いられる．

図 4.4 協同プロジェクト 10

（c） **(13)** の他の応用
$$P_n(1) = 1, \quad P_n(-1) = (-1)^n, \quad \text{さらに}$$
$$P_{2n+1}(0) = 0, \quad P_{2n}(0) = (-1)^n \cdot 1 \cdot 3 \cdots (2n-1) / [2 \cdot 4 \cdots (2n)]$$

を示せ．

（d） ボネ[8]の漸化式 (13) を u について微分し，得られた公式にさらに (13) を代入して，u^n の係数を比較することにより，ボネの漸化式

$$(n+1)P_{n+1}(x) = (2n+1)xP_n(x) - nP_{n-1}(x) \qquad (n=1, 2, \cdots) \qquad (14)$$

を証明せよ．この公式は，有効数字の減り方が（零点近傍を除いて）少ないので，数値計算に有用である．読者自身で選んだ数値計算に (14) を試みよ．

11. （ルジャンドルの同伴関数）
$$(1-x^2)y'' - 2xy' + \left[n(n+1) - \frac{m^2}{1-x^2}\right]y = 0$$

を考える．$y(x) = (1-x^2)^{m/2} v(x)$ を代入して，v が
$$(1-x^2)v'' - 2(m+1)xv' + [n(n+1) - m(m+1)]v = 0 \qquad (15)$$

を満たすことを示せ．(1) から出発して m 回微分することによって，(15) の解が
$$v = \frac{d^m P_n}{dx^m}$$

であることを示せ．この $v(x)$ に対応する $y(x)$ は $P_n^m(x)$ と記される．これはルジャンドルの同伴関数とよばれ，量子物理学で重要な役割を果たす．要約すれば，

$$\boxed{P_n^m(x) = (1-x^2)^{m/2} \frac{d^m P_n}{dx^m}} \qquad \textbf{(16)}$$

である．

12. （ルジャンドルの同伴関数） $P_1^1(x)$, $P_2^1(x)$, $P_2^2(x)$, $P_4^2(x)$ を求めよ．

4.4 フロベニウス法

多くの応用で非常に重要ないくつかの 2 階微分方程式，たとえば有名なベッセルの方程式などは，解析的でない（定義は 4.2 節）係数をもつので，そのままではべき級数法は適用されない．しかしながら，次の定理がなりたつため，べき級数法を拡張した**フロベニウス**[9]**法**とよばれる方法を適用することができる．

---

8) Ossian Bonnet (1819-1892)，フランスの数学者．主な業績は曲面の微分幾何学の分野である．

9) Georg Frobenius (1849-1917)，ドイツの数学者．行列論，群論にも重要な貢献をした．

4.4 フロベニウス法

定理1（フロベニウス法） 関数 $b(x), c(x)$ が $x=0$ において解析的であるとき，微分方程式

$$y'' + \frac{b(x)}{x} y' + \frac{c(x)}{x^2} y = 0 \tag{1}$$

は，

$$y = x^r \sum_{m=0}^{\infty} a_m x^m = x^r (a_0 + a_1 x + a_2 x^2 + \cdots) \quad (a_0 \neq 0) \tag{2}$$

の形に表される少なくとも1つの解をもつ．ここに，指数 r は実数または複素数で，$a_0 \neq 0$ となるようにとる[10]．

方程式 (1) はまた (2) と1次独立な第2の解をもつ．この解は (2) と同じタイプで r と係数が異なる場合と対数項を含む場合がある．（詳細については定理2を参照せよ．）

たとえば，次節で扱うベッセルの方程式

$$y'' + \frac{1}{x} y' + \frac{x^2 - \nu^2}{x^2} y = 0$$

は (1) の形であって，$b(x) = 1$, $c(x) = x^2 - \nu^2$ はともに $x=0$ において解析的であるから，定理を適用することができる．

同様に，いわゆる超幾何微分方程式（問題16参照）もまたフロベニウス法を必要とする．

定理1の要点は，(2) の解が，あるべき級数と指数 r が非負の整数とは限らない単一のべきとの積で表されるということである．（この解はある意味で拡張されたべき級数を定義するともいえよう．4.1節の脚注1を参照されたい．）

定理の証明には複素関数論の高級な方法が必要で，付録1の参考書 [A5] の中に出ている．

正則点と特異点

次の用語は実用的である．方程式

$$y'' + p(x) y' + q(x) y = 0$$

の正則点とは，係数 p および q が解析的である点 x_0 のことである．このときにはべき級数法を適用することができる．x_0 が正則でなければ，それは**特異**

---

[10] この定理において変数 x を $x - x_0$ でおきかえてもよい．ここで x_0 は任意の数である．$a_0 \neq 0$ とおいても一般性は失われない．$a_0 = 0$ ならべき指数 r の値がずれるだけである．

すぐあとで定義されるように，方程式 (1) の特異点は $x = 0$ であり，正則点はそれ以外の点である．この特異点 $x = 0$ を確定特異点（regular singular point, 直訳では正則特異点）ということがある．しかし，regular singular point（すなわち正則特異点）という用語は，混乱するおそれがあるため本書では使用しない．

点であるという．同様に，方程式
$$\tilde{h}(x)y'' + \tilde{p}(x)y'(x) + \tilde{q}(x)y = 0$$
の正則点とは，$\tilde{h}, \tilde{p}, \tilde{q}$ が解析的で $\tilde{h}(x_0) \neq 0$（したがって $\tilde{h}(x)$ で割れば前の標準形に帰着する）がなりたつ点である．x_0 が正則でなければ，それは**特異点**であるという．

決定方程式，解の形の決定

フロベニウス法によって (1) を解くために，x^2 を掛けてもっと扱いやすい形
$$x^2 y'' + xb(x)y' + c(x)y = 0 \tag{1'}$$
にしておく．まず $b(x)$ と $c(x)$ をべき級数に展開する．
$$b(x) = b_0 + b_1 x + b_2 x^2 + \cdots, \quad c(x) = c_0 + c_1 x + c_2 x^2 + \cdots.$$
つぎに (2) を項別微分して，
$$y'(x) = \sum_{m=0}^{\infty} (m+r) a_m x^{m+r-1} = x^{r-1}[ra_0 + (r+1)a_1 x + \cdots],$$
$$y''(x) = \sum_{m=0}^{\infty} (m+r)(m+r-1) a_m x^{m+r-2} \tag{2*}$$
$$= x^{r-2}[r(r-1)a_0 + (r+1)ra_1 x + \cdots].$$
これらの級数を (1') に代入すれば，ただちに
$$x^r[r(r-1)a_0 + \cdots] + (b_0 + b_1 x + \cdots)x^r(ra_0 + \cdots)$$
$$+ (c_0 + c_1 x + \cdots)x^r(a_0 + a_1 x + \cdots) = 0 \tag{3}$$
が得られる．ここで，各べき $x^r, x^{r+1}, x^{r+2}, \cdots$ の係数の和を 0 に等しいとおくと，未知係数 a_m を含む連立方程式が得られる．最低次のべき x^r に対応する方程式は
$$[r(r-1) + b_0 r + c_0]a_0 = 0$$
である．仮定により $a_0 \neq 0$ だから，
$$\boxed{r(r-1) + b_0 r + c_0 = 0} \tag{4}$$
でなければならない．この重要な 2 次方程式は微分方程式 (1) の**決定方程式**とよばれる．その役割についてはこれから説明する．

以上の方法により解の基底が求められる．2 つの解のうちの 1 つはつねに (2) の形 [r は (4) の根] である．他の解の形は決定方程式によって決まる．すなわち，決定方程式の根の性質によって次の 3 つの場合に分かれる．

場合 1 異なる根の差が整数でない場合[11]．

---

11) この場合が共役複素根 r_1 と $r_2 = \bar{r}_1$ の場合を含むことを注意する．$r_1 - r_2 = r_1 - \bar{r}_1 = 2i \operatorname{Im} r_1$ は純虚数であって整数（実数）にはならないからである．

場合2 重根の場合．

場合3 異なる根の差が整数の場合．

場合1と場合2は，もっとも簡単な (1) の形の微分方程式であるオイラー・コーシーの方程式の解からある程度予想できないわけではない．しかし，場合3はおそらく予想不可能であろう．それぞれの場合の基底の一般形は次のようにして決定される[12]．証明は付録4に与えられている．

定理2（フロベニウス法，解の基底，3つの場合） 微分方程式 (1) は定理1の仮定を満たすとする．決定方程式の2つの根を r_1 および r_2 と書く．そのとき次の3つの場合がある．

場合1 異なる根の差 r_1-r_2 が整数でない場合　基底は
$$y_1(x) = x^{r_1}(a_0 + a_1 x + a_2 x^2 + \cdots), \tag{5}$$
および
$$y_2(x) = x^{r_2}(A_0 + A_1 x + A_2 x^2 + \cdots) \tag{6}$$
である．係数は $r=r_1$ または $r=r_2$ を (3) に代入してつぎつぎに決めることができる．

場合2 重根 $r_1 = r_2 = r$ の場合　基底は
$$y_1(x) = x^r(a_0 + a_1 x + a_2 x^2 + \cdots) \quad \left(r = \frac{1-b_0}{2}\right) \tag{7}$$
（前と同じ一般解）および
$$y_2(x) = y_1(x) \ln x + x^r(A_1 x + A_2 x^2 + \cdots) \quad (x>0) \tag{8}$$
である．

場合3 異なる根の差 r_1-r_2 が整数の場合　基底は
$$y_1(x) = x^{r_1}(a_0 + a_1 x + a_2 x^2 + \cdots) \tag{9}$$
（前と同じ一般解）および
$$y_2(x) = k y_1(x) \ln x + x^{r_2}(A_0 + A_1 x + A_2 x^2 + \cdots) \tag{10}$$
である．ここで，根は $r_1-r_2>0$ となるようにとる．右辺第1項の係数 k は 0 になることもある[13]．

---

[12] 今後現れる級数の収束性についての一般論はここでは述べない．しかし，各級数の収束性は通常の判定法（根判定法，比判定法など）によって確かめることができる．

[13] （訳注）$k=0$ ならば (10) は対数項を含まないことになる．これは例1のオイラー・コーシーの方程式で実現する．

典型的な応用

フロベニウス法は，決定方程式の根が定められてしまえば，技術的にはべき級数法とよく似ている．しかし，(5)-(10) は単に基底の一般形を示すだけであって，第2の解は階数低減法 (2.1節参照) によってもっと速く求められることが多い．

例1 オイラー・コーシーの方程式，場合 **1, 2, 3** ともに対数項をもたない例

2.6節で扱ったオイラー・コーシーの方程式
$$x^2 y'' + b_0 x y' + c_0 y = 0 \qquad (b_0, c_0 \text{ は定数})$$
の場合には，$y=x^r$ を代入すれば補助方程式
$$\boxed{r(r-1) + b_0 r + c_0 = 0}$$
が得られる．これは実は決定方程式にほかならない．そして $y=x^r$ は (2) のごく特殊な形である．異なる根 $r_1 \neq r_2$ (場合 1, 3) ならば基底は $y_1 = x^{r_1}$, $y_2 = x^{r_2}$ となり，重根 $r_1 = r_2 = r$ (場合 2) ならば基底は $y_1 = x^r$, $y_2 = x^r \ln x$ となる． ◀

例2 場合 **2** (重根) の例　　微分方程式
$$x(x-1)y'' + (3x-1)y' + y = 0 \tag{11}$$
を解け．(これは問題 16 に出てくる超幾何微分方程式の一種である．)

[解]　この方程式を標準形に書けば，定理1の仮定を満たしていることがわかる．(2) とその導関数 (2*) を (11) に代入して
$$\sum_{m=0}^{\infty}(m+r)(m+r-1)a_m x^{m+r} - \sum_{m=0}^{\infty}(m+r)(m+r-1)a_m x^{m+r-1}$$
$$+ 3\sum_{m=0}^{\infty}(m+r)a_m x^{m+r} - \sum_{m=0}^{\infty}(m+r)a_m x^{m+r-1} + \sum_{m=0}^{\infty} a_m x^{m+r} = 0 \tag{12}$$
が得られる．最低次のべきは x^{r-1} である．その係数の和を 0 とおいて
$$[-r(r-1) - r]a_0 = 0 \quad \text{すなわち} \quad r^2 = 0$$
を得る．よってこの決定方程式は重根 $r=0$ をもつ．

[第1の解]　この値を (12) に代入し x^s の係数の和を 0 とおけば，
$$s(s-1)a_s - (s+1)sa_{s+1} + 3sa_s - (s+1)a_{s+1} + a_s = 0,$$
すなわち $a_{s+1} = a_s$ である．ゆえに $a_0 = a_1 = a_2 = \cdots$ で，$a_0 = 1$ を選べば
$$y_1(x) = \sum_{m=0}^{\infty} x^m = \frac{1}{1-x} \qquad (|x|<1)$$
となる．

[第2の解]　第2の独立な解 y_2 を階数低減法 (2.1節) によって求めよう．階数低減法では $y_2 = uy_1$ を方程式 (1) に代入することから始めるが，その結果はすでに 2.1 節の (9) に与えられているので，ここではそれを利用しよう．もちろん初めから直接代入してもよいわけであるが，これは次の例で実行することにする．(11) における y' の係数は標準形では $p(x) = (3x-1)/(x^2-x)$ と書ける．部分分数展開により，
$$-\int p\,dx = -\int \frac{3x-1}{x(x-1)}\,dx = -\int\left(\frac{2}{x-1} + \frac{1}{x}\right)dx = -2\ln(x-1) - \ln x$$
が得られる．したがって，2.1 節の (9) は

4.4 フロベニウス法

$$u' = U = y_1^{-2} e^{-\int p\,dx} = \frac{(x-1)^2}{(x-1)^2 x}, \qquad u = \ln x, \quad y_2 = uy_1 = \frac{\ln x}{1-x}$$

となる．y_1 と y_2 は1次独立であって，区間 $0<x<1$ （および $1<x<\infty$）において基底を構成する．　◀

例3 場合3で第2の解が対数項をもつ例　　微分方程式
$$x(x-1)y'' - xy' + y = 0 \tag{13}$$
を解け．

［解］　(2)と(2*)を(13)に代入すると，まず
$$x(x-1)\sum_{m=0}^{\infty}(m+r)(m+r-1)a_m x^{m+r-2} - x\sum_{m=0}^{\infty}(m+r)a_m x^{m+r-1}$$
$$+ \sum_{m=0}^{\infty} a_m x^{m+r} = 0$$
が得られる．$x(x-1)$ と x を総和記号の中にとり込み，べき x^{m+r} のすべての項を集めて整理した結果は，
$$\sum_{m=0}^{\infty}(m+r-1)^2 a_m x^{m+r} - \sum_{m=0}^{\infty}(m+r)(m+r-1)a_m x^{m+r-1} = 0$$
である．第1の級数で $m=s$ とおき，第2の級数で $m=s+1$ すなわち $s=m-1$ とおけば，
$$\sum_{s=0}^{\infty}(s+r-1)^2 a_s x^{s+r} - \sum_{s=-1}^{\infty}(s+r+1)(s+r)a_{s+1} x^{s+r} = 0 \tag{14}$$
となる．最低次のべき x^{r-1} は第2の級数の第1項 ($s=-1$) に対応するから，決定方程式は
$$r(r-1) = 0$$
と書ける．その根は $r_1=1$ および $r_2=0$ であって整数1だけ違う．したがってこれは場合3である．

［第1の解］　(14)に $r=r_1=1$ を代入すれば，
$$\sum_{s=0}^{\infty}[s^2 a_s - (s+2)(s+1)a_{s+1}] x^{s+1} = 0$$
となり，漸化式
$$a_{s+1} = \frac{s^2}{(s+2)(s+1)} a_s \qquad (s=0, 1, \cdots)$$
が得られる．よって $a_1=0, a_2=0, \cdots$ である．$a_0=1$ とすると，第1の解として $y_1 = x^{r_1} a_0 = x$ が得られる．

［第2の解］　階数低減法 (2.1節) を利用して，$y_2 = y_1 u = xu$, $y_2' = xu' + u$, $y_2'' = xu'' + 2u'$ を(13)に代入すれば，
$$x(x-1)(xu'' + 2u') - x(xu' + u) + xu = 0$$
となる．これを x で割って整理した結果は
$$x(x-1)u'' + (x-2)u' = 0$$
である．部分分数を用いて積分すれば，
$$\frac{u''}{u'} = -\frac{x-2}{x(x-1)} = -\frac{2}{x} + \frac{1}{x-1}, \qquad \ln u' = \ln\frac{x-1}{x^2}$$
が得られる（積分定数は0とした）．両辺の指数をとってさらに積分すると，

$$u' = \frac{x-1}{x^2} = \frac{1}{x} - \frac{1}{x^2}, \quad u = \ln x + \frac{1}{x}, \quad y_2 = xu = x\ln x + 1$$

となる．結論としては，y_1 と y_2 は 1 次独立であって，y_2 は対数項をもつ． ◀

フロベニウス法で解ける重要な微分方程式の 1 つが下の問題 16 で紹介する超幾何方程式であるが，その解は特別な場合として多くのよく知られた関数を含んでいる．次節ではフロベニウス法をベッセルの方程式を解くために利用する．

❖❖❖❖❖ 問題 4.4 ❖❖❖❖❖

1. ［論文プロジェクト］ べき級数法とフロベニウス法 この 2 つの方法と適用範囲の差を（読者自身の言葉と簡単な例を使って）説明する 2-3 ページの小論文を書け．またいくつかの実際的な疑問への答えを考えよ．たとえば，中心 $x_0 = 2$ のべき級数法を，± 1 に特異点をもつ方程式に適用できるのだろうか．一般にどんな収束半径を予想できるのか．

フロベニウス法による解の基底 次の微分方程式の解の基底を求めよ．計算の詳細を示せ．よく知られた関数の展開になっているかどうか確認せよ．

2. $(x+1)^2 y'' + (x+1)y' - y = 0$
3. $x(1-x)y'' + 2(1-2x)y' - 2y = 0$
4. $4xy'' + 2y' + y = 0$
5. $xy'' + 2y' + xy = 0$
6. $xy'' + 2y' + 4xy = 0$
7. $xy'' + (1-2x)y' + (x-1)y = 0$
8. $xy'' + 2(1-x)y' + (x-2)y = 0$
9. $(x+2)^2 y'' + (x+2)y' - y = 0$
10. $(x-1)^2 y'' + (x-1)y' - 4y = 0$
11. $2x(x-1)y'' - (x+1)y' + y = 0$
12. $xy'' + y' - xy = 0$
13. $x^2 y'' + 2xy' - 6y = 0$
14. $x^2 y'' + x^3 y' + (x^2 - 2)y = 0$
15. $xy'' + 3y' + 4x^3 y = 0$

16. ［協同プロジェクト］ 超幾何方程式，超幾何級数，超幾何関数．ガウス[14] の超幾何微分方程式は

$$x(1-x)y'' + [c - (a+b+1)x]y' - aby = 0 \qquad (15)$$

である．ここで a, b, c は定数である．これらの定数を適当に選べば，信じられないほど多くの初等関数や特殊関数を (15) の解として与えることができる．［(c) はそのごく一部である．］これは (15) の実際上の重要性を示している．

（a） 超幾何級数 (15) の決定方程式は根 $r_1 = 0$ および $r_2 = 1 - c$ をもつことを示せ．$r_1 = 0$ に対してはフロベニウス法により

---

14) Carl Friedrich Gauss (1777-1855)，ドイツの大数学者．彼はヘルムステットとゲッチンゲンで学生であったときすでに，彼の偉大な諸発見の中の最初の発見をしていた．1807 年にゲッチンゲン大学の教授兼天文台長になった．彼の業績は，代数学，整数論，微分方程式，微分幾何学，非ユークリッド幾何学，複素関数論，数値解析，天文学，測地学，電磁気学，理論力学の分野で基本的かつ重要である．彼はまた複素数の一般的かつ系統的な方法論を開拓した．

$$y_1(x) = 1 + \frac{ab}{1!\,c}x + \frac{a(a+1)b(b+1)}{2!\,c(c+1)}x^2$$
$$+ \frac{a(a+1)(a+2)b(b+1)(b+2)}{3!\,c(c+1)(c+2)}x^3 + \cdots \quad (c \neq 0, -1, -2, \cdots) \qquad (16)$$

が得られることを示せ．この級数を**超幾何級数**，その和 $y_1(x)$ を**超幾何関数**とよび，通常 $F(a, b, c\,;\,x)$ で表す．この名の由来は

$$F(1,1,1\,;\,x) = F(1,b,b\,;\,x) = F(a,1,a\,;\,x) = \frac{1}{1-x}$$

がなりたつことである[15]．これを証明せよ．

（b）**収束性** a か b が負の整数ならば，級数 (16) は多項式になることを示せ．それ以外の場合 ($c \neq 0, -1, -2, \cdots$) には，(16) は $|x| < 1$ で収束することを示せ．

（c）**特別な場合** 次の式を証明せよ．

$(1+x)^n = F(-n, b, b\,;\,-x)$, $\qquad (1-x)^n = 1 - nxF(1-n, 1, 2\,;\,x)$

$\arctan x = xF\left(\frac{1}{2}, 1, \frac{3}{2}\,;\,-x^2\right)$, $\qquad \arcsin x = xF\left(\frac{1}{2}, \frac{1}{2}, \frac{3}{2}\,;\,x^2\right)$

$\ln(1+x) = xF(1, 1, 2\,;\,-x)$, $\qquad \ln\frac{1+x}{1-x} = 2xF\left(\frac{1}{2}, 1, \frac{3}{2}\,;\,x^2\right)$

特殊関数の文献から同様な関係式を見いだせ．

（d）**第 2 の解** $r_2 = 1-c$ に対してフロベニウス法を適用すると，解

$$y_2(x) = x^{1-c}\Big(1 + \frac{(a-c+1)(b-c+1)}{1!\,(-c+2)}x$$
$$+ \frac{(a-c+1)(a-c+2)(b-c+1)(b-c+2)}{2!\,(-c+2)(-c+3)}x^2 + \cdots\Big) \qquad (17)$$

が得られることを示せ．これはまた

$$y_2(x) = x^{1-c}F(a-c+1, b-c+1, 2-c\,;\,x)$$

と書けることを示せ．

（e）**別の微分方程式** 微分方程式

$$(t^2 + At + B)\frac{d^2y}{dt^2} + (Ct + D)\frac{dy}{dt} + Ky = 0 \qquad (18)$$

を考える．ここに A, B, C, D, K は定数であって，係数 $t^2 + At + B$ は異なる零点 t_1, t_2 をもつとする．新しい独立変数

$$x = \frac{t - t_1}{t_2 - t_1}$$

を導入すれば，方程式 (18) は超幾何方程式となり，パラメータの間に

$$Ct_1 + D = -c(t_2 - t_1), \quad C = a+b+1, \quad K = ab$$

という関係があることを示せ．要約すると，超幾何方程式 (15) はより一般的な方程式 (18) の"基準形"であり，逆に (18) は超幾何関数によって解けることになる．

超幾何微分方程式 次の方程式の一般解を超幾何関数によって表せ．

17. $8x(1-x)y'' + 2(2-7x)y' - y = 0$ **18.** $x(1-x)y'' + (3-5x)y' - 4y = 0$

19. $4x(1-x)y'' + y' + 8y = 0$ **20.** $x(1-x)y'' + \left(\frac{1}{2} + 2x\right)y' - 2y = 0$

---

[15] （訳注）等比級数は幾何級数 (geometric series の直訳) ともいうからである．

4.5 ベッセルの方程式，第1種ベッセル関数 $J_\nu(x)$

応用数学におけるもっとも重要な微分方程式の1つは，ベッセル[16]の微分方程式

$$x^2 y'' + xy' + (x^2 - \nu^2)y = 0 \tag{1}$$

である．この方程式は，電界，振動（第3巻3.10節），熱伝導などに関与した円柱対称性を示す問題でしばしば現れる．（これはルジャンドルの方程式が球対称性を示す場合に現れるのとは対照的である．）パラメータ ν は与えられた数である．ここでは実数で負でないと仮定する．

前節の初めに述べたように，ベッセルの方程式はフロベニウス法によって解くことができる．したがって，

$$y(x) = \sum_{m=0}^{\infty} a_m x^{m+r} \qquad (a_0 \neq 0) \tag{2}$$

の形の解を考え，これとその導関数を (1) に代入すれば，

$$\sum_{m=0}^{\infty}(m+r)(m+r-1)a_m x^{m+r} + \sum_{m=0}^{\infty}(m+r)a_m x^{m+r}$$
$$+ \sum_{m=0}^{\infty} a_m x^{m+r+2} - \nu^2 \sum_{m=0}^{\infty} a_m x^{m+r} = 0$$

が得られる．ここで x^{s+r} の係数の和を0とおこう．このべき x^{s+r} は，第1，第2および第4の級数では $m=s$ に対応するが，第3の級数では $m=s-2$ に対応する．ゆえに，$s=0$ と $s=1$ のときには，第3の級数は $m \geq 0$ により寄与しない．$s=2, 3, \cdots$ のときには，4つのすべての級数が寄与するので一般的な公式が得られる．結局，

$$r(r-1)a_0 + ra_0 - \nu^2 a_0 = 0 \qquad (s=0) \tag{3a}$$
$$(r+1)ra_1 + (r+1)a_1 - \nu^2 a_1 = 0 \qquad (s=1) \tag{3b}$$
$$(s+r)(s+r-1)a_s + (s+r)a_s + a_{s-2} - \nu^2 a_s = 0 \qquad (s=2,3,\cdots) \tag{3c}$$

となる．(3a) から決定方程式

$$(r+\nu)(r-\nu) = 0 \tag{4}$$

が得られる．根は $r_1 = \nu \; (\geq 0)$ および $r_2 = -\nu$ である．

---

[16] Friedrich Wilhelm Bessel (1784-1846)，ドイツの天文学者，数学者．貿易会社の徒弟として出発し，余暇に独学で天文学を学んだ．のちに，小さな私立天文台の助手となり，最後にケーニヒスベルグ天文台の台長となった．ベッセル関数の論文は1824年に発表された．

ベッセル関数に関する公式は付録1のハンドブック [1], [6], [11]，専門書 [A7] などにある．

4.5 ベッセルの方程式，第1種ベッセル関数 $J_\nu(x)$

$r=r_1=\nu$ の場合の係数の漸化式

$r=r_1=\nu$ に対しては，方程式 (3b) から $a_1=0$ となる．方程式 (3c) は
$$(s+r+\nu)(s+r-\nu)a_s+a_{s-2}=0$$
と書きかえられるので，$r=\nu$ のときには
$$(s+2\nu)sa_s+a_{s-2}=0 \tag{5}$$
という形になる．$a_1=0$ で $\nu\geq 0$ だから，つぎつぎに $a_3=0, a_5=0, \cdots$ が得られる．したがって偶数べきの係数だけを考えればよい．(5) において $s=2m$ とおけば，
$$(2m+2\nu)2ma_{2m}+a_{2m-2}=0$$
となる．これを a_{2m} について解いて
$$a_{2m}=-\frac{1}{2^2 m(\nu+m)}a_{2m-2} \quad (m=1,2,\cdots) \tag{6}$$
を得る．(6) から偶数次の係数 $a_2, a_4, \cdots$ をつぎつぎに求めることができる．その結果は
$$a_2=-\frac{a_0}{2^2(\nu+1)},$$
$$a_4=-\frac{a_2}{2^2 2(\nu+2)}$$
$$=\frac{a_0}{2^4 2!(\nu+1)(\nu+2)}, \cdots$$
で，一般には
$$a_{2m}=\frac{(-1)^m a_0}{2^{2m} m!(\nu+1)(\nu+2)\cdots(\nu+m)} \quad (m=1,2,\cdots) \tag{7}$$
である．

整数 $\nu=n$ に対するベッセル関数 $J_n(x)$

整数値を表す標準的な記号は n である．$\nu=n$ のとき，関係式 (7) は
$$a_{2m}=\frac{(-1)^m a_0}{2^{2m} m!(n+1)(n+2)\cdots(n+m)} \quad (m=1,2,\cdots) \tag{8}$$
となる．a_0 は任意のままであるから，これらの係数をもつ級数 (2) は任意定数 a_0 を含むことになる．この新しい関数の公式を導いたり数値計算をしたりするためには，前もって a_0 の値を決めておかないと不便である．もちろん $a_0=1$ という選択も可能であろうが，もっと実際的な選択は
$$a_0=\frac{1}{2^n n!} \tag{9}$$
である．(9) を (8) に代入し，$n!(n+1)\cdots(n+m)=(m+n)!$ を考慮すれば，

$$a_{2m} = \frac{(-1)^m}{2^{2m+n} m!(n+m)!} \tag{10}$$

となるからである．これらの係数と $r_1 = \nu = n$ を (2) に代入すると，$J_n(x)$ で表される (1) の特殊解

$$J_n(x) = x^n \sum_{m=0}^{\infty} \frac{(-1)^m x^{2m}}{2^{2m+n} m!(n+m)!} \tag{11}$$

が得られる．この解は n 次の**第1種ベッセル関数**とよばれる．比判定法ですぐわかるように，この級数はすべての x に対して収束する．しかも分母に複数の階乗があるため非常に速く収束する．

例1 ベッセル関数 $J_0(x)$ と $J_1(x)$　$n=0$ のとき，(11) は 0 次のベッセル関数

$$\begin{aligned}J_0(x) &= \sum_{m=0}^{\infty} \frac{(-1)^m x^{2m}}{2^{2m}(m!)^2} \\ &= 1 - \frac{x^2}{2^2(1!)^2} + \frac{x^4}{2^4(2!)^2} - \frac{x^6}{2^6(3!)^2} + - \cdots \end{aligned} \tag{12}$$

を与える．これは余弦関数と似ている（図 4.5）．$n=1$ ならば，1 次のベッセル関数

$$\begin{aligned}J_1(x) &= \sum_{m=0}^{\infty} \frac{(-1)^m x^{2m+1}}{2^{2m+1} m!(m+1)!} \\ &= \frac{x}{2} - \frac{x^3}{2^3 1! 2!} + \frac{x^5}{2^5 2! 3!} - \frac{x^7}{2^7 3! 4!} + - \cdots \end{aligned} \tag{13}$$

が得られる．これは正弦関数と似ている（図 4.5）．しかし，これらの関数の零点の配列は完全には等間隔でなく（付録5の表 A1 参照），"波"の高さも x の増加とともに減少する．さて，$\nu = n$ の場合のベッセルの方程式の標準形は，(1) を x^2 で割った $y'' + y'/x + (1 - n^2/x^2)y = 0$ であるが，これは x が大きくなると $y'' + y = 0$ に近づく．したがって y は $\cos x$ や $\sin x$ で近似されることになる．一方，左辺第2項の y'/x は"減衰項"としてはたらき，波の高さを減らす原因ともなる．実際，大きい x に対する近似式

$$J_n(x) \approx \sqrt{\frac{2}{\pi x}} \cos\left(x - \frac{n\pi}{2} - \frac{\pi}{4}\right) \tag{14}$$

を導くことができる．　◀

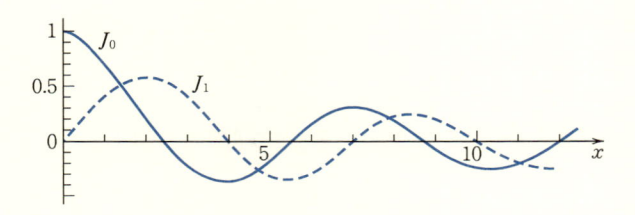

図 4.5　第1種ベッセル関数

4.5 ベッセルの方程式，第1種ベッセル関数 $J_\nu(x)$

任意の $\nu \geqq 0$ に対するベッセル関数 $J_\nu(x)$，ガンマ関数

ベッセル関数のパラメータを整数 $\nu=n$ から任意の $\nu>0$ にかえた一般の場合を考えよう．まず必要なことは，(9) や (11) に現れた階乗の概念を任意の ν に拡張することである．そのためには，積分

$$\boxed{\Gamma(\nu) = \int_0^\infty e^{-t} t^{\nu-1} \, dt} \qquad (\nu>0) \qquad (15)$$

で定義されるガンマ関数 $\Gamma(\nu)$ を用いればよい．部分積分により

$$\Gamma(\nu+1) = \int_0^\infty e^{-t} t^\nu \, dt = -e^{-t} t^\nu \Big|_0^\infty + \nu \int_0^\infty e^{-t} t^{\nu-1} \, dt$$

となるが，右辺の第1項は 0 で，右辺の積分は $\Gamma(\nu)$ に等しい．これから基本的な関係式

$$\boxed{\Gamma(\nu+1) = \nu \Gamma(\nu)} \qquad (16)$$

が得られる．(15) によって

$$\Gamma(1) = \int_0^\infty e^{-t} \, dt = -e^{-t} \Big|_0^\infty = 0 - (-1) = 1$$

である．これと (16) から，つぎつぎに $\Gamma(2)=\Gamma(1)=1!$，$\Gamma(3)=2\Gamma(2)=2!$，…，一般には

$$\boxed{\Gamma(n+1) = n!} \qquad (n=0, 1, \cdots) \qquad (17)$$

が得られる．これは，ガンマ関数が階乗関数の一般化とみなせることを示している．

さて，(9) では $a_0 = \dfrac{1}{2^n n!}$ であったが，これは (17) より $\dfrac{1}{2^n \Gamma(n+1)}$ と書きかえられる．ゆえに，任意の ν に対しても

$$a_0 = \frac{1}{2^\nu \Gamma(\nu+1)} \qquad (18)$$

を選択することにする．そのとき，(7) は

$$a_{2m} = \frac{(-1)^m}{2^{2m+\nu} m! (\nu+1)(\nu+2) \cdots (\nu+m) \Gamma(\nu+1)}$$

となる．しかし，(16) により

$$(\nu+1)\Gamma(\nu+1) = \Gamma(\nu+2), \qquad (\nu+2)\Gamma(\nu+2) = \Gamma(\nu+3)$$

などがなりたつので，

$$(\nu+1)(\nu+2)\cdots(\nu+m)\Gamma(\nu+1) = \Gamma(\nu+m+1)$$

が導かれる．したがって，係数 a_{2m} は

$$a_{2m} = \frac{(-1)^m}{2^{2m+\nu} m! \Gamma(\nu+m+1)} \qquad (19)$$

と表すことができる．これらの係数と $r = r_1 = \nu$ を (2) に代入すれば，$J_\nu(x)$ と記される (1) の特殊解

$$J_\nu(x) = x^\nu \sum_{m=0}^\infty \frac{(-1)^m x^{2m}}{2^{2m+\nu} m! \Gamma(\nu+m+1)} \tag{20}$$

が得られる．これは ν 次の**第 1 種ベッセル関数**として知られている．比判定法で容易に確かめられるように，この級数はすべての x に対して収束する．

ベッセルの方程式の解 $J_{-\nu}$

ベッセルの方程式の一般解を求めるためには，1 次独立な第 2 の特殊解が必要である．ν が整数ではないときにはこれは容易である．(20) で ν を $-\nu$ におきかえれば，

$$J_{-\nu}(x) = x^{-\nu} \sum_{m=0}^\infty \frac{(-1)^m x^{2m}}{2^{2m-\nu} m! \Gamma(m-\nu+1)} \tag{21}$$

を得る．ベッセルの方程式は定数としては ν^2 だけを含んでいるので，J_ν と $J_{-\nu}$ という 2 つの関数は同じ ν をもつ方程式の解である．ν が整数でなければ，それらは 1 次独立である．なぜならば，(20) における第 1 項と (21) における第 1 項はそれぞれ x^ν と $x^{-\nu}$ の 0 でない定数倍になっているからである．ただし，(21) には負べきの因数 $x^{-\nu}$ ($\nu > 0$) があるため，$x = 0$ は除かなければならない．これから次の定理が得られる．

定理 1（**ベッセルの方程式の一般解**） ν が整数でないとき，すべての $x \neq 0$ に対するベッセルの方程式の一般解は

$$y(x) = c_1 J_\nu(x) + c_2 J_{-\nu}(x) \tag{22}$$

である．ただし c_1, c_2 は任意の定数とする．

しかしながら，ν が整数であれば，1 次従属性により (22) は一般解ではない．

定理 2（**ベッセル関数 J_n と J_{-n} の 1 次従属性**） 整数 $\nu = n$ に対しては

$$J_{-n}(x) = (-1)^n J_n(x) \quad (n = 1, 2, \cdots) \tag{23}$$

であるから，ベッセル関数 $J_n(x)$ と $J_{-n}(x)$ は 1 次従属である．

［証明］ (21) を使い，ν を正の整数 n へ近づける．そのとき，初めの n 項の係数の中のガンマ関数は無限大になり（付録 A3.1 の図 A9 参照），係数は 0 となるので，和は $m = n$ から始まる．この場合，$\Gamma(m-n+1) = (m-n)!$ を考慮すれば，

4.5 ベッセルの方程式，第1種ベッセル関数 $J_\nu(x)$

$$J_{-n}(x)=\sum_{m=n}^{\infty}\frac{(-1)^m x^{2m-n}}{2^{2m-n}m!(m-n)!}=\sum_{s=0}^{\infty}\frac{(-1)^{n+s}x^{2s+n}}{2^{2s+n}(n+s)!s!}$$

が得られる．ここに $m=n+s, s=m-n$ である．(11) から最後の級数は $(-1)^n J_n(x)$ を表していることがわかる．これで証明は終わる． ◀

整数 $\nu=n$ のときのベッセルの方程式の一般解は 4.6 節で与えることにする．そのためにはまた別の着想と計算が必要になるからである．

ベッセルの理論の基本関係式 (24)-(27)

各種のベッセル関数はたがいに密接な関係があり，非常に多くの関係式によって結びつけられている（付録1の参考文献 [A7] を参照するとよい）．ここでは，ベッセルの理論における4つの基本関係式 (24)-(27) について論じよう．これらの関係式は実用的に重要なだけでなく，どのようにして関数の性質が級数から導かれるかを示すモデルケースとなりうるからである．

(20) に x^ν を掛け，$x^{2\nu}$ を総和記号の中に入れると，

$$x^\nu J_\nu(x)=\sum_{m=0}^{\infty}\frac{(-1)^m x^{2m+2\nu}}{2^{2m+\nu}m!\Gamma(\nu+m+1)}.$$

これを微分した結果は，

$$(x^\nu J_\nu)'=\sum_{m=0}^{\infty}\frac{(-1)^m 2(m+\nu)x^{2m+2\nu-1}}{2^{2m+\nu}m!\Gamma(\nu+m+1)}$$

$$=x^\nu x^{\nu-1}\sum_{m=0}^{\infty}\frac{(-1)^m x^{2m}}{2^{2m+\nu-1}m!\Gamma(\nu+m)}$$

である．この右辺は (20) により $x^\nu J_{\nu-1}(x)$ に等しいことがわかる．したがって第1の公式

$$\frac{d}{dx}[x^\nu J_\nu(x)]=x^\nu J_{\nu-1}(x) \qquad (24)$$

が証明された．

同様に，(20) に $x^{-\nu}$ を掛け，微分し，$m=s+1$ とおくと，

$$(x^{-\nu}J_\nu)'=\sum_{m=1}^{\infty}\frac{(-1)^m x^{2m-1}}{2^{2m+\nu-1}(m-1)!\Gamma(\nu+m+1)}$$

$$=\sum_{s=0}^{\infty}\frac{(-1)^{s+1}x^{2s+1}}{2^{2s+\nu+1}s!\Gamma(\nu+s+2)}$$

となる．ところが，(20) において ν を $\nu+1$ に，m を s におきかえれば，この右辺は $-x^{-\nu}J_{\nu+1}(x)$ に等しいことがわかる．これで次の第2の公式が証明される．

$$\frac{d}{dx}[x^{-\nu}J_\nu(x)] = -x^{-\nu}J_{\nu+1}(x) \qquad (25)$$

つぎに，(24) の微分を実行すると，

$$\nu x^{\nu-1}J_\nu + x^\nu J_\nu' = x^\nu J_{\nu-1} \qquad (24^*)$$

となり，(25) の微分を行って $x^{2\nu}$ を掛けると，

$$-\nu x^{\nu-1}J_\nu + x^\nu J_\nu' = -x^\nu J_{\nu+1} \qquad (25^*)$$

となる．(24^*) から (25^*) を引いて x^ν で割れば，第1の漸化式

$$J_{\nu-1}(x) + J_{\nu+1}(x) = \frac{2\nu}{x}J_\nu(x) \qquad (26)$$

が得られる．(24^*) と (25^*) を加え合わせて x^ν で割れば，第2の漸化式

$$J_{\nu-1}(x) - J_{\nu+1}(x) = 2J_\nu'(x) \qquad (27)$$

が得られる．

公式 (24) と (25) はベッセル関数を含む積分の計算に役立つ．公式 (26) と (27) は数値計算などで実用的な意義が大きい．たとえば，高次のベッセル関数を低次のベッセル関数を用いて計算するような場合に利用される．

例2　ベッセル関数を含む積分　　J_0 と J_1 の数表 (付録5の表A1) を使って，積分

$$I = \int_1^2 x^{-3}J_4(x)\,dx$$

を計算せよ．

[解]　$\nu = 3$ として (25) の両辺を積分すれば，

$$x^{-3}J_3(x)\Big|_{x=1}^{x=2} = -\int_1^2 x^{-3}J_4(x)\,dx$$

となる．$\nu = 2$ のときの (26) から

$$J_1(x) + J_3(x) = \frac{4}{x}J_2(x), \quad\text{したがって}\quad J_3(x) = \frac{4}{x}J_2(x) - J_1(x).$$

また，$\nu = 1$ のときの (26) から

$$J_0(x) + J_2(x) = \frac{2}{x}J_1(x), \quad\text{したがって}\quad J_2(x) = \frac{2}{x}J_1(x) - J_0(x)$$

が得られる．まとめると，

$$J_3(x) = \frac{4}{x}\left(\frac{2}{x}J_1(x) - J_0(x)\right) - J_1(x) = \left(\frac{8}{x^2} - 1\right)J_1(x) - \frac{4}{x}x_0$$

となる．表 A1 から，$J_1(2) = 0.5767$，$J_0(2) = 0.2239$，$J_1(1) = 0.4401$，$J_0(1) = 0.7652$ である．これらの数値を使えば，

$$I = -\frac{1}{8}J_3(2) + J_3(1) = -\frac{1}{8}\cdot 0.1289 + 0.0199 = 0.0038$$

が得られる．(0.1289 は4桁まで正しい．0.0199 は丸めの誤差のため正しい値 0.0196 からずれている．実際に6桁まで正しい値は 0.003445 である．)　　◀

$\nu = \pm\frac{1}{2}, \pm\frac{3}{2}, \pm\frac{5}{2}, \cdots$ に対する $J_\nu(x)$ は初等関数である

特別な場合には，高等関数が微積分学でよく知られた初等関数になることも少なくない．$J_\nu(x)$ について調べてみよう．

$\nu=1/2$ のとき，(20) は

$$J_{1/2}(x) = \sqrt{x} \sum_{m=0}^{\infty} \frac{(-1)^m x^{2m}}{2^{2m+1/2} m! \Gamma\left(m+\frac{3}{2}\right)} = \sqrt{\frac{2}{x}} \sum_{m=0}^{\infty} \frac{(-1)^m x^{2m+1}}{2^{2m+1} m! \Gamma\left(m+\frac{3}{2}\right)}$$

と表される．ここで付録 A 3.1 の (30)，すなわち

$$\boxed{\Gamma\left(\frac{1}{2}\right) = \sqrt{\pi}} \tag{28}$$

を証明なし[17]で使うことにする．分母の $\Gamma\left(m+\frac{3}{2}\right)$ と $2^{2m+1} m!$ はそれぞれ

$$\Gamma\left(m+\frac{3}{2}\right) = \left(m+\frac{1}{2}\right)\left(m-\frac{1}{2}\right)\cdots\frac{2}{3}\cdot\frac{1}{2}\Gamma\left(\frac{1}{2}\right)$$
$$= 2^{-(m+1)}(2m+1)(2m-1)\cdots 3\cdot 1\sqrt{\pi},$$
$$2^{2m+1} m! = 2^{2m+1} m(m-1)\cdots 2\cdot 1 = 2^{m+1} 2m(2m-2)\cdots 4\cdot 2$$

である．以上を組み合わせると，分母は $(2m+1)!\sqrt{\pi}$ となるので，

$$J_{1/2}(x) = \sqrt{\frac{2}{\pi x}} \sum_{m=0}^{\infty} \frac{(-1)^m x^{2m+1}}{(2m+1)!}$$

が得られる．この右辺の中の級数は実は $\sin x$ のマクローリン級数にほかならない．したがって，

$$\boxed{J_{1/2}(x) = \sqrt{\frac{2}{\pi x}} \sin x} \tag{29}$$

と書くことができる．両辺に $\sqrt{x}$ を掛けて微分し，(24)（$\nu=1/2$ の場合）を使えば，

$$[\sqrt{x} J_{1/2}(x)]' = \sqrt{\frac{2}{\pi}} \cos x = x^{1/2} J_{-1/2}(x)$$

となる．結果としては，

$$\boxed{J_{-1/2}(x) = \sqrt{\frac{2}{\pi x}} \cos x} \tag{30}$$

が得られる．この (29), (30) と (26) から，次のような興味深い結論が導かれる．

---

[17] （訳注） (28) は定義 (15) により $\Gamma\left(\frac{1}{2}\right) = \int_0^\infty e^{-t} t^{-1/2} dt = \sqrt{\pi}$ を意味する．この定積分は変数変換 $t=x^2$ によって $\int_{-\infty}^{\infty} e^{-x^2} dx$ に変換されるので，初等積分学の手法（第7巻1.8節 問題14(d) 参照）で計算することができる．すなわち，

$$I^2 = \int_{-\infty}^{\infty} e^{-x^2} dx \int_{-\infty}^{\infty} e^{-y^2} dy = \iint_{-\infty}^{\infty} e^{-(x^2+y^2)} dxdy = \int_0^{2\pi} d\theta \int_0^\infty e^{-r^2} r\, dr = \pi.$$

定理 3 （初等ベッセル関数） 次数 $\nu = \pm\frac{1}{2}, \pm\frac{3}{2}, \pm\frac{5}{2}, \cdots$ のベッセル関数は初等関数である．それらは有限個の余弦関数と正弦関数および x のべきによって表される．

例 3 その他の初等ベッセル関数　(26), (29), (30) から
$$J_{3/2}(x) = \frac{1}{x}J_{1/2}(x) - J_{-1/2}(x) = \sqrt{\frac{2}{\pi x}}\left(\frac{\sin x}{x} - \cos x\right),$$
$$J_{-3/2}(x) = -\frac{1}{x}J_{-1/2}(x) - J_{1/2}(x) = -\sqrt{\frac{2}{\pi x}}\left(\frac{\cos x}{x} + \sin x\right)$$
などが得られる． ◀

本節における学習の結果，読者はベッセル関数に習熟しただけではなく，級数がベッセル関数の諸性質を導くためにも非常に有用であることを実感できたと期待している．

❖❖❖❖❖ 問題 4.5 ❖❖❖❖❖

ベッセルの方程式に帰着できる微分方程式

ベッセルの方程式に帰着できるさまざまな微分方程式がある．まず，与えられた変換を施して，ベッセルの方程式に帰着できることを確かめよ．つぎに，J_ν と $J_{-\nu}$ を使って一般解を求めよ．あるいは，なぜこれらの関数が一般解を与えないか説明せよ．計算の詳細を示せ．
（同様な問題は次節の問題 4.6 にも与えられている.）

1. $x^2 y'' + xy' + \left(x^2 - \frac{1}{9}\right)y = 0$
2. $x^2 y'' + xy' + (\lambda^2 x^2 - \nu^2)y = 0$ 　　$(\lambda x = z$ とおけ.$)$
3. $x^2 y'' + xy' + \left(4x^4 - \frac{1}{4}\right)y = 0$ 　　$(x^2 = z)$
4. $4x^2 y'' + 4xy' + \left(x - \frac{1}{36}\right)y = 0$ 　　$(\sqrt{x} = z)$
5. $9x^2 y'' + 9xy' + 4(9x^4 - 4)y = 0$ 　　$(x^2 = z)$
6. $xy'' + y' + \frac{1}{4}y = 0$ 　　$(\sqrt{x} = z)$
7. $xy'' + 5y' + xy = 0$ 　　$(y = u/x^2)$
8. $x^2 y'' + \frac{1}{4}\left(x + \frac{3}{4}\right)y = 0$ 　　$(y = u\sqrt{x}, \ \sqrt{x} = z)$
9. $81x^2 y'' + 27xy' + (9x^{2/3} + 8)y = 0$ 　　$(y = x^{1/3}u, \ x^{1/3} = z)$
10. $xy'' - 5y' + xy = 0$ 　　$(y = x^3 u)$
11. （導関数）　$J_0'(x) = -J_1(x), J_2'(x) = \frac{1}{2}[J_1(x) - J_3(x)]$ を示せ．[(24), (25), (26), (27) を用いよ．]
12. （導関数）　(12), (13) から $J_0'(x) = -J_1(x)$ を導け．
13. （導関数）　(24) を使って，$J_1'(x) = J_0(x) - x^{-1}J_1(x)$ を示せ．

4.5 ベッセルの方程式，第1種ベッセル関数 $J_\nu(x)$

14. （収束性）　級数 (11) はすべての x において収束することを示せ．

15. （表作成）　(26) と付録5の表 A1 を使って，$x = 0, 0.1, 0.2, \cdots, 1.0$ における $J_2(x)$ の値を計算せよ．

16. （近似）　$|x|$ が小さいとき $J_0(x) \approx 1 - 0.5x^2$ となることを示せ．この近似式で $x = 0, 0.1, 0.2, \cdots, 1.0$ における $J_0(x)$ の値を計算し，付録5の表 A1 と比較して相対誤差を求めよ．

17. （表作成）　$x = 2.0, 2.2, 2.4, 2.6, 2.8$ における $J_3(x)$ の値を，(26) と付録5の表 A1 から計算せよ．

18. （J_0 の零点）　$J_0(x)$ の最小の正の零点は $x_0 \approx 2.405$ である．(12) と付録 A3.3 のライプニッツの判定法を使って，$2 < x_0 < \sqrt{8}$ がなりたつことを確認せよ．

19. （ベッセルの方程式）　(24) および (25) が基本的な公式であることを確認するために，この2つの公式からベッセルの微分方程式を導け．

20. （零点の分布）　(24), (25) とロルの定理を用いて，$J_0(x)$ の隣りあう2つの零点の間に $J_1(x)$ の零点がただ1つ存在することを示せ．

21. （零点の分布）　$J_n(x)$ の隣りあう2つの零点の間に $J_{n+1}(x)$ の零点がただ1つ存在することを示せ．

ベッセル関数を含む積分は，しばしば (24)-(27) を利用して計算できるか，あるいは少なくとも単純化される．以下を示せ．（c は積分定数である．）

22. $\displaystyle\int x^\nu J_{\nu-1}(x)\,dx = x^\nu J_\nu(x) + c$

23. $\displaystyle\int x^{-\nu} J_{\nu+1}(x)\,dx = -x^{-\nu} J_\nu(x) + c$

24. $\displaystyle\int J_{\nu+1}(x)\,dx = \int J_{\nu-1}(x)\,dx - 2J_\nu(x)$

問題 22-24 の公式と，また必要ならば部分積分を用いて，次の積分を計算せよ．

25. $\displaystyle\int J_3(x)\,dx$ 　　**26.** $\displaystyle\int J_5(x)\,dx$ 　　**27.** $\displaystyle\int x^3 J_0(x)\,dx$

28. ［協同プロジェクト］　ケーブルの振動（図4.6）　ケーブル，チェーン，ロープなどのたわみ線材の振動を考える．長さ L，密度（単位長さ当たりの質量）ρ のケーブルが上端 ($x = 0$) を固定され，鉛直面内で微小振動［時刻 t の水平変位 $u(x, t)$ に対応する微小角 α の変動］をしている．

（a）　点 x 以下のケーブルの重量は $W(x) = \rho g(L - x)$ であるから，復元力は $F(x) = W\sin\alpha \approx W u_x$ $(u_x = \partial u/\partial x)$ となり，x と $x + \varDelta x$ の間における力の差，すなわち微小部分 $\rho \varDelta x$ の受ける復元力は

$$F(x + \varDelta x) - F(x) = \varDelta x (W u_x)_x$$

であることを示せ．ニュートンの運動の第2法則によって，

$$\rho \varDelta x\, u_{tt} = \varDelta x\, \rho g [(L - x) u_x]_x$$

がなりたつことを推論せよ．期待される周期運動

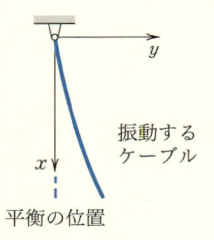

図 4.6　協同プロジェクト 28 のケーブルの振動

$u(x,t) = y(x)\cos(\omega t + \delta)$ に対しては，運動のモデル方程式として
$$(L-x)y'' - y' + \lambda^2 y = 0 \qquad (\lambda^2 = \omega^2/g)$$
が得られることを示せ．

（b） 上式で $L-x=z$，さらに $s=2\lambda z^{1/2}$ とおいて，ベッセルの方程式
$$\frac{d^2 y}{ds^2} + \frac{1}{s}\frac{dy}{ds} + y = 0$$
を導き，解が $y(s) = J_0(s)$ あるいは
$$y(x) = J_0(2\omega\sqrt{(L-x)/g})$$
であることを確かめよ．

（c） 可能な振動数 $\omega/2\pi$ は，$s = 2\omega\sqrt{L/g}$ が J_0 の零点であるような値をとることを示せ．J_0 の正の零点を $\alpha_1 < \alpha_2 < \cdots < \alpha_m < \cdots$ として，m 番目の零点 α_m に対応する解 $y_m(s)$ または $y_m(x)$ を第 m 基準モードという．これらのモードはすべて図 4.5 に示されている．第 m モードは J_0 の α_m までの部分に相当する．長さ 2 m のケーブルの振動数（サイクル/s）はいくらか．長さ 10 m の場合はどうか．

29. （**1 階導関数の消去**） $y(x) = u(x)v(x)$ を微分方程式
$$y'' + p(x)y' + q(x)y = 0$$
に代入して，u' を含まない u の 2 階微分方程式を得るためには，
$$v(x) = \exp\left(-\frac{1}{2}\int p(x)\,dx\right)$$
とおかなければならないことを示せ．ベッセルの方程式の場合には，代入式は $y = ux^{-1/2}$ であって，これより
$$x^2 u'' + \left(x^2 + \frac{1}{4} - \nu^2\right) u = 0 \tag{31}$$
が得られることを示せ．$\nu = 1/2$ としてこの方程式を解き，結果を (29), (30) と比較して論ぜよ．

30. ［**CAS プロジェクト**］ x が大きいときのベッセル関数 J_n　ベッセル関数について CAS より次の計算を行え．

（a） $n = 0, \cdots, 4$ に対する $J_n(x)$ のグラフを同じ軸の上に描け．

（b） 整数の n に対して (14) を計算せよ．プロットを使って，曲線上のどの点 $x = x_n$ から (11) と (14) が事実上一致するかを調べよ．この x_n の値は n によってどのように変わるか．

（c） $n = \pm 1/2$ のときには (b) でどんなことがおこるか．（この場合は通常の記号では ν とすべきであろう．）

（d） n を固定したとき，(14) の誤差は x の関数としてどのように変化するか．

（e） グラフから，$J_1(x) = 0$ を満足する点 x が J_0 の極値を与えることを示せ．

（f） 読者自身で別の疑問を選んで答えよ．

4.6　第2種ベッセル関数 $Y_\nu(x)$

残された問題は，整数 $\nu=n$ に対するベッセルの微分方程式の一般解を求めることである．4.5 節によれば，整数でない ν のときには基底 J_ν と $J_{-\nu}$ をつくることができたが，整数 $\nu=n$ に対してはこれらの 2 つの解は 1 次従属となるので，第 2 の 1 次独立な解が必要になる．この解を Y_n と記そう．

$n=0$：第 2 種ベッセル関数 $Y_0(x)$

$n=0$ の場合から始める．このときベッセルの方程式は

$$xy'' + y' + xy = 0 \qquad (1)$$

と書け，4.5 節の決定方程式 (4) は重根 $r=0$ をもつ．これは 4.4 節の場合 2 である．この場合にはまず 1 つの解 $J_0(x)$ だけが得られる．4.4 節の (8) から，求める第 2 の解は

$$y_2(x) = J_0(x) \ln x + \sum_{m=1}^{\infty} A_m x^m \qquad (2)$$

の形であることがわかる．y_2 とその導関数

$$y_2' = J_0' \ln x + \frac{J_0}{x} + \sum_{m=1}^{\infty} m A_m x^{m-1},$$

$$y_2'' = J_0'' \ln x + \frac{2J_0'}{x} - \frac{J_0}{x^2} + \sum_{m=1}^{\infty} m(m-1) A_m x^{m-2}$$

を (1) に代入する．J_0 は (1) の解だから対数項は消え，J_0 を含む 2 つの項は打ち消しあうため，

$$2J_0' + \sum_{m=1}^{\infty} m(m-1) A_m x^{m-1} + \sum_{m=1}^{\infty} m A_m x^{m-1} + \sum_{m=1}^{\infty} A_m x^{m+1} = 0$$

となる．4.5 節の (12) から，J_0' のべき級数は

$$J_0'(x) = \sum_{m=1}^{\infty} \frac{(-1)^m 2m x^{2m-1}}{2^{2m}(m!)^2} = \sum_{m=1}^{\infty} \frac{(-1)^m x^{2m-1}}{2^{2m-1} m!(m-1)!}$$

の形に書ける．この級数を代入して整理すれば，

$$\sum_{m=1}^{\infty} \frac{(-1)^m x^{2m-1}}{2^{2m-2} m!(m-1)!} + \sum_{m=1}^{\infty} m^2 A_m x^{m-1} + \sum_{m=1}^{\infty} A_m x^{m+1} = 0$$

が得られる．まず，m が奇数のとき A_m はすべて 0 になることを示そう．x^0 の係数は A_1 だけだから $A_1=0$ である．つぎに，偶数べき x^{2s} の係数の和を 0 とおくと，

$$(2s+1)^2 A_{2s+1} + A_{2s-1} = 0 \qquad (s=1, 2, \cdots)$$

となる．$A_1=0$ だからつぎつぎに $A_3=0, A_5=0, \cdots$ が得られる．

さらに奇数べき x^{2s+1} の係数の和も 0 とおこう．$s=0$ に対しては

$$-1+4A_2=0 \quad \text{すなわち} \quad A_2=\frac{1}{4}$$

である．その他の s の値に対しては

$$\frac{(-1)^{s+1}}{2^{2s}(s+1)!s!}+(2s+2)^2 A_{2s+2}+A_{2s}=0 \quad (s=1,2,\cdots)$$

が得られる．$s=1$ のときには

$$\frac{1}{8}+16A_4+A_2=0 \quad \text{すなわち} \quad A_4=-\frac{1}{64}\left(1+\frac{1}{2}\right)=-\frac{3}{128}$$

となる．一般の A_{2m} ($m=1,2,3,\cdots$) は

$$A_{2m}=\frac{(-1)^{m-1}}{2^{2m}(m!)^2}\left(1+\frac{1}{2}+\frac{1}{3}+\cdots+\frac{1}{m}\right) \tag{3}$$

と表される[18]．短縮記号

$$h_m=1+\frac{1}{2}+\cdots+\frac{1}{m} \tag{4}$$

を使い，(3) と $A_1=A_3=\cdots=0$ を (2) に代入すれば，

$$y_2(x)=J_0(x)\ln x+\sum_{m=1}^{\infty}\frac{(-1)^{m-1}h_m}{2^{2m}(m!)^2}x^{2m}$$

$$=J_0(x)\ln x+\frac{1}{4}x^2-\frac{3}{128}x^4+\frac{11}{13824}x^6-+\cdots \tag{5}$$

が得られる．

J_0 と y_2 は 1 次独立な関数なので，これは (1) の基底をつくる．もちろん，y_2 を $a(y_2+bJ_0)$ (ここで a ($\neq 0$) と b は定数とする) という形の独立な特殊解でおきかえれば，別の基底が得られる．$a=2\pi$, $b=\gamma-\ln 2$ と選ぶのが慣例である．ここに，$\gamma=0.57721566490\cdots$ はいわゆる**オイラーの定数**であり，s を無限に大きくしたときの

$$1+\frac{1}{2}+\cdots+\frac{1}{s}-\ln s$$

の極限値として定義される．このようにして求められた標準的な特殊解は 0 次の**第 2 種ベッセル関数** (図 4.7)，また 0 次のノイマン[19]関数として知られ，$Y_0(x)$ で表される．すなわち，

---

18) (訳注) A_{2m+2} を A_{2m} と関連づける上記の漸化式を用い，数学的帰納法によって (3) を証明することができる．

19) Carl Neumann (1832-1925)，ドイツの数学者で物理学者．1868 年にライプチッヒ大学で教授となったポテンシャル論における彼の業績が，ローマ大学の Vito Volterra (1860-1940)，ストックホルム大学の Eric Ivar Fredholm (1866-1927)，ゲッチンゲン大学の David Hilbert (1862-1943) らによる積分方程式論の発展の出発点となった．(第 2 巻 1.8 節の脚注 15) を参照．)

4.6 第2種ベッセル関数 $Y_\nu(x)$

$$Y_0(x) = \frac{2}{\pi}\Big[J_0(x)\Big(\ln\frac{x}{2}+\gamma\Big)+\sum_{m=1}^{\infty}\frac{(-1)^{m-1}h_m}{2^{2m}(m!)^2}x^{2m}\Big]. \qquad (6)$$

小さい $x>0$ に対しては $Y_0(x)$ は $\ln x$ のようにふるまい（なぜか），$x\to 0$ のとき $Y_0(x)\to-\infty$ である（図4.7参照）．

第2種ベッセル関数 $Y_n(x)$

$\nu=n=1,2,\cdots$ のときにも，4.4節の(10)から出発して，$n=0$ のときと同様な手法で第2の解を求めることができる．これらの場合にも解は対数項を含むことがわかる．

次数 ν が整数であるかないかによって第2の解が異なった仕方で定義されているので，事情はまだ完全には満足できるものではない．理論的整合性を与えるためには，すべての次数に対して有効な第2の解の形を採用するのが望ましい．これが，次の公式により，すべての ν に対して定義された標準的な第2の解 $Y_\nu(x)$ を導入する理由である．

$$\begin{aligned}&\text{(a)} && Y_\nu(x)=\frac{1}{\sin\nu\pi}[J_\nu(x)\cos\nu\pi-J_{-\nu}(x)]\\&\text{(b)} && Y_n(x)=\lim_{\nu\to n}Y_\nu(x)\end{aligned} \qquad (7)$$

この関数は ν 次の**第2種ベッセル関数**，または ν 次の**ノイマン関数**[20]とよばれている．図4.7は $Y_0(x)$ と $Y_1(x)$ のグラフである．

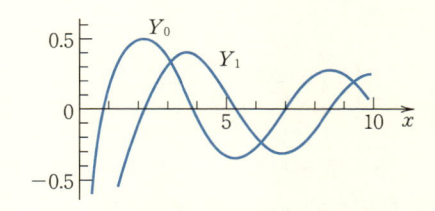

図4.7 第2種ベッセル関数（付録5に簡単な数表が収録されている．）

$J_\nu(x)$ と $Y_\nu(x)$ の1次独立性について論じよう．

整数でない次数 ν に対しては，$J_\nu(x)$ と $J_{-\nu}(x)$ が共通のパラメータ ν^2 をもつベッセルの方程式の解であるから，関数 $Y_\nu(x)$ は明らかに同じ方程式の解である．それらの ν に対しては，解 J_ν と $J_{-\nu}$ は1次独立であって，Y_ν は

---

20) 脚注19)を参照せよ．解 $Y_\nu(x)$ は $N_\nu(x)$ と記すこともある．付録1の[A7]ではウェーバー関数とよんでいる．オイラーの定数はしばしば C または $\ln\gamma$（γ のかわりに）と記される．

$-J_{-\nu}$ を含むから，関数 J_ν と Y_ν は1次独立である．さらに，(7b) における極限値が存在し，Y_n が整数次のベッセルの方程式の解であることが示される（付録1の [A7]）．$Y_n(x)$ の級数展開が対数項を含むことがあとでわかる．よって，$J_n(x)$ と $Y_n(x)$ はベッセルの方程式の1次独立な解である．$Y_n(x)$ の級数展開は，$J_\nu(x)$ と $J_{-\nu}(x)$ に対する 4.5 節の級数 (20) と (21) を (7a) に代入し，そのあと ν を n に近づけることによって得られる．詳細はベッセル関数の専門書 [A7] を見よ．結果は

$$Y_n(x) = \frac{2}{\pi} J_n(x) \left(\ln \frac{x}{2} + \gamma \right) + \frac{x^n}{\pi} \sum_{m=0}^{\infty} \frac{(-1)^{m-1}(h_m + h_{m+n})}{2^{2m+n} m!(m+n)!} x^{2m}$$
$$- \frac{x^{-n}}{\pi} \sum_{m=0}^{n-1} \frac{(n-m-1)!}{2^{2m-n} m!} x^{2m}$$

(**8**)

である．ただし，$x > 0$, $n = 0, 1, \cdots$, および

$$h_0 = 0, \qquad h_s = 1 + \frac{1}{2} + \frac{1}{3} + \cdots + \frac{1}{s} \qquad (s = 1, 2, \cdots)$$

であって，$n = 0$ ならば (8) の最後の和を 0 でおきかえるものとする．もちろん，$n = 0$ のときには (8) は (6) と一致する．さらに，

$$Y_{-n}(x) = (-1)^n Y_n(x)$$

を示すこともできる．主な結果は次のようにまとめられる．

定理1（ベッセルの方程式の一般解） すべての ν の値に対するベッセルの方程式の一般解は，C_1, C_2 を任意定数として

$$y(x) = C_1 J_\nu(x) + C_2 Y_\nu(x) \qquad (\mathbf{9})$$

で与えられる．

実数の x に対して複素数値をとるベッセルの方程式の解が実際上必要な場合があることを最後に指摘しておく．このために解

$$H_\nu^{(1)}(x) = J_\nu(x) + i Y_\nu(x),$$
$$H_\nu^{(2)}(x) = J_\nu(x) - i Y_\nu(x) \qquad (10)$$

がしばしば使われる．これらの1次独立な解は ν 次の**第3種ベッセル関数**，または ν 次の第1種および第2種の**ハンケル**[21]**関数**とよばれる．

これでベッセル関数についての議論は一応終わる．本節では除外した"直交性"の問題については次の 4.7 節で説明したい．振動への応用は第3巻 3.10 節で扱う予定である．

---
21) Hermann Hankel (1839-1873)，ドイツの数学者．

問題 4.6

1. ［論文プロジェクト］ **第1種および第2種ベッセル関数** この2節（4.5, 4.6節）におけるもっとも重要なアイディア，定義および結果を要約し，起こりうる具体的な疑問に答えよ．たとえば J_ν はどのように定義されるのか．この定義で何ができるのか．ν を使ったり n を使ったりするのはなぜか．なぜ Y_ν を導入したのか．J_ν で十分ではなかったのか．ガンマ関数の役割は何か．J_ν と Y_ν で異なるもっとも重要な性質は何か．オイラーの定数とその役割は何か．…

ベッセルの方程式に帰着できる微分方程式
（4.5節の問題1-10の続き）

示された変換を用いて，次の方程式をベッセル微分方程式に帰着し，一般解をベッセル関数で表せ．（計算の詳細を示せ．）

2. $x^2 y'' + xy' + (x^2 - 25)y = 0$

3. $4x^2 y'' + 4xy' + (100x^2 - 9)y = 0 \quad (5x = z)$

4. $y'' + xy = 0 \quad \left(y = u\sqrt{x}, \ \dfrac{2}{3}x^{3/2} = z\right)$

5. $y'' + x^2 y = 0 \quad \left(y = u\sqrt{x}, \ \dfrac{1}{2}x^2 = z\right)$

6. $y'' + k^2 xy = 0 \quad \left(y = u\sqrt{x}, \ \dfrac{2}{3}kx^{3/2} = z\right)$

7. $y'' + k^2 x^2 y = 0 \quad \left(y = u\sqrt{x}, \ \dfrac{1}{2}kx^2 = z\right)$

8. $y'' + k^2 x^4 y = 0 \quad \left(y = u\sqrt{x}, \ \dfrac{1}{3}kx^3 = z\right)$

9. $x^2 y'' + \dfrac{1}{2}xy' + \dfrac{1}{16}\left(x^{1/2} + \dfrac{15}{16}\right)y = 0 \quad (y = x^{1/4}u, \ x^{1/4} = z)$

10. $x^2 y'' + (1 - 2\nu)xy' + \nu^2(x^{2\nu} + 1 - \nu^2)y = 0 \quad (y = x^\nu u, \ x^\nu = z)$

11. （小さい x に対する Y_0） $x > 0$ が小さいとき

$$Y_0(x) \approx \dfrac{2}{\pi}\left(\ln\dfrac{x}{2} + \gamma\right)$$

であることを示せ．この公式を使って，$Y_0(x)$ の最小の正の零点の近似値を計算し，もっと正確な値0.9と比較せよ．

12. （大きい x に対する Y_n） x が大きいときの近似式として

$$Y_n \approx \sqrt{\dfrac{2}{\pi x}} \sin\left(x - \dfrac{n\pi}{2} - \dfrac{\pi}{4}\right) \tag{11}$$

が知られている．(11) を用いて，$0 < x \leq 15$ の範囲で $Y_0(x)$ と $Y_1(x)$ のグラフを描け．また，$Y_0(x)$ の最初の3つの正の零点の近似値を求め，もっと正確な値0.89, 3.96, 7.09 とくらべよ．

13. （ハンケル関数） ハンケル関数 (10) は，任意の ν に対しベッセルの方程式の解の基底をつくることを示せ．

変形ベッセル関数

14. 関数 $I_\nu(x) = i^{-\nu} J_\nu(ix)$ ($i = \sqrt{-1}$) は ν 次の第1種変形ベッセル関数とよばれる．$I_\nu(x)$ が微分方程式
$$x^2 y'' + xy' - (x^2 + \nu^2) y = 0 \tag{12}$$
の解であり，
$$I_\nu(x) = \sum_{m=0}^{\infty} \frac{x^{2m+\nu}}{2^{m+\nu} m! \, \Gamma(m+\nu+1)} \tag{13}$$
と表されることを示せ．

15. 任意の実数 x（かつ実数 ν）に対して $I_\nu(x)$ が実数であり，任意の実数 $x \neq 0$ に対して $I_\nu(x) \neq 0$ であり，任意の整数 n に対して $I_{-n}(x) = I_n(x)$ であることを示せ．

16. 微分方程式 (12) のもう1つの解は，いわゆる第3種（第2種とよばれることもある）変形ベッセル関数
$$K_\nu(x) = \frac{\pi}{2 \sin \nu\pi} [I_{-\nu}(x) - I_\nu(x)] \tag{14}$$
であることを示せ．

4.7 ステュルム・リウビル問題，直交関数

ルジャンドルの方程式，ベッセルの方程式，その他の基礎工学において重要な微分方程式は
$$\boxed{[r(x) y']' + [q(x) + \lambda p(x)] y = 0} \tag{1}$$
のような形に書ける．これは**ステュルム・リウビル**[22)]の微分方程式とよばれる．

実際，ルジャンドルの方程式
$$(1-x^2) y'' - 2xy' + n(n+1) y = 0$$
は，
$$[(1-x^2) y']' + \lambda y = 0 \quad [\lambda = n(n+1)]$$
と書くことができる．これは (1) で $r = 1-x^2$, $q = 0$, $p = 1$ とおいた形である．ベッセルの方程式
$$\tilde{x}^2 \ddot{y} + \tilde{x} \dot{y} + (\tilde{x}^2 - n^2) y = 0 \quad \left(\dot{y} = \frac{dy}{d\tilde{x}} \text{ など} \right)$$

---

22) Jacques Charles François Sturm (1803-1855)．スイスに生まれ勉強してからパリに移り，のちにソルボンヌ（パリ大学）の力学講座で Poisson の後継者となった．
　Joseph Liouville (1809-1882)．フランスの数学者でパリ大学の教授．数学の多分野に寄与したが，とくに複素解析 (Liouville の定理，第4巻2.4節参照)，特殊関数，微分幾何学における重要な業績で知られる．

4.7 ステュルム・リウビル問題，直交関数

の場合には，簡単な変換 $\tilde{x} = kx$ により $\dot{y} = y'/k$, $\ddot{y} = y''/k^2$ となるため，
$$x^2 y'' + xy' + (k^2 x^2 - n^2) y = 0,$$
したがって
$$[xy']' + \left(-\frac{n^2}{x} + \lambda x\right) y = 0 \qquad (\lambda = k^2)$$
が得られる．これは (1) で $r = x$, $q = -n^2/x$, $p = x$ とした場合にあたる．

ステュルムとリウビルは，与えられた区間 $a \leq x \leq b$ の両端点 a, b におけるある条件 (いわゆる**境界条件**) のもとで，(1) の特殊解による実際上有用な級数展開を導く理論を発展させた．設定された境界条件は

(a) $\boxed{\begin{aligned} k_1 y(a) + k_2 y'(a) &= 0 \\ l_1 y(b) + l_2 y'(b) &= 0 \end{aligned}}$ (**2**)
(b)

である．ここに，(2a) における k_1, k_2 はともに 0 ではない定数，(2b) における l_1, l_2 もともに 0 ではない定数である．(1) と (2) からなる境界値問題は**ステュルム・リウビル問題**とよばれる．

区間 $a \leq x \leq b$ 上では，p, q, r, r' の連続性と
$$\boxed{p(x) > 0}$$
を仮定する．

明らかに，$y \equiv 0$ はつねに問題の解であるが，これは実際には無用である．見いだしたいのは (2) を満たす恒等的に 0 ではない (1) の解である．このような解 $y(x)$ がもし存在するならば**固有関数**とよばれる．また，固有関数が存在するような λ の値を**固有値**という．

例1 弾性弦の振動 ステュルム・リウビル問題
(a) $y'' + \lambda y = 0$ (b) $y(0) = 0$, $y(\pi) = 0$ (3)

の固有値と固有関数を求めよ．この問題は，たとえば弾性弦 (バイオリンの弦など) を少し伸ばし両端 ($x = 0$ と $x = \pi$ の 2 点) を固定して振動させるような場合に起こる．ここで $y(x)$ は弦の変位 $u(x, t)$ の "空間関数" である．変位は位置 x と時間 t の関数であるが，$u(x, t) = y(x) w(t)$ の形で表されると仮定したわけである．(このモデルは第 3 巻 3.2-3.4 節でも論じられている．)

[解] (1) では $r = 1, q = 0, p = 1$ とおき，(2) では $a = 0, b = \pi, k_1 = l_1 = 1, k_2 = l_2 = 0$ とおく．負の $\lambda = -\nu^2$ に対する方程式の一般解は
$$y(x) = c_1 e^{\nu x} + c_2 e^{-\nu x}$$
である．(3b) より $c_1 = c_2 = 0$，したがって $y \equiv 0$ が得られる．これは固有関数ではない．$\lambda = 0$ に対しても状況は同じである．正の $\lambda = \nu^2$ に対する一般解は
$$y(x) = A \cos \nu x + B \sin \nu x$$
である．第 1 の境界条件より $y(0) = A = 0$ が得られる．第 2 の境界条件からは

$$y(\pi) = B\sin\nu\pi = 0, \quad \text{すなわち} \quad \nu = 0, \pm 1, \pm 2, \cdots$$

が得られる．$\nu=0$ に対しては $y \equiv 0$ となる．$\lambda = \nu^2 = 1, 4, 9, 16, \cdots$ に対しては $B=1$ とおけば

$$y(x) = \sin\nu x \quad (\nu = 1, 2, \cdots)$$

が得られる．したがって，この問題の固有値は $\lambda = \nu^2$ $(\nu = 1, 2, \cdots)$ であり，対応する固有関数は $y(x) = \sin\nu x$ $(\nu = 1, 2, \cdots)$ である． ◀

固有値の存在

ステュルム・リウビル問題 (1), (2) は，(1) の関数 p, q, r に関するかなり一般的な条件のもとで無限に多くの固有値をもつ．［たとえば1つの十分条件は以下の定理1の条件に $p(x) > 0$, $r(x) > 0$ $(a < x < b)$ を加えたものである．証明は複雑である．付録1の参考文献 [A1] と [A5] を参照．]

実固有値の存在

(1) の関数 p, q, r が実数値をとり，区間 $a \leq x \leq b$ で連続で，しかも p が全区間で正（あるいは全区間で負）ならば，ステュルム・リウビル問題 (1), (2) の固有値はすべて実数である．（証明は付録4にある．）

固有値はしばしば振動数，エネルギーなど実数値の物理量に関連して現れることを考えれば，これは技術者にとっては期待どおりの結論といえよう．

直 交 性

ステュルム・リウビル問題の固有関数はすぐれた一般的性質をもっているが，中でももっとも重要な特性はつぎに定義する直交性である．

直交性の定義 区間 $a \leq x \leq b$ 上で定義された関数 $y_1, y_2, \cdots$ は，

$$\int_a^b p(x) y_m(x) y_n(x) dx = 0 \qquad (m \neq n) \quad (\mathbf{4})$$

がなりたつとき，$a \leq x \leq b$ 上で重み関数 $p(x) > 0$ に関して直交しているという．y_m のノルム $\|y_m\|$ は

$$\|y_m\| = \sqrt{\int_a^b p(x) y_m^2(x) dx} \qquad (\mathbf{5})$$

によって定義される．関数系が $a \leq x \leq b$ 上で直交しすべての関数のノルムが 1 ならば，その関数系は $a \leq x \leq b$ で**正規直交**しているという．

"重み関数 $p(x) = 1$ に関して直交する"ことを単に"直交する"ということにする．そのとき，関数 $y_1, y_2, \cdots$ は，

4.7 ステュルム・リウビル問題，直交関数

$$\int_a^b y_m(x)\,y_n(x)\,dx=0 \qquad (m\neq n) \qquad (4')$$

ならば，区間 $a\leq x\leq b$ 上で直交する．y_m のノルム $\|y_m\|$ は簡単に

$$\|y_m\|=\sqrt{\int_a^b y_m{}^2(x)\,dx} \qquad (5')$$

で定義される．関数系が直交しすべての関数が 1 に等しいノルムをもつとき，関数系は $a\leq x\leq b$ において**正規直交する**という． ◀

例2 直交系，正規直交系　関数 $y_m(x)=\sin mx$ $(m=1,2,\cdots)$ は区間 $-\pi\leq x\leq\pi$ 上で直交系をつくる．なぜなら，付録 A3.1 の (11) を用いれば，$m\neq n$ のとき

$$\int_{-\pi}^{\pi} y_m(x)\,y_n(x)\,dx=\int_{-\pi}^{\pi}\sin mx\sin nx\,dx$$
$$=\frac{1}{2}\int_{-\pi}^{\pi}\cos(m-n)x\,dx-\frac{1}{2}\int_{-\pi}^{\pi}\cos(m+n)x\,dx=0$$

となるからである．ノルム $\|y_m\|$ は，

$$\|y_m\|^2=\int_{-\pi}^{\pi}\sin^2 mx\,dx=\pi \qquad (m=1,2,\cdots)$$

により $\sqrt{\pi}$ に等しい．ゆえに，対応する正規直交系は

$$\frac{\sin x}{\sqrt{\pi}},\quad \frac{\sin 2x}{\sqrt{\pi}},\quad \frac{\sin 3x}{\sqrt{\pi}},\quad \ldots$$

である． ◀

固有関数の直交性

定理1（固有関数の直交性）　ステュルム・リウビル問題 (1) の関数 p, q, r, r' が区間 $a\leq x\leq b$ で連続な実数値関数であるとする．$y_m(x), y_n(x)$ はステュルム・リウビル問題 (1), (2) の固有関数であって，それぞれ異なる固有値 λ_m, λ_n に対応するものとする．このとき，y_m, y_n は重み関数 p に関してこの区間上で直交する．

$r(a)=0$ のときには，(2a) は問題から省いてよい．$r(b)=0$ のときは (2b) を省いてよい．[ステュルム・リウビル問題は，このような例外的な境界条件を課したときには**特異**であるといい，通常の (2) を用いたときには**正則**であるという．特異な境界条件の場合でも，境界点における y や y' の有界性は必要である．]

$r(a)=r(b)$ のときには，(2) は"周期的境界条件"
$$y(a)=y(b),\qquad y'(a)=y'(b) \qquad (6)$$
におきかえられる．

[注意] ステュルム・リウビルの方程式 (1) と周期的境界条件 (6) からなる境界値問題は周期的ステュルム・リウビル問題とよばれている．

[定理1の証明] 仮定により，y_m は
$$(ry_m')' + (q+\lambda_m p)y_m = 0$$
を満たし，y_n は
$$(ry_n')' + (q+\lambda_n p)y_n = 0$$
を満たす．第1の式に y_n を掛け，第2の式に $-y_m$ を掛けて辺々加えると，
$$(\lambda_m - \lambda_n) p y_m y_n = y_m(ry_n')' - y_n(ry_m')'$$
$$= [(ry_n')y_m - (ry_m')y_n]'$$
が得られる．この最後の等式は角括弧内の表式を微分してみれば容易に確かめられる．仮定により r と r' は連続であり y_m, y_n は (1) の解であるから，この表式は区間 $a \leq x \leq b$ で連続である．x について a から b まで積分すると，
$$(\lambda_m - \lambda_n) \int_a^b p y_m y_n \, dx = \Big[r(y_n' y_m - y_m' y_n) \Big]_a^b \qquad (7)$$
となる．右辺の表式は
$$r(b)[y_n'(b)y_m(b) - y_m'(b)y_n(b)]$$
$$- r(a)[y_n'(a)y_m(a) - y_m'(a)y_n(a)] \qquad (8)$$
に等しい．ここで，a か b で r が 0 となるかどうかに応じていくつかの場合に分けて考える．

(場合 1) $r(a)=0, r(b)=0$ のとき，(8) の表式は 0 である．したがって，(7) の左辺の表式は 0 でなければならない．右辺の y_m, y_m', y_n, y_n' は仮定により a, b でも連続だからである．λ_m と λ_n は異なるため，求める直交性
$$\int_a^b p(x) y_m(x) y_n(x) \, dx = 0 \qquad (m \neq n) \qquad (9)$$
が境界条件 (2) を使わずに導かれる．

(場合 2) $r(b)=0, r(a) \neq 0$ とする．このとき (8) の第1行は 0 である．ゆえに第2行だけを考えればよい．(2a) より
$$k_1 y_n(a) + k_2 y_n'(a) = 0,$$
$$k_1 y_m(a) + k_2 y_m'(a) = 0$$
が得られる．$k_2 \neq 0$ とする．第1の式に y_m を掛け，第2の式に $-y_n$ を掛けて加えると
$$k_2[y_n'(a)y_m(a) - y_m'(a)y_n(a)] = 0$$
が得られる．$k_2 \neq 0$ であるから，括弧内の表式は 0 である．これは (8) の第2行と同等である．したがって (8) は 0 であり，(7) から (9) が導かれる．$k_2=0$ のときは仮定より $k_1 \neq 0$ となるから，同様にして証明を進めることができる．

(場合 3) $r(a)=0, r(b) \neq 0$ のとき，証明は場合 2 と同様であるが，(2a) のかわりに (2b) を使わなければならない．

(場合 4) $r(a) \neq 0, r(b) \neq 0$ のとき，2つの境界条件 (2) を併用して場合 2 と場合 3 と同様に進めばよい．

(場合 5) $r(a)=r(b)$ とする．このとき (8) は次の形になる．
$$r(b)[y_n'(b)y_m(b) - y_m'(b)y_n(b) - y_n'(a)y_m(a) + y_m'(a)y_n(a)]$$
前と同様に (2) を用いて括弧内の表式が 0 であると結論することができる．しかし，

これは (6) からも導かれるので, (2) を (6) におきかえてもよいことがただちにわかる. したがって, 前と同様, (7) から (9) が導かれる. これで定理1の証明が終わる. ◀

例3 弾性弦の振動 例1の微分方程式は (1) の形で $r=1$, $q=0$, $p=1$ の場合にあたる. 定理1により固有関数が区間 $0 \leq x \leq \pi$ で直交することが示される. ◀

例4 ルジャンドルの多項式の直交性 ルジャンドルの方程式は, この節の初めに述べたように

$$[(1-x^2)y']' + \lambda y = 0 \qquad [\lambda = n(n+1)]$$

で表されるステュルム・リウビルの方程式であって, $r=1-x^2$, $q=0$, $p=1$ の場合に相当する. ただし, $r(-1)=r(1)=0$ であるから, 区間 $-1 \leq x \leq 1$ において境界条件を必要としない**特異ステュルム・リウビル問題**である. $n=0,1,2,\cdots$ すなわち $\lambda=0$, $1\cdot2$, $2\cdot3$, $\cdots$ に対して, ルジャンドルの多項式 $P_n(x)$ がこの問題の解である. したがってこれらは固有関数であり, 定理1によってその区間上で直交していることがわかる. すなわち,

$$\int_{-1}^{1} P_m(x) P_n(x) \, dx = 0 \qquad (m \neq n) \tag{10}$$

である. ◀

例5 ベッセル関数 $J_n(x)$ の直交性 定整数 $n \geq 0$ のベッセル関数 $J_n(\tilde{x})$ はベッセルの方程式 (4.5節)

$$\tilde{x}^2 \ddot{J}_n(\tilde{x}) + \tilde{x} \dot{J}_n(\tilde{x}) + (\tilde{x}^2 - n^2) J_n(\tilde{x}) = 0$$

を満足する. ここで $\dot{J}_n = dJ_n/d\tilde{x}$, $\ddot{J}_n = d^2J_n/d\tilde{x}^2$ などである. $\tilde{x}=kx$ とおいてこの方程式を変換すれば, ステュルム・リウビルの方程式

$$[xJ_n'(kx)]' + \left(-\frac{n^2}{x} + k^2 x\right) J_n(kx) = 0$$

が得られる. ただし, $p(x)=x$, $q(x)=-n^2/x$, $r(x)=x$, $\lambda=k^2$ である. $r(0)=0$ であるから, 定理1によって, 区間 $0 \leq x \leq R$ 上で境界条件

$$J_n(kR) = 0 \qquad (固定した n に対して) \tag{11}$$

を満たす解 $J_n(kx)$ は重み関数 $p(x)=x$ に関して直交する. [関数 $q(x)=-n^2/x$ は0で不連続となるが, これは定理1の証明には影響しないことを注意する.] $J_n(\tilde{x})$ は無限に多くの実数の零点をもつことがわかっている. [4.5節の (14) と図4.5 ($n=0, 1$ の場合) に示されている.] $J_n(\tilde{x})$ の正の零点を $\alpha_{1n} < \alpha_{2n} < \cdots$ とすると, (11) は

$$kR = \alpha_{mn} \quad \text{すなわち} \quad k = k_{mn} = \alpha_{mn}/R \qquad (m=1,2,\cdots) \tag{12}$$

に対してなりたち, 次の結果が得られる. ◀

定理2（ベッセル関数の直交性） 非負の整数 n のそれぞれの値に対して, 第1種ベッセル関数 $J_n(k_{1n}x)$, $J_n(k_{2n}x)$, $J_n(k_{3n}x)$, $\cdots$ [k_{mn} は (12) に与えられている] は区間 $0 \leq x \leq R$ 上で重み関数 $p(x)=x$ に関して直交する. すなわち,

$$\int_0^R x J_n(k_{mn}x) J_n(k_{jn}x)\, dx = 0 \qquad (j \neq m). \qquad (13)$$

したがって無限個の直交系が得られたのである．n の値を固定すると 1 つの直交系が得られる．これはまたベッセル関数の零点の重要性を示すものである． ◀

❖❖❖❖❖ 問題 4.7 ❖❖❖❖❖

1. （定理 1 の証明） 場合 3 と場合 4 について証明の経過を詳しく述べよ．

2. 固有関数の正規化 (1),(2) の固有関数 y_m の正規化とは，y_m に非負の定数 c_m を掛け，$c_m y_m$ のノルムが 1 になるようにすることである．任意の定数 $c \neq 0$ を掛けて得られる $z_m = c y_m$ は，y_m に対応する固有値をもつ固有関数であることを示せ．

ステュルム・リウビル問題 次の問題の固有値と固有関数を求めよ．問題 3-6 では直接計算により直交性を確かめよ．

3. $y'' + \lambda y = 0$, $\quad y(0) = 0$, $\quad y'(1) = 0$

4. $y'' + \lambda y = 0$, $\quad y(0) = 0$, $\quad y(L) = 0$

5. $y'' + \lambda y = 0$, $\quad y(0) = 0$, $\quad y'(L) = 0$

6. $y'' + \lambda y = 0$, $\quad y(0) = y(2\pi)$, $\quad y'(0) = y'(2\pi)$

7. $(xy')' + \lambda x^{-1} y = 0$, $\quad y(1) = 0$, $\quad y'(e) = 0$
  ［ヒント］ $x = e^t$ とおけ．

8. $(e^{2x} y')' + e^{2x}(\lambda + 1) y = 0$, $\quad y(0) = 0$, $\quad y(\pi) = 0$
  ［ヒント］ $y = e^{-x} u$ とおけ．

9. $(x^{-1} y')' + (\lambda + 1) x^{-3} y = 0$, $\quad y(1) = 0$, $\quad y(e) = 0$

10. （ステュルム・リウビル問題） 固有関数が $1, \cos x, \cos 2x, \cdots$ であるような問題を見いだせ．

11. （ステュルム・リウビル問題） 固有関数が $1, \cos(m\pi x/L), \sin(m\pi x/L)$ $(m = 1, 2, \cdots)$ であるような問題を見いだせ．

12. （超越方程式） $y' + \lambda y = 0$, $y(0) = 0$, $y(1) + y'(1) = 0$ で与えられるステュルム・リウビル問題の固有値は，$\tan k = -k$ $(k = \sqrt{\lambda})$ の解として得られることを示せ．プロットにより，この方程式は $k_m = (2m+1)\pi/2 + \delta_m$ の形で表される無限に多くの解 $k = k_m$ をもち，δ_m は小さい正数で $m \to \infty$ のとき $\delta_m \to 0$ になることを推論せよ．固有関数は $y_m = \sin k_m x$ $(k_m \neq 0)$ であることを示せ．k_0 と k_1 をニュートン法（第 5 巻 1.2 節参照）によって計算せよ．

13. （x の変化） 関数 $y_0(x), y_1(x), \cdots$ が区間 $a \leq x \leq b$ 上で [$p(x) = 1$ とする] 直交系をつくるとき，関数 $y_0(ct+k), y_1(ct+k), \cdots$ $(c > 0)$ は区間 $(a-k)/c \leq t \leq (b-k)/c$ 上で直交系をつくることを示せ．

14. （x の変化） 問題 13 を利用して，$1, \cos \pi x, \sin \pi x, \cos 2\pi x, \sin 2\pi x, \cdots$ の区間 $-1 \leq x \leq 1$ 上の直交性 $(p(x) = 1)$ を，$1, \cos x, \sin x, \cos 2x, \sin 2x, \cdots$ の区間 $-\pi \leq x \leq \pi$ 上の直交性から導け．

15. （ルジャンドルの多項式） 関数 $P_n(\cos\theta)$ $(n=0,1,\cdots)$ は区間 $0\leq\theta\leq\pi$ 上で重み関数 $\sin\theta$ に関して直交することを示せ．

16. ［協同プロジェクト］ **特殊関数** 直交多項式は広く応用されて重要な役割を果たしている．そのため，ルジャンドルの多項式のほかにも各種の直交多項式が大規模に研究されてきた（付録1の参考文献 [1], [11], [12] を参照）．つぎにもっとも重要ないくつかの実例を考える．

（a） **チェビシェフ**[23]**の多項式** 第1種および第2種のチェビシェフの多項式はそれぞれ

$$T_n(x)=\cos(n\arccos x), \quad U_n(x)=\frac{\sin[(n+1)\arccos x]}{\sqrt{1-x^2}} \qquad (n=0,1,\cdots)$$

として定義される．まず，

$$T_0=1, \quad T_1(x)=x, \quad T_2(x)=2x^2-1, \quad T_3(x)=4x^3-3x$$
$$U_0=1, \quad U_1(x)=2x, \quad U_2(x)=4x^2-1, \quad U_3(x)=8x^3-4x$$

を示せ．つぎに，チェビシェフの多項式 $T_n(x)$ は区間 $-1\leq x\leq -1$ において重み関数 $p(x)=1/\sqrt{1-x^2}$ に関して直交することを示せ[24]．

［ヒント］ 直交性を定義する積分 $\int_{-1}^{1} p(x)T_m(x)T_n(x)\,dx$ は変数変換 $x=\cos\theta$ により $\int_0^\pi \cos m\theta \cos n\theta\, d\theta$ に変換される．

（b） **無限区間上の直交性** ラゲール[25]の多項式は

$$L_0=1, \quad L_n(x)=\frac{e^x}{n!}\frac{d^n(x^n e^{-x})}{dx^n} \qquad (n=1,2,\cdots)$$

によって定義される．

$$L_1(x)=1-x, \quad L_2(x)=1-2x+\frac{x^2}{2}, \quad L_3(x)=1-3x+\frac{3x^2}{2}-\frac{x^3}{6},$$

一般には

$$L_n(x)=\sum_{k=0}^{n}(-1)^k\binom{n}{k}\frac{x^k}{k!}$$

であることを示せ．ラゲールの多項式が正の x 軸 $(0\leq x<\infty)$ 上で重み関数 $p(x)=e^{-x}$ に関して直交することを証明せよ．

［ヒント］ 直交関係を表す積分は

$$\int_0^\infty p(x)L_m(x)L_n(x)\,dx = \frac{1}{n!}\int_0^\infty L_m(x)\frac{d^n(x^n e^{-x})}{dx^n}\,dx$$

と書ける．$m\leq n$ として部分積分を m 回くり返し，$d^m L_m(x)/dx^m=(-1)^m$ を考慮して積分値を定めよ．

---

[23] Pafnuti Chebyshev (1821-1894)，ロシアの数学者．近似理論（確率論）や整数論での業績で知られている．ロシア文字からの別の字訳で Tchebichef と書くこともあり，著者自身の原論文でもこの表記が用いられている．（記号 T_n が慣用されるのはそのためである．）

[24] （訳注） 同様な手法により，第2種の多項式 $U_n(x)$ もまた区間 $-1\leq x\leq 1$ 上で重み関数 $p(x)=\sqrt{1-x^2}$ に関して直交することが示される．

[25] Edmond Laguerre (1834-1886)，フランスの数学者．幾何学や無限級数論の分野で研究をした．

4.8 直交固有関数展開

ステュルム・リウビル問題などで得られる直交関数はいったい何の役に立つのだろうか．直交関数は与えられた関数の級数展開を簡単に実行することを可能にする．その好例が，熱伝導，振動，流体などを扱う理工学者の常套手段である有名なフーリエ級数（第3巻2,3章で扱う）である．実際，直交性はこれまでに応用数学で導入されたもっとも有用な概念の一つである．

これを説明するために，まず実際的な標準記法を導入する．直交性および正規直交性を定義する4.7節の積分(4)を簡単に (y_m, y_n) と表そう．区間 $a \leq x \leq b$ 上の重み関数 $p(x) > 0$ に関する直交関数系 $y_0, y_1, y_2, \cdots$ は

$$(y_m, y_n) = \int_a^b p(x) y_m(x) y_n(x) \, dx = \begin{cases} 0 & (m \neq n \text{ のとき}) \\ 1 & (m = n \text{ のとき}) \end{cases} \quad (1)$$

を満たす．ただし $m = 0, 1, 2, \cdots$, $n = 0, 1, 2, \cdots$ である．もっと簡単に，

$$(y_m, y_n) = \delta_{mn} = \begin{cases} 0 & (m \neq n \text{ のとき}) \\ 1 & (m = n \text{ のとき}) \end{cases} \quad (1^*)$$

とも書く．δ_{mn} は**クロネッカー**[26]**デルタ**とよばれる．y_m のノルム $\|y_m\|$ については，

$$\|y_m\| = \sqrt{(y_m, y_m)} = \sqrt{\int_a^b p(x) y_m^2(x) \, dx} \quad (2)$$

と書くことができる．いま $y_0, y_1, \cdots$ を区間 $a \leq x \leq b$ 上の重み関数 $p(x)$ に関する直交関数とし，$f(x)$ を収束級数

$$\boxed{f(x) = \sum_{m=0}^{\infty} a_m y_m(x) = a_0 y_0(x) + a_1 y_1(x) + \cdots} \quad (3)$$

で表される関数とする．これは**直交関数展開**，**一般フーリエ級数**，あるいはステュルム・リウビル問題のように y_m が固有関数である場合には**固有関数展開**などとよばれている．[(3)で添数 m を使ったのは，n はのちにベッセル関数の次数として必要になるからである．]

要点は直交性のために未知の係数 $a_0, a_1, \cdots$ を簡単に確定できることである．これらの係数を $y_0, y_1, \cdots$ に関する $f(x)$ の**フーリエ定数**という．実際，(3)の両辺に $p(x) y_n(x)$（n は固定）を掛け，区間 $a \leq x \leq b$ で項別に積分[27]すれば，

$$(f, y_n) = \int_a^b p f y_n \, dx = \int_a^b p \left(\sum_{m=0}^{\infty} a_m y_m \right) y_n \, dx = \sum_{m=0}^{\infty} a_m (y_m, y_n)$$

---

26) Leopold Kronecker (1823-1891)，ドイツの数学者．ベルリン大学教授で，代数学，群論，整数論に重要な貢献をした．
27) たとえば一様収束の場合には項別積分が許される（第4巻3.5節参照）．

4.8 直交固有関数展開

となる．次の事実は決定的である．直交性の結果として，右辺のすべての積分 (y_m, y_n) は $m=n$ のときを除いて 0 であり，$m=n$ ならば $(y_n, y_n) = \|y_n\|^2$ に等しい．したがって

$$(f, y_n) = a_n \|y_n\|^2 \tag{3*}$$

が得られる．(3) の記号と揃えるために n のかわりに m を使えば，フーリエ定数を与える公式

$$\boxed{a_m = \frac{(f, y_m)}{\|y_m\|^2} = \frac{1}{\|y_m\|^2} \int_a^b p(x) f(x) y_m(x) \, dy}$$

$$(m=0, 1, \cdots) \tag{4}$$

を導くことができる．

例1　フーリエ級数　　周期的ステュルム・リウビル問題

$$y'' + \lambda y = 0, \quad y(\pi) = y(-\pi), \quad y'(\pi) = y'(-\pi)$$

に対しては，一般解 $y = A\cos kx + B\sin kx$ $(k = \sqrt{\lambda})$ と境界条件から

$$A\cos k\pi + B\sin k\pi = A\cos(-k\pi) + B\sin(-k\pi),$$
$$-kA\sin k\pi + kB\cos k\pi = -kA\sin(-k\pi) + kB\cos(-k\pi)$$

が示される．$\cos(-\alpha) = \cos\alpha$, $\sin(-\alpha) = -\sin\alpha$ だから，これは

$$\sin k\pi = 0, \quad \lambda = k^2 = n^2 = 0, 1, 4, 9, \cdots$$

を与える．したがって固有関数は

$$1, \cos x, \sin x, \cos 2x, \sin 2x, \cdots$$

である．4.7 節の定理 1 によれば，異なる固有値に属する任意の 2 つの固有関数は区間 $-\pi \leq x \leq \pi$ において直交する（この場合には $p(x) = 1$ であることに注意する）．同じ m の $\cos mx$ と $\sin mx$ の直交性は，積分

$$\int_{-\pi}^{\pi} \cos mx \sin mx \, dx = \frac{1}{2} \int_{-\pi}^{\pi} \sin 2mx \, dx = 0$$

によって確かめられる．$1, \cos^2 x, \sin^2 x, \cdots$ を $-\pi$ から π まで積分すればわかるように，1 のノルム $\|1\|$ は $\sqrt{2\pi}$ で，その他のノルムはすべて $\sqrt{\pi}$ に等しい．結局，対応する級数は次のように書ける．

$$\boxed{f(x) = a_0 + \sum_{m=1}^{\infty} (a_m \cos mx + b_m \sin mx)} \tag{5}$$

これが $f(x)$ のフーリエ級数である．a_m, b_m は $f(x)$ のフーリエ係数とよばれる．$p(x) = 1$ と上記のノルムの値を (4) に代入すれば，いわゆるオイラーの公式

$$\boxed{\begin{aligned} a_0 &= \frac{1}{2\pi} \int_{-\pi}^{\pi} f(x) \, dx \\ a_m &= \frac{1}{\pi} \int_{-\pi}^{\pi} f(x) \cos mx \, dx \\ b_m &= \frac{1}{\pi} \int_{-\pi}^{\pi} f(x) \sin mx \, dx \end{aligned}} \quad (m=1, 2, \cdots) \tag{6}$$

が導かれる．たとえば，

$$f(x) = \begin{cases} -1 & (-\pi < x < 0 \text{ のとき}) \\ 1 & (0 < x < \pi \text{ のとき}) \end{cases} \qquad f(x+2\pi) = f(x)$$

で与えられる"周期的方形波"(図4.8)の場合には,係数値は $a_0 = 0$ および

$$a_m = \frac{1}{\pi}\left[\int_{-\pi}^{0}(-1)\cos mx\, dx + \int_{0}^{\pi} 1\cdot\cos mx\, dx\right] = 0,$$

$$b_m = \frac{1}{\pi}\left[\int_{-\pi}^{0}(-1)\sin mx\, dx + \int_{0}^{\pi} 1\cdot\sin mx\, dx\right]$$

$$= \frac{1}{\pi}\left[\frac{\cos mx}{m}\bigg|_{-\pi}^{0} - \frac{\cos mx}{m}\bigg|_{0}^{\pi}\right]$$

$$= \frac{2(1-\cos m\pi)}{\pi m}$$

$$= \begin{cases} 4/(\pi m) & (m = 1, 3, \cdots \text{ のとき}) \\ 0 & (m = 2, 4, \cdots \text{ のとき}) \end{cases}$$

となる.ゆえに周期的方形波のフーリエ級数は

$$f(x) = \frac{4}{\pi}\left(\sin x + \frac{1}{3}\sin 3x + \frac{1}{5}\sin 5x + \cdots\right)$$

である. ◀

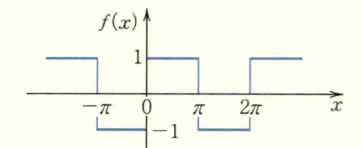

図4.8 例1の周期的方形波

フーリエ級数は理工学者にとって断然重要な固有関数展開であるから,第3巻2,3章においてさらに詳しくその理論と応用を述べ,多数の実例について論ずることにする.

例2 **フーリエ・ルジャンドル級数** これはルジャンドルの多項式(4.3節)による固有関数展開

$$f(x) = \sum_{m=0}^{\infty} a_m P_m(x)$$
$$= a_0 P_0 + a_1 P_1(x) + \cdots$$
$$= a_0 + a_1 x + a_2\left(\frac{3}{2}x^2 - \frac{1}{2}\right) + \cdots$$

である.ルジャンドルの多項式は,4.7節の例4に示されたステュルム・リウビル問題の区間 $-1 \leq x \leq 1$ 上における固有関数である.ルジャンドルの方程式では $p(x) = 1$ となるので,(4)により

$$a_m = \frac{2m+1}{2}\int_{-1}^{1} f(x) P_m(x)\, dx \qquad (m = 0, 1, \cdots) \qquad (7)$$

が得られる.ノルム $\|P_m\|$ が

4.8 直交固有関数展開

$$\|P_m\| = \sqrt{\int_{-1}^{1} P_m(x)^2 \, dx} = \sqrt{\frac{2}{2m+1}} \qquad (m=0, 1, \cdots) \qquad (\mathbf{8})$$

で与えられるからである．これは 4.3 節のロドリーグの公式を使って証明することができる[28]．

たとえば，$f(x) = \sin \pi x$ のときには係数が

$$a_m = \frac{2m+1}{2} \int_{-1}^{1} \sin \pi x \, P_m(x) \, dx$$

となり，フーリエ・ルジャンドル級数

$$\sin \pi x = 0.95493 P_1(x) - 1.15824 P_3(x) + 0.21629 P_5(x)$$
$$- 0.01664 P_7(x) + 0.00068 P_9(x) - 0.00002 P_{11}(x) + \cdots$$

が得られる．P_{13} の係数はおよそ 3×10^{-7} である．0 でない最初の3項の和は実際上正弦曲線とほとんど一致する曲線を与える．なぜ偶数次の係数が 0 なのかわかるか．また，なぜ a_3 が絶対値が最大の係数になるのだろうか． ◀

例 3　フーリエ・ベッセル級数　4.7 節の例 5 では，無限に多くの直交ベッセル関数系 $J_0, J_1, J_2, \cdots$ を考えた．その直交性は区間 $0 \leq x \leq R$（R は任意の定数）において重み関数 x に関するものであった．関数系は $J_n(k_{1n}x), J_n(k_{2n}x), J_n(k_{3n}x), \cdots$ である．ここに，n は固定され，k_{mn} は 4.7 節の (12) に与えられている．対応するフーリエ・ベッセル級数は

$$f(x) = \sum_{m=1}^{\infty} a_m J_n(k_{mn}x) = a_1 J_n(k_{1n}x) + a_2 J_n(k_{2n}x) + a_3 J_n(k_{3n}x) + \cdots \qquad (\mathbf{9})$$

である．$\alpha_{mn} = k_{mn}R$ とおくと，係数は

$$a_m = \frac{2}{R^2 J_{n+1}^2(\alpha_{mn})} \int_0^R x f(x) J_n(k_{mn}x) \, dx \qquad (m=1, 2, \cdots) \qquad (\mathbf{10})$$

で表される．なぜなら，ノルムが

$$\|J_n(k_{mn}x)\|^2 = \int_0^R x J_n^2(k_{mn}x) \, dx = \frac{R^2}{2} J_{n+1}^2(k_{mn}R) \qquad (11)$$

となるからである．ここでは証明は省く（巧妙な証明がベッセル関数の専門書 [A7] の 576 ページ以下に記されている）．

例として，$f(x) = 1 - x^2$ の場合を考え，級数 (9) で $R=1, n=0$ とおき，α_{m0} を簡単に λ と書こう．すると $k_{m0} = \lambda = 2.405, 5.520, 8.654, 11.792$ などが得られる（付録 5 の表 A1 参照）．つぎに係数 (10) を計算する．4.5 節の (24) で $\nu=1$ とおいた

$$[xJ_1(\lambda x)]' = \lambda x J_0(\lambda x),$$

および $\nu=2$ とおいた

$$[x^2 J_2(\lambda x)]' = \lambda x^2 J_1(\lambda x)$$

を使って，部分積分により a_m を求める．その結果は次のとおりである．

---

[28]　（訳注）m 回部分積分をくり返して次のように計算される．
$$\int_{-1}^{1} P_m(x)^2 \, dx = \frac{1}{2^{2m}(m!)^2} \int_{-1}^{1} \left(\frac{d^m[(x^2-1)^m]}{dx^m}\right)^2 dx = \frac{(2m)!}{2^{2m}(m!)^2} \int_{-1}^{1} (1-x^2)^m \, dx,$$
$$\int_{-1}^{1} (1-x)^m (1+x)^m \, dx = \frac{(m!)^2}{(2m)!} \int_{-1}^{1} (1+x)^{2m} \, dx = \frac{2^{2m}(m!)^2}{(2m)!} \cdot \frac{2}{2m+1}.$$

$$a_m = \frac{2}{J_1^2(\lambda)} \int_0^1 x(1-x^2) J_0(\lambda x)\, dx$$

$$= \frac{2}{J_1^2(\lambda)} \left[\frac{1}{\lambda}(1-x^2)\, xJ_1(\lambda x) \Big|_0^1 - \frac{1}{\lambda}\int_0^1 xJ_1(\lambda x)(-2x)\, dx \right]$$

$$= \frac{4}{\lambda J_1^2(\lambda)} \int_0^1 x^2 J_1(\lambda x)\, dx = \frac{4 J_2(\lambda)}{\lambda^2 J_1^2(\lambda)} \qquad (\lambda = a_{m0})$$

したがって，直交固有関数展開 (9) は

$$1 - x^2 = 1.1081 J_0(2.405 x) - 0.1398 J_0(5.520 x)$$
$$+ 0.0455 J_0(8.654 x) - 0.0210 J_0(11.792 x) + \cdots$$

となる．(J_0, J_1 の数表は付録 5 の表 A1 にある．J_2 の数値は 4.5 節の公式 $J_2 = 2x^{-1} J_1 - J_0$ によって求めることができる．もっと詳しい計算には付録1のハンドブック [1] の数表か CAS を利用すればよい．) $1 - x^2$ と右辺の最初の3項の和をプロットすると，2つの曲線は実際上ほとんど一致することがわかる． ◀

正規直交系の完全性

　固有関数展開では，実際には"十分に多数"の関数からなる正規直交系だけが用いられる．これは，できるだけ広い範囲の関数，たとえば区間 $a \le x \le b$ 上のすべての連続関数などを一般フーリエ級数 (3) によって表現するためである．このような正規直交系は"完全"な関数系（定義は下記）とよばれる．たとえば，例1の正規直交系は区間 $-\pi \le x \le \pi$ 上の連続[29]関数の中で完全であり，例2，例3のルジャンドルの多項式やベッセル関数もそれぞれの区間において完全である．

　完全性の定義に関連して，関数列の収束という概念をノルム収束（**2乗平均収束**，平均収束ともよぶ）の意味に使うことにする．すなわち，関数列 f_n が

$$\lim_{k \to \infty} \| f_k - f \| = 0 \qquad (12^*)$$

を満たすとき，f_n は極限 f に収束するという．(2) を使い根号を外せば，

$$\lim_{k \to \infty} \int_a^b p(x) [f_k(x) - f(x)]^2\, dx = 0 \qquad (12)$$

となる．したがって，

$$\lim_{k \to \infty} \int_a^b p(x) [s_k(x) - f(x)]^2\, dx = 0 \qquad (13)$$

ならば，(3) は収束し f を表す．ここに，s_k は (3) の第 k 部分和

$$s_k(x) = \sum_{m=0}^{k} a_m y_m(x) \qquad (14)$$

---

[29] 実際には区分的に連続な関数やもっと一般的な関数も含まれるが，本書のレベルでは完全性についてこれ以上論じることはできない．付録1の参考文献 [9] 3.4-3.7節を参照せよ．

4.8 直交固有関数展開

である．

定義によれば，区間 $a \leq x \leq b$ 上の正規直交系 $y_0, y_1, \cdots$ は，次の条件がなりたつとき，区間 $a \leq x \leq b$ 上で定義された関数系 S の中で完全であるという．その条件とは，S に属するすべての関数 f を 1 次結合 $a_0 y_0 + a_1 y_1 + \cdots + a_k y_k$ によって任意の精度で近似できること，あるいは技術的にいえば，すべての $\varepsilon > 0$ に対して

$$\|f - (a_0 y_0 + \cdots + a_k y_k)\| < \varepsilon \tag{15}$$

を満たす定数 $a_0, \cdots, a_k$（十分大きい k まで）を見いだせることである．

(13) の積分から興味深い基本的な結果を導こう．(14) を (13) の積分に代入すると，まず

$$\int_a^b p(x)[s_k(x) - f(x)]^2 dx = \int_a^b p s_k^2 dx - 2\int_a^b p f s_k dx + \int_a^b p f^2 dx$$

$$= \int_a^b p \Big[\sum_{m=0}^k a_m y_m\Big]^2 dx - 2\sum_{m=0}^k a_m \int_a^b p f y_m dx + \int_a^b p f^2 dx$$

が得られる．$m \neq l$ に対しては $\int p y_m y_l dx = 0$ で $\int p y_m^2 dx = 1$ であるから，右辺の第 1 の積分は $\sum a_m^2$ に等しい．右辺の第 2 の級数中の積分は $\|y_m\|^2 = 1$ と (4) により a_m に等しい．ゆえに右辺は

$$-\sum_{m=0}^k a_m^2 + \int_a^b p f^2 dx$$

となるが，これは左辺により非負である．したがって重要なベッセルの不等式

$$\boxed{\sum_{m=0}^k a_m^2 \leq \|f\|^2 = \int_a^b p(x) f(x)^2 dx}$$

$$(k = 1, 2, \cdots) \tag{16}$$

が証明されたことになる．左辺は右辺を上界とする単調増加数列であるから，付録 A3.3 のよく知られた定理 1 によれば，$k \to \infty$ に対する極限値が存在する．したがって，

$$\sum_{m=0}^k a_m^2 \leq \|f\|^2 \tag{17}$$

が得られる．さらに，$y_0, y_1, \cdots$ が関数系 S の中で完全ならば，(13) は S に属するすべての f に対して適用される．ゆえに，(15) により $k \to \infty$ では (16) の等式がなりたつことがわかる．すなわち，完全系の場合には S に属するすべての f がいわゆるパーセバル[30]の等式

$$\boxed{\sum_{m=0}^k a_m^2 = \|f\|^2 = \int_a^b p(x) f(x)^2 dx} \tag{18}$$

---

[30] Marc Antoine Parseval (1755–1836), フランスの数学者．

を満足する．

(18) の直接の帰結として，完全な正規直交系のすべての関数と直交する関数は，ノルム 0 の関数という自明な例外を除いて存在しないことが証明される．

定理 1（完全性）　$y_0, y_1, \cdots$ を，関数系 S に属する区間 $a \leq x \leq b$ 上の完全正規直交関数系とする．そのとき，S に属する関数 f がすべての y_m と直交すれば，そのノルムは 0 である．とくに，f が連続ならばそれは恒等的に 0 である．

［証明］　直交性の仮定から (18) の左辺は 0 でなければならないことがわかる．これで第 1 の命題は証明された．f が連続ならば，$\|f\|=0$ は $f(x) \equiv 0$ を意味する．◀

例 4　フーリエ級数　例 1 の正規直交系は区間 $-\pi \leq x \leq \pi$ 上の連続関数系の中で完全である．関数 $f(x) \equiv 0$ がこの正規直交系のすべての関数と直交するただ 1 つの連続関数であることを直接検証せよ．

［解］　f を任意の連続関数とする．直交性により
$$\int_{-\pi}^{\pi} 1 \cdot f(x) \, dx = 0, \quad \int_{-\pi}^{\pi} f(x) \cos mx \, dx = 0, \quad \int_{-\pi}^{\pi} f(x) \sin mx \, dx = 0$$
がなりたつはずである．したがって，(6) の係数 a_m および b_m はすべての m に対して 0 となり，(3) は $f(x) \equiv 0$ に帰着する．◀

変動係数の線形微分方程式を解くために不可欠なべき級数法とフロベニウス法に関する 4 章の議論はこれで終わる．これらの方法を用いて，いくつかのもっとも重要な微分方程式の解を求め，その性質を論じてきた．また，微分方程式の解として現れる多くの特殊関数が，与えられた関数の直交関数展開に利用できることも示した．

❖❖❖❖❖ 問題 4.8 ❖❖❖❖❖

フーリエ・ルジャンドル級数　計算の詳細を示して次の関数を展開せよ．

1. $70x^4 - 84x^2 + 30$
2. $20x^3 - 6x^2 - 10x - 2$
3. $1 - x^4$
4. $1, \ x, \ x^2, \ x^3, \ x^4$

フーリエ・ルジャンドル級数の初めの数項を求め，与えられた関数と初めの数項の部分和をプロットせよ．（計算の詳細を示せ．）

5. $\cos \dfrac{\pi x}{2}$
6. e^x
7. $f(x) = \begin{cases} 0 & (-1 < x < 0) \\ x & (0 < x < 1) \end{cases}$
8. $f(x) = \begin{cases} 1 & \left(-\dfrac{1}{2} < x < \dfrac{1}{2}\right) \\ 0 & \left(|x| > \dfrac{1}{2}\right) \end{cases}$

9. [**CAS プロジェクト**] **フーリエ・ベッセル級数** 例3に関連した問題である．(9) で $n=0, R=1$ とおいた級数
$$f(x)=a_1 J_0(\alpha_{10}x)+a_2 J_0(\alpha_{20}x)+a_3 J_0(\alpha_{30}x)+\cdots \quad (19)$$
を考える．$\alpha_{10}, \cdots, \alpha_{50}$ は付録5の数値を用い，$\alpha_{60}, \cdots, \alpha_{10,0}$ はそれぞれ 18.071, 21.212, 24.352, 27.493, 30.635 とする．

(a) $J_0(\alpha_{10}x), \cdots, J_0(\alpha_{10,0}x)$ を $0 \leq x \leq 1$ に対して共通軸上にプロットせよ．

(b) 級数 (19) の任意項数の部分和を計算するプログラムを書け．係数 a_m を与える (10) の中の積分を CAS で計算できるような関数 $f(x)$ を2つ選び，係数がどれだけ速く減少するかを比較することによって，収束の速さについて実証的に論評せよ．

(c) (19) において $f(x)=1$ とおき，4.5節の (24)（$\nu=1$ の場合）を使って係数の積分を解析的に評価せよ．初めの数項の部分和を共通軸上にプロットせよ．

10. [**協同プロジェクト**] **全実軸上の直交性，エルミート**[31]**の多項式** エルミートの直交多項式は
$$He_0=1, \quad He_n(x)=(-1)^n e^{x^2/2}\frac{d^n}{dx^n}(e^{-x^2/2}) \quad (n=1,2,\cdots)$$
で定義される．

[注意] 多くの特殊関数でよく起こることであるが，文献によって別の記号が使われることがある．エルミートの多項式もときには
$$H_0^*=1, \quad H_n^*(x)=(-1)^n e^{x^2}\frac{d^n e^{-x^2}}{dx^n}$$
として定義されている．この H_n^* の定義は He_n とは少し違うが，応用面では He_n のほうがよく用いられる[32]．

(a) n の小さい値
$$He_1(x)=x, \quad He_2(x)=x^2-1, \quad He_3(x)=x^3-3x,$$
$$He_4(x)=x^4-6x^2+3$$
を示せ．

(b) **母関数**．エルミートの多項式の母関数[33]は
$$e^{tx-t^2/2}=\sum_{n=0}^{\infty} a_n(x)t^n \quad (20)$$
であることを証明せよ．ただし，$He_n(x)=n!\, a_n(x)$ とする．

[ヒント] $tx - t^2/2 = x^2/2 - (x-t)^2/2$ に着目し，$e^{-(x-t)^2/2}$ の t に関するテイラー展開を考えよ．

---

31) Charles Hermite (1822-1901)，フランスの数学者．代数学と整数論における業績で知られている．偉大な Henri Poincaré (1854-1912) は彼の学生の一人であった．

32) （訳注） He_n のほうが正規分布関数（誤差関数，第7巻1.8節も参照）やその導関数を記述するのに便利だからである．

33) （訳注） ここで定義した母関数はいわゆる指数的母関数であって，4.3節の問題10で定義した母関数とは少し意味が違う．すなわち，前の定義では $G(u,x)=\sum_n f_n(x)u^n$ であったが，いまの定義は $G(u,x)=\sum_n f_n(x)u^n/n!$ に相当する．確率統計の分野で用いられる積率母関数（第7巻1.7節 問題14を見よ）もまた指数的母関数の一種である．

（c） **導関数** 母関数を x について微分し，
$$He_n'(x) = nHe_{n-1}(x) \tag{21}$$
を証明せよ．

（d） 全 x 軸上の直交性の問題では，$x \to \pm\infty$ のとき重み関数が十分速く 0 に近づくことが必要である（なぜか）．エルミートの多項式は区間 $-\infty < x < \infty$ 上で重み関数 $p(x) = e^{-x^2/2}$ に関して直交することを示せ．

［ヒント］ 積分 $\int_{-\infty}^{\infty} p(x) He_m(x) He_n(x)\, dx = \int_{-\infty}^{\infty} (-1)^n He_m(x) \dfrac{d^n}{dx^n}(e^{-x^2/2})\, dx$
に対して，部分積分と公式 (21) を m ($\leq n$) 回くり返し適用せよ．

（e） **微分方程式** $He_n(x)$ の定義式を微分することにより
$$He_n'(x) = xHe_n(x) - He_{n+1}(x) \tag{22}$$
を導け[34]．これをもう 1 回微分し，その結果現れる $He_{n+1}'(x)$ にふたたび (21) を準用して，$y = He_n(x)$ が微分方程式
$$y'' - xy' + ny = 0 \tag{23}$$
を満たすことを示せ．$w = e^{-x^2/4} y$ がウェーバー[35]の方程式
$$w'' + \left(n + \frac{1}{2} - \frac{x^2}{4}\right)w = 0 \qquad (n = 0, 1, \cdots) \tag{24}$$
の解であることを示せ．

11. ［論文プロジェクト］ **直交性** 直交性や直交関数とそれらの応用に関連したもっとも重要なアイディアと事実について 2-3 ページの小論文を書け．

4 章の復習

1. べき級数とは何か．その中心とは．分数べきを含むのか．負のべきはどうか．

2. べき級数の収束とは何を意味するか．なぜそれは重要か．どのようにして判定できるか．

3. べき級数法とは何か．なぜそれは必要か．べき級数から解の性質を見いだせるのか．（本文を見ずに）例を示せ．

4. べき級数法とフロベニウス法によって考えたもっとも重要な方程式は何か．

5. 前問の 2 つの方法の違いは何か．なぜ両方とも必要だったのか．

6. なぜ 2 種類のベッセル関数 J と Y を導入したのか．

7. べき級数解は多項式に帰着できるのか．帰着できるもっとも重要な 3 種類の解を示せ．

8. 超幾何方程式とは何か．その名の由来は何か．その解はなぜ多くの特殊関数を含むのか．

9. フロベニウス法の 3 つの場合を列挙し，読者自身の実例を与えよ．

10. 関数の直交性はなぜ重要なのか．それはどのように定義されるのか．

11. ステュルム・リウビル問題とは何か．それは直交性とどう関連するのか．

---

[34] （訳注） (22) と (21) を組み合わせれば，導関数を含まない漸化式として $He_{n+1}(x) = xHe_n(x) - nHe_{n-1}(x)$ が得られる．

[35] Heinrich Weber (1842-1913)，ドイツの数学者．

12. ルジャンドルの多項式についてどんなことを覚えているか．フーリエ・ルジャンドル級数についてはどうか．

13. どれだけ多くのベッセル関数の直交系を導けたか．ベッセル関数の零点は本文中でどんな役割を演じたか．

14. 直交系の完全性とは何か．それはなぜ重要か．

15. 決定方程式とは何か．それは複素根をもつことがあるのか．

べき級数法とフロベニウス法 解の基底を求めよ．既知の関数の展開として得られる級数と同定するよう努めよ．（計算の詳細を示せ．）

16. $(x-2)^2 y'' + 2(x-2)y' - 6y = 0$
17. $4y'' + y = 0$
18. $y'' + 4xy' + (4x^2+2)y = 0$
19. $16(x+1)^2 y'' + 3y = 0$
20. $xy'' + 3y' + 4x^3 y = 0$
21. $x^2 y'' + xy' + (x^2-3)y = 0$
22. $xy'' + (1-2x)y' + (x-1)y = 0$
23. $xy'' + 2y' + 4xy = 0$
24. $(x+1)x^2 y'' - (2x+1)xy' + (2x+1)y = 0$
25. $(x^2+2x)y'' + (x^2-2)y' - (2x+2)y = 0$

直交性 与えられた区間における直交性を示せ．（詳細を示せ．）対応する正規直交関数系を定めよ．

26. $1, \cos x, \cos 2x, \cos 3x, \cdots$ $(0 \leq x \leq \pi)$
27. $\sin \omega x, \sin 2\omega x, \sin 3\omega x, \cdots$ $(-\pi/\omega \leq x \leq \pi/\omega)$
28. $1, x, x^2 - \frac{1}{3}, x^3 - \frac{3}{5}x$ $(-1 \leq x \leq 1)$
29. $1, \cos 4nx, \sin 4nx$ $(n=1, 2, \cdots)$ $\left(0 \leq x \leq \frac{1}{2}\pi\right)$

固有値と固有関数 次の問題の固有値と固有関数を求めよ．

30. $y'' + \lambda y = 0, \quad y(0)=0, \ y(\pi)=0$
31. $y'' + \lambda y = 0, \quad y(0)=y(2L), \ y'(0)=y'(2L)$
32. $x^2 y'' + xy' + (\lambda^2 x^2 - 1)y = 0, \quad y(0)=0, \ y(1)=0$
33. $y'' + \lambda y = 0, \quad y(-\pi/2)=0, \ y(\pi/2)=0$

フーリエ・ルジャンドル級数 ルジャンドルの多項式によって展開せよ．

34. $x^5, \ x^6$ 　　**35.** $15 - 42x^2 + 35x^4$ 　　**36.** $5 - 105x^2 + 315x^4 - 231x^6$

ベッセル関数 次の方程式をベッセル関数を用いて解け．（示された変換を使え．計算の詳細を示せ．）

37. $y'' + 4xy = 0$ $\left(y = u\sqrt{x}, \ \frac{4}{3}x^{3/2} = z\right)$
38. $x^2 y'' + xy' + (4x^2 - \nu^2)y = 0$ $(2x = z)$
39. $x^2 y'' - 3xy' + 4(x^4 - 3)y = 0$ $(y = x^2 u, \ x^2 = z)$
40. $x^2 y'' + xy' + \left(x^2 - \frac{1}{16}\right)y = 0$

4章のまとめ

べき級数法は，変動係数 $p(x), q(x), r(x)$ をもつ2階の線形微分方程式
$$y'' + p(x)y' + q(x)y = r(x) \tag{1}$$
を解くための一般的な方法であって，より高階の微分方程式にも適用される．これは解をべき級数の形に与えるためこのように命名されたのである．この方法では，任意の中心 x_0（たとえば $x_0=0$）をもつべき級数
$$y(x) = a_0 + a_1(x-x_0) + a_2(x-x_0)^2 + \cdots \tag{2}$$
およびその導関数 $y'(x) = a_1 + 2a_2(x-x_0) + \cdots$ と $y''(x)$ を (1) に代入する．このようにして，4.1節以下の各節で説明したように，(2) の未定の係数 a_m を決定する．その結果，べき級数で表された解が得られる．$p(x), q(x), r(x)$ が $x=x_0$ において解析的（定義は 4.2 節）ならば，(1) の解もまた $x=x_0$ において解析的である．微分方程式
$$\tilde{h}(x)y'' + \tilde{p}(x)y' + \tilde{q}(x)y = \tilde{r}(x)$$
についても，$\tilde{h}(x), \tilde{p}(x), \tilde{q}(x), \tilde{r}(x)$ が $x=x_0$ において解析的で $\tilde{h}(x_0) \neq 0$ ならば，$\tilde{h}$ で割って標準形 (1) に帰着できることとなり，同じ結論が導かれる．

フロベニウス法 (4.4 節) は，べき級数法を微分方程式
$$y'' + \frac{a(x)}{x-x_0} y' + \frac{b(x)}{(x-x_0)^2} y = 0 \tag{3}$$
に拡張したものである．この場合には，係数は $x-x_0$ において特異である（解析的でない）が，$a(x)$ や $b(x)$ が $x=x_0$ において解析的であるという意味では"非常に悪"くはない．このとき (3) は少なくとも1つの解
$$y(x) = x^r [a_0 + a_1(x-x_0) + a_2(x-x_0)^2 + \cdots] \tag{4}$$
をもつ．ここで r はある実数か複素数である．(4) を (3) に代入して r と a_m を決めることができる．第2の解は，(4) と同じ形で r と a_m が違う場合と対数項を含む場合がある．

"特殊関数"とは，微積分学で扱う初等関数とは対照的な高等関数の共通の名称である．このような特殊関数は (1) や (3) の解として発見し，応用面で重要ならば特別な名称と記号を与えられている．物理学者や技術者にとくに有用な特殊関数は，ルジャンドルの方程式の解であるルジャンドルの多項式 $P_0(x), P_1(x), P_2(x), \cdots$（4.3節），超幾何方程式の解である超幾何関数 $F(a,b,c;x)$（4.4節），ベッセルの方程式の解であるベッセル関数 J_ν, Y_ν（4.5，4.6節）などである．実際，2階線形微分方程式はこのような"高等関数"の2つの主要な源泉の一つになっている．[もう1つのタイプの特殊関数は，付録A3.1に記載されているような初等関数では表されない積分である．ガンマ関数 (4.5節) はこのタイプに属する．]

微分方程式によるモデル化は普通の場合には初期値問題 (2章) か境界値問題に帰着する．多くの境界値問題はステュルム・リウビル問題 (4.7節) の形に書くことができる．これはパラメータ λ を含む固有値問題であって，応用面では振動数，エネルギーなどの物理量に関連している．固有値問題の解すなわち固有関数は多くの共通の性質をもつが，もっとも重要な特性がいわゆる**直交性**

(4.8節) である．固有関数の直交性によって，各種の関数の固有関数展開 (4.8節) が可能となるからである．たとえば，余弦関数と正弦関数を含む"フーリエ級数"（詳細は第3巻2章参照），ルジャンドルの多項式やベッセル関数による展開などがある．

付録 1

参 考 文 献

数 学 一 般

[1] Abramowitz, M. and I. A. Stegun (eds.), *Handbook of Mathematical Functions*. 10th printing, with corrections. Washington, DC: National Bureau of Standards, 1972. (Also New York: Dover, 1965.)
[2] Cajori, F., *A History of Mathematics*. 3rd ed. New York: Chelsea, 1980.
[3] *CRC Handbook of Mathematical Sciences*. 6th ed. Boca Raton, FL: CRC Press, 1987.
[4] Courant, R. and D. Hilbert, *Methods of Mathematical Physics*. 2 vols. New York: Wiley-Interscience, 1989.
[5] Courant, R., *Differential and Integral Calculus*. 2 vols. New York: Wiley, 1988.
[6] Erdélyi, A., W. Magnus, F. Oberhettinger and F. G. Tricomi, *Higher Transcendental Functions*. 3 vols. New York: McGraw-Hill, 1953, 1955.
[7] Graham, R. L., D. E. Knuth and O. Patashnik, *Concrete Mathematics*. 2nd ed. Reading, MA: Addison-Wesley, 1994.
[8] Itô, K. (ed.), *Encyclopedic Dictionary of Mathematics*. 4 vols. 2nd ed. Cambridge, MA: MIT Press, 1987[1].
[9] Kreyszig, E., *Introductory Functional Analysis with Applications*. New York: Wiley, 1989.
[10] Kreyszig, E., *Differential Geometry*. Mineola, NY: Dover, 1991.
[11] Magnus, W., F. Oberhettinger and R. P. Soni, *Formulas and Theorems for the Special Functions of Mathematical Physics*. 3rd ed. New York: Springer, 1966.
[12] Szegö, G., *Orthogonal Polynomials*. 4th ed. New York: American Mathematical Society, 1975. (9th printing 1995.)
[13] Thomas, G. B. and R. L. Finney, *Calculus and Analytic Geometry*. 9th ed. Reading, MA: Addison-Wesley, 1996.

---

1) （訳注） 日本数学会編，岩波数学辞典 第 3 版，岩波書店，1985 の英語版．

A. 常微分方程式

[A1] Birkhoff, G. and G.-C. Rota, *Ordinary Differential Equations*. 4th ed. New York: Wiley, 1989.
[A2] Churchill, R. V., *Operational Mathematics*. 3rd ed. New York: McGraw-Hill, 1972.
[A3] Coddington, E. A. and N. Levinson, *Theory of Ordinary Differential Equations*. New York: McGraw-Hill, 1955.
[A4] Erdélyi, A., W. Magnus, F. Oberhettinger and F. Tricomi, *Tables of Integral Transforms*. 2 vols. New York: McGraw-Hill, 1954.
[A5] Ince, E. L., *Ordinary Differential Equations*. New York: Dover, 1956.
[A6] Oberhettinger, F. and L. Badii, *Tables of Laplace Transforms*. New York: Springer, 1973.
[A7] Watson, G. N., *A Treatise on the Theory of Bessel Functions*. 2nd ed. Cambridge: University Press, 1944. (Reprinted 1966.)
[A8] Widder, D. V., *The Laplace Transform*. Princeton, NJ: Princeton University Press, 1941.
[A9] Zwillinger, D., *Handbook of Differential Equations*. 2nd ed. New York: Academic Press, 1992.

付録 2

奇数番号の問題の解答

問題 1.1
1. $x^3/3 + c$ 3. $\frac{1}{6}x^{-2} + ax + b$ 5. 1 7. 3 9. 1 11. 変化なし
13. $1.4 - 0.4e^{-2x}$ 15. $y^2 - 2x^2 = 1$ 17. $x^2/2^2 + y^2 = 2$
19. $\exp(-1.4 \times 10^{-11} t) = 1/2$, $t = 10^{11}(\ln 2)/1.4$ [s] $= 1570$ [年]
21. $e^{-3.636k} = 1/2$, 0.8264, 6.04077×10^{-31} 23. 4.5 s, 6.4 s
25. $y_0 = 5.3$, $k = \ln(13/5.3)/30 = 0.03$, $y = 5.3e^{0.03t}$. 1860 年 ($t=60$) では 32 となるが, 他の値はあまりにも大きすぎる. もっとよいモデルについては 1.6 節を見よ.

問題 1.2
1. $y = ce^{x^2/2}$, $c = \pm 1, \pm 2$ 3. $y = ce^{-x}$
5. $y = \frac{1}{\pi}\sin \pi x + c$ 17. $v(0) < 3.13$

問題 1.3
1. あとで定数を加えても解は得られない. たとえば $y' = y$ の解は $\ln|y| = x + c$, すなわち $y = e^{x+c} = \tilde{c}e^x$ であって, $e^x + c$ ($c \neq 0$) ではない.
3. $10\tan(0.1x + c)$ 5. $ce^{x^2/4}$ 7. $x/(c-x)$
9. $x\sqrt{2\ln|x| + c}$ 11. $\arccos(x+c)$ 13. $xy = -4$
15. $1/[2 + (4+2x)e^{-x}]$ 17. $\cot y = -\tanh x$ 19. $I = I_0 e^{-(R/L)t}$
21. $x\arctan(x^3 - 1)$ 23. $(2x^4 - 4x^2)^{1/2}$ 25. $2y - 2x + (y + 2x)^2 = c$
27. [CAS プロジェクト] マクローリン級数については付録 A3.1 の(36)を見よ.

問題 1.4
1. $2^3 y_0$, $2^7 y_0 = 128 y_0$
3. 45.4 s, 281 km/時. 初速度を加えることを忘れてはならない.
5. 69.6 ％ に下がる. 7. $1/2^6 = 0.016 > 0.01 > 1/2^7 = 0.0078$
9. $pV = c = $一定. ボイル (1662) とマリオット (1676) が実験により見いだした法則.
11. $y(t) = 0.01e^{-0.275t}$
13. $T = 22 - 17e^{-0.5306t} = 21.9$ [℃] ($t = 9.68$ [分] のとき)

15. 楕円 $y^2+4x^2=c$ **17.** $y'=y/x$, $y=cx$
19. ［プロジェクト］ $y_0e^{kt_1}=y_1$, $y_0e^{kt_2}=y_2$, $e^{k(t_1-t_2)}=y_1/y_2$,
$$t_H=\frac{1}{k}\ln\frac{1}{2}=\frac{t_1-t_2}{\ln(y_1/y_2)}\ln\frac{1}{2}$$

問題 1.5

1. $2x\,dx+8y\,dy=0$ **3.** $e^{x^2/y}(2xy^{-1}dx-x^2y^{-2}dy)=0$
5. $(2y\,dy-3x^2\,dx)/\cos^2(y^2-x^3)=0$, 3/2 乗放物線
7. $x^2y=c$ **9.** $\cosh x\cos y=c$ **11.** $r^2e^{-2\theta}=c$
13. 完全でない, $1/(3\ln|x|+2)$
15. 完全でない, $y=\sqrt{x^2+3x}$. $u=y/x$ を使え.
17. 完全, $(e^x-e^y)x=e-1$ **19.** 完全, $\sinh y\cos 2x=\sinh 1$
21. $b=k$, $ax^2+2kxy+ly^2=c$ **23.** $xy^2=c$ **25.** $e^x\sin y=c$
27. $y^{b+1}x^{a+1}=c$ **29.** $x^2y^2e^x=c$ **31.** $F=\sinh x$, $\sinh^2 x\cos y=c$
33. $F=x$, $x^2\cos y+x^4=c$ **35.** $F=e^{x^2}$, $e^{x^2}\tan y=c$
37. $F=x$, $x\cosh y=c$

問題 1.6

3. $y=ce^x-4$ **5.** $y=ce^{-3x^2/2}$ **7.** $y=(c+x)e^{-kx}$
9. $y=x^2(c+e^x)$ **11.** $y=2+c\sin x$ **13.** $y=(c+x)e^{\cos x}$
15. $y=-3e^{-4x}+5$ **17.** $y=1+3\cosh 2x$
19. $y=-0.1\cos x+0.3\sin x$
21. $y=\tan x$ **31.** $y=2/(1+2ce^{2x})$ **33.** $y^{-3}=ce^x-2x-1$
35. $x=ce^{-2y}+2e^y$ **37.** $y^2=1+ce^{-x^2}$
39. $y(t)=1000+e^{-0.1t}(-2.494\cos t+49.88\sin t)-797.5e^{-0.05t}$
41. $T=240e^{kt}+60$, $T(10)=200$, $k=-0.0539$, $t=102$ ［分］
45. $y=w+v$, $y'=w'+v'$ を代入せよ. v は解であるから, $w'=-pw+g(w^2+2wv)$, すなわちベルヌーイの方程式が残る.
47. 本文のヒントのとおり.

問題 1.7

3. $t=L/R$ とすれば, $1-e^{-at}=1-e^{-1}=0.63$.
5. $e^{-t/\tau_L}=1/2$ ならば, $t=\tau_L\ln 2=0.7\tau_c$ [s].
7. $Rt=1/10$ だから, $e^{-Rt/L}=0.75$, $L=\dfrac{Rt}{\ln(1/0.75)}=0.348$.
9. (a) $I(t)=ce^{-(R/L)t}+\dfrac{e^{-t}}{R-L}$ (b) $I(t)=\left(c+\dfrac{t}{L}\right)e^{-t}$
13. $RQ'+Q/C=E_0$, $Q(t)=E_0C(1-e^{-t/RC})$, $V(t)=Q(t)/C=24(1-e^{-0.025t})$
15. $Q=Q_0e^{-t/(RC)}$
17. $Q=1.5(e^{-t}-e^{-3t})$, $t_m=0.549$ [s] で, Q は最大値 $Q_m=0.577$ [C] をとる $(Q'=0)$.
19. $Q=\sin 2t+\sin 4t$

付録 2　奇数番号の問題の解答　　　　　　　　　　　　　　　　　　　　　　　269

問題 1.8

1. $\dfrac{x^2}{c^2+4}+\dfrac{x^2}{c^2}-1=0$　　　3. $y-\cosh(x-c)+c=0$
5. $y'=2y$　　　　　　　　7. $xy'=y$　　　　　9. $y'=xy/(x^2-1)$
11. $y=\sqrt{2x+c^*}$　　　13. $x^2+y^2/2=c^*$　　15. $2x^2+3y^2=c^*$
17. $x^2-2y^2=c^*$　　　　19. $y=c^*x$　　　　　21. $x^2-y^2=c^*$

問題 1.9

1. 一般解 $y=cx^4$．初期値問題 $[y(0)=1]$ は解をもたない．$f(x,y)=4y/x$ は $x=0$ では定義されない．
3. b はいくらでも大きくとれるので，$a=a$ としてよい．
5. 交点をもつ 2 つの解は，その共通点 (x_1, y_1) で同じ初期条件 $y(x_1)=y_1$ を満たすことになる．
7. $f(x,y)=r(x)-p(x)y$,　$\partial f/\partial y=-p(x)$
9. $K=1+b^2$ が最小値である．$b/(1+b^2)$ の微分係数は，$b=1$ のとき 0 になる．[答] $a=1/(1+1)=1/2$
13. $y_0=-1$, $y_n=-1-x+x^{n+1}/(n+1)!$,　$y=-1-x$
15. $y_n=x^2-\dfrac{x^{2n+2}}{2^n(n+1)!}$,　　$y=x^2$
17. $\dfrac{1}{2}$, $\dfrac{1}{2}+\dfrac{x}{4}$, $\dfrac{1}{2}+\dfrac{x}{4}-\dfrac{x^3}{48}$, $\dfrac{1}{2}+\dfrac{x}{4}-\dfrac{x^3}{48}+\dfrac{x^5}{480}-\dfrac{x^7}{16128}$, $\cdots$, $y=\dfrac{1}{1+e^{-x}}$

1 章の復習

15. $y=ce^{-4x}-\cos x+4\sin x$　　17. $9x^2-25y^2=c$　　19. $\cos x\sin 2y=c$
21. $y^2+x^2/3=c\sqrt{x}$　　　　　23. $F=x$, $x^3 e^y+x^2 y=c$
25. $y=\pi\cosh x$　　　　　　　　27. $y=(3x-x^2)^{-1}$　　29. $9\sin x+\sin y=0$
31. $F=y$, $x^3 y^2=9$　　　　　　33. $y=(1+3e^{-x^2})^{1/2}$
35. $y=ce^{-3x}$　　　　　　　　　37. $y=ce^x-0.1\cos 10x-0.01\sin 10x$
39. $y=-\dfrac{1}{2}\ln|x|+c^*$　　　41. $y=\sqrt{2\ln|x|+c^*}$
43. 1, $1+2x$, $1+2x+(2x)^2/2$, $\cdots$　　　45. 1.7 日, 2.7 日
47. $e^k=0.9$, $e^{kt}=0.5$ より 6.6 日，$e^{kt}=0.01$ より 43.7 日．
49. 1.7 節の (7) により，$I=I_0 e^{-(t-t_2)/(RC)}$, $I_0=-0.99 E_0/R$.
51. $a=99\times 10^8$ [m/s^2], $s=\dfrac{1}{2}at^2+v_0 t=50.5$ [m]
53. $y^2-x^2=c^*$　　　　　　　55. $r^2=a^2\cos 2\theta$

問題 2.1

1. $F(x,z,z')=0$　　　3. $c_1 e^x+c_2$　　　5. $(c_1 x+c_2)^{-1}$
7. $x=e^y+c_1 y+c_2$　　9. $y_2=x^3\ln|x|$　　11. $y_2=x^{-1/2}\sin x$
13. $y=[(2t+4)^{3/2}-2]/3$,　$y(6)=62/3$,　$y'(6)=4$
15. $y=(e^{2x}-1)/2$　　　17. $4\cos 3x-2\sin 3x$　　19. $x^{-1/2}+2x^{3/2}$

問題 2.2

1. $c_1 e^{x/2} + c_2 e^{-3x/2}$　　3. $c_1 + c_2 e^{9x/2}$　　5. $c_1 e^{-4x} + c_2 e^{-5x}$
7. $(c_1 + c_2 x) e^{5x/3}$　　9. $(c_1 + c_2 x) e^{-kx}$　　11. $(1+3x) e^{-2x}$
13. $0.3 e^{-x/4} - 0.5 e^{x/2}$　　15. $2 e^{-1.3x}$　　17. $e^{-0.5x}$
19. 線形従属　　21. 線形従属　　23. 線形独立　　25. 線形独立

問題 2.3

1. $e^x (A \cos x + B \sin x)$　　3. $e^{-x/2}\left(A \cos \dfrac{3x}{2} + B \sin \dfrac{3x}{2}\right)$
5. II, $(c_1 + c_2 x) e^{-0.8x}$　　7. III, $e^{x/4}\left(A \cos \dfrac{x}{2} + B \sin \dfrac{x}{2}\right)$
9. I, $c_1 e^{3\pi x} + c_2 e^{-3\pi x}$　　11. II, $(c_1 + c_2 x) e^{x\sqrt{2}}$
13. $(4 - 3x) e^{-x/3}$　　15. $2 e^{5x} - 2 e^{-5x}$　　17. $3 e^{-x} - 7 e^{2x}$
19. $3 \cos 2x + c_2 \sin 2x$　　21. $e^{-x} \cos x$
23. $y \equiv 0$, $y(P_1) = y(P_2)$ で y_1 が (1), (11) を満足すれば, $y_2 = y_1 + y$ で $y_2 \not\equiv y_1$ がなりたつ. 逆に, y_1, y_2 が (1), (11) の異なる解ならば, $y = y_1 - y_2 \not\equiv 0$ は (1) の解で $y(P_1) = y(P_2) = 0$ を満足する.

問題 2.4

1. $9 e^{3x}$, $10 e^{2x} - 2 e^{-x}$, 0　　3. 0, $3 e^{2x}$, 0, $-3 e^{-x}$　　5. $c_1 e^{-x} + c_2 e^{2x}$
7. $c_1 e^{4x} + c_2$　　9. $(c_1 + c_2 x) e^{-kx}$　　11. $(c_1 + c_2 x) e^{-x/8}$
13. $(c_1 + c_2 x) e^{-0.6x}$

問題 2.5

1. $y = (y_0^2 + v_0^2 \omega_0^{-2})^{1/2} \cos[\omega_0 t - \arctan(v_0/(y_0 \omega_0))]$
3. $\sqrt{2}$ だけ減少, 増加.
7. 0.3183, 0.4775, $k = k_1 + k_2$, 0.5738
9. 図 2.12 の水の運動では, 水位差 $2y$ の水の重力が復元力としてはたらき, 運動方程式 $my'' = -\rho \pi r^2 g \cdot 2y$ がなりたつ. ただし, 1ℓ の水の質量を $m = 1$ [kg], 水の密度を $\rho = 1000$ [kg/m³], 重力加速度を $g = 9.8$ [m/s²], U 字管の断面積を $\pi r^2 = 0.000314$ [m²] とする. したがって運動方程式は $y'' = -6.16 y = -\omega_0^2 y$ となり, 振動数 $\omega_0 / 2\pi = 0.4$ [Hz] が得られる.
13. $y = [(v_0 + a y_0) t + y_0] e^{-at}$
15. 方程式 $\tan t = 1$ の正の解, すなわち $\pi/4$ (極大), $5\pi/4$ (極小) など.
17. $\exp(-10 \cdot 3c/2m) = 1/2$ より, $0.0231 = (\ln 2)/30$ [kg/s].
19. (9) を見よ. 減衰定数 c が増加すると振動は最終的には消滅する.

問題 2.6

3. $c_1 x^{-4} + c_2 x^5$　　5. $(c_1 + c_2 \ln x) x^{-1.8}$　　7. $A \cos(\ln x) + B \sin(\ln x)$
9. $c_1 x^{-1/2} + c_2 x^{-3/2}$　　11. $\sqrt{x}\,[A \cos(\ln x) + B \sin(\ln x)]$
13. $(c_1 + c_2 \ln x) x^{-3}$　　15. $(2 - \ln x) x^{-5/2}$
17. $3 x^2 \ln x$　　19. $570 - 2700/r$

付録2　奇数番号の問題の解答

問題 2.7

1. $(\lambda_2-\lambda_1)\exp(\lambda_1 x+\lambda_2 x)$　　3. $3e^{-ax}$　　5. x^7　　7. $2x^{2\mu-1}$
9. $y''-6y'+9y=0,\ W=e^{6x}$　　11. $x^2y''-3xy'+4y=0,\ W=x^3$
13. $x^2y''-1.5xy'+y=0,\ W=-(3/2)x^{3/2}$　　15. $y''+4\pi^2 y=0,\ W=2\pi$
17. $4x^2y''+4xy'-9y=0,\ W=-3/x$

問題 2.8

1. $c_1e^{-x}+c_2e^x+e^{-3x}$　　3. $c_1e^{-2x}+c_2e^{-x}+2x^2-6x+7$
5. $c_1e^{-4x}+c_2e^x-\cos 2x$　　7. $A\cos x+B\sin x+\ln \pi x$
9. $-\cos x+6\sin x+2x$　　11. $-e^x+xe^x$
13. $\ln x$　　15. $(x-\ln x)e^{-2x}$

問題 2.9

1. $A\cos 2x+B\sin 2x-\frac{1}{5}\sin 3x$　　3. $c_1e^{-3x}+c_2+\frac{1}{2}e^{4x}+\frac{7}{2}e^{-4x}$
5. $e^{-x}(A\cos 3x+B\sin 3x)+\frac{5}{2}x^2-x$　　7. $c_1e^{-3x}+c_2e^{2x}+x^3$
9. $c_1e^{-7x}+c_2e^{5x}+xe^{5x}-0.1\cos 5x-0.6\sin 5x$
11. $(c_1+c_2x)e^{-5x}+\frac{1}{2}x^2e^{-5x}$　　13. $(c_1+c_2x)e^{-4x}+\frac{1}{2}e^{4x}+16x^2e^{-4x}$
15. $4e^{-2x}+x^4$　　17. $-\frac{1}{8}\sinh 2x+\frac{1}{2}x-\frac{1}{4}xe^{-2x}$
19. $(x+2x^2)e^{-0.6x}$　　21. $3e^{-x}+5+2x+\frac{1}{3}x^3$

問題 2.10

1. $(c_1+c_2x+x\ln|x|-x)e^{2x}$　　3. $(c_1+c_2x-\cos x)e^{-x}$
5. $(c_1+c_2x)e^x+\frac{1}{2}e^x/x$　　7. $\left(c_1+c_2x+\frac{12}{35}x^{7/2}\right)e^x$
9. $(c_1+c_2x-2\ln|x|)e^{-2x}$　　11. $c_1x^2+c_2x^3+\frac{1}{2}x^{-4}$
13. $c_1x^{1/2}+c_2x^{-3/2}+(x^2-x^3)/3$　　15. $c_1x+c_2x^2-x\cos x$
17. $c_1x^3+c_2x^{-3}+3x^5$

問題 2.11

1. $-\cos 2t+3\sin 2t$　　3. $-0.02525\cos 0.2t+0.25\sin 0.2t$
5. $e^t/3$　　7. $c_1e^{-t}+c_2e^{-2t}-6\cos 4t-7\sin 4t$
9. $A\cos t+B\sin t+(1-\omega^2)^{-1}\cos \omega t$
11. $c_1e^{-t}+c_2e^{-3t}+3.2\sin 2t-0.4\cos 2t$
13. $\cos 5t+\sin t$　　15. $-13\sin 2t-16\cos 2t$
17. $\cos 2t+\frac{1}{3}\sin t-\frac{1}{15}\sin 3t-\frac{1}{105}\sin 5t$

問題 2.12

1. 場合 I では $R>R_{\mathrm{crit}}=2\sqrt{L/C}$ など.
3. (5) の I_0 は $S=0$ すなわち $C=1/(\omega^2 L)$ で極大となる.
5. $10(\cos 5t+\sin 5t)$
7. $c_1e^{-50t}+c_2e^{-30t}+\frac{1}{109}(32\cos 100t+34\sin 100t)$
11. $5e^{-2t}\sin t$　　13. $1-\cos t$　　15. $\frac{100}{21}(\cos 4t-\cos 10t)$

17. $R=10\,[\Omega]$, $C=1/29\,[\mathrm{F}]$, $E=11\sin 5t\,[\mathrm{V}]$ ($E'=55\cos 5t$)

問題 2.13

1. $W=12$, $y=1-\dfrac{1}{2}x^2+5x^3$ **3.** $W=2e^{-9x}$, $y=(4-x+2x^2)e^{-3x}$

5. $W=32$, $y=2\cosh x\sin x$ **7.** $W=2/x^3$, $y=2-3x+5/x$

9. $W=-100$, $y=4\cosh 2x-4\sin x$

11. 線形従属 **13.** 線形独立 **15.** 線形従属 **17.** 線形独立

問題 2.14

1. $c_1 e^{2x}+c_2 e^{-2x}+A\cos 2x+B\sin 2x$ **3.** $(c_1+c_2 x)e^{-x}+(c_3+c_4 x)e^x$

5. $c_1 e^{-x}+c_2 e^x+c_3 e^{2x}$ **7.** $c_1 e^{-x}+(c_2+c_3 x)e^x$

9. $c_1 e^{x/2}+c_2 e^{-x/2}+c_3 e^{3x/2}+c_4 e^{-3x/2}$ **11.** $4x^3-2x^2+16x+1$

13. $(2-x)e^x$ **15.** $25\sinh x+5e^{-5x}$

17. $(1+x)e^{-x}\cos x$ **19.** $c_1/x+c_2 x+c_3 x^2$

問題 2.15

1. $(c_1+c_2 x+c_3 x^2)e^{-x}+e^x+x$ **3.** $c_1 x^{-1}+c_2 x+c_3 x^2-\dfrac{1}{12}x^{-2}$

5. $c_1 e^x+c_2 e^{2x}+c_3 e^{-2x}+2e^{-x}$ **7.** $c_1 x^{-1}+c_2+c_3 x+x^{-1}e^x$

9. $(1+x)^2 e^{-x}+e^{-x}\cos x$ **11.** $x-x^3+x^5$

13. $2-2\sin x+\cos x$

2章の復習

17. $c_1 e^{2x}+c_2 e^{-x/2}+x^2-3x$ **19.** $(c_1+c_2\ln|x|)x^2+3$

21. $c_1 x^2+c_2 x^4+c_3 x^6$ **23.** $e^{-x}(A\cos x+B\sin x-\cos 2x)$

25. $c_1 e^x+c_2 e^{-x}+c_3 e^{2x}+c_4 e^{-2x}+\cos 2x$

27. $(c_1+c_2 x+c_3 x^2)e^{-x}-2\cos x-2\sin x$

29. $(c_1+c_1\ln|x|)x^{0.7}+\dfrac{1}{7}$ **31.** $5\cos 4x-\dfrac{3}{4}\sin 4x+e^x$

33. $10x^2-5x^3-x^2\sin \pi x$ **35.** $\cos 2x+2\sin 2x+e^{-2x}+x^2$

37. $x-4x^{-1}+2x^3$ **39.** $-\dfrac{1}{2}x^{-1}-3x+10x^2-\dfrac{3}{2}x^3$

41. $I(t)=-0.01093\cos 415t+0.05273\sin 415t$

43. $I(t)=\dfrac{1}{73}(50\sin 4t-110\cos 4t)$

45. $R=20\,[\Omega]$, $L=4\,[\mathrm{H}]$, $C=0.1\,[\mathrm{F}]$, $E=-25\cos 4t\,[\mathrm{V}]$ の RLC 回路.

47. $\dfrac{1}{2}\sin 2t$ **49.** $e^{-t}\cos\sqrt{5}\,t+\dfrac{1}{2}\sin 2t$

問題 3.1

1. $y_1=75-75e^{-0.08t}$, $y_2=75+75e^{-0.08t}$. より速く極限に近づく.

3. 問題1と同じ効果がある. この結果はどのように解釈されるか.

5. $I_1=16e^{-2t}-10e^{-0.8t}+3$, $I_2=8e^{-2t}-8e^{-0.8t}$

7. $\boldsymbol{y}=c_1[1\ \ 1]^T e^t+c_2[1\ \ -1]^T e^{-t}$

9. $\boldsymbol{y}=c_1[1\ \ 3]^T e^{3t}+c_2[1\ \ -3]^T e^{-3t}$

11. $\boldsymbol{y}=c_1[1\ \ 0]^T+c_2[1\ \ 4]^T e^{4t}$

13. (a) たとえば，$C=1000$ のとき $-2.39993, -0.000167$. (b) $-2.4, 0$. (c) $1/2.4=1/4+1/6$ (図 3.2 を見よ). (d) $a_{22}=-4+2\sqrt{6.4}=1.05964$ が臨界の場合を与える．C は約 0.18506.

問題 3.3

1. $y_1=c_1e^{-t}+c_2e^t$, $y_2=-c_1e^{-t}+c_2e^t$, $y_1{}^2-y_2{}^2=$ 一定

3. $y_1=c_1e^{-2t}+c_2e^{2t}$, $y_2=-3c_1e^{-2t}+c_2e^{2t}$

5. $y_1=e^t(A\cos t+B\sin t)$, $y_2=e^t(A\sin t-B\cos t)$

7. $y_1=c_1e^{-18t}+2c_2e^{9t}+2c_3e^{18t}$, $y_2=2c_1e^{-18t}+c_2e^{9t}-2c_3e^{18t}$
$y_3=2c_1e^{-18t}-2c_2e^{9t}+c_3e^{18t}$

9. $y_1=-2c_1+(c_2-c_3)e^{3t}$, $y_2=c_1+c_3e^{3t}$, $y_3=c_1+2c_2e^{3t}$

11. $y_1=\cosh t$, $y_2=\sinh t$ **13.** $y_1=10e^{-t/2}$, $y_2=-5e^{-t/2}$

15. $y_1=-4e^{-9t}+3e^{-4t}$, $y_2=-2e^{-9t}+3e^{-4t}$

17. $I_1=c_1e^{-t}+3c_2e^{-3t}$, $I_2=-3c_1e^{-t}-c_2e^{-3t}$

問題 3.4

1. 不安定な非真性節，$y_1=c_1e^t$, $y_2=c_2e^{2t}$.

3. 鞍点，つねに不安定，$y_1=c_1e^t+c_2e^{3t}$, $y_2=-c_1e^t+c_2e^{3t}$.

5. 安定ならせん点，$y_1=e^{-2t}(A\cos 2t+B\sin 2t)$,
$y_2=e^{-2t}(-A\sin 2t+B\cos 2t)$.

7. 中心，つねに安定，$y_1=A\cos 3t+B\sin 3t$, $y_2=-3A\sin 3t+3B\cos 3t$.

9. 鞍点，つねに不安定，$y_1=3c_1e^{-10t}+c_2e^{4t}$, $y_2=4c_1e^{-10t}-c_2e^{4t}$.

11. 鞍点，つねに不安定，$y_1=c_1e^{(2-\sqrt{6})t}+c_2e^{(2+\sqrt{6})t}$,
$y_2=-c_1\sqrt{6}\,e^{(2-\sqrt{6})t}+c_2\sqrt{6}\,e^{(2+\sqrt{6})t}$.

13. $y=c_1+c_2e^{-at}$, $y_2+ay_1=$ 一定；平行な直線

17. $p=0.2\neq 0$（変える前は $p=0$），$\Delta<0$；不安定ならせん点．

19. たとえば，$b=1$（らせん点），$b=-1$（縮重節），$b=-2$（鞍点）．

問題 3.5

5. 原点 $(0,0)$ では，$y_1'=y_2, y_2'=y_1$；鞍点．点 $(1,0)$ では，$y_1=1+\tilde{y}_1$ とおくと，$y_1-y_1{}^2=-\tilde{y}_1-\tilde{y}_1{}^2\approx -\tilde{y}_1$，よって $\tilde{y}_1'=y_2, y_2'=-\tilde{y}_1$；中心．

7. 原点 $(0,0)$ では中心．点 $(2,0)$ では，$y_1=\tilde{y}_1+2$ とおくと，$\tilde{y}_2'=\tilde{y}_1$；鞍点．

9. $(0,0)$ 鞍点，$(-3,0)$ および $(3,0)$ 中心．

11. $\left(\dfrac{\pi}{2}\pm 2n\pi, 0\right)$ 鞍点，$\left(-\dfrac{\pi}{2}\pm 2n\pi, 0\right)$ 中心．   **13.** 双曲線 $y_1y_2=$ 一定

問題 3.6

1. 連続性の仮定により $y^{(h)}$ は J 上で存在する．$\tilde{y}$ は任意定数を含まない (1) の J 上の1つの解であるとする．そのとき，$Y=\tilde{y}-y^{(p)}$ は次の連立同次方程式を満足する．
$$Y'=\tilde{y}'-y^{(p)'}=A\tilde{y}-g-(Ay^{(p)}-g)=A(\tilde{y}-y^{(p)})=AY$$
したがって，$y^{(h)}$ に含まれる任意定数に適当な値を割り当てれば Y が得られる．これは，$\tilde{y}$ については想定された表示 $\tilde{y}=Y+y^{(p)}$ を与える．

3. $y_1 = c_1 e^{-t} + c_2 e^t, \quad y_2 = -c_1 e^{-t} + c_2 e^t - e^{3t}$
5. $y_1 = c_1 e^{-4t} + c_2 e^{4t} + \sin 3t, \quad y_2 = -7 c_1 e^{-4t} + c_2 e^{4t} + 3\cos 3t$
7. $y_1 = e^{-t}(c_1 - c_2 + c_2 t) + \frac{1}{4} e^t, \quad y_2 = e^{-t}(c_1 + c_2) + \frac{3}{4} e^t$
9. $y_1 = \cosh t + 3 e^{2t}, \quad y_2 = \sinh t$
11. $y_1 = \cos 5t + 2\sinh 5t + 3t, \quad y_2 = -2\sin 5t + 2\cos 5t - 4$
13. $y_1 = \cos 2t + \sin 2t + 4\cos t, \quad y_2 = -2\sin 2t + 2\cos 2t + \sin t$
15. $y_1 = 4 e^{6t} + e^t + t^2 - 5, \quad y_2 = e^{6t} - e^t - t$
17. $I_1 = 2 c_1 e^{\lambda_1 t} + 2 c_2 e^{\lambda_2 t} + 100, \quad I_2 = (1.1 + \sqrt{0.41}) c_1 e^{\lambda_1 t} + (1.1 - \sqrt{0.41}) c_2 e^{\lambda_2 t}$
    $\lambda_1 = -0.9 + \sqrt{0.41}, \quad \lambda_2 = -0.9 - \sqrt{0.41}$
19. $c_1 = 17.948, \quad c_2 = -67.948$

3章の復習

17. $y_1 = c_1 e^{-5t} + c_2 e^t, \quad y_2 = -c_1 e^{-5t} + 2 c_2 e^t$；鞍点
19. $y_1 = e^{-4t}(A\cos t + B\sin t)$,
    $y_2 = \frac{1}{5} e^{-4t}[(B - 2A)\cos t - (A + 2B)\sin t]$；漸近安定ならせん点
21. $y_1 = 4 c_1 e^{5t} + c_2 e^{-2t}, \quad y_2 = 3 c_1 e^{5t} - c_2 e^{-2t}$；鞍点
23. $y_1 = e^{-t}(2A\cos t + 2B\sin t)$,
    $y_2 = e^{-t}[A(5\cos t + \sin t) + B(5\sin t - \cos t)]$；漸近安定ならせん点
25. $y_1 = c_1 e^{-t} + 3 c_2 e^t + t e^{-t} + e^{-t}, \quad y_2 = -c_1 e^{-t} - c_2 e^t - t e^{-t}$
27. $y_1 = c_1 e^{-4t} + c_2 e^{4t} - 1 - 8t^2, \quad y_2 = -c_1 e^{-4t} + c_2 e^{4t} - 4t$
29. 鞍点
31. $I_1 = (19 + 32.5t) e^{-5t} - 19\cos t + 62.5\sin t$,
    $I_2 = (-6 - 32.5t) e^{-5t} + 6\cos t + 2.5\sin t$
33. $y_1 = 30 e^{-0.03t} - 30 e^{-0.15t}, \quad y_2 = 45 e^{-0.03t} + 45 e^{-0.15t}$
35. $(0, 0)$ 鞍点, $(-1, 0), (1, 0)$ 中心
37. $(n\pi, 0)$ n が偶数のとき中心, n が奇数のとき鞍点.

問題 4.2

1. $y = a_0 (1 - x^2 + x^4/2! - x^6/3! + - \cdots) = a_0 e^{-x^2}$
3. $y = a_3 x^3 - k/3$
5. $y = a_0 + a_1 x + \left(\frac{3}{2} a_1 - a_0\right) x^2 + \left(\frac{7}{6} a_1 - a_0\right) x^3 + \cdots.\ a_0 = A + B, \ a_1 = A + 2B$ とおくと，$y = A e^x + B e^{2x}$ が得られる．したがって，たとえ方程式の解が既知の関数であったとしても，べき級数法によってただちに見なれた形の関数が求められるとは限らないことがわかる．しかしこれはたいした問題ではない．実際上興味があるのは，べき級数解が新しい関数を定義するような微分方程式に限られるからである．
7. $y = a_0 \left(1 - 2x^2 + \frac{2}{3} x^4 - + \cdots\right) + a_1 \left(x - \frac{2}{3} x^3 + \frac{2}{15} x^5 - + \cdots\right)$
    $= a_0 \cos 2x + \frac{a_1}{2} \sin 2x$
9. $y = a_0 \left[1 + kt + \frac{(kt)^2}{2!} + \cdots\right] = a_0 \left[1 + k(x-1) + \frac{k^2}{2!}(x-1)^2 + \cdots\right]$

11. $(t+1)\dot{y} - y = t+1$ $(\dot{y} = dy/dt)$

$$y = a_0(1+t) + (1+t)\left(t - \frac{t^2}{2} + \frac{t^3}{3} + - \cdots\right) = a_0 x + x\ln x$$

13. ∞ **15.** $\sqrt{3}$ **17.** $\sqrt{|k|}$ **19.** $\sqrt{3/2}$ **21.** $\sqrt{2}$

23. $\sum_{m=1}^{\infty} \dfrac{(m+1)(m+2)}{(m+1)^2+1} x^m$, 1 **25.** $\sum_{m=1}^{\infty} \dfrac{m^3}{(m+1)!} x^m$, ∞

問題 4.3

1. $\ln(1+x) = x - \dfrac{x^2}{2} + \dfrac{x^3}{3} - + \cdots$ などを使え．

7. $y = P_3(x/a)$．$x = az$ とおけ． **9.** (4) を用いよ．

問題 4.4

3. $y_1 = 1/(1-x)$, $y_2 = 1/x$ **5.** $y_1 = x^{-1}\cos x$, $y_2 = x^{-1}\sin x$

7. $y_1 = e^x$, $y_2 = e^x \ln x$ **9.** $y_1 = x+2$, $y_2 = 1/(x+2)$

11. $y_1 = \sqrt{x}$, $y_2 = 1+x$ **13.** $y_1 = x^2$, $y_2 = x^{-3}$

15. $y_1 = x^{-2}\sin x^2$, $y_2 = x^{-2}\cos x^2$

17. $A(1-x)^{-1/4} + B\sqrt{x}\, F\!\left(1, \dfrac{3}{4}, \dfrac{3}{2}\,;\,x\right)$ $\left[F\!\left(\dfrac{1}{2}, \dfrac{1}{4}, \dfrac{1}{2}\,;\,x\right) = (1-x)^{-1/4}\right]$

19. $A\!\left(1 - 8x + \dfrac{32}{5}x^2\right) + Bx^{3/4} F\!\left(\dfrac{7}{4}, -\dfrac{5}{4}, \dfrac{7}{4}\,;\,x\right)$

$\left[F\!\left(1, -2, \dfrac{1}{4}\,;\,x\right) = 1 - 8x + \dfrac{32}{5}x^2\right]$

問題 4.5

1. $AJ_{1/3}(x) + BJ_{-1/3}(x)$ **3.** $AJ_{1/4}(x^2) + BY_{1/4}(x^2)$

5. $AJ_{2/3}(x^2) + BJ_{-2/3}(x^2)$ **7.** $x^{-2}J_2(x)$．定理 2 を見よ．

9. $x^{1/3}[AJ_{1/3}(x^{1/3}) + BJ_{-1/3}(x^{1/3})]$ **13.** (24) で $\nu = 1$ とする．

15. $J_2(x) = 2x^{-1}J_1(x) - J_0(x)$．(26) において $\nu = 1$ とおけ．

17. 0.1289, 0.1623, 0.1981, 0.2353, 0.2727．例 2 の J_3 を使え．

19. (25) において ν を $\nu - 1$ におきかえ，(24) と組み合わせて $J_{\nu-1}$ を消去せよ．

21. $J_n(x_1) = J_n(x_2) = 0$ とすると $x_1^{-n}J_n(x_1) = x_2^{-n}J_n(x_2) = 0$ が得られる．したがって，ロルの定理により x_1 と x_2 の間に $[x^{-n}J_n(x)]' = 0$ を満たす点 x が存在する．ここで (25) を使えば，J_n の隣りあう零点の間に J_{n+1} の零点が存在することがわかる．さらに，(24) において $\nu = n+1$ とおけば，J_{n+1} の隣りあう零点の間に J_n の零点が存在することも確かめられる．その結果，J_n の隣りあう零点の間に J_{n+1} の零点がただ 1 つ存在することが証明される．

25. $\displaystyle\int J_3(x)\,dx = \int J_1(x)\,dx - 2J_2(x) = -J_0(x) - 2J_2(x) + c$

27. $\displaystyle\int x^3 J_0(x)\,dx = \int x^2[xJ_0(x)]\,dx = \int x^2[xJ_1(x)]'\,dx$

$\displaystyle\qquad = x^3 J_1(x) - 2\int x^2 J_1(x)\,dx = x^3 J_1(x) - 2x^2 J_2(x) + c$

29. $u' + u = 0$, $y = ux^{-1/2} = x^{-1/2}(A\cos x + B\sin x)$

問題 4.6

3. $AJ_{3/2}(5x) + BY_{3/2}(5x)$ （初等関数）　　**5.** $\sqrt{x}\left[AJ_{1/4}\left(\dfrac{x^2}{2}\right) + BY_{1/4}\left(\dfrac{x^2}{2}\right)\right]$

7. $\sqrt{x}\left[AJ_{1/4}\left(\dfrac{kx^2}{2}\right) + BY_{1/4}\left(\dfrac{kx^2}{2}\right)\right]$　　**9.** $x^{1/4}[AJ_{1/4}(x^{1/4}) + BJ_{-1/4}(x^{1/4})]$

11. 1.1　　**13.** $H_\nu^{(1)} = kH_\nu^{(2)}$ とおき，(10) を用いて矛盾を導け．

15. $x \neq 0$ ならば級数 (13) のすべての項は実数で正である．

問題 4.7

3. $\lambda = \left(\dfrac{2n+1}{2}\pi\right)^2$　$(n=0, 1, \cdots)$;　$y_n(x) = \sin\left(\dfrac{2n+1}{2}\pi x\right)$

5. $\lambda = \left(\dfrac{2n+1}{2}\dfrac{\pi}{L}\right)^2$　$(n=0, 1, \cdots)$;　$y_n(x) = \sin\left(\dfrac{2n+1}{2}\dfrac{\pi x}{L}\right)$

7. $\lambda = \left(\dfrac{2n+1}{2}\pi\right)^2$　$(n=0, 1, \cdots)$;　$y_n(x) = \sin\left(\dfrac{2n+1}{2}\pi \ln|x|\right)$

9. $\lambda = n^2\pi^2$　$(n=1, 2, \cdots)$;　$y_n(x) = x\sin(n\pi \ln|x|)$; オイラー・コーシーの方程式

11. $y'' + \lambda y = 0$,　$y(0) = y(2L)$,　$y'(0) = y'(2L)$

13. $x = ct + k$ とおけ．　　**15.** $x = \cos\theta$ とおけ．

問題 4.8

1. $16(P_0 - P_2 + P_4)$　　**3.** $\dfrac{4}{5}P_0 - \dfrac{4}{7}P_2 - \dfrac{8}{35}P_4$

5. $0.6366 P_0 - 0.6871 P_2 + 0.0518 P_4 - 0.0013 P_6 + \cdots$

7. $\dfrac{1}{4}P_0 + \dfrac{1}{2}P_1 + \dfrac{5}{16}P_2 - \dfrac{3}{32}P_4 + \dfrac{13}{256}P_6 + \cdots$　　**9.** (c)　$a_m = \dfrac{2}{\alpha_{m0} J_1(\alpha_{m0})}$

4章の復習

17. $\cos\dfrac{x}{2}$,　$\sin\dfrac{x}{2}$　　**19.** $(x+1)^{3/4}$,　$(x+1)^{1/4}$

21. $J_{\sqrt{3}}(x)$,　$J_{-\sqrt{3}}(x)$　　**23.** $x^{-1}\cos 2x$,　$x^{-1}\sin 2x$

25. e^{-x},　x^2　　**27.** $\sqrt{\omega/\pi}\sin n\omega x$　$(n=1, 2, \cdots)$

29. $\sqrt{\dfrac{2}{\pi}}$,　$\dfrac{2}{\sqrt{\pi}}\cos 4nx$,　$\dfrac{2}{\sqrt{\pi}}\sin 4nx$

31. $\lambda = \dfrac{n^2\pi^2}{L^2}$　$(n=0, 1, \cdots)$;　$y_n = 1$,　$\cos\dfrac{n\pi x}{L}$,　$\sin\dfrac{n\pi x}{L}$

33. $\lambda = n^2$;　$y_n = \cos nx$　$(n=1, 3, 5, \cdots)$,　$\sin nx$　$(n=2, 4, 6, \cdots)$

35. $8(P_0 - P_2 + P_4)$　　**37.** $\sqrt{x}\left[AJ_{1/3}\left(\dfrac{4}{3}x^{3/2}\right) + BY_{1/3}\left(\dfrac{4}{3}x^{3/2}\right)\right]$

39. $x^2[AJ_2(x^2) + BY_2(x^2)]$

付録3

補足事項

A3.1 基本的な関数の公式

指数関数 e^x（図 A1）．
$$e = 2.71828\ 18284\ 59045\ 23536\ 02874\ 71353.$$
$$e^x e^y = e^{x+y}, \quad e^x/e^y = e^{x-y}, \quad (e^x)^y = e^{xy}. \tag{1}$$

自然対数（図 A2）
$$\ln(xy) = \ln x + \ln y, \quad \ln(x/y) = \ln x - \ln y, \quad \ln(x^a) = a \ln x. \tag{2}$$
$\ln x$ は e^x の逆関数であり，
$$e^{\ln x} = x, \quad e^{-\ln x} = e^{\ln(1/x)} = 1/x.$$

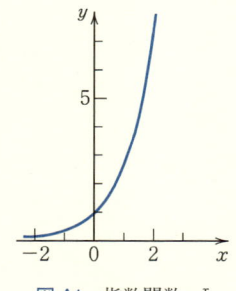

図 A1　指数関数 e^x　　　図 A2　自然対数 $\ln x$

常用対数　　$\log_{10} x$ あるいは簡単に $\log x$ と書く．
$$\log x = M \ln x, \quad M = \log e = 0.43429\ 44819\ 03251\ 82765\ 11289\ 18917. \tag{3}$$
$$\ln x = \frac{1}{M} \log x, \quad \frac{1}{M} = 2.30258\ 50929\ 94045\ 68401\ 79914\ 54684. \tag{4}$$
$\log x$ は 10^x の逆関数であり，$10^{\log x} = x,\ 10^{-\log x} = 1/x$．

正弦関数と余弦関数（図 A3, A4）　微積分学では角度をラジアンで表すので，$\sin x$ と $\cos x$ は周期 2π をもつ．

$$\pi = 3.14159\ 26535\ 89793\ 23846\ 26433\ 83279$$

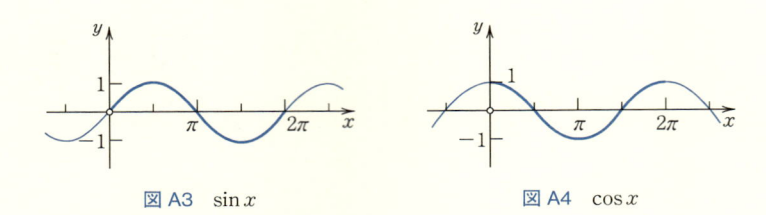

図 A3　$\sin x$

図 A4　$\cos x$

$\sin x$ は奇関数で $\sin(-x) = -\sin x$ である．$\cos x$ は偶関数で $\cos(-x) = \cos x$ である．

$1° = 0.01745\ 32925\ 19943$ ラジアン．

1 ラジアン $= 57°17'44.80625''$
$\qquad\quad = 57.29577\ 95131°$．

$$\sin^2 x + \cos^2 x = 1. \tag{5}$$

$$\begin{cases} \sin(x+y) = \sin x \cos y + \cos x \sin y, \\ \sin(x-y) = \sin x \cos y - \cos x \sin y, \\ \cos(x+y) = \cos x \cos y - \sin x \sin y, \\ \cos(x-y) = \cos x \cos y + \sin x \sin y. \end{cases} \tag{6}$$

$$\sin 2x = 2 \sin x \cos x, \quad \cos 2x = \cos^2 x - \sin^2 x. \tag{7}$$

$$\begin{cases} \sin x = \cos\left(x - \dfrac{\pi}{2}\right) = \cos\left(\dfrac{\pi}{2} - x\right), \\ \cos x = \sin\left(x + \dfrac{\pi}{2}\right) = \sin\left(\dfrac{\pi}{2} - x\right). \end{cases} \tag{8}$$

$$\sin(\pi - x) = \sin x, \quad \cos(\pi - x) = -\cos x. \tag{9}$$

$$\cos^2 x = \frac{1}{2}(1 + \cos 2x), \quad \sin^2 x = \frac{1}{2}(1 - \cos 2x). \tag{10}$$

$$\begin{cases} \sin x \sin y = \dfrac{1}{2}[-\cos(x+y) + \cos(x-y)], \\ \cos x \cos y = \dfrac{1}{2}[\cos(x+y) + \cos(x-y)], \\ \sin x \cos y = \dfrac{1}{2}[\sin(x+y) + \sin(x-y)]. \end{cases} \tag{11}$$

$$\begin{cases} \sin u + \sin v = 2 \sin \dfrac{u+v}{2} \cos \dfrac{u-v}{2}, \\ \cos u + \cos v = 2 \cos \dfrac{u+v}{2} \cos \dfrac{u-v}{2}, \\ \cos v - \cos u = 2 \sin \dfrac{u+v}{2} \sin \dfrac{u-v}{2}. \end{cases} \tag{12}$$

A3.1 基本的な関数の公式

$$A\cos x + B\sin x = \sqrt{A^2+B^2}\cos(x\pm\delta), \quad \tan\delta = \frac{\sin\delta}{\cos\delta} = \mp\frac{B}{A}. \quad (13)$$

$$A\cos x + B\sin x = \sqrt{A^2+B^2}\sin(x\pm\delta), \quad \tan\delta = \frac{\sin\delta}{\cos\delta} = \pm\frac{A}{B}. \quad (14)$$

正接,余接,正割,余割 (図 A5, A6)

$$\tan x = \frac{\sin x}{\cos x}, \quad \cot x = \frac{\cos x}{\sin x}, \quad \sec x = \frac{1}{\cos x}, \quad \operatorname{cosec} x = \frac{1}{\sin x}. \quad (15)$$

$$\tan(x+y) = \frac{\tan x + \tan y}{1 - \tan x \tan y}, \quad \tan(x-y) = \frac{\tan x - \tan y}{1 + \tan x \tan y}. \quad (16)$$

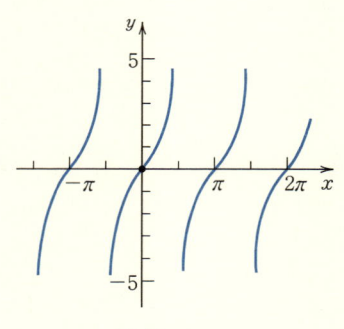

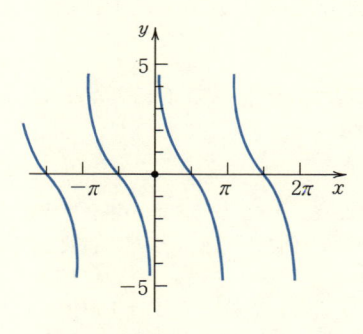

図 A5 $\tan x$

図 A6 $\cot x$

双曲線関数 (図 A7, A8)

$$\sinh x = \frac{1}{2}(e^x - e^{-x}), \quad \cosh x = \frac{1}{2}(e^x + e^{-x}). \quad (17)$$

$$\tanh x = \frac{\sinh x}{\cosh x}, \quad \coth x = \frac{\cosh x}{\sinh x}. \quad (18)$$

$$\cosh x + \sinh x = e^x, \quad \cosh x - \sinh x = e^{-x}. \quad (19)$$

$$\cosh^2 x - \sinh^2 x = 1. \quad (20)$$

$$\sinh^2 x = \frac{1}{2}(\cosh 2x - 1), \quad \cosh^2 x = \frac{1}{2}(\cosh 2x + 1). \quad (21)$$

$$\begin{cases} \sinh(x\pm y) = \sinh x \cosh y \pm \cosh x \sinh y, \\ \cosh(x\pm y) = \cosh x \cosh y \pm \sinh x \sinh y. \end{cases} \quad (22)$$

$$\tanh(x\pm y) = \frac{\tanh x \pm \tanh y}{1 \pm \tanh x \tanh y}. \quad (23)$$

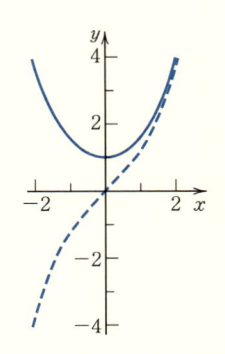

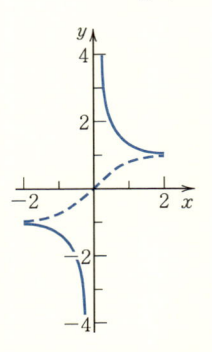

図 A7　$\sinh x$（破線）と $\cosh x$（実線）

図 A8　$\tanh x$（破線）と $\coth x$（実線）

ガンマ関数（図 A9, 付録 4 の表 A2）　ガンマ関数 $\Gamma(a)$ は，つぎの積分で定義される．

$$\Gamma(a) = \int_0^\infty e^{-t} t^{a-1} \, dt \qquad (a>0) \tag{24}$$

これは，$a>0$（a が複素数の場合は実部が正）のときのみ意味をもつ．部分積分により，ガンマ関数についてつぎの重要な関係が得られる．

$$\Gamma(a+1) = a\Gamma(a) \tag{25}$$

式 (24) より，直接に $\Gamma(1)=1$ が得られる．したがって a が正の整数のとき，これを k と書くと，式 (25) を繰り返して用いることにより，

$$\Gamma(k+1) = k! \qquad (k=0, 1, \cdots) \tag{26}$$

が得られる．これより，ガンマ関数が初等的な階乗関数の一般化になっていることがわかる．（非整数値の a に対しても $\Gamma(a)$ のかわりに $(a-1)!$ と書くことがあり，またガンマ関数を階乗関数とよぶことがある．）

式 (25) を繰り返して用いると，

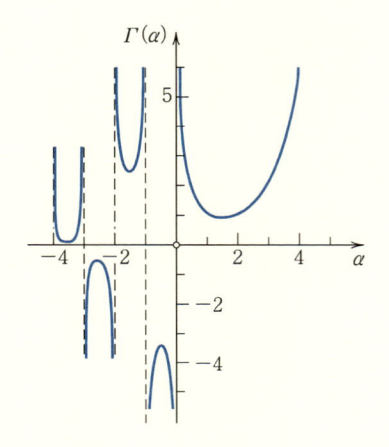

図 A9　ガンマ関数

A3.1 基本的な関数の公式

$$\Gamma(\alpha) = \frac{\Gamma(\alpha+1)}{\alpha} = \frac{\Gamma(\alpha+2)}{\alpha(\alpha+1)} = \cdots = \frac{\Gamma(\alpha+k+1)}{\alpha(\alpha+1)(\alpha+2)\cdots(\alpha+k)}$$

が得られる．$\alpha+k+1>0$ となるような最小の k を選ぶことにより，関係式

$$\Gamma(\alpha) = \frac{\Gamma(\alpha+k+1)}{\alpha(\alpha+1)\cdots(\alpha+k)} \qquad (\alpha \neq 0, -1, -2, \cdots) \tag{27}$$

を用いて負の α ($\neq -1, -2, \cdots$) に対するガンマ関数を定義することができる．これと式 (24) により，0 および負の整数を除くすべての α に対して $\Gamma(\alpha)$ が定義される（図 A9）．

つぎの公式により，無限乗積としてガンマ関数を表すことができる．

$$\Gamma(\alpha) = \lim_{n\to\infty} \frac{n! \, n^\alpha}{\alpha(\alpha+1)(\alpha+2)\cdots(\alpha+n)} \qquad (\alpha \neq 0, -1, -2, \cdots). \tag{28}$$

式 (27) と式 (28) から，複素数 α に対してガンマ関数 $\Gamma(\alpha)$ は**有理型関数**[1]であり，$\alpha = 0, -1, -2, \cdots$ において単純極をもっていることがわかる．

正の大きな α に対するガンマ関数の近似式は，**スターリングの公式**

$$\Gamma(\alpha+1) \approx \sqrt{2\pi\alpha}\left(\frac{\alpha}{e}\right)^\alpha \tag{29}$$

で与えられる．ここで e は自然対数の底である．最後に，ガンマ関数の特別な値を示す．

$$\Gamma\left(\frac{1}{2}\right) = \sqrt{\pi}. \tag{30}$$

不完全ガンマ関数

$$P(\alpha, x) = \int_0^x e^{-t} t^{\alpha-1} \, dt, \qquad Q(\alpha, x) = \int_x^\infty e^{-t} t^{\alpha-1} \, dt \qquad (\alpha > 0). \tag{31}$$

$$\Gamma(\alpha) = P(\alpha, x) + Q(\alpha, x). \tag{32}$$

ベータ関数

$$B(x, y) = \int_0^1 t^{x-1}(1-t)^{y-1} \, dx \qquad (x>0, \ y>0). \tag{33}$$

ガンマ関数を用いた表示：

$$B(x, y) = \frac{\Gamma(x)\,\Gamma(y)}{\Gamma(x+y)}. \tag{34}$$

誤差関数（図 A10，付録 4 の表 A4）

$$\text{erf}\, x = \frac{2}{\sqrt{\pi}} \int_0^x e^{-t^2} \, dt. \tag{35}$$

$$\text{erf}\, x = \frac{2}{\sqrt{\pi}}\left(x - \frac{x^3}{1!\,3} + \frac{x^5}{2!\,5} - \frac{x^7}{3!\,7} + - \cdots\right). \tag{36}$$

$\text{erf}(\infty) = 1$ である．補誤差関数は，

$$\text{erfc}\, x = 1 - \text{erf}\, x = \frac{2}{\sqrt{\pi}} \int_x^\infty e^{-t^2} \, dt \tag{37}$$

で定義される．

---

[1] （訳注） 有限平面上で極以外の特異点をもたない解析関数を有理型関数という（第 4 巻 4.3 節 例 5 参照）．

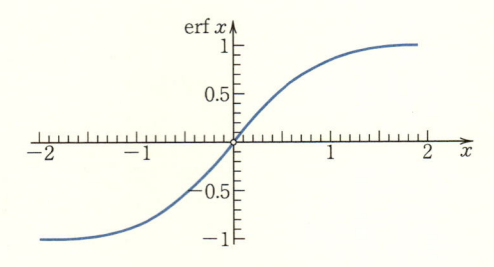

図 A10　誤差関数

フレネル[2]**積分**（図 A11）

$$C(x) = \int_0^x \cos(t^2)\, dt, \qquad S(x) = \int_0^x \sin(t^2)\, dt. \tag{38}$$

$C(\infty) = \sqrt{\pi/8}$, $S(\infty) = \sqrt{\pi/8}$ である．フレネル積分の補関数は，

$$c(x) = \sqrt{\frac{\pi}{8}} - C(x) = \int_x^\infty \cos(t^2)\, dt,$$

$$s(x) = \sqrt{\frac{\pi}{8}} - S(x) = \int_x^\infty \sin(t^2)\, dt \tag{39}$$

で定義される．

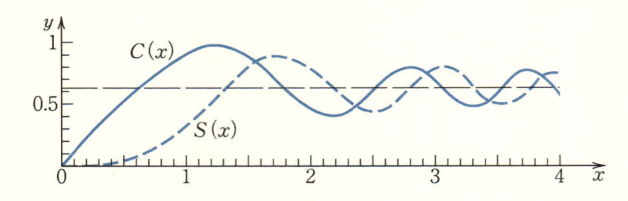

図 A11　フレネル積分

正弦積分（図 A12，付録 4 の表 A4）

$$\mathrm{Si}(x) = \int_0^x \frac{\sin t}{t}\, dt. \tag{40}$$

$\mathrm{Si}(\infty) = \pi/2$ である．正弦積分の補関数は，

$$\mathrm{si}(x) = \frac{\pi}{2} - \mathrm{Si}(x) = \int_x^\infty \frac{\sin t}{t}\, dt \tag{41}$$

で定義される[3]．

---

2)　Augustin Fresnel (1788-1827)，フランスの物理学者，数学者．フレネル積分の数表は，付録1の [1] を参照せよ．

3)　（訳注）この種の積分関数の定義は，書物によって微妙に異なることがあるから注意が必要である．たとえば「岩波数学辞典 第4版」（岩波書店，2007）では，正弦積分関数は $\mathrm{Si}(x) = \int_0^x \frac{\sin t}{t}\, dt$, $\mathrm{si}(x) = -\int_x^\infty \frac{\sin t}{t}\, dt$，余弦積分関数は $\mathrm{Ci}(x) = -\int_x^\infty \frac{\cos t}{t}\, dt$，指数積分関数は $\mathrm{Ei}(x) = \int_{-\infty}^x \frac{e^t}{t}\, dt$，対数積分関数は $\mathrm{Li}(x) = \int_0^x \frac{dt}{\ln t}$ として定義されている．

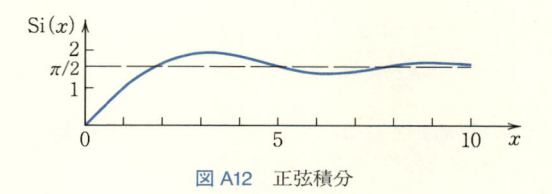

図 A12　正弦積分

余弦積分（付録 4 の表 A4）　　$\mathrm{ci}(x) = \int_x^\infty \frac{\cos t}{t} dt \quad (x>0).$ （42）

指数積分　　$\mathrm{Ei}(x) = \int_x^\infty \frac{e^{-t}}{t} dt \quad (x>0).$ （43）

対数積分　　$\mathrm{li}(x) = \int_0^x \frac{dt}{\ln t}.$ （44）

A3.2　偏導関数

$z = f(x, y)$ を 2 つの独立実変数 x, y の実関数とする．y を一定，たとえば $y = y_1$ として x を変数と考えれば，$f(x, y_1)$ は x だけに依存する．x に関する $f(x, y_1)$ の導関数，すなわち偏導関数が $x = x_1$ において存在するとき，その導関数の値を点 (x_1, y_1) における $f(x, y)$ の x についての偏微分係数といい，

$$\left. \frac{\partial f}{\partial x} \right|_{(x_1, y_1)} \quad \text{あるいは} \quad \left. \frac{\partial z}{\partial x} \right|_{(x_1, y_1)}$$

と書く．また，

$$f_x(x_1, y_1) \quad \text{および} \quad z_x(x_1, y_1)$$

などと書いてもよい．ほかの目的で添数を使わない場合には混乱のおそれがないからである．

導関数の定義によれば，

$$\left. \frac{\partial f}{\partial x} \right|_{(x_1, y_1)} = \lim_{\Delta x \to 0} \frac{f(x_1 + \Delta x, y_1) - f(x_1, y_1)}{\Delta x} \qquad (1)$$

である．

$z = f(x, y)$ の y に関する偏導関数も同様に定義される．今度は x を定数 x_1 として y について微分する．すなわち，

$$\left. \frac{\partial f}{\partial y} \right|_{(x_1, y_1)} = \left. \frac{\partial z}{\partial y} \right|_{(x_1, y_1)}$$
$$= \lim_{\Delta y \to 0} \frac{f(x_1, y_1 + \Delta y) - f(x_1, y_1)}{\Delta y} \qquad (2)$$

である．別の表記は $f_y(x_1, y_1)$, $z_y(x_1, y_1)$ などである．

これらの 2 つの偏導関数が一般に点 (x_1, y_1) に依存することは明らかである．したがって，変動する点 (x, y) に対する偏導関数 $\partial z/\partial x$, $\partial z/\partial y$ は x と y の関数である．関数 $\partial z/\partial x$ は y を定数とみなして，$z = f(x, y)$ を x について微分して得られ，$\partial z/\partial y$ は x を定数とみなして，z を y について微分して得られる．

例1　$z=f(x,y)=x^2y+x\sin y$ とすると，
$$\frac{\partial f}{\partial x}=2xy+\sin y, \quad \frac{\partial f}{\partial y}=x^2+x\cos y.$$
◀

関数 $z=f(x,y)$ の偏導関数 $\partial z/\partial x$ および $\partial z/\partial y$ には非常に単純な幾何学的な意味がある．関数 $z=f(x,y)$ は空間の曲面によって表される．方程式 $y=y_1$ は垂直面が曲面と交わる曲線を表し，点 (x_1,y_1) における偏導関数 $\partial z/\partial x$ は，この曲線の接線の勾配（図 A13 に示された角 α の正接 $\tan\alpha$）を与える．同様に，点 (x_1,y_1) における偏導関数 $\partial z/\partial y$ は，点 (x_1,x_1) における曲面 $z=f(x,y)$ 上の曲線 $x=x_1$ の接線の勾配（$\tan\beta$）を与える．

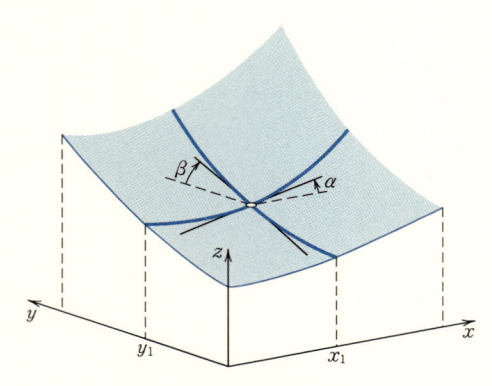

図 A13　1 階偏導関数の幾何学的解釈

偏導関数 $\partial z/\partial x$, $\partial z/\partial y$ は 1 階偏導関数ともよばれる．これらの導関数をもう 1 回微分すれば 2 階偏導関数[4]が得られる．

$$\frac{\partial^2 f}{\partial x^2}=\frac{\partial}{\partial x}\left(\frac{\partial f}{\partial x}\right)=f_{xx}, \tag{3a}$$

$$\frac{\partial^2 f}{\partial x\partial y}=\frac{\partial}{\partial x}\left(\frac{\partial f}{\partial y}\right)=f_{yx}, \tag{3b}$$

$$\frac{\partial^2 f}{\partial y\partial x}=\frac{\partial}{\partial y}\left(\frac{\partial f}{\partial x}\right)=f_{xy}, \tag{3c}$$

$$\frac{\partial^2 f}{\partial y^2}=\frac{\partial}{\partial y}\left(\frac{\partial f}{\partial y}\right)=f_{yy}. \tag{3d}$$

これらのすべての偏導関数が連続ならば，2 つの混合偏導関数が等しくなるため，微分の順序に注意する必要はないことが示される（付録 1 の [5] 参照）．すなわち，

$$\frac{\partial^2 z}{\partial x\partial y}=\frac{\partial^2 z}{\partial y\partial x} \tag{4}$$

がなりたつ．

---

[4]　添数表記では添数は微分の順に書かれるが，"∂" 表記では順序が逆になることを注意せよ．

例2　例1の関数に対しては2階偏導関数はつぎのようになる．
$$f_{xx}=2y, \quad f_{xy}=2x+\cos y=f_{yx}, \quad f_{yy}=-x\sin y.$$
◀

2階偏導関数をふたたび x や y について微分すれば3階偏導関数が得られ，必要に応じてさらに高階の偏導関数も考えられる．

3つの独立変数をもつ関数 $f(x, y, z)$ が与えられたときには，3つの1階偏導関数 $f_x(x, y, z)$, $f_y(x, y, z)$, $f_z(x, y, z)$ が考えられる．ここで，f_x は y と z をともに定数として f を x について微分して得られる．定義式 (1) と同様に，

$$\left.\frac{\partial f}{\partial x}\right|_{(x_1, y_1, z_1)} = \lim_{\Delta x \to 0} \frac{f(x_1+\Delta x, y_1, z_1) - f(x_1, y_1, z_1)}{\Delta x}$$

などとなる．f_x, f_y, f_z をさらに同じ方法で微分すれば，f の2階以上の高階偏導関数が求められる．

例3　$f(x, y, z) = x^2 + y^2 + z^2 + xye^z$ のとき，
$$f_x = 2x + ye^z, \qquad f_y = 2y + xe^z, \qquad f_z = 2z + xye^z,$$
$$f_{xx} = 2, \qquad f_{xy} = f_{yx} = e^z, \qquad f_{xz} = f_{zx} = ye^z,$$
$$f_{yy} = 2, \qquad f_{yz} = f_{zy} = xe^z, \qquad f_{zz} = 2 + xye^z.$$
◀

A3.3　数列と級数

単調実数数列

もし数列が単調増加
$$x_1 \leq x_2 \leq x_3 \leq \cdots$$
か，または単調減少
$$x_1 \geq x_2 \geq x_3 \geq \cdots$$
であれば，実数数列 $x_1, x_2, \cdots, x_n, \cdots$ は単調数列とよばれる．すべての n に対して，$|x_n| < K$ を満たす正の定数 K が存在すれば，$x_1, x_2, \cdots$ は有界数列とよばれる．

定理1　実数の数列が有界で単調であるならば，それは収束する．

[証明]　$x_1, x_2, \cdots$ を有界で単調増加の数列とする．このとき，それらの項は，ある数 B より小さく，すべての n に対して $x_1 \leq x_n$ となるから，それらは I_0 で記される区間 $x_1 \leq x_n \leq B$ の中にある．ここで I_0 を分割しよう．すなわち，I_0 を等しい長さの2つの部分に分割する．もし（端点も含んで）右半分が数列の項を含む場合，それを I_1 で表す．もしそれが数列の項を含まない場合，（端点を加えた）I_0 の左半分を I_1

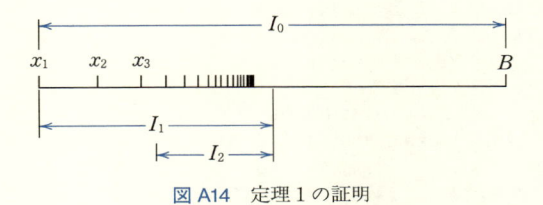

図 A14　定理1の証明

とよぶことにする．これが第1段階である．

第2段階では，I_1 を分割して，同じ方法で1つの半分を選び I_2 とよんで，以下同じ操作を繰り返す（図A14）．

こうして，だんだんと短くなる区間 $I_0, I_1, I_2, \cdots$ はつぎの性質をもつ．$n>m$ に対して，I_m はすべての I_n を含んでいる．I_m の右側には数列の項は存在せず，数列は単調増加であるから，ある数 N より大きい n をもつすべての x_n は I_n の中に存在する．もちろん，一般的には N は m に依存する．m が無限大に近づくと，I_m の長さは0に近づく．ゆえに，すべてのこれらの区間に入るただ1つの数 L が存在し[5]，数列が極限 L に収束することを容易に証明することができる．

実際，$\varepsilon>0$ が与えられると，ε より I_m の長さが短くなる m を選ぶことができる．このとき，L と $n>N(m)$ のすべての x_n は I_m の中にある．したがって，これらすべての n に対して $|x_n - L| < \varepsilon$ である．これで増加数列に対する証明は完了する．減少数列に対して区間を構成する際に，"左"と"右"とを適当に交換すれば，証明は同じように行える． ◀

実数級数

定理2（実数級数に対するライプニッツの判定法） $x_1, x_2, \cdots$ が実数で，0へ単調減少するとする．すなわち，

$$x_1 \geq x_2 \geq x_3 \geq \cdots, \tag{1a}$$

$$\lim_{m\to\infty} x_m = 0 \tag{1b}$$

とする．このとき，交互の符号をもつ項よりなる級数

$$x_1 - x_2 + x_3 - x_4 + - \cdots$$

は収束して，n 番目の項の後の剰余 R_n に対して，

$$|R_n| \leq x_{n+1} \tag{2}$$

とできる．

［証明］ s_n を，級数の n 番目の部分和としよう．このとき式 (1a) から，

$$s_1 = x_1, \qquad s_2 = x_1 - x_2 \leq s_1,$$
$$s_3 = s_2 + x_3 \geq s_2, \qquad s_3 = s_1 - (x_2 - x_3) \leq s_1$$

となり，$s_2 \leq s_3 \leq s_1$ である．この方法を続けると，

$$s_1 \geq s_3 \geq s_5 \geq \cdots \geq s_6 \geq s_4 \geq s_2 \tag{3}$$

---

[5] この記述は当然のように思えるが，実際はそうではない．それはつぎの形で実数系の公理とみなされている．$J_1, J_2, \cdots$ は，J_m が $n>m$ のすべての J_n を含むような閉区間で，m が無限大に近づくと J_m の長さは0に近づくとしよう．このとき，まさにこれらすべての区間に含まれる1つの実数が存在する．これが，いわゆるカントール・デデキントの公理である．集合論の創始者であるドイツの数学者 Georg Cantor (1845-1918) と整数論の基礎的実績で知られる Richard Dedekind (1831-1916) の名にちなんでいる．より詳細に関しては，付録1の [2] を参照せよ．（もし両端点が I に属する点と認められる場合，区間 I は閉じているといわれる．端点が I の点と認められない場合は，それは開いているといわれる．）

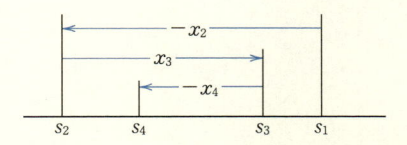

図 A15　ライプニッツの判定法の証明

と結論でき（図 A15），これは，奇数の部分和は有界で単調な数列をなし，偶数の部分和も同様であることを示す．したがって，定理 1 より両数列は収束する．つまり
$$\lim_{n\to\infty} s_{2n+1} = s, \qquad \lim_{n\to\infty} s_{2n} = s^*$$
となる．$s_{2n+1} - s_{2n} = x_{2n+1}$ であるから，式 (1b) は，
$$s - s^* = \lim_{n\to\infty} s_{2n+1} - \lim_{n\to\infty} s_{2n} = \lim_{n\to\infty}(s_{2n+1} - s_{2n}) = \lim_{n\to\infty} x_{2n+1} = 0$$
を意味することが容易にわかる．したがって，$s_n \to s$ がなりたち，級数は和 s に収束する．

つぎに，余剰に対する評価 (2) を証明しよう．$s_n \to s$ であるので，式 (3) から，
$$s_{2n+1} \geqq s \geqq s_{2n}, \qquad また \qquad s_{2n-1} \geqq s \geqq s_{2n}$$
が導かれる．s_{2n} と s_{2n+1} をそれぞれ差し引くと，
$$s_{2n+1} - s_{2n} \geqq s - s_{2n} \geqq 0, \qquad 0 \geqq s - s_{2n-1} \geqq s_{2n} - s_{2n-1}$$
が得られる．これらの不等式で，1 番目の式の左辺は x_{2n+1} に等しく，2 番目の式の右辺は $-x_{2n}$ に等しく，2 つの不等号記号の間は剰余 R_{2n} と R_{2n-1} である．こうして不等式は
$$x_{2n+1} \geqq R_{2n} \geqq 0, \qquad 0 \geqq R_{2n-1} \geqq -x_{2n}$$
と書けて，これが式 (2) を意味することがわかる．これで証明は完了した．◀

付録 4

追 加 証 明

2.7 節

定理 1 の証明（一意性[1]）

微分方程式
$$y'' + p(x)y' + q(x)y = 0 \qquad (1)$$
および 2 つの初期条件
$$y(x_0) = K_0, \qquad y'(x_0) = K_1 \qquad (3)$$
からなる初期値問題が，定理における区間 I 上の 2 つの解をもつと仮定して，その差
$$y(x) = y_1(x) - y_2(x)$$
が I 上で恒等的に 0 になり I 上で $y_1 \equiv y_2$ であることを示そう．これは解の一意性を意味する．

(1) は同次で線形であるから，y は方程式の I 上の解であり，y_1 と y_2 は同じ初期条件を満たすから，y は条件
$$y(x_0) = 0, \qquad y'(x_0) = 0 \qquad (10)$$
を満たす．関数
$$z(x) = y(x)^2 + y'(x)^2$$
とその導関数
$$z' = 2yy' + 2y'y''$$
を考える．微分方程式を
$$y'' = -py' - qy$$
と書きかえ，これを z' の表式に代入すれば，
$$z' = 2yy' - 2py'^2 - 2qyy' \qquad (11)$$
が得られる．y と y' は実数だから，
$$(y \pm y')^2 = y^2 \pm 2yy' + y'^2 \geqq 0$$
がなりたつ．これからただちに次の 2 つの不等式が導かれる．

  (a) $\quad 2yy' \leqq y^2 + y'^2 = z \qquad$ (b) $\quad -2yy' \leqq y^2 + y'^2 = z \qquad (12)$

---

[1] この証明は著者の同僚 A.D. Ziebur 教授により示唆された．ここでは 2.7 節では使われていない式にも新しい番号をつけることにする．

まとめて $|2yy'| \leq z$ と書ける．(11) の最後の項は
$$-2qyy' \leq |-2qyy'| = |q||2yy'| \leq |q|z$$
を満たす．この結果と $-p \leq |p|$ を使い，(12a) を (11) の項 $2yy'$ に適用すれば，
$$z' \leq z + 2|p|y'^2 + |q|z$$
が得られる．ここで $y'^2 \leq y^2 + y'^2 = z$ を考慮すると，
$$z' \leq (1 + 2|p| + |q|)z,$$
さらに括弧内の関数を h (≥ 1) で表すと，I 上のすべての x に対して
$$z' \leq hz \tag{13a}$$
が得られる．同様にして (11) と (12) から，
$$-z' = -2yy' + 2py'^2 + 2qyy' \leq z + 2|p|z + |q|z = hz \tag{13b}$$
がなりたつ．不等式 (13a) と (13b) は 2 つの不等式
$$z' - hz \leq 0, \quad z' + hz \geq 0 \tag{14}$$
と同値である．2 つの式の左辺の積分因子はそれぞれ
$$F_1 = e^{-\int h(x)dx} \quad \text{および} \quad F_2 = e^{\int h(x)dx}$$
である．h は連続だから指数部分の積分は存在する．F_1 と F_2 は正だから，(14) より
$$F_1(z' - hz) = (F_1 z)' \leq 0 \quad \text{および} \quad F_2(z' + hz) = (F_2 z)' \geq 0$$
が得られる．したがって，$F_1 z$ は I において非増加で，$F_2 z$ は I において非減少であることがわかる．(10) より $z(x_0) = 0$ だから，$x \leq x_0$ のとき
$$F_1 z \geq (F_1 z)_{x_0} = 0, \quad F_2 z \leq (F_2 z)_{x_0} = 0$$
であり，同様に $x \geq x_0$ のとき
$$F_1 z \leq 0, \quad F_2 z \geq 0$$
である．F_1 と F_2 で割り，これらの関数が正であることに注目すれば，結局 I 上のすべての x に対して
$$z \leq 0, \quad z \geq 0$$
がなりたつ．これは I 上で $z = y^2 + y'^2 \equiv 0$ を意味する．したがって，I 上で $y \equiv 0$ すなわち $y_1 \equiv y_2$ である． ◀

4.4 節

定理 2 の証明（フロベニウス法，解の基底，3 つの場合）　この証明に用いる式の番号は 4.4 節の本文中と同じである．ただし，4.4 節には出ていない公式を 1 つ追加して (A) と記すことにする．

定理 2 で扱う微分方程式は
$$y' + \frac{b(x)}{x} y' + \frac{c(x)}{x^2} y = 0 \tag{1}$$
であって，$b(x)$ および $c(x)$ は解析関数である．これはまた
$$x^2 y'' + xb(x)y' + c(x)y = 0 \tag{1'}$$
と書くこともできる．(1) の決定方程式は
$$r(r-1) + b_0 r + c_0 = 0 \tag{4}$$
である．この 2 次方程式の根 r_1, r_2 によって (1) の解の基底の一般形が決まるが，根の性質に応じて次の 3 つの場合に分かれる．

付録4 追加証明

場合1（異なる根の差が整数でない場合）　(1)の第1の解は
$$y_1(x) = x^{r_1}(a_0 + a_1 x + a_2 x^2 + \cdots) \tag{5}$$
のような形になり，べき級数法と同様な手法で決定される．この場合には，方程式(1)は独立な第2の解
$$y_2(x) = x^{r_2}(A_0 + A_1 x + A_2 x^2 + \cdots) \tag{6}$$
をもつ（証明については参考書 [A5] を参照せよ）．

場合2（等根の場合）　決定方程式が重根をもつのは，$(b_0-1)^2 - 4c_0 = 0$ すなわち $r = (1-b_0)/2$ の場合である．第1の解
$$y_1(x) = x^r(a_0 + a_1 x + a_2 x^2 + \cdots) \quad [r \equiv (1-b_0)/2] \tag{7}$$
は，場合1と同じようにして決定される．第2の解が
$$y_2(x) = y_1(x) \ln x + x^r(A_1 x + A_2 x^2 + \cdots) \quad (x>0) \tag{8}$$
の形になることを示そう．階数低減法（2.1節参照）を用い，$y_2(x) = u(x)y_1(x)$ が(1)の解であるような関数 $u(x)$ を求める．$y_2(x)$ とその導関数
$$y_2' = u'y_1 + uy_1', \quad y_2'' = u''y_1 + 2u'y_1' + uy_1''$$
を微分方程式 (1') に代入すれば，
$$x^2(u''y_1 + 2u'y_1' + uy_1'') + xb(u'y_1 + uy_1') + cuy_1 = 0$$
が得られる．ここで，y_1 は(1)の解であるから，u を含む項の和は0になる．ゆえに，上の方程式は
$$x^2 y_1 u'' + 2x^2 y_1' u' + xby_1 u' = 0$$
に帰着する．さらに，$x^2 y_1$ で割り，b をべき級数に展開すれば，
$$u'' + \left(2\frac{y_1'}{y_1} + \frac{b_0}{x} + \cdots\right)u' = 0$$
と書きかえられる．ただし，ドット記号・は定数項か x の正の整数べきを含む項を表す．(7)から
$$\frac{y_1'}{y_1} = \frac{x^{r-1}[ra_0 + (r+1)a_1 x + \cdots]}{x^r[a_0 + a_1 x + \cdots]}$$
$$= \frac{1}{x}\left(\frac{ra_0 + (r+1)a_1 x + \cdots}{a_0 + a_1 x + \cdots}\right) = \frac{r}{x} + \cdots$$
が得られるので，u に関する微分方程式は次のようになる．
$$u'' + \left(\frac{2r+b_0}{x} + \cdots\right)u' = 0 \tag{A}$$
$r = (1-b_0)/2$ だから $(2r+b_0)/x$ は $1/x$ に等しい．よって
$$\frac{u''}{u'} = -\frac{1}{x} + \cdots$$
と書ける．積分すると $\ln u' = -\ln x + \cdots$，すなわち $u' = (1/x)e^{(\cdots)}$ が得られる．指数関数を x のべき級数に展開してもう1回積分すれば，u は
$$u = \ln x + k_1 x + k_2 x^2 + \cdots$$
のような形になることがわかる．したがって，$y_2 = uy_1$ は(8)の形で表されることが証明された．

場合3（異なる根の差が整数である場合）　$r_1 = r$, $r_2 = r - p$ とおき，p は正の整数とする．第1の解
$$y_1(x) = x^{r_1}(a_0 + a_1 x + a_2 x^2 + \cdots) \tag{9}$$

は，場合1や場合2と同じように定めることができる．第2の独立な解が
$$y_2(x) = ky_1(x)\ln x + x^{r_2}(A_0 + A_1 x + A_2 x^2 + \cdots) \qquad (10)$$
の形であることを示そう．ただし，$k \neq 0$ とは限らず $k = 0$ となることもある．場合2と同様に $y_2 = uy_1$ とおく．最初の段階では場合2とまったく同じであって，方程式(A)，すなわち
$$u'' + \left(\frac{2r + b_0}{x} + \cdots\right)u' = 0$$
が導かれる．2次方程式(4)の中の r の係数 $b_0 - 1$ は，根の和 $r_1 + r_2$ の符号をかえた値に等しいので，
$$b_0 - 1 = -(r_1 + r_2) = -(r + r - p) = -2r + p$$
あるいは $2r + b_0 = p + 1$ がなりたつ．上の微分方程式を u' で割れば，
$$\frac{u''}{u'} = -\left(\frac{p+1}{x} + \cdots\right)$$
が得られる．積分すると，
$$\ln u' = -(p+1)\ln x + \cdots, \qquad \text{よって} \quad u' = x^{-(p+1)}e^{(\cdots)}$$
となる．ここでもドット記号・は x の非負の整数べきの級数を表す．前と同様に指数関数を展開して，
$$u' = \frac{1}{x^{p+1}} + \frac{k_1}{x^p} + \cdots + \frac{k_{p-1}}{x^2} + \frac{k_p}{x} + k_{p+1} + k_{p+2}x + \cdots$$
の形の級数を得る．もう1回積分して，対数項を最初に書けば，
$$u = k_p \ln x + \left(-\frac{1}{px^p} - \cdots - \frac{k_{p-1}}{x} + k_{p+1}x + \cdots\right)$$
となる．この u と(9)を $y_2 = uy_1$ に代入すると，公式
$$y_2 = k_p y_1 \ln x + x^{r_1 - p}\left(-\frac{1}{p} - \cdots - k_{p-1}x^{p-1} + \cdots\right)(a_0 + a_1 x + \cdots)$$
が得られる．これは(10)で $k = k_p$ とおいた形である．なぜなら，$r_1 - p = r_2$ であって，2つの級数の積は x の非負の整数べきだけを含むからである． ◀

4.7 節

定理（実固有値） 4.7節のステュルム・リウビルの方程式(1)において，係数 p, q, r および r' は区間 $a \leq x \leq b$ で連続な実数値関数であって，同じ区間でつねに $p(x) > 0$（または $p(x) < 0$）がなりたつとする．そのとき，4.7節のステュルム・リウビル問題(1), (2)の固有値はすべて実数である．

［証明］ $\lambda = \alpha + i\beta$ をこの問題の固有値とし，
$$y(x) = u(x) + iv(x)$$
を対応する固有関数とする．ここに α, β, u, v は実数である．これを4.7節の(1)に代入すれば，
$$(ru' + irv')' + (q + \alpha p + i\beta p)(u + iv) = 0$$
が得られる．この複素方程式は，実部と虚部に対応する次の2つの実方程式と同等である．

付録4　追加証明

$$(ru')' + (q+\alpha p)u - \beta pv = 0,$$
$$(rv')' + (q+\alpha p)v + \beta pu = 0.$$

第1の方程式に v を掛け，第2の方程式に $-u$ を掛けて辺々加えると，

$$-\beta(u^2+v^2)p = u(rv')' - v(ru')'$$
$$= [(rv')u - (ru')v]'.$$

角括弧内の表式は，4.7節 定理1の証明のときと同じ理由により区間 $a \leq x \leq b$ において連続である．x について a から b まで積分すれば，

$$-\beta \int_a^b (u^2+v^2)p\,dx = \Big[r(uv'-u'v)\Big]_a^b$$

が得られるが，境界条件によって右辺は 0 でなければならない．y は固有関数なので $u^2+v^2 \not\equiv 0$ である．区間 $a \leq x \leq b$ において y と p はいずれも連続で $p>0$ (または $p<0$) であるから，左辺の積分は 0 ではない．したがって $\beta=0$ となり，$\lambda=\alpha$ は実数である．これで証明は終わる． ◀

付録 5

数　　表

表 A1　ベッセル関数

x	$J_0(x)$	$J_1(x)$	x	$J_0(x)$	$J_1(x)$	x	$J_0(x)$	$J_1(x)$
0.0	1.0000	0.0000	3.0	−0.2601	0.3391	6.0	0.1506	−0.2767
0.1	0.9975	0.0499	3.1	−0.2921	0.3009	6.1	0.1773	−0.2559
0.2	0.9900	0.0995	3.2	−0.3202	0.2613	6.2	0.2017	−0.2329
0.3	0.9776	0.1483	3.3	−0.3443	0.2207	6.3	0.2238	−0.2081
0.4	0.9604	0.1960	3.4	−0.3643	0.1792	6.4	0.2433	−0.1816
0.5	0.9385	0.2423	3.5	−0.3801	0.1374	6.5	0.2601	−0.1538
0.6	0.9120	0.2867	3.6	−0.3918	0.0955	6.6	0.2740	−0.1250
0.7	0.8812	0.3290	3.7	−0.3992	0.0538	6.7	0.2851	−0.0953
0.8	0.8463	0.3688	3.8	−0.4026	0.0128	6.8	0.2931	−0.0652
0.9	0.8075	0.4059	3.9	−0.4018	−0.0272	6.9	0.2981	−0.0349
1.0	0.7652	0.4401	4.0	−0.3971	−0.0660	7.0	0.3001	−0.0047
1.1	0.7196	0.4709	4.1	−0.3887	−0.1033	7.1	0.2991	0.0252
1.2	0.6711	0.4983	4.2	−0.3766	−0.1386	7.2	0.2951	0.0543
1.3	0.6201	0.5220	4.3	−0.3610	−0.1719	7.3	0.2882	0.0826
1.4	0.5669	0.5419	4.4	−0.3423	−0.2028	7.4	0.2786	0.1096
1.5	0.5118	0.5579	4.5	−0.3205	−0.2311	7.5	0.2663	0.1352
1.6	0.4554	0.5699	4.6	−0.2961	−0.2566	7.6	0.2516	0.1592
1.7	0.3980	0.5778	4.7	−0.2693	−0.2791	7.7	0.2346	0.1813
1.8	0.3400	0.5815	4.8	−0.2404	−0.2985	7.8	0.2154	0.2014
1.9	0.2818	0.5812	4.9	−0.2097	−0.3147	7.9	0.1944	0.2192
2.0	0.2239	0.5767	5.0	−0.1776	−0.3276	8.0	0.1717	0.2346
2.1	0.1666	0.5683	5.1	−0.1443	−0.3371	8.1	0.1475	0.2476
2.2	0.1104	0.5560	5.2	−0.1103	−0.3432	8.2	0.1222	0.2580
2.3	0.0555	0.5399	5.3	−0.0758	−0.3460	8.3	0.0960	0.2657
2.4	0.0025	0.5202	5.4	−0.0412	−0.3453	8.4	0.0692	0.2708
2.5	−0.0484	0.4971	5.5	−0.0068	−0.3414	8.5	0.0419	0.2731
2.6	−0.0968	0.4708	5.6	0.0270	−0.3343	8.6	0.0146	0.2728
2.7	−0.1424	0.4416	5.7	0.0599	−0.3241	8.7	−0.0125	0.2697
2.8	−0.1850	0.4097	5.8	0.0917	−0.3110	8.8	−0.0392	0.2641
2.9	−0.2243	0.3754	5.9	0.1220	−0.2951	8.9	−0.0653	0.2559

$x = 2.405,\ 5.520,\ 8.654,\ 11.792,\ 14.931,\cdots$ に対して $J_0(x) = 0$ である．
$x = 0,\ 3.832,\ 7.016,\ 10.173,\ 13.324,\cdots$ に対して $J_1(x) = 0$ である．

表 A1 ベッセル関数 (つづき)

x	$Y_0(x)$	$Y_1(x)$	x	$Y_0(x)$	$Y_1(x)$	x	$Y_0(x)$	$Y_1(x)$
0.0	$(-\infty)$	$(-\infty)$	2.5	0.498	0.146	5.0	-0.309	0.148
0.5	-0.445	-1.471	3.0	0.377	0.325	5.5	-0.339	-0.024
1.0	0.088	-0.781	3.5	0.189	0.410	6.0	-0.288	-0.175
1.5	0.382	-0.412	4.0	-0.017	0.398	6.5	-0.173	-0.274
2.0	0.510	-0.107	4.5	-0.195	0.301	7.0	-0.026	-0.303

表 A2 ガンマ関数 (付録 A3.1 の式 (24) 参照)

α	$\Gamma(\alpha)$	α	$\Gamma(\alpha)$	α	$\Gamma(\alpha)$	α	$\Gamma(\alpha)$	α	$\Gamma(\alpha)$
1.00	1.000 000	1.20	0.918 169	1.40	0.887 264	1.60	0.893 515	1.80	0.931 384
1.02	0.988 844	1.22	0.913 106	1.42	0.886 356	1.62	0.895 924	1.82	0.936 845
1.04	0.978 438	1.24	0.908 521	1.44	0.885 805	1.64	0.898 642	1.84	0.942 612
1.06	0.968 744	1.26	0.904 397	1.46	0.885 604	1.66	0.901 668	1.86	0.948 687
1.08	0.959 725	1.28	0.900 718	1.48	0.885 747	1.68	0.905 001	1.88	0.955 071
1.10	0.951 351	1.30	0.897 471	1.50	0.886 227	1.70	0.908 639	1.90	0.961 766
1.12	0.943 590	1.32	0.894 640	1.52	0.887 039	1.72	0.912 581	1.92	0.968 774
1.14	0.936 416	1.34	0.892 216	1.54	0.888 178	1.74	0.916 826	1.94	0.976 099
1.16	0.929 803	1.36	0.890 185	1.56	0.889 639	1.76	0.921 375	1.96	0.983 743
1.18	0.923 728	1.38	0.888 537	1.58	0.891 420	1.78	0.926 227	1.98	0.991 708
1.20	0.918 169	1.40	0.887 264	1.60	0.893 515	1.80	0.931 384	2.00	1.000 000

表 A3 階乗関数

n	$n!$	$\log(n!)$	n	$n!$	$\log(n!)$	n	$n!$	$\log(n!)$
1	1	0.000 000	6	720	2.857 332	11	39 916 800	7.601 156
2	2	0.301 030	7	5 040	3.702 431	12	479 001 600	8.680 337
3	6	0.778 151	8	40 320	4.605 521	13	6 227 020 800	9.794 280
4	24	1.380 211	9	362 880	5.559 763	14	87 178 291 200	10.940 408
5	120	2.079 181	10	3 628 800	6.559 763	15	1 307 674 368 000	12.116 500

表 A4 誤差関数, 正弦積分, 余弦積分 (付録 A3.1 の式 (35), (40), (42) 参照)

x	erf x	Si(x)	ci(x)	x	erf x	Si(x)	ci(x)
0.0	0.0000	0.0000	∞	2.0	0.9953	1.6054	-0.4230
0.2	0.2227	0.1996	1.0422	2.2	0.9981	1.6876	-0.3751
0.4	0.4284	0.3965	0.3788	2.4	0.9993	1.7525	-0.3173
0.6	0.6039	0.5881	0.0223	2.6	0.9998	1.8004	-0.2533
0.8	0.7421	0.7721	-0.1983	2.8	0.9999	1.8321	-0.1865
1.0	0.8427	0.9461	-0.3374	3.0	1.0000	1.8487	-0.1196
1.2	0.9103	1.1080	-0.4205	3.2	1.0000	1.8514	-0.0553
1.4	0.9523	1.2562	-0.4620	3.4	1.0000	1.8419	0.0045
1.6	0.9763	1.3892	-0.4717	3.6	1.0000	1.8219	0.0580
1.8	0.9891	1.5058	-0.4568	3.8	1.0000	1.7934	0.1038
2.0	0.9953	1.6054	-0.4230	4.0	1.0000	1.7582	0.1410

索　引

あ　行

RL 回路　RL-circuit　48
RLC 回路　RLC-circuit　123
アルキメデスの原理　Archimedes' principle　96
RC 回路　RC-circuit　50
鞍点　saddle point　172
位相角　phase angle　121
位相の遅れ　phase lag　121
一意性定理　uniqueness theorem　58, 59
一般解　general solution　7, 73, 105-107, 130, 168, 170, 191
　　すべての解を含む——　134
　　——の存在　104, 134
一般フーリエ級数　generalized Fourier series　252
陰関数解　implicit solution　6
陰関数形　12
インダクタ　inductor　47
インダクタンス　inductance　47
インピーダンス　impedance　125
ヴァンデルモンド行列式　Vandermond determinant　139
ウェーバー関数　Weber's function　241
うなり　tune　119
エアリの方程式　Airy equation　207

m 重根　root of order m　141
エルミートの多項式　Hermite polynomial　259
演算子　operator　87
　　——法　operational calculus　87
円錐曲線　conic sections　57
オイラー　Euler
　　——・コーシーの方程式　~-Cauchy equation　98
　　——の公式　~'s formula　82, 253
　　——の定数　~ constant　240
応答　response　42, 117
オームの法則　Ohm's law　46, 124

か　行

解　solution　5, 130, 167
　　——の基底　basis of ~s　74
　　——の線形従属性　103, 133
　　——の線形独立性　103, 133
開区間　open interval　6
階乗関数　factorial function　280
階数　rank, order　4
階数低減法　method of reduction of order　74
解析的　analytic　213
ガウスの記号　Gauss' symbol　218

ガウスの超幾何微分方程式 Gauss'
hypergeometric differential
equation 226
確定特異点 regular singularity
221
過減衰 overdamping 92
重ね合せの原理 superposition
principle 71, 130, 168
カテナリ(懸垂線) catenary 56, 77
過渡解 transient solution 120
過渡状態 transient state 50
完全性 completeness 258
完全微分方程式 exact differential
equation 29
カントール・デデキントの公理
Cantor-Dedekind axiom 286
ガンマ関数 gamma function 231,
280
　不完全── incomplete ～ 281
基底 basis 73, 102, 130, 140, 168
起電力 electromotive force 46
軌道 trajectory 163, 171, 178, 183
基本解 fundamental solution 73,
130, 168
基本行列 elementary matrix 169
基本定理 fundamental theorem
　同次方程式の── 71
逆行列 inverse matrix 157
キャパシタ capacitor 47
キャパシタンス capacitance 47
級数 series
　──の値 value of ～ 208
　──の中心 center of the ～ 204
　──の和 sum of ～ 208
行 row 154
　──ベクトル ～ vector 155
境界条件 boundary condition 85,
245
　周期的── 247
境界値問題 boundary value problem
85, 245

境界点 boundary point 85
共振 resonance 119
　事実上の── practical ～ 120
　──因子 ～ factor 119
強制運動 forced motion 117
強制振動 forced oscillation 95
共鳴 resonance 119
行列 matrix
　(非可換) 156
　──のスカラー倍 scalor multiple
　of ～ 155
　──の積 multiplication of ～
　156
　──の線形独立性 157
　──の相等 equality of matrices
　155
　──の転置 transposition 157
　──の微分 differentiation of ～
　156
　──の和 sum of ～, addition of ～
　155
行列式 determinant 157
曲線族 family of curves 7, 21
　(曲線の1パラメータ族) one-
　parameter ～ 54
　──が直交 21
キルヒホッフの電圧(電流)の法則
　Kirchhoff's voltage law 48,
　124
区間 interval 6
駆動力 driving force 117
クレローの方程式 Clairaut equation
44
クロネッカーデルタ Kronecker's
　delta 252
クーロンの動摩擦の法則 Coulomb's
　law of kinetic friction 27
係数 coefficient
　級数の── ～ of the series 204
　微分方程式の── ～ of
　differential equation 70, 129

索　引　　　　　　　　　　　　　　　　　　　　　　　　　　299

べき級数の―　〜 of power series　208
　　―の公式　〜 formula　81
経路　orbit, path　171
決定方程式　indicial equation　222
減衰振動　damped oscillation　86
減衰定数　damping constant　92
交角　angle of intersection　53
勾配場　gradient field　13
項別積　termwise multiplication　211
項別微分　termwise differentiation　211
項別和　termwise addition　211
誤差関数　error function　281
コーシーの行列　Cauchy determinant　139
コーシー・リーマンの方程式　Cauchy-Riemann equations　57
固有関数　eigenfunction　245
　　―展開　〜 expansion　252
　　―の直交性　247
固有振動数　natural frequency　118
固有値　eigenvalue　158, 245
　　―問題　169, 178
固有ベクトル　eigenvector　158
根判定法　209

さ　行

指数型衰退　exponential decay　11
指数型成長　exponential growth　11
指数型崩壊　exponential decay　8
指数関数　exponential function　277
指数積分　exponential integral　283
自然対数　natural logarithm　277
実数級数　real series　286
質量作用の法則　law of mass action　67

自明な解　trivial solution　37
自由運動　free motion　95, 117
周期的方形波　periodic square wave　254
収束区間　convergence interval　209
収束する　convergence　208, 256
収束半径　radius of convergence　209
周波数　frequency　91
自由落下の法則　the law of free fall　11
縮重節　degenerate node　175
出力　output　42, 117
常微分方程式　ordinary differential equation　4
剰余　remainder　208
常用対数　common logarithm　277
初期条件　initial condition　72
初期値　initial value　132
　　―問題　〜 problem　9, 57, 72, 132, 144, 167
初等ベッセル関数　elementary Bessel function　236
自励系　autonomous system　182
自励方程式　autonomous equation　188
人口動態モデル　population model　11
真性節　proper node　172
振動数　frequency　91
スターリングの公式　Stirling's formula　281
ステュルム・リウビルの微分方程式　Sturm-Liouville differential equation　244
ステュルム・リウビル問題　Sturm-Liouville problem　245
　　周期的―　248
　　特異―　singular 〜　249
正割　secant　279

正規直交 orthonormal 246, 247
正規直交系 orthonormal system
　完全—— complete ~ 257
正弦関数 sine function 278
正弦積分 sine integral 282
　——の補関数 282
正接 tangent 279
正則 regular 247
正則行列 nonsingular matrix 157
正則点 regular point 221, 222
静的平衡 static equilibrium 90
成分 component 154, 155
積分因子 integrating factor 32, 33
漸化式 recurrence relation, recursion formula 216
線形 linear
　方程式が—— 129
線形演算子 linear operator 87
線形化 linearization 183
線形結合 linear combination 71, 131, 158
線形原理 linearity principle 71, 130
線形従属 linear dependence 74, 103, 131, 158
　——性 130
線形独立 linear independence 73, 102, 130, 157
　——性 130, 140
全微分 total differential 29
双曲線関数 hyperbolic function 279
相像 phase portrait 171, 178
増幅率 amplification 121
相平面 phase plane 163, 171, 178, 183
　——の方法 ~ method 182
存在定理 existence theorem 58

た　行

第 n 部分和 nth partial sum 208
対角化法 method of diagonalization 195
対角成分 diagonal element 155
対数減衰率 logarithmic decrement 97
対数積分 logarithmic integral 283
多重複素根 multiple complex root 142
脱出速度 velocity of escape 25
ダッフィングの方程式 Duffing equation 191
たわみ曲線 deflection curve 135
単位行列 unit matrix 157
弾性曲線 elastic curve 135
弾性ばり elastic beam 135
単調減少 monotone decreacing 285
単調実数数列 285
単調数列 monotone sequence 285
単調増加 monotone increasing 285
チェビシェフの多項式 Chebyshev polynomial 251
逐次近似法 method of successive approximation 61
中心 center 208
　（臨界点） 172, 173
超越方程式 transcendental equation 250
超幾何関数 hypergeometric function 227
超幾何級数 hypergeometric series 226
調和振動 harmonic oscillation 91
直交 orthogonal 246, 247
直交関数展開 orthogonal expansion 252

索　引　　　　　　　　　　　　　　　　　　　　301

直交軌道　orthogonal trajectory　53
直交多項式　orthogonal polynomial
　　251
釣鐘型曲線　bell-shaped curve　18
抵抗　resistance　46
抵抗器　resistor　46
定常解　steady-state solution　50
定常状態　steady state　50
定数変化法　method of variation of
　　parameters　114, 193
定性的方法　qualitative method
　　182
電圧降下　voltage drop　46
電気回路　electric circuit　46
等温線　isotherms　57
導関数　derivative　283
等傾線　lsocline　13
同次　homogeneous　130, 167
同次方程式　homogeneous equation
　　19, 37, 70
等電位線　equipotential lines　56
等比級数　geometric series　204
等ポテンシャル線　equipotential lines
　　56
特異　singular　247
特異解　singular solution　7
特異行列　singular matrix　157
特異点　singular point　221, 222
特(殊)解　particular solution　7,
　　73, 105, 106, 130, 191
特殊関数　spacial function　215
特性行列式　characteristic
　　determinant　159
特性方程式　characteristic equation
　　78, 158
トリチェリの法則　Torricelli's law
　　28

　　　　な　行

2乗平均収束　mean-square
　　convergence　256

入力　input　42, 117
ニュートン　Newton
　　——の第2法則　～'s second law
　　90
　　——の万有引力(重力)の法則
　　　～ law of gravitation　25
　　——の冷却の法則　～ law of
　　cooling　24, 27
年代測定法　22
ノイマン関数　Neumann's function
　　240, 241
ノルム　norm　246
　　——収束　convergence in the ～
　　256

　　　　は　行

パーセバルの等式　Parseval's
　　equation　257
発散する　divergent　209
ばね定数　spring modulus (constant)
　　90
ハンケル関数　Hankel function
　　242
半減期　half-life　11, 22
　　——の公式　～ formula　27
ピカールの反復法　Picard's iteration
　　method　61
　　——の収束性　convergence of
　　62
非真性節　improper node　172, 176
非線形　nonlinear　129
非同次　nonhomogeneous　70, 130,
　　168
　　——方程式　～ equation　37
比判定法　209
微分　differential　29
微分演算子　differential operator
　　87
微分方程式　differential equation
　　線形——　linear～　37, 70
標準形　standard form　129

ファンデルポルの方程式　Van der Pol equation　189, 191
フェアフュルストの方程式　Verhulst's equation　16, 41
復元力　restoring force　90
複素インピーダンス　complex impedance　129
複素指数関数　complex exponential function　82
不足減衰　underdamping　92
フックの法則　Hook's law　90
フーリエ　Fourier
　──級数　～ series　253
　──係数　～ coefficient　253
　──定数　～ constant　252
　──・ベッセル級数　～-Bessel series　255
　──・ルジャンドル級数　～-Legendre series　254
フレネル積分　Fresnel integral　282
　──の補関数　complementary function　282
フロベニウス法　Frobenius method　220, 223
分離可能な方程式　separable equation　17
平均収束　convergence in mean　256
べき級数　power series　204, 208
　──解の存在　213
　──法　method of ～　204
ベータ関数　Beta function　281
ベッセル関数　Bessel function
　第1種──　～ of the first kind　230, 232
　第2種──　～ of the second kind　240, 241
　第3種──　～ of the third kind　242
　変形──　modified ～　244

　──の1次従属性　232
　──の直交性　249
ベッセルの微分方程式　Bessel's differential equation　228
　──の一般解　232, 242
ベッセルの不等式　Bessel inequality　257
ベルヌーイの方程式　Bernoulli equation　40, 41
変数分離型(の方程式)　separation of variables　17
偏導関数　partial derivative　283
偏微分係数　partial differential coefficient　283
ボイル・マリオットの法則　Boyle-Mariotte's law　26
方向線素　lineal element　13
方向場　direction field　13
放射能　radio activity　8
母関数　generating function　219, 259
補誤差関数　complementary error function　281
補食者-被食者の個体数モデル　predator-prey population model　186
ポテンシャル論　potential theory　219
ボネの漸化式　Bonnet's recursion　220
ホルモンの分泌　hormone secretion　43

ま　行

マルサスの法則　Malthus's law　11, 41
未定係数法　method of undetermined　109, 144, 192
モデル化　modeling　22, 46, 89

や 行

有界 bounded 59
有界数列 bounded sequence 285
誘導時定数 inductive time constant 49
陽関数解 explicit solution 6
陽関数形 12
容量時定数 capacitive time constant 51
余割 cosecant 279
余弦関数 cosine function 278
余弦積分 cosine integral 283
余接 cotangent 279

ら 行

ライプニッツの判定法
　実数級数に対する―― 286
ラゲールの多項式 Laguerre polynominal 251
らせん点 sprial point 172, 173
ランベルトの吸収の法則 Lambert's law of absorption 27
リアクタンス reactance 125
リッカティの方程式 Riccati equation 44
リプシッツの条件 Lipschitz condition 61
リミットサイクル limit cycle 189
リャプノフの意味で安定 stable in the sence of Liapunov 179
流線 streamlines 56
臨界減衰 critical damping 92
臨界点 critical point 172, 183
　安定な―― stable~ 179
　漸近安定な―― stable and attractive ~ 179
　不安定な―― unstable~ 179
ルジャンドル関数 Legendre function 215
ルジャンドルの多項式 Legendre polynomial 217, 219
　(n 次の)―― 217
　――の直交性 249
ルジャンドルの同伴関数 associated Legendre function 220
ルジャンドルの微分方程式 Legendre's differential equation 215
零ベクトル zero vector 157
レイリーの方程式 Rayleigh equation 191
列 column 154
　――ベクトル ~ vector 155
レムニスケート lemniscate 67
連立線形微分方程式 system of linear differential equations 167
ロジスティック人口動態モデル logistic population model 41
　フェアフルストの―― 16
ロジスティック法則 logistic law 41
ロトカ・ボルテラの個体数モデル Lotka-Volterra population model 186
ロトカ・ボルテラの連立方程式 Lotka-Volterra system 186
ロドリーグの公式 Rodrigues' formula 219
ロンスキアン Wronskian 103
ロンスキ行列式 Wronski determinant 103, 133, 169

監訳者・訳者略歴

近 藤 次 郎
こん どう じ ろう

1940 年　京都大学理学部数学科卒業
1945 年　東京大学工学部航空学科卒業
1958 年　工学博士
現　在　東京大学名誉教授

堀　素 夫
ほり　もと お

1953 年　東京大学理学部物理学科卒業
1962 年　理学博士
現　在　東京工業大学名誉教授

北 原 和 夫
きた はら かず お

1969 年　東京大学理学部物理学科卒業
1974 年　理学博士
現　在　東京理科大学教授，国際基督
　　　　教大学名誉教授，東京工業大
　　　　学名誉教授

　　　　　　　Ⓒ　培 風 館　2006
1987 年 11 月 10 日　第 5 版 発 行
2006 年 11 月 15 日　第 8 版 発 行
2025 年 9 月 25 日　第 8 版19刷発行

技術者のための高等数学＝1
常 微 分 方 程 式
原書第 8 版

原著者　E. クライツィグ
訳　者　北原和夫
　　　　堀　素夫
発行者　山本　格

発行所　株式会社　培 風 館
東京都千代田区九段南 4-3-12・郵便番号 102-8260
電話 (03) 3262-5256 (代表)・振替 00140-7-44725

中央印刷・牧 製本
PRINTED IN JAPAN

ISBN 978-4-563-01115-4　C3341